装备科技译著出版基金

数字光学测量技术和应用

Digital Optical Measurement Techniques and Applications

〔瑞士〕Pramod Rastogi 主编

李胜勇 吴俊 艾小川 吴荣华 李晖宙 译

国防工业出版社

·北京·

著作权合同登记 图字：军—2018—022 号

图书在版编目（CIP）数据

数字光学测量技术和应用/（瑞士）普拉莫德·拉斯托吉（Pramod Rastogi）主编；李胜勇等译. —北京：国防工业出版社，2018.10

书名原文：Digital Optical Measurement Techniques and Applications

ISBN 978-7-118-11634-2

Ⅰ.①数… Ⅱ.①普… ②李… Ⅲ.①数学技术－应用－光学测量－研究 Ⅳ.①TB96-39

中国版本图书馆 CIP 数据核字（2018）第 216860 号

※

国防工业出版社出版发行

（北京市海淀区紫竹院南路 23 号 邮政编码 100048）

三河市腾飞印务有限公司印刷

新华书店经售

*

开本 710×1000 1/16 印张 27¼ 字数 522 千字

2018 年 10 月第 1 版第 1 次印刷 印数 1—2000 册 定价 168.00 元

（本书如有印装错误，我社负责调换）

国防书店：(010) 88540777 发行邮购：(010) 88540776

发行传真：(010) 88540755 发行业务：(010) 88540717

光学通过光学检测、光学测量和图像处理等分支有效地解决了科学和工程众多领域的难题，在实验力学、断裂力学、材料学、生物学和医学等广泛领域得到大量应用。激光器和数字信息处理技术是传统光学重新焕发异彩的两个重要使能器。数字信息处理技术与光电检测技术的发展共同促成了光学测量技术的成功及其在科学和工程中的应用。近年来，伴随着传感器技术日新月异的飞速发展，数字计算机的信息存储和处理能力呈现指数增长，这些都为光学测量的进一步发展铺平了道路。光学测量是一门应用领域广泛且自身发展快速的复杂学科，要想了解其全貌无疑面临着巨大的挑战。本书正是为了增强科学和工程学的学生对数字数据处理和光学计量学的基本理解和必要技能而写的。

光学测量近年来的发展越发具有显著的多学科特征，为了透彻理解相关学科的基本理论并全面了解相关领域的最新进展，本书将不同领域的专家小组聚集在一起，精心挑选相关主题，向读者呈现底层原理和最新进展。本书作者阵容庞大，他们来自多个国家，都是国际上光学测量领域的知名专家和学者，具备深厚的学术背景，有些作者还具有工业领域的丰富实践经验。强大且多样的作者阵容保证了本书的权威性。

本书内容翔实。作为一本研究性著作，本书全面介绍了光学测量学科的基本原理、前沿进展和工程应用。而作为一本教科书，本书具有丰富的教学功能，如已解习题、案例研究和文本框，使读者能够理解底层物理学原理和功能。同时，本书具有严谨的参考文献，可供读者进一步扩展研究。总体来说，本书为科学和工程领域的人员了解光学测量的最先进概念提供了一份极有价值的资料。

翻译一本涉及领域如此广泛的光学测量书籍是一项非常具有挑战性的任务。除了要理解光学原理，还需要了解相关应用领域的进展。因此，在翻译过程中，译者查阅了大量的国内外文献，以保证对理论的理解以及研究进展把握的正确性。特别是在某些细分领域的个别术语的翻译方面，译者参考并借鉴了国内相关学术出版物相关文献的主流用语。鉴于本书内容涉及面之庞杂、译者水平有限，翻译错误之处在所难免，恳请读者批评指正。

译者

2017 年 11 月 24 日

序

光学通过其多个分支（如光学检测、光学测量和图像处理）已经被有效地用于解决科学和工程众多领域的多种应用问题。其中的许多应用属于诸如实验力学、断裂力学、材料学、生物学和医学等广泛的领域。自从 1960 年激光器问世以来，出现了各种具有扩展波长和高功率的激光器。作为激光器提供的增强相干性的副产品，在相干光学成像中散斑一直被认为是噪声。散斑现象是由来自粗糙表面的相干光的散射或光学粗糙介质（其厚度变化足以使透射波随机化）的透射而产生的，并且在非破坏性检测领域发挥重要作用。数字信息处理技术与光电检测技术的发展共同促成了光学测量技术的成功及其在科学和工程中的应用。自从这些技术的早期版本问世以来，相关技术已经发生了巨大变化。具有大量的像素、扩展的色彩灵敏度和计算机直接寻址像素的 CCD 和 CMOS 检测器构成了数字信息处理系统的基本元件。在单位成本的计算能力方面，数字计算机的存储容量和计算能力也继续呈指数增长，从而允许高速数据操作。

非接触式光学测量不会损坏物体表面。物体的相关信息由透射波或散射波携带，物体本身的状态并不会受到显著影响。对精度、测量速度，以及向涉及微技术和纳米技术应用逐渐转变的需求也在快速增长。具有不断改进的空间分辨力和更短响应时间的新型光电接收器的最新发展应当有助于处理大量数据或将波长范围扩展到红外和紫外区域。而这又需要适当的图像处理工具。数字信息处理技术自 21 世纪初以来所取得的巨大进步为处理这种大量的数据流铺平了道路。

考虑光电记录的带限特性，摄影术中的数字图像处理技术有助于以最高的保真度渲染场景。近年来，成像技术与图像处理硬件同步发展。数字处理技术使用几乎实时的对比度增强和模糊减少方案，已经实现主观图像质量的增强。同样，边缘增强、图像锐化和直方图均衡有助于改善主观图像感知。然而，对于客观图像增强，则需要利用具有频域分析的傅里叶变换技术来扩展图像处理技术，正如第 1 章中所讨论的那样。为了改善图像质量，使用调制传递函数来定量地复原图像质量。

第 1 章讨论利用具有频域分析的傅里叶变换技术来扩展图像处理技术，进行客观图像增强。

第 2 章讨论的光学检测技术在高精度制造中至关重要，特别是在生产高精度光学部件和系统时。光学表面和系统的干涉测试技术已经问世多年，在表面和光学系统的商店测试中，牛顿环仍被提及。在非球面干涉检测中，计算机生成的全息图用于产生非球面参考波。高精度和复杂的制造机器只有在非常短的时间或准实时地实现非接触式检测时才有效。工业领域非球面的非接触光学检测问题虽然已经出现多年，但目前当计算机生成的全息图太贵或者其生成耗时太长时，个别元件和低 F 数仍然是研究的主题。而自由曲面的计量要求更高。

第 3 章讨论的数字条纹分析及其条纹解释是当今的迫切需求。相移技术和傅里叶变换方法经常用于干涉测量、全息干涉测量和散斑图案干涉测量中的自动条纹分析，用于应力分析的光弹，用于形状比较、测量条纹投影。光学技术不再借助逐点式应变仪，可以进行非接触全场位移和应变分析。

第 4 章和第 5 章介绍的数字全息和散斑图案干涉测量是一类源远流长的用来测量面内和面外位移、变形、应变、斜率、曲率、形状和振动等的全场干涉测量技术。除了数字全息成像和数字斑点图案干涉测量，我们还将同时讨论具有自动条纹分析功能的数字信息处理技术。

第 6 章讨论的数字图像相关与全息和散斑图案干涉测量一样，也需要在物体变形之前和之后记录和处理物体信息。该技术在平面物体和面内变形测量领域已经得到普遍应用。将计算机生成的散斑图案投影与数字投影仪组合起来，开发出双目立体视觉系统，可用于曲面和三维变形测量。随着立体视觉校准的改进，三维数字图像相关在宏观物体和结构的变形测量领域颇受欢迎。

第 7 章中讨论的数字条纹投影轮廓测量法已经非常成熟，并且已广泛应用于对鲁棒性、测量速度和自动分析有特殊要求的形状测量领域。

第 8 章讨论的数字光弹技术涉及对相干要求较低的公共路径干涉测量。它是一款用于可视化和量化应力场的极佳的工具，它基于物体在受到应力作用下暂时诱导的双折射现象。随着基于相移技术的发展，全场自动光弹变得可行。从早期使用数字硬件到使用相移或彩色图像处理技术向传统光弹引入自动化，必然需要使用数字信息处理。实验分析一直被认为是克服与数字建模相关的问题和不确定性所必需的，图像采集中涉及的低成本，使数字建模有利于工业应用。

基于激光的流体速度测量技术可以分为点测量（如激光多普勒测风法）和场测量技术（如激光散斑测速或粒子图像测速，在第 9 章中讨论）。多次记录标记粒子在流体中的三维位置可重建三维场。然而，并非借助跟踪单个标记粒子，而是使用有限三维查询体的数字处理来确定流中的速度分量。

第 10 章讨论的光纤传感器正在世界各地得到应用，从飞机机翼的应力监测到医疗应用。虽然这些传感器的基本原理非常明确，但是光纤传感器系统和网络的实现则需要大量运用数字技术。

第 11 章讨论的光学相干层析技术是低相干干涉测量的变种，并且在眼科得到了重要的应用。该方法提供体内人体组织的非侵入性断层扫描。断层扫描的目的是获得物体的横截面切片。光学相干层析技术快速发展成为标准方法（特别是在最初发明的眼科）出人意料。

本书内容翔实，内置许多教学功能，如已解习题、案例研究和文本框，并适当引用参考文献。总体来说，本书提供了一份有价值的资料，介绍了关于这个主题的最先进的概念性观点，而且应该是数字光学测量及其在未来几年应用的标准文本。

汉斯·蒂齐亚尼（Hans J. Tiziani）

瑞士伯内克

2015 年 4 月

35 年前，数字处理技术在发展的早期阶段只是少数光学成像和测量系统的一小部分。然而，电荷耦合器件（CCD）等电子成像器件的出现引领了未来的希望，因为它们在为现有的光学测量技术提供人性化和经济驱动的解决方案方面表现出很大的潜力，因此能够克服障碍并满足 21 世纪技术的需求。

通过将图像处理技术（诸如数字图像和信号处理方面的相关工具）与光学测量系统集成，人们已经设计出光学测量系统的数字对应物。这个集成过程不仅把模拟方法的优势转化为数字方法，而且带来了一系列全新的光功能，而这些功能是不可能以各自的模拟形式存在的。此外，集成化还提高了测量效率和精度。

模拟方法与数字数据处理的结合是过去几十年中最引人注目的成功案例之一。它们的综合协同作用不仅使我们能够处理更复杂的问题，而且还为创新解决方案的提出创造了机制，而这些全新的工作方式是以前无法想象的。这种协同作用还为控制相关过程以及管理信息及其流动提供了一种稳健的手段。

数字信息处理和分析与光学计量的协调发展使得其功能范围具备显著增加的潜力，为探索当前和未来世界开辟了令人鼓舞的研究途径。复杂性的提高反映了一项重要需求，即要求科学和工程学的学生增强对数字数据处理和光学计量学的基本理解和必要技能。本书就是基于这个观点并作为《光学测量技术和应用》（Artech House，1997）的续篇而写的。

大多数科技领域的进展都具有不断深化的多学科特征，这一直在缓慢但稳步地促进着图书出版业的转变。将不同领域的专家小组聚集在一起，目的是通过适应或更接近教科书，而不是参考书的风格来处理广泛的学科。作为这种转变的一个例子，本书旨在达成以下期望：本书涵盖的所有主题都经过刻意的选择和呈现，以使读者能够理解它们的底层物理学原理和功能，进而掌握本学科的统一方法。本书以教学式风格阐述了这些元素，并提供了对该领域最新进展的深入理解。本书自始至终都采用已解习题、应用、案例研究和包含背景材料的文本框，帮助读者扩大对这一主题的理解。

我想借此机会向所有为本书做出贡献的作者们表示感谢，感谢他们深厚的团结精神，同时感谢他们及时响应我的各项请求。

普拉莫德·拉斯托吉（Pramod Rastogi）

2015 年 4 月

作者介绍

吉姆·比尔格（Jim Burge）是图森市亚利桑那州大学光科学、天文、机械工程学教授，他带领一批研究人员、工程师和学生推动制造和检测技术的前沿研究，并将其用来制造有挑战性的反光镜和光学系统。他领导着大型光学元件制造和检测实验室（Large Optics Fabrication and Testing Laboratory），该实验室支持各种望远镜项目，既有各种小型望远镜，也有用于太空的 25m 巨型麦哲伦望远镜。他已撰写了 320 多篇技术出版物，共同创办了两家公司，分别是亚利桑那光学计量（Arizona Optical Metrology）公司和亚利桑那光学系统（Arizona Optical Systems）公司。

陈路杰（Lujie Chen）2001 年本科毕业于中国南京工业大学工程学专业。2006 年，他在新加坡国立大学取得博士学位。2007—2010 年，他在英国剑桥大学任研究助理。他于 2010 年加入新加坡科技与设计大学（SUTD）当教员。2011 年，他在美国麻省理工学院进行为期一年的学术访问，研究量子点生物医学成像。他的研究领域包括光学测量、医学成像和快速原型。他开发了"UU and Fig"，这是一个关注光学测量和快速原型的通用图像处理系统。

布莱恩·卡肖（Brian Culshaw）1966 年毕业于伦敦大学学院，获得物理学一等荣誉学位，1970 年获得电气工程博士学位。他曾在康奈尔大学（1970 年）、加拿大渥太华贝尔北方研究中心（1971—1973 年）、伦敦大学学院（1974—1983 年）、斯坦福大学（1982 年）任职，并于 1983 年加入了斯特拉思克莱德大学，成为名誉教授。他曾担任国际光学工程协会（SPIE，总部设在美国华盛顿州贝林翰市）的董事，并担任 2007 年的主席。他发表了超过 300 余篇技术论文、一些会议记录、7 本教科书和 10 多种专利。

瑞诗凯诗·库卡尼（Rishikesh Kulkarni）从位于印度班加罗尔的印度科学理工学院获得了机械工程学硕士（MTech）学位。他拥有生物医学和汽车电子领域的行业经验。他目前正在洛桑联邦理工学院（EPFL）攻读光子学博士学位。他的研究领域是数字信号处理和光学测量应用。

潘兵（Bing Pan）来自于中国北京航空航天大学（BUAA）航天科学与工程学院。他 2008 年获得了清华大学机械工程博士学位。在新加坡南洋理工大学作为研究员工作一年后，他在 2009 年加入北京航空航天大学固体力学研究所。他目前的研究兴趣主要集中在先进光学技术及其实验力学应用。他在国际期刊发表了 60 篇同行评议文章。他在 2013 年赢得了国家自然科学基金优秀青年奖，并在 2012 年入选中国教育部新世纪优秀人才支持项目。

权成根（Chenggen Quan）1982 年毕业于中国哈尔滨工业大学（HIT），获得工程学士学位。他在 1988 年从哈尔滨工业大学获得了机械工程学工学硕士学位。1992 年从英国华威大学获得光学工程博士学位。在加入新加坡国立大学（NUS）之前，他曾在国家计量中心、新加坡生产力与标准局担任高级工程师。他目前是新加坡国立大学机械工程系副教授。他的研究兴趣包括光学无损检测、实验力学、数字全息、光学图像加密和自动条纹图案分析。他曾撰写或合著超过 150 篇国际期刊论文。

K·拉梅什（K. Ramesh）目前是印度理工学院马德拉斯分校应用力学系教授，在 2005—2009 年担任董事长，之前在印度理工学院坎普尔分校机械工程系担任教授。他为数字光弹学的发展做出了显著的贡献。他有专著 Digital Photoelasticity—Advanced Techniques and Applications（《数字光弹——先进技术和应用》），并在 Springer Handbook of Experimental Solid Mechanics（《实验固体力学施普林格手册》）中撰写了 "Photoelasticity（光弹）" 一章。他已经写了几本创新的电子书，如 Engineering Fracture Mechanics and Experimental Stress Analysis（《工程断裂力学和实验应力分析》），开创了工程教育的新典范。他自 2006 年以来担任印度国家科学院工程院院士，由于为光弹涂料的发展所做的杰出贡献，他获得了美国实验力学学会颁发的桑德曼奖（Zandman，2012 年）。

胡里奥·索里亚（Julio Soria）于 1983 年被西澳大利亚大学授予工学学士（荣誉）学位，1989 年获得西澳大利亚大学机械工程学博士学位。1990 年在斯坦福大学和美国宇航局艾姆斯研究中心从事博士后研究，1991 年加入了澳大利亚联邦科学与工业研究组织（CSIRO）。1993 年加入了莫纳什大学，目前是机械工程讲座教授。他担任航天和燃烧湍流研究实验室（LTRAC）主任，他在 1994 年创立了该实验室。他是澳大利亚流体力学学会研究员。他目前的研究兴趣包括湍流边界层流动、亚声速和超声速过渡、湍流喷射流以及非侵入式光学实验测量方法（PIV、Stereo-PIV、Tomo-PIV、HPIV、Tomo-HPIV）的开发。他共撰写了 420 余篇论文。

赵泰瑞（Cho Jui Tay）从英国思克莱德大学获得学士学位和博士学位。他目前是新加坡国立大学的副教授。他的研究兴趣包括实验应力分析和光学干涉测量技术及其在 MEMS 和 NEMS 设备中的应用。他曾在国际期刊上发表大量论文，并与人合著了几本书和书籍章节。他同时还担任多个国际期刊的编委和多家补助奖励机构委员会的委员。他拥有多项专利，并赢得了一些研究和最佳论文奖，包括英国的大卫嘉吉奖。

马蒂亚斯 R·维奥蒂（Matias R. Viotti）在阿根廷罗萨里奥国立大学研究机械工程学，1999 年也在那里获得文凭。他于 2005 年在阿根廷罗萨里奥物理研究所获得博士学位。他自 2005 年以来一直作为副研究员在巴西圣卡塔琳娜州国立大学计量和自动化实验室工作。他是国际光学工程协会高级会员。他的研究兴趣包括数字散斑干涉、残余应力测量、相干技术应变分析和无损检测的发展。他与人合著发表在国际期刊和会议程序论文共计 50 余篇。

理查德·沃尔默豪森（Richard Vollmerhausen）是圣约翰光学系统的创始成员和首席工程师。他在美国特拉华大学获得了电气工程博士学位。他曾经在道格拉斯飞行器公司担任仪表工程师，并曾在美国海军 China Lake 武器中心担任物理学家。在美国陆军夜视实验室，他开发出了目前应用于所有美国和大部分北约光电武器瞄准器设计的目标任务绩效指标。他还进行了广泛的飞行实验，以建立直升机引航的心理需求。他已经发表近 100 篇研究论文和两本关于成像系统性能的著作。

莱昂内尔·沃特金斯（Lionel Watkins）曾经是英国班戈威尔士大学电子工程科学学院的一名研究员，然后担任讲师，1991 年在同一机构获得博士学位。1996 年，他加入了新西兰奥克兰大学物理系。他的研究方向是光学测量（主要是椭圆偏振仪）和干涉仪。在前一领域中，他设计了许多借鉴干涉概念的新颖椭圆偏振仪，而在后一领域中，他的兴趣已经集中在相位恢复小波方法，最近研究寻找外差干涉产生的利萨如图形（Lissajous Figure）的最佳拟合椭圆的新技术。

义明安野（Yoshiaki Yasuno）领导着筑波大学计算光学组（Computational Optics Group）。他在 2000 年获得了时空光计算博士学位，并将光学计算理论扩展到光学测量领域。自 2003 年以来，他一直在研究光计算在高速医学成像领域的应用，这就是当前有名的傅里叶域光学相干层析成像（FD-OCT）技术。他目前的研究兴趣是傅里叶域光学相干层析成像技术在眼科的应用，同时他也积极参与基于光学计算角度扩展傅里叶域光学相干层析成像技术。

赵春雨（Chunyu Zhao）是亚利桑那光学计量（Arizona Optical Metrology）公司创始人和总裁，该公司提供计算机生成的全息图，用于非球面检测。他 1993 年在清华大学获得了物理学学士学位和机械工程工学学位。1999 年取得硕士学位，2002 年取得博士学位，这两个学位均在亚利桑那大学光学工程专业获得。他拥有超过 15 年的开发和构建各种用于大型非球面光学表面检测的干涉系统的经验。他曾撰写或合著约 70 篇技术论文，并在国际会议上发表许多演讲。

周萍（Ping Zhou）是亚利桑那大学光学科学学院的助理研究教授。她的研究领域是精密光学制造和测试，特别是大型光学系统。她的研究活动包括光学系统设计、高精密计量和各种测量的误差分析及数据处理。她于 2009 年在亚利桑那大学获得博士学位。从那时起，她一直在亚利桑那大学大型光学元件制造和检测小组工作。

普拉莫德·拉斯托吉教授（Pramod Rastogi）在德里的印度理工学院获得机械工程学硕士学位，并在法国弗朗什－孔泰大学获得博士学位。他 1978 年加入瑞士洛桑联邦理工学院（EPFL）。他在同行评审收录期刊撰写或发表超过 150 篇科学论文。拉斯托吉教授也是百科全书文章的作者，并出版了好几本光学计量领域的著作。

拉斯托吉教授是 2014 年国际光学工程协会丹尼斯·加博尔奖（Dennis Gabor Award）获得者，他是瑞士工程科学学院的成员、光学仪器工程师协会会员（1995 年）和美国光学学会院士（1993 年）。他也是 Hetényi 奖获得者，以表彰他 1982 年发表在 *Experimental Mechanics*（《实验力学》）上最具影响力的论文。拉斯托吉教授是爱思唯尔（Elsevier）出版公司、工程国际期刊 *Optics and Lasers*（《光学和激光》）的首席共同主编。

目 录

第1章 数字图像处理

第2章 干涉法光学表面检测

第 3 章　相移干涉测量法

第 4 章　数字全息成像的系统方法及其在干涉测量中的应用

第 5 章　数字散斑图案干涉测量

第 6 章　数字图像相关法

第7章 数字条纹投影轮廓测量

第8章 数字光弹

第1章 数字图像处理

1.1 简 介

参观大峡谷的游客可能会带上彩色数码相机，而非制冷热成像技术（Uncooled Thermal Technology）则在士兵的步枪瞄准器中非常流行。热成像仪更重、更昂贵，但它们提供夜间目标捕获能力。技术的选择取决于应用和预期的环境。然而，彩色相机和热成像步枪瞄准镜具有一些共同点。也就是说，这些相机将被人在未来的某个时候在某个地方用来完成一个非特定的视觉任务。无论是相机、手机还是昂贵的军事武器系统，都必须提供各种场景的良好图像。

本章的目标是描述有助于以最高的保真度渲染场景的数字图像处理技术。我们希望在光电（EO）成像仪频带受限的情况下，以最小误差将场景上的辐射度变化转换为显示屏上的亮度变化。为此，本章描述了图像去模糊和对比度增强技术。

数字复原（Digital Restoration）技术通过减少模糊来改善场景渲染。衍射、光学像差、散焦、振动、探测器串扰和许多其他因素导致图像模糊。数字处理可以减少模糊和增强图像保真度。

然而，有时由于场景辐射的宽泛变化，导致场景细节不能正确显示。例如，场景的一部分可能位于阳光下，而另一部分则处在深色阴影中。再如红外成像，大气路径辐射可能在场景中产生剧烈的强度变化。在这些情况下，利用对比度增强技术来消除辐射的大幅摆动，从而有利于成像。换句话说，有时由于显示设备和人眼的限制，必须放弃渲染场景的绝对逼真度。

有大量文献对边缘增强、图像锐化和直方图均衡化方法的众多变种进行论述。这些方法可以逐一应用到图片，以改善主观图像质量。也就是说，应用某个过程（如锐化滤波器），判断是否喜欢处理结果，如果不喜欢就尝试其他过程。然而，这些方法适用于 Photoshop，但不适用于相机设计，这是因为它们在增强图像的同时扭曲了许多场景细节。不在这里描述这些方法，是因为它们不适于应用到相机电子器件中。

本章假定读者对数字信号处理有基本的了解，并希望将数字技术应用于图像增强。此外，使用傅里叶变换对成像过程进行建模，但是理论解释非常简短。本章假定读者对计算机处理技术有着很好的理解并熟悉常用的信号分析方法。

图 1.1 给出了一个光电成像仪（Electro-optical Imager）的结构组成。镜头在光探测器二维阵列即所谓的焦平面阵列（Focal Plane Array，FPA）上形成目标场景的图像。在每个探测器所在位置处，都会生成与图像强度成比例的光电子（Photo Electron）。因此，焦平面阵列提供了被成像场景的二维阵列强度样本。焦平面阵列样本经过数字化并被存储，以用于后续的数字处理。数字处理可以增强对比度、压缩动态范围以利于观看、修复一些由光学原因导致的模糊，以及为图像提供其他方面的增强。由显示像素组成的二维阵列将形成可观看的图像。

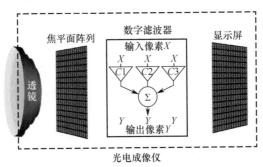

图 1.1　光电成像仪的组成部分

尽管本章的重点是图 1.1 方框中的数字滤波器（Digital Filter），但了解光学图像、数字信号处理和显示图像之间的关系也是至关重要的，这是因为数字处理器的功能就是要纠正源于成像仪的模拟信号部分的模糊和对比度问题。1.2.1 节说明如何利用傅里叶变换分析光电成像仪（Electro-optical Imager）。1.2.2 节为 1.2.3 节中描述的反卷积程序提供了理论依…　..2 节还介绍了传递函数中有助于提高成像性能的一些特性。

1.3 节描述了用于去除图像模糊的数字反卷积过滤器，解释了加窗（Windowing）技术，并讨论了在哪些条件下加窗技术能够提高复原效果，同时给出了图像复原的几个实例。1.4 节描述了局部区域对比度增强（Local Area Contrast Enhancement，LACE）的益处和实现，同时讨论了反射成像和热成像之间的基本差异，以便说明 LACE 给这两种成像方式带来的好处，同样给出了几个例子来证明 LACE 的益处。1.5 节给出本章的结论。

1.2　傅里叶光学分析

傅里叶分析常用于评估成像仪将场景细节复制到显示设备上的好坏程度。光电成像仪被看作场景细节的空间频率滤波器（简称空间滤波器或滤波器）。成像过程中的每个阶段（如光学成像、光电检测、数字处理和图像显示）都是在通过模糊或锐化图像来去除或增强场景中的细节。每个成像阶段都对应一个转移函数，该函数定量描述了它的空间滤波特性。

图 1.2 说明了图像在光电成像相机中是如何形成的。透镜在焦平面阵列上形成了场景的光学图像。相比原始场景，由于光学器件并不完美，因此焦平面阵列上的光学图像会发生轻微的模糊现象。光学器件产生的模糊现象可归因于衍射和光学像差。在该图中，对光学图像的一部分进行了放大，以便清楚地展示其模糊情况。正方形代表主动式探测器（Active Detector）区。每个探测器均聚合落在其上的光产生的光电子，也就是说，落在每个区域上的光所产生的光电子都被叠加起来。除了光学器件产生的模糊之外，探测器区域上的空间整合也会产生新的模糊。光探测器对其位置上光电子的测量就是对该区域图像强度的采样。

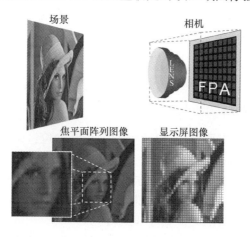

图 1.2　相机中的图像形成的示意图（正方形代表焦平面阵列上的探测器）

焦平面阵列（FPA）采样经过数字化并存储，以用于后续的处理。焦平面阵列测得的强度值可以在数字处理器中进行操作，以提高分辨力、增加对比度或滤除噪声。然而，图 1.2 中焦平面阵列的强度值被直接传递给了显示屏。该显示屏是一个二维像素阵列，每个像素的发光亮度与焦平面阵列强度值成比例。因此，观察者在显示屏上看到了一个对场景的呈现。

光探测并不是一个完美的过程。几乎所有的情况下，焦平面阵列中的每个探测器都存在轻微且各不相同的增益和无照电流（Dark Current），正是这些不均匀的因素导致结果图像中存在固定模式的噪声。此外，散粒噪声（Shot Noise）同样破坏着每个探测器的采样结果。对于信号值正比于光的强度的平方律探测器（Square-law Detector），它的散粒噪声等于信号光电子数的平方根。在读数电路中，也会混入额外的噪声，如模/数转换器所带来的量化噪声（Quantization Noise）。

除了噪声，混叠（Aliasing，又译作锯齿）也会严重破坏图像质量。在图 1.2 中，最终显示的图像并不是很好。部分原因在于模糊，但更大的问题在于场景采样是由焦平面阵列上尺寸相对较大且分布稀疏的探测器来完成的。分布稀疏的探测器导致混叠效应。图 1.2 中所显示图像的更进一步的问题是显示屏中的像素颗粒较粗且边界分明。混叠问题是由采样引起的，但糟糕的显示技术会使问题进一步恶化。

1.2.1 节描述了一个采样性能良好的成像仪的频域传递响应（Frequency Domain Transfer Response），传递响应定量地描述成像仪系统的模糊特性。1.2.2 节讨论能够保证成像性能良好的传递函数特性。1.2.3 节描述了一个采样成像仪的响应函数，响应函数能够同时对成像仪中的传递响应和混叠效应进行量化。

关于热成像和反射成像以及相机中产生模糊的基本原因的论述，请参阅 Vollmerhausen（2010）。关于傅里叶光学的详细介绍和对二维系统分析的讨论，请参阅 Goodman（1996）。Caniou（1999）一文对成像仪中各类噪声源进行了详细而清晰的探讨。

1.2.1　频域传递响应

场景中的每个点在焦平面阵列上生成一个模糊光斑，该过程对应所谓的点扩散函数（Point Spread Function，PSF）。在每个探测器的每平方厘米（cm^2）面积上产生的光电子数与该探测器上每平方厘米的照度瓦数成比例。本章仅考虑非相干成像（Incoherent Imaging），且假定来自场景中每个点的光波的相位是随机变化的。场景的图像是所有的 PSF 强度的总和。

PSF 中的模糊包括源自光学器件的模糊以及因探测器活跃区域上方光的空间整合而产生的模糊。在大多数光学系统中，由于光学像差随着场角而发生变化，因此 PSF 在整个视场中并非恒定不变。图像中心处的光学模糊通常小于边缘处。然而，图像平面可以被细分为许多小的区域，在这些区域的内部，光学模糊是大致恒定的。图像中这种具有大致恒定的光学模糊的区域称为等晕面元（Isoplanatic Patch）。

等晕面元中的图像可以用场景的 PSF 的卷积来表示。图 1.3 对该卷积进行了说明。如果 $h_{op}(x,y)$ 表示 PSF 的空间形状（强度分布），那么 $h_{op}(x-x',y-y')$ 就表示图像平面中点 (x',y') 处的 PSF。PSF 对场景中每个点发出的光在焦平面阵列中每个等晕面元上的分布进行量化。x 和 y 的单位是毫弧度（mrad），(x,y) 定义了点在笛卡儿坐标系中的位置。这里假设存在一个可以描述从场景到焦平面阵列再从焦平面阵列到显示设备这一转换过程的一对一的映射关系，使得若 $scn(x,y)$ 表示场景中点的辐射强度，则 $img(x,y)$ 给出的是显示设备中图像的亮度。

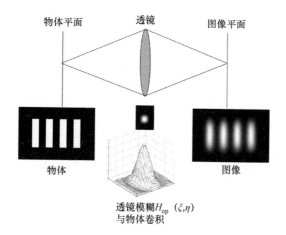

图 1.3　对场景中光学模糊的卷积产生焦平面阵列上的模糊图像

注释 1.1

在忽略采样的前提下，焦平面阵列上得到的图像 $i_{\mathrm{FPA}}(x,y)$ 就是对场景上的 PSF 的卷积结果。

$$i_{\mathrm{FPA}}(x,y) = \int_{-\infty}^{\infty}\int_{-\infty}^{\infty} s_{\mathrm{cn}}(x',y')h_{\mathrm{op}}(x-x',y-y')\,\mathrm{d}x'\mathrm{d}y' \qquad (1.1)$$

显示设备上的图像则是对探测器的模糊 $h_{\mathrm{deb}}(x,y)$、显示设备的模糊 $p_{\mathrm{ix}}(x,y)$ 和数字化的模糊 $h_{\mathrm{dig}}(x,y)$ 的卷积结果。

$$\begin{aligned} i_{\mathrm{mg}}(x,y) = {} & s_{\mathrm{cn}}(x,y) * h_{\mathrm{op}}(x-x',y-y') * h_{\mathrm{det}}(x-x',y-y') \\ & * h_{\mathrm{dig}}(x-x',y-y') * p_{\mathrm{ix}}(x-x',y-y') \end{aligned} \qquad (1.2)$$

式中：符号"$*$"表示卷积。

任何其他的模糊，如稳定性和人眼产生的模糊都可以用同样的方式进行处理。

$$\begin{aligned} i_{\mathrm{mg}}(x,y) = {} & s_{\mathrm{cn}}(x,y) * h_{\mathrm{op}}(x-x',y-y') * h_{\mathrm{det}}(x-x',y-y') \\ & * p_{\mathrm{ix}}(x-x',y-y') * h_{\mathrm{dig}}(x-x',y-y') \\ & * s_{\mathrm{tab}}(x-x',y-y') * e_{\mathrm{ye}}(x-x',y-y') \end{aligned} \qquad (1.3)$$

式（1.3）涉及的很多卷积都是双重积分。因此，对成像系统的分析通常是在频域中进行的。由于在空间域中卷积运算等价于在频域中的乘法运算，频域分析避免了式（1.3）中大量复杂的计算。

傅里叶变换（Fourier Transform，FT）可以发现图像中的正弦波。图 1.4 给出了空间中的一些正弦波。图中顶部的波形的频率比底部的波形更高。图中底部的正弦波相比中间的正弦波具有不同的相位，这是因为尽管两者具有相同的周期但前者的波峰有所偏移。注意，正弦波可以朝向任意角度。此外，单一的频率对应的是一个在整个空间中延伸的正弦波，图中截断的正弦波片段严格意义上并不代表单一的频率。

图 1.4　空间中正弦波示意图

　　任何图像均可由正弦波之和来表示。图 1.5 展示了如何将正弦波相加形成一个三条纹（Three-bar）条形图。左侧给出的是单个的正弦波，它们具有不同强度的振幅、相位和周期。右侧则将这些正弦波逐步相加。当只有几个低频的正弦波被叠加时，条纹较为模糊。随着更多的正弦波被叠加进去，条纹逐渐变得清晰。

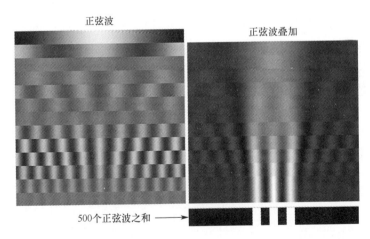

图 1.5　将各种频率、相位和振幅的正弦波相加得到三条纹图像

　　式（1.4）给出了从单位为毫弧度的空间坐标（x，y）转换为单位为每毫弧度周期（mrad^{-1}）的频域坐标（ξ，η）的傅里叶变换。式（1.5）则给出了相应的逆变换。本节通过首字母大写的形式表示每个空域函数对应的傅里叶变换。

$$S_{\mathrm{cn}}(\xi,\eta) = \int_{-\infty}^{\infty}\int_{-\infty}^{\infty} s_{\mathrm{cn}}(x,y)\,\mathrm{e}^{-2\pi i(x\xi+y\eta)}\,\mathrm{d}x\mathrm{d}y \tag{1.4}$$

$$s_{cn}(x,y) = \int_{-\infty}^{\infty}\int_{-\infty}^{\infty} S_{cn}(\xi,\eta)\, e^{2\pi i(x\xi+y\eta)}\, d\xi d\eta \tag{1.5}$$

为了简化分析，首先对每一个傅里叶变换进行归一化，使得 H_{op}、H_{det}、H_{dig} 等变换能够正好对应对场景频率成分进行操作的空间滤波器。例如：

$$H_{op}(\xi,\eta) = \frac{\displaystyle\int_{-\infty}^{\infty}\int_{-\infty}^{\infty} h_{op}(x,y)\, e^{-2\pi i(x\xi+y\eta)}\, dxdy}{\displaystyle\int_{-\infty}^{\infty}\int_{-\infty}^{\infty} h_{op}(x,y)\, dxdy} \tag{1.6}$$

H_{op} 表示成像仪的光学传递函数（Optical Transfer Function，OTF），而绝对值 |OTF| 则表示光学调制传递函数（Modulation Transfer Function，MTF）。相机中的每一个图像平面（如焦平面阵列、数字处理和显示设备）都有一个传递函数和 MTF。因此，整个系统的传递函数 $H(\xi,\eta)$ 可写为

$$H(\xi,\eta) = H_{op}(\xi,\eta)H_{det}(\xi,\eta)H_{dig}(\xi,\eta)P_{ix}(\xi,\eta) \tag{1.7}$$

而显示屏上的调制图像的傅里叶变换如下：

$$I_{mg}(\xi,\eta) = S_{cn}(\xi,\eta)H(\xi,\eta) \tag{1.8}$$

场景和显示调制或调制对比度的计算如图 1.6 所示。图中顶部是底部给出的正弦波强度的示波器描迹。调制对比度 C_{mod} 可由下式进行计算：

$$C_{mod} = \frac{最大值 - 最小值}{最大值 + 最小值} \tag{1.9}$$

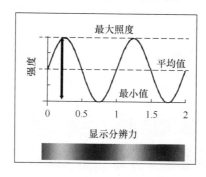

图 1.6　正弦波的强度描迹可对调制进行计算

图 1.7 从频域分析的角度展示了如何产生如图 1.3 所示的运用空间卷积得到的模糊图像。场景的傅里叶变换（FT）乘以 OTF，即可得到焦平面阵列上图像的傅里叶变换，而不是像原来那样对场景的各个光学器件模糊进行卷积。事实上，使用频域分析要求对 scn(x,y) 进行双重积分才能得到 $S_{cn}(\xi,\eta)$，对 $I_{mg}(\xi,\eta)$ 双重积分得到最终的图像 img(x,y)，中间的步骤则可由透镜 OTF 连续相乘来完成。图 1.7 所示的步骤其实要比图 1.3 的卷积过程更复杂。但式（1.3）的所有中间步骤都被转换为乘法而不是双重积分，并且在考虑整个信号链（Signal Chain）时频域分析更加容易。

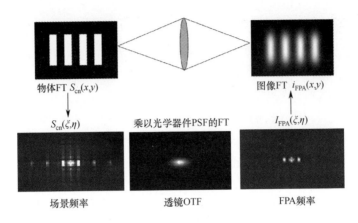

物体FT $S_{cn}(x,y)$ 图像FT $i_{FPA}(x,y)$

$S_{cn}(\xi,\eta)$ 乘以光学器件PSF的FT $I_{FPA}(\xi,\eta)$

场景频率   透镜OTF   FPA频率

图 1.7　使用傅里叶变换分析得到与图 1.3 相同的模糊图像

图 1.8 总结了上述的分析技术。相机将场景中的一个点采样并显示到显示设备上。显示设备上的点是模糊的，这是因为系统传递函数（System Transfer Function）并不完美，且并非构成该点的所有频率都能通过相机。设想场景中的两个正弦波，如图 1.8 底部所示。与空间周期较大的正弦波相比，空间周期较小的正弦波更为模糊，而且对比度也降低了。相机不能在全调制中通过场景内所有空间频率，因此产生了图像模糊。通过系统传递函数与场景调制相乘，可以得到每个空间频率在显示设备上的调制。

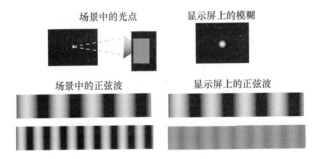

场景中的光点   显示屏上的模糊

场景中的正弦波   显示屏上的正弦波

图 1.8　相机降低高频正弦波的调制从而导致图像模糊，通过系统
传递函数与场景调制相乘得到显示设备上的调制

式（1.1）~式（1.8）适用于经过良好校正的光学系统，这些系统中的模糊在视场（Field Of View，FOV）中的大部分区域内是恒定的。同样，从严格意义上讲，这些公式还忽略了采样过程。式（1.8）将相机看作场景内容的过滤器，因此显示设备上不会出现场景中并不存在的频率。但实际情况并非如此，而这也正是非采样（Nonsampled）相机模型非常重要的一个缺陷。

然而，相机的传递函数提供了对预期性能的一些重要的洞察。1.2.2 节讨论传递函数所需的特性。

练习 1.1

给定一种具有如图 ex1.1 所示 MTF 的热成像仪。场景是如图 1.6 所示的一个完整的调幅度正弦波。求显示设备在每毫弧度 5 周的调幅度以及每毫弧度 10 周的调幅度。

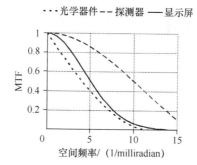

图 ex1.1

解：

对于每毫弧度 5 周，将光学 MTF（0.4）乘以显示设备的 MTF（0.5），再乘以探测器的 MTF（0.85），最终得到显示设备的调幅度为 0.17。同理，可求得每毫弧度 10 周时显示设备的调幅度约为 0.001。

1.2.2　相机传递函数的理想特性

为了尽可能减少场景和渲染出的图像之间的误差，相机应具有尽可能大的空间带宽（Spatial Bandwidth）。换言之，系统的 MTF 应在尽可能大的空间频率通带内始终尽可能接近于 1。

注释 1.2

不提升高频似乎是一个错误。应该提升高频而非低频，这难道不对吗？这个问题的答案是"不"。如果高频提升克服了热成像仪调制损失，那么它有助于场景的渲染。也就是说，如果高频提升可建立一个平坦且宽广的成像传递函数，那么它可提供帮助。给定光电成像仪的有限频带，我们想要把场景中辐射变化转换成显示屏上的亮度变化，实现尽可能高的保真度。要实现场景和显示屏之间的最小误差，就要使 MTF 在整个成像仪的通带中保持平坦。

由于需要宽广而平坦的通带，因此让我们回到最初的假设——被人用在某处完成非特定的观察任务。为此，必须考虑尽可能多的场景，而且"目标"的傅里叶变换也是未知的。即使在探讨一个特定的物体时，决定目标傅里叶变换的距离和角度也是未知的。

二维曲线图有时很难理解，也不便于在同一个坐标轴上进行比较。因此，常常使用 MTF 的一维图像。一维图像能够展示二维曲面与水平面或垂直面（MTF，空间频率）的交集。图 1.9 给出了一个例子：左侧是一个二维高斯函数 MTF，它的曲面与（MTF，水平频率）平面的交集显示在右侧。

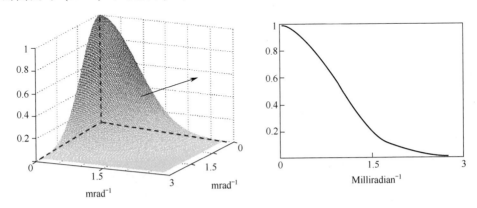

图 1.9　高斯曲面与（MTF，水平频率）平面的交集

一维 MTF 曲线图较为常见，本章中也尽量使用它们，而空间带宽 W 则使用二维积分：

$$W = \int_0^{\eta_{\max}} \int_0^{\varepsilon_{\max}} H(\xi, \eta)\, \mathrm{d}\xi \mathrm{d}\eta \qquad (1.10)$$

空间带宽是 $H(\xi, \eta)$ 所定义的曲面下方的体积。仅当 $H(\xi, \eta)$ 在笛卡儿坐标系可分时，才能直接表示为一维水平 MTF 曲线和垂直 MTF 曲线下的面积的乘积。即一维曲线图仅表示 $H(\xi, \eta)$ 等于 $H(\xi)$ 乘以 $H(\eta)$ 的系统。注意，可分性假设无论是对场景还是传递函数都难以成立，因此应谨慎使用一维曲线图表示方式。

下面的例子说明了一个良好的传递函数应该具备的一些特性。这些例子假设有一个工作在 $10\mu\mathrm{m}$ 波长下的热成像仪，它具有 $5°$ 的视场（FOV）和 512×512 的像素点阵。图 1.10 显示了两个具有相同接收面积（Collecting Area）的小孔：一个是圆形，另一个是环形。环形小孔的中心是一个与圆形小孔等大的圆形遮挡物。圆形小孔的直径为 3mm。通过这两个小孔的分辨力都受限于衍射。

图 1.11 显示两个小孔的 MTF：左边是圆形小孔的 MTF，右边是环形小孔的MTF，底部是两者的一维曲线图。环形小孔的直径大于圆形小孔，所以它的衍射截止（Diffraction Cutoff）具有更高的频率，但其调制传递在低频处稍差。

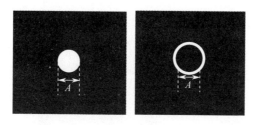

图 1.10　两个具有相同接收面积的小孔：左侧的圆形小孔与右侧的
环形小孔内的圆形遮挡物等大

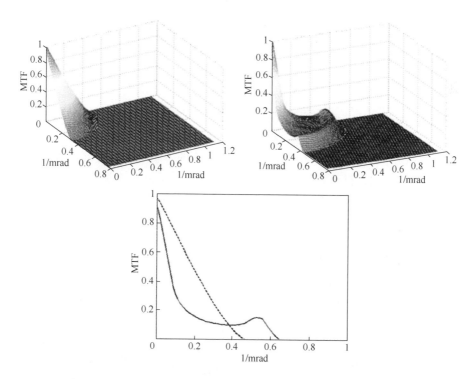

图 1.11　圆形（左）和环形（右）小孔的 MTF 及两者对比（底部）

图 1.12 显示了图 1.11 的 MTF 应用在一辆坦克的热成像图像时的效果。对环形小孔和圆形小孔而言，两者产生的均方根（RMS）误差和绝对误差大致相等——即使环形小孔提供了稍差的图像。RMS 误差度量的是传输的能量而非图像的保真度。就 RMS 误差而言，环形小孔较高的截止频率补偿了在低频处较差的调制传递，但也正是环形小孔不规则的通带特性损害了图像的保真度。当然，如果不是在不同的成像仪之间进行比较，那么 RMS 误差在量化图像复原程度时是有用的。

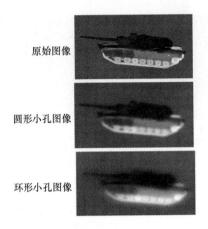

原始图像
圆形小孔图像
环形小孔图像

图 1.12　对原始图像分别应用圆形小孔 MTF 和环形小孔 MTF 后得到的图像

只要噪声非常低，两幅图像就都可以利用本章后面讲到的维纳复原滤波器进行数字增强。图 1.13 给出了增强和复原 MTF，图 1.14 给出了复原的图像。与没有增强的情况相比，增强后的总误差在环形小孔例子中减少为 1/40，在圆形小孔例子中减少为 1/20。最重要的是，环形小孔此时给出了很好的图像。环形小孔仅在使用数字复原滤波器将传递响应平坦化后，才能提供比圆形小孔更好的图像。

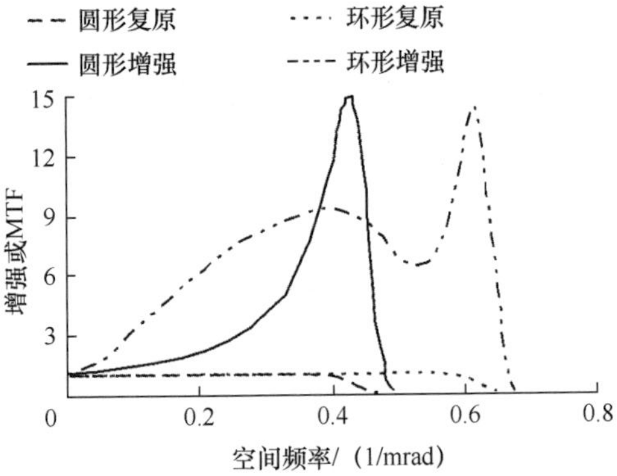

圆形复原
环形复原
圆形增强
环形增强
15
12
9
6
3
0
0.2
0.4
0.6
0.8
增强或MTF
空间频率/（1/mrad）

图 1.13　圆形和环形小孔增强和复原 MTF

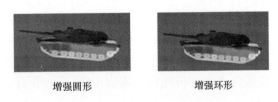

增强圆形
增强环形

图 1.14　复原图像。因为衍射截止更高而且低频的通带有所增强，复原后的环形 MTF 产生了更好的图像

　　图 1.14 所示的更为清晰的增强效果仅在噪声极低时才有可能。一个噪声稍高的图像案例可以说明复原环形小孔衍射 MTF 的难度。在下一个例子中，探测器噪声的标准偏差等于目标车辆的热对比度的标准偏差。带噪声的图像如图 1.15 顶部所示，经维纳复原后的图像如图底部所示。图 1.16 给出了各个不同的 MTF。图 1.16 中给出的复原环形小孔 MTF 并不平坦，这使得图 1.15 右下角所示复原的坦克图像相对于左下角圆形小孔的图像要差得多。

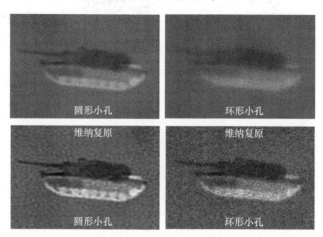

图 1.15　考虑探测器噪声的坦克热成像图。底部的图片使用了维纳滤波器进行复原

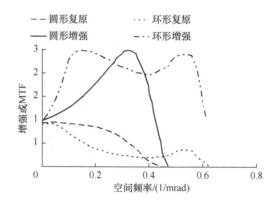

图 1.16　用于复原有噪声图像的复原 MTF

　　当然，至少有一个解决办法，即在复原前使用滤波器来抑制噪声。由于图像模糊发生在探测器噪声之前，因此模糊对噪声的影响要大于对场景细节的影响。在利用图 1.13 中 MTF 进行完全复原前，可以使用高斯模糊对噪声进行抑制。如图 1.17 所示，尽管得到的传递响应并不平坦，但它具有噪声滤波器的高斯形状。图 1.18 同时给出了直接使用维纳还原（Weiner Restored，图 1.16）和先使用预模糊（Pre-blur）处理再进行维纳还原（图 1.17）的图像。对人眼而言，预模糊

处理能提高一点视觉效果，但还不够。

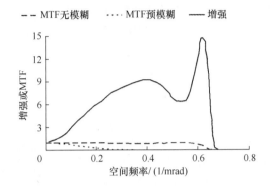

图 1.17　使用预模糊处理去除噪声的环形小孔的还原 MTF

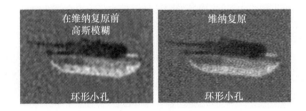

图 1.18　使用预模糊处理（左）与不使用该处理（右）的结果对比

这个例子的要点在于，环形小孔更高的衍射截止仅在通带平坦化时有利于图像质量。但在实践中，平坦化的通带难以实现。一旦存在噪声，在低空间频率被弱化的调制传递将导致图像的退化。

总之，扩展成像仪的高频响应当然是有益的。然而，以弱化空间频率内的中低频率的调制传递为代价，对高频响应进行扩展并非良策。由于显示调制不能超过 1，增强因超过调制而消失在光路中的高空间频率将适得其反。对于一般的成像需求，其目标是精确地渲染场景，这需要系统的 MTF 在尽可能大的空间频率分布上尽可能等于 1。

练习 1. 2

在练习 1.1 的热成像相机中加入 MTF 增强。当练习 1.1 中的 MTF 乘以增强 MTF 时，得到图 ex1.2 中的传递 MTF。在每毫弧度 5 周时的显示调制大于 1 吗？场景到显示的对比传递在每弧度 2.5 周时得到提升了吗？

解：

显示调制 = (最大值 – 最小值)/(最大值 + 最小值)，并且不能大于 1.0。正确的传递响应被归一化到峰值为 1.0。所有高于约每毫弧度 2.5 周的空间频率都要比在练习 1.1 中具有更好的调制，但低于该值的空间频率的调制则恶化了。

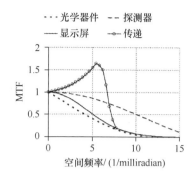

图 ex1. 2

1. 2. 3　采样和图像重建

所有的光电成像仪都至少在一个方向上进行采样，并且几乎所有的现代成像仪都同时在水平和垂直两个方向进行采样。由于数字处理建立在采样基础之上，因此必须修改式（1.1）~式（1.8），使之包含采样的影响。本节讨论的采样和图像重建过程。参见 Vollmerhausen（2010）一文。

在 2.1 节和 2.2 节中，光电成像系统被看作线性移不变（LSI）系统。在 LSI 系统中，场景中不存在的频率成分不会出现在显示设备中，在这一点上它们表现良好。空间频率在 LSI 成像仪中可能会被降低、放大或产生相位移动，但 LSI 系统严格属于过滤器或放大器，不会产生原本没有的频率成分。采样成像仪不属于 LSI，它们确实会产生原本没有的频率成分，即所谓的混叠。

线性意味着叠加原理有效，即若输入 A 产生输出 A′，输入 B 产生输出 B′，则输入 A + B 产生输出 A′ + B′。同样地，采样成像仪和其他光学成像仪类似，都是线性的。平移不变性假设场景中的每一个点都被相机以同样方式加以处理，但采样成像仪并不是平移不变的。

图 1.2 实际上已经说明，在成像场景中并不是所有的点都被同样处理。场景被一个透镜聚焦到焦平面阵列上。落在每个探测器有效区域的光线都会产生光电子。所有落在单个探测器上的光线都被累积，包括两个要点。首先，累加是除光学系统衍射和像差之外的一种模糊。之所以是一种模糊是因为场景中相邻点的信号也被混入；其次，光信号现在代表的是一个区域而不是一个点。这不仅是模糊，因为我们将探测器瞬时视场内的任意角度的光信号与离散的探测器位置关联起来。在场景中，相邻点的光可能会落在两个不同的探测器上，而来自两个距离更远的点的光却可能落在同一个探测器中。一些光线落在探测器之间，因而不会产生任何光信号。场景中所有的点并不都是被同样处理的，因而传感器并非平移不变的。

注释1.3

采样 PSF 产生的显示图像可这样求得：首先添加预采样模糊（光学模糊 h_{op} 与探测器模糊 h_{det} 的卷积），然后再与显示和数字处理模糊进行卷积。预采样模糊 h_{pre} 包含了光电检测前所有的衍射、光学相差、探测器区域累积等。

$$r_{sp}(x,y) = \left[h_{pre}(x,y) \sum_{m=-\infty}^{m=\infty} \sum_{n=-\infty}^{n=-\infty} \delta(x-nX, y-mY) \right] * p_{ix}(x,y) * h_{dig}(x,y) \quad (1.11)$$

式中：X 和 Y 为水平和垂直探测器间距，单位为 mrad；n 和 m 为整数。

空间的乘法是频率的卷积，因此采样成像仪的传递函数 $R_{sp}(\xi,\eta)$ 可表示为

$$R_{sp}(\xi,\eta) = P_{ix}(\xi,\eta) H_{dig}(\xi,\eta) \sum_{m=-\infty}^{m=\infty} \sum_{n=-\infty}^{n=-\infty} H_{pre}\left(\xi - \frac{n}{X}, \eta - \frac{m}{Y}\right) \quad (1.12)$$

图 1.19 使用一维图表说明问题。采样过程在采样频率的所有倍数上复制了预采样 MTF。显示 MTF 和数字滤波 MTF 的乘积即为后 MTF（Post-MTF）。预采样的副本是以零频率为中心的，它与后 MTF 的乘积就是传递函数 $H(\xi,\eta)$（图 1.20）。采样成像仪的传递函数如式（1.13）所示，该式与式（1.7）完全相同。其他预采样副本与后 MTF 的乘积构成混叠 $A_l(\xi,\eta)$，参见式（1.14）和图 1.20。同时考虑传递函数和混叠，就构成了采样成像仪的响应函数 $R_{sp}(\xi,\eta)$。

$$H(\xi,\eta) = H_{pre}(\xi,\eta) H_{dig}(\xi,\eta) P_{ix}(\xi,\eta) \quad (1.13)$$

$$A_l(\xi,\eta) = P_{ix}(\xi,\eta) H_{dig}(\xi,\eta) \sum_{m\neq 0} \sum_{n\neq 0} H_{pre}\left(\xi - \frac{n}{X}, \eta - \frac{m}{Y}\right) \quad (1.14)$$

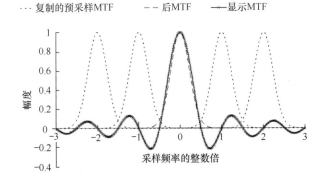

图 1.19　采样过程在采样频率的所有倍数处复制了预采样 MTF，这里显示了部分副本，同时给出的是与采样区域相同尺寸的方形显示像素的 MTF

超出半采样率的信号不应被忽略。该频率成分表示样本间的较差的插值结果。如果像素足够大，使得看到略低于半采样率的频率成分，那么略高于半采样率的杂散成分也是可见的。图 1.21 中莱娜的照片说明，每个传感器采样使用多

个显示像素，极大地提高了图像质量。通过显示插值，半采样率以上的混叠成分被去除，图像质量得以提高。

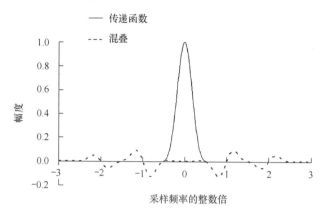

图 1.20　传递函数（实线）由预采样 MTF 和像素 MTF 卷积得到，混叠（虚线）是采样副本与像素 MTF 卷积的结果

图 1.21　左侧图片每次成像仪采样使用一个像素，而右侧图片对采样进行插值处理，每次采样使用多个显示像素

　　图 1.22 比较了使用一个正方形显示像素时的图像频谱与水平和垂直两个像素的图像频谱。插值采用双线性和七系数插值核。插值处理在去除带外可见混叠方面做得很好（"带外"意味着空间频率成分高于半采样频率）。使用每传感器采样多像素方式重建低于半采样率的空间频率，并滤除高于半采样率的频率。图 1.22 中左侧大的、清晰分界的像素干扰了人眼融合基础场景的能力。超过半采样率的混叠无助于场景理解，并且实际上往往会隐藏有用的细节。

　　图 1.23 说明了一个不同的混叠问题。在顶部，随着钟面和成像仪之间的距离增加，时钟在图像空间中收缩，而频谱（单位为 mrad^{-1}）却在扩展。该图说明在近距离处可适当采样的物体可能在较远的距离变成不良采样。时钟数字在近距离处被适当采样，但随着距离增加而变差。

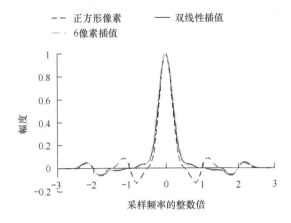

图 1.22 使用每图像采样一个方形像素的图像光谱（虚线）。双线性（实线）和七系数插值（虚线）使用采样尺寸一半的方形像素。大的、清晰分界的像素（虚线）产生可见边缘，使得眼睛难以融合底层图像

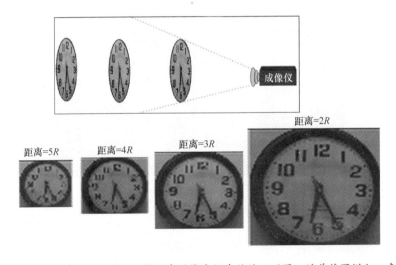

图 1.23 上图：随着距离的增加，钟面在图像空间中收缩。下图：随着范围增加，表盘数字变得较差，这是因为它们在显示屏上变小，而且每个数字的采样变少

用于对时钟进行成像的相机的传递响应和混叠如图 1.24 所示。注意，因为 MTF 副本基本上与传递响应重叠，所以在低于半采样率的空间频率处存在实质的混叠。像探测器噪声一样，成像仪内产生混叠并破坏信号。与探测器噪声不同，混叠的强度和频谱取决于目标结构、目标范围和目标对比度。带内混叠的影响取决于范围和正在执行的特定视觉任务。

本节中的任何内容都不意味着向读者建议应该添加光学模糊以校正图像的欠采样问题。除了大量的噪声，没有什么比模糊更有损于图像。可以通过向焦平面

阵列添加探测器来校正图像混叠问题，并且可以通过数字处理和添加显示像素来校正插值混叠问题。当然，这些校正欠采样的方法可能是不可行的。尽管如此，很难想象添加光学模糊可以改善主观图像质量或帮助改善任何类型的视觉任务性能的实际情形。图 1.24 所示的混叠可以通过降低预采样 MTF 来消除。然而，结果将是在近距离处的图像更加模糊，而在远距离处，钟面上的数字将因为太模糊而难以辨认。在远距离处，钟面上的数字是欠采样的，而添加模糊虽然消除了混叠，但是并未校正欠采样问题。

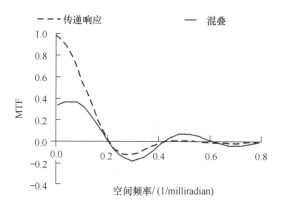

图 1.24　用于拍摄钟面的相机的传递响应和混叠

　　抽样定理（Sampling Theorem）有两部分。第一部分，以超过现有最高空间频率的 2 倍对整幅图像进行采样。第二部分，通过生成并累加以每个样本为中心的 sinc 波和样本幅度来重建图像。然而，任何带限信号不能在空间上受限，并且任何空间受限的信号不能被带限。完美重建需要以无限速率采样或采样无限间隔。总会存在一些带内混叠（带内混叠导致在小于半采样频率的空间频率上的损坏）。如果带内混叠是显著的，那么它对较小或较远物体的可视化具有更大的影响。

　　此外，我们不使用 sinc 波来重建，而是用来显示像素。sinc 波没有超过半采样率的频率成分，但是显示像素具有制造商选择的任何形状，而频谱是像素形状的傅里叶变换。在图像中不存在高于半采样率的频率的想法根本不切实际，并且可以使用式（1.14）找到频率成分。由于带外频率是由显示像素引起的，因此混叠往往具有阻碍甚至隐藏场景细节的空间结构。通过对每个传感器样本使用数字插值和两个显示像素来抑制带外混叠。

练习 1.3

　　图 ex1.3 显示了热成像仪中的组件 MTF 和混叠，解释了为何在半采样频率之外存在混叠。

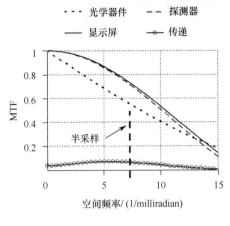

图 ex1.3

解:

抽样定理使用 sinc 波 [sine(x)/(x)] 重建采样信号, sinc 波没有超过半采样频率的频率成分。然而, 显示像素不具有 sinc 形状。为简单起见, 使用一维, 图像 FT(x) 的频率成分为

$$FT(\xi) = \sum_{\text{所有整数} m} I_m P_{ix}(\xi) e^{-2\pi m X\xi}$$

式中: I_m 为像素强度; P_{ix} 为像素形状的 FT; 而指数以空间间隔 X 放置像素。

也就是说, 显示图像的 FT 是所有像素的 FT 的总和, 每个像素具有自身强度。我们不能基于抽样定理得出结论, 除非实际实现抽样定理。

1.3　数字复原滤波器

1.2 节确立了图像复原的目标。即传递函数应当尽可能宽广和平坦, 以便以最好的保真度来呈现场景。即使光学像差被完全校正, 所有光电成像仪也会受到衍射的限制。

图 1.11 显示了图 1.10 中小孔的衍射 MTF。图 1.12 显示了由衍射产生的模糊成像。然而, 虽然在图像中确实没有衍射截止之上的频率, 但是可以放大低于衍射截止的频率处的调制振幅。将低于衍射截止的所有频率的 MTF 恢复到值 1 得到图 1.14 中的图像。显然, 提升高空间频率产生更好的成像。然而, 我们并不想过度放大任何频率, 这是因为目标是将图像的 FT 与场景的 FT 匹配。

本节描述了建立有限脉冲响应 (FIR) 反卷积核的过程。通过对维纳型反向滤波器 (WTIF) 进行加窗来获得这些核。在空间域或频率域实现高增益

WTIF 可能导致损害图像的伪像。通过对无限持续时间的理想化滤波器进行加窗来建立 FIR 滤波器，这是用于设计数字滤波器的知名技术。在本节中，该技术应用于图像复原，参见 Vollmerhausen（2010）、Mersereau（1981）和 Fiasconaro（1979）。

在本节中，假设成像相对无噪声。假设噪声与信号相比较小，使得场景功率谱对复原滤波器设计的影响最小化。在低噪声条件下，复原滤波器本质上是补偿成像仪模糊的逆滤波器。核的值主要取决于成像仪的特性，而对预期场景的依赖较少。另一个简化的假设是混叠是不重要的。

1.3.1 节描述了解反卷积核的生成，并讨论了通过使用窗函数限制核大小的好处。在 3.4 节中，快速傅里叶变换（FFT）用于应用反卷积核。

1.3.1 反卷积核的生成

本节介绍如何生成复原核，并讨论使用窗函数来限制反卷积核的大小，同时平坦化调制通带。

维纳型复原滤波器由式（1.15）定义。Goldman（1981）的维纳方程衍生式虽然简单，但提供了其他方程缺乏的细节。关于维纳复原和许多其他反卷积方法的讨论，也可参见 Jannson（1997）。这些滤波器复原代表宽平均值的预期场景，在预期场景中所有空间频率都均等地表示。在低噪声条件下，维纳滤波器创建应用于场景的方形带通。

注释 1.4

场景功率谱密度（psd）ϕ_s 在成像仪的带限上均匀提取。符号 cc 表示复共轭。

$$R(\xi,\eta) = \frac{H^{cc}(\xi,\eta)\phi_s(\xi,\eta)}{H^2(\xi,\eta)\phi_s(\xi,\eta) + H_{post}^2(\xi,\eta)\phi_n(\xi,\eta)}（对于 \xi < \Omega_x 且 \eta < \Omega_y）$$
$$= 0 \quad（对于 \xi \geq \Omega_x 或 \eta \geq \Omega_y）$$

(1.15)

式中：$R(\xi,\eta)$ 为维纳增强滤波器；ξ 为水平空间频率，单位为每像素周期数（$pixel^{-1}$）；η 为垂直空间频率，单位为 $pixel^{-1}$；Ω_x 和 Ω_y 分别为水平和垂直带限，单位为 $pixel^{-1}$；$H(\xi,\eta)$ 为显示设备中来自场景的 MTF；$H_{post}(\xi,\eta)$ 为显示设备中来自噪声的 MTF；ϕ_n 为噪声功率谱密度（平方律探测器信号的平方）；ϕ_s 为场景功率谱密度。

维纳理论假定相机噪声满足高斯正态分布，在频率上是均匀分布的，虽然随

时间变化，但是在统计上是稳定的，并且与场景无关。在这种情况下，图像噪声谱由包括数字滤波器、显示 MTF 和人眼 MTF 在内的相机后 MTF 决定。维纳理论进一步假设 ϕ_n 和 ϕ_s 在统计学上是独立的。

通常，相机工程师很少或者不会控制显示 MTF、图像大小和观看距离。这些因素决定了 $H_{post}(\xi, \eta)$，并且当成像充满噪声时，这些因素对于维纳优化非常重要。此外，关于 ϕ_n 和 ϕ_s 的维纳假设似乎仅适用于探测器噪声由背景通量引起的热成像。也就是说，大的背景通量在视场上产生了随机噪声图案，而该图案与表示典型热成像的热对比度的相对小的变化无关。然而，在大多数对比度条件下，反射成像仪中的噪声与每个像素中的信号强度的平方根成比例。这意味着 ϕ_n 和 ϕ_s 不是独立的。考虑到应用维纳理论的实践和理论问题，我们选择更加实证的方法并使用以下形式的复原滤波器：

$$R(\xi, \eta) = \frac{H^{cc}(\xi, \eta)}{H^2(\xi, \eta) + \alpha^2} \tag{1.16}$$

式中：α 为通过试错法确定的。详细的推导过程参见 Vollmerhausen（2010）。

为了简化讨论，使用一维核，本节末尾的一个示例除外。二维方程和图形难以传达概念。在一维核中，反卷积滤波器的 psf 是 $r(x)$。注意，在本节中，我们使用像素尺寸作为样本间隔，使用 pixel^{-1} 作为频率，因此样本间隔为 1。

由于 $R(\xi)$ 在小于 0.5 pixel^{-1} 的某个空间频率处是带限的，式（1.17）使用抽样定理来表示 $r(x)$：

$$r(x) = \sum_{j=-\infty}^{\infty} r_j \frac{\sin(\pi x - j\pi)}{(\pi x - j\pi)} \tag{1.17}$$

式中：r_j 的计算式为

$$r_j = \frac{1}{2\pi} \int_{-0.5}^{0.5} R(\xi) e^{i2\pi\xi j} d\xi \tag{1.18}$$

式（1.17）和式（1.18）提供了在实践中没有用处的理论解，这是因为求和计算是无穷的。我们可以通过将 $r(x)$ 乘以窗函数 $w(x)$ 来产生具有变换 $R'(\xi)$ 的新函数 $r'(x)$ 来限制求和。由于空间乘法是频率卷积：

$$R'(\xi) = R(\xi) * W(\xi) \tag{1.19}$$

式中：$W(\xi)$ 为 $w(x)$ 的傅里叶变换；$R'(\xi)$ 接近于 $R(\xi)$。

通过将位置 m 处的模糊图像数字值 I_m 与采样的 $r(x)$ 卷积来生成复原的图像。复原的图像在与原始图像相同的位置处被采样。通过 sinc 函数的性质，在每个复原的图像位置 R_m 处的采样值为

$$R_m \approx \sum_{j=-K}^{K} r_j \Gamma_j I_{m+j} \tag{1.20}$$

式中：Γ_j 为窗口值；R_m 为一个近似值，这是因为我们已经将复原核截断为 $2K+1$

个系数。

$R(\xi)$ 当然依赖于 α 的值。较大的 α 值限制了模糊恢复的程度，但也使图像伪影最小化。重点是，α 和 $W(\xi)$ 都可以用于优化任何期望的核大小的复原。一种简单的方法是将核截断为所需的大小，并使 α 使图像伪影最小化。在这种情况下，$w(x)$ 是矩形窗（rect）函数。选择除了矩形窗函数之外的 $w(x)$ 在设计复原核时提供了额外的灵活性。

除了变化的 α 之外，使用由以下等式定义的高斯模糊来说明使用窗函数的效用：

$$r_j = e^{-(j/8)^2} \tag{1.21}$$

图 1.25 给出了对于 α 从 0.004 的值倍增到 1.024 的一系列复原 MTF。这些曲线是模糊 MTF 与复原 MTF 的乘积。每个复原核有 511 个系数。即使计算系统的处理能力能够处理这个卷积长度，这些复原核也并不实用，这是因为边缘效应损坏了大部分图像。对于该示例，如果图像是 512 像素 ×512 像素，则仅有 2×2 像素部分将不被边缘效应破坏。在实践中复原核必须更短。

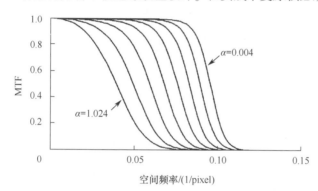

图 1.25　每条曲线表示高斯模糊 MTF 乘以使用式（1.16）～式（1.20）计算得到的复原 MTF。参数 α 从 0.004 的值倍增到 1.024。注意，随着 α 增加，复原变得越来越低效

图 1.26 显示了使用相同高斯模糊但将核大小限制为 31 个系数的复原结果。将 511 个系数阵列乘以空间矩形窗函数（31 像素宽），使 MTF $R(\xi)$ 与频域中相当宽广的 sinc 波函数卷积，并且导致复原严重劣化。当然，一些模糊不需要大的核亦可实现较好的复原，并且截断那些核也不会导致复原变差。然而，对于该示例和一般情况，应用矩形窗 $w(x)$ 导致显著的图像伪像，除非使用较大的 α，而较大的 α 导致图像模糊。

我们现在探讨使用除矩形窗之外的窗函数的好处。换句话说，511 个系数复原核乘以除 0 和 1 以外的某些数字。此刻，替代的 $w(x)$ 称为 Win 1～Win 7。1.3.2 节描述了合适的窗函数。图 1.27 比较了 3 个截断核和 3 个使用选择的窗口的核的复原 MTF。这些窗函数示例经过选择，它们拥有相同或更大的截止频率，

而且具有更平坦的通带。

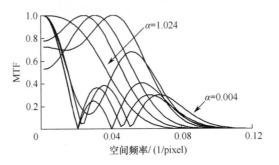

图 1.26 每条曲线表示高斯模糊 MTF 乘以使用式 (1.16)～式 (1.20) 计算得到的复原 MTF。参数 α 从 0.004 的值倍增到 1.024。图 1.25 中的曲线使用 511 个系数复原核，而这里的曲线使用 31 个系数复原核。参数 α 从 0.004 的值倍增到 1.024。注意，使用这些核复原图像会得到严重的图像伪像，除非参数 α 非常大，而且不提升高空间频率

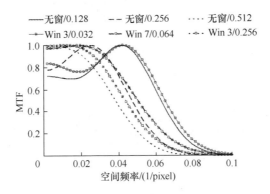

图 1.27 比较使用窗函数和不使用窗函数的复原 MTF。1.3.2 节解释了 Win 3 和 Win 7 的性质。斜杠 (/) 之后的数字是参数 α 的值。其他的窗函数允许使用更小的 α 值，但仍然在更高的截止频率上实现平坦通带

　　注意，使用窗函数往往会平坦化每个 α 的 MTF，使得当使用替代窗函数时在更高的截止频率处实现有效复原。换句话说，复原 MTF 中的波纹导致图像伪像，而这些波纹的一个重要原因是复原核的截断。

　　图 1.28～图 1.31 显示原始图片、模糊图片、使用矩形窗且 α 为 0.128 复原的图片以及使用 Win 3 且 α 为 0.032 复原的图片。复原 MTF 是图 1.27 中的右手曲线。根据所有图像的平均值，使用 Win 3 窗函数导致均方根误差减少 40%。此外，使用替代窗函数建立复原核得到的图像在主观上更令人愉快。

图 1.28　原始图片

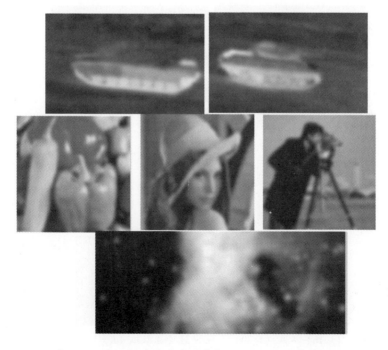

图 1.29　图 1.28 中的图片经过式 (1.21) 核的模糊处理

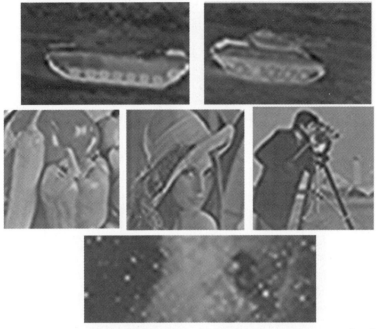

图 1.30 使用式（1.16）～式（1.20）生成的 31 个系数核（$K=15$）以及矩形窗函数作为 $w(x)$
来复原图 1.29 中的图片

图 1.31 使用式（1.16）～式（1.20）生成的 31 个系数核（$K=15$）以及 1.3.2 节描述的窗
函数之一作为 $w(x)$ 来复原图 1.29 中的图片

图 1.32 和图 1.33 显示了使用 $K=8$（17 个系数核）和 $\alpha=0.002$ 的复原结果。图 1.32 中使用了矩形窗，图 1.33 中使用了 Win 2 窗口。图 1.32 说明了通过截断反卷积核而导致的严重图像伪像，图 1.33 则说明了使用非矩形窗函数来限制核大小的好处。

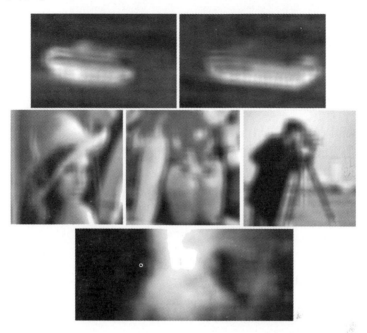

图 1.32 使用 $K=8$ 且 $\alpha=0.002$ 和一个矩形窗来复原图 1.29 中的模糊图片。将窗函数截断为 17 系数导致严重的伪像

一些复原核本身很小，不需要使用非矩形窗的 FIR 设计技术。然而，大多数时候，使用 1.3.2 节描述的加窗技术可以显著改善复原结果。可以通过改变式（1.20）中的 Γ_j 以及通过改变式（1.16）中的 α 来优化 FIR 复原核。

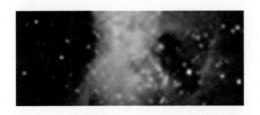

图 1.33 使用 K 等于 8 且 α 等于 0.002 和一个非矩形窗来复原图 1.29 中的模糊图片。非矩形
窗消除了图 1.32 中的伪像

练习 1.4

高斯模糊具有 4 像素的 $1/e$ 半宽度。找出当 $\alpha = 0.004$、采用矩形窗函数且使
用 511 系数的离散傅里叶变换的复原核的中心 61 系数。

解：

（1）建立一个 511 元阵列（A_{rray}），中心处为高斯模糊。第 j 个阵列元素的幅
度 A_j 为

$$A_j = e^{-(256-j)^2/16}$$

（2）取该阵列的 DFT（DFT_Array），并将尖峰幅度归一化为 1。

（3）找出复原核的 DFT，即

$$\text{DFT\_Restore} = \frac{\text{conjugate(DFT\_Array)}}{\text{conjugate(DFT\_Array)}. * (\text{DFT\_Array}) + (0.004)^2}$$

式中：∗ 表示阵列元素相乘。

（4）结果如图 ex1.4 所示。

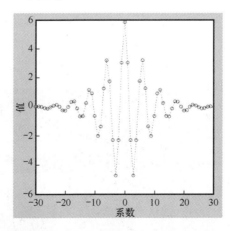

图 ex1.4

1.3.2　有用的窗函数

选择球状体波函数（PSWF）作为窗函数，因为它们将带限能量的最大可能部分集中在最小空间间隔上。

注释 1.5

考虑一个形状为 $f(x)$ 且傅里叶变换为 $F(\xi)$ 的 psf。定义 θ 和 β 如下：

$$\theta^2 = \int_{-X}^{X} f^2(x)\,\mathrm{d}x \Big/ \int_{-\infty}^{\infty} f^2(x)\,\mathrm{d}x \tag{1.22}$$

$$\beta^2 = \int_{-\Omega}^{\Omega} F^2(\xi)\,\mathrm{d}\xi \Big/ \int_{-\infty}^{\infty} F^2(\xi)\,\mathrm{d}\xi \tag{1.23}$$

式中：X 为给定尺寸（单位为像素）。

如果指定 θ 和 β 中的一个，那么另一个必须保持在某个特定值（取决于 ΩX 的乘积）之下。对于 θ 或 β 的每种选择，通过让 $f(x)$ 成为选中的 PSWF Ψ，就可以让乘积 $\theta\beta$ 最大化。Papoulis（1962）详尽描述了这些函数的相关特性。

Ψ 是 $2\pi\Omega X$ 的函数。每个 Ψ 必须在空间上进行缩放，以便与成像具有相同的带限 Ω pixel^{-1}。定义一组新的函数 Ψ（参见 Vollmerhausen，October，2010）：

$$\psi(\gamma,x) = \psi(\gamma, 2\pi\Omega x/\gamma) \tag{1.24}$$

$\psi(\gamma,x)$ 的傅里叶变换 $\Gamma(\gamma,\xi)$ 为

$$\begin{cases} \Gamma(\gamma,\xi) = \psi(\gamma,\gamma\xi/2\pi\Omega)/\psi(\gamma,0)\,, \, |\xi| < \Omega \\ \Gamma(\gamma,\xi) = 0\,, \, |\xi| \geq \Omega \end{cases} \tag{1.25}$$

注意，该傅里叶变换是波函数本身的截断版本。

Γ 是窗函数，Ψ 是窗函数的傅里叶变换。这是因为窗函数在空间上必须受限。因此，窗函数为 $\Gamma(\gamma,x)$，其中 x 的单位为像素。

$\gamma = 1 \sim 7$ 的窗函数 Γ 如图 1.34 所示。傅里叶变换如图 1.35 所示。由于 Γ 在空间上受限，因此傅里叶变换不能被频带限制。但请注意，超出半采样频率的成分很少。当 Γ 经过放大以创建具有更多核元素的更大窗口时，Γ 的傅里叶变换在频域中甚至更受约束。PSWF 被选择用于开窗应用，这是因为它们为给定大小的中心模糊提供低幅度旁瓣。PSWF 窗函数虽然在空间中受到约束，但也有效地限制了频带。

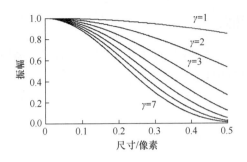

图 1.34 PSWF 窗函数。窗函数在 0.5 处降至零幅度

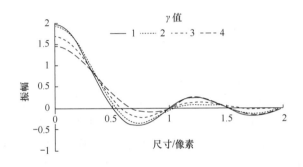

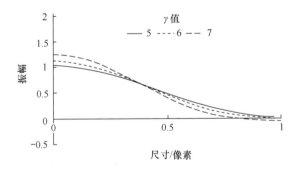

图 1.35 图 1.34 中所示窗函数的傅里叶变换
(注意，即使窗函数本身在 0.5 像素之外为零，FT 在频率依然受限)

1.3.3 使用快速傅里叶变换进行复原

大多数光学模糊在笛卡儿坐标中是不可分的，并且不能通过将水平核和垂直核的顺序卷积进行复原。将 $N \times N$ 可分核与图像进行卷积，每个复原像素都需要 $2N$ 次乘法和 $2N-2$ 次求和运算。而应用 $N \times N$ 不可分核，每个像素则需要 N^2 次乘法和 N^2-1 次求和运算。在最后一节中有一个 31 系数核的示例，如果用作二维核，那么对于每个复原的像素，都将需要 961 次乘法和 960 次求和计算。使用

FFT 应用复原滤波器在计算上更加高效。

在卷积的有效区域，使用离散变换可得到与式（1.20）相同的输出结果。

即使将 DFT 变换相乘的卷积是循环的，这也成立。离散变换的循环性质导致不同的边缘效应。在应用复原核时，可以使用 FFT。然而，当使用离散变换来应用复原时，必须谨慎地限制核大小。

在下面，image_ DFT 是模糊图像的 DFT，blur_ DFT 是相机 psf 的 DFT 的复共轭。由于这是一个颜色示例，每个步骤适用于一种颜色。也就是说，对于每种颜色，image_ DFT 和 blur_ DFT 都不同，并且对于每个颜色切片单独进行复原。通过在暗盒中拍摄点光源（本质上）并进行离散变换来找到 blur_ DFT。红色、绿色和蓝色模糊如图 1.36 所示。

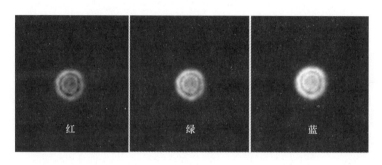

图 1.36　当相机聚焦在 15 英尺[①]处且光源位于 4 英尺处时的红色、绿色和蓝色 psf

一旦测量或预测出模糊的 DFT：

（1）使用下式求出维纳滤波器 R，即

$$R = \frac{\text{blur\_ DFT}}{|\text{blur\_ DFT}|^2 + \alpha^2} \tag{1.26}$$

（2）计算 R 的逆 DFT。

（3）应用（乘以）以核为中心的一个窗函数。

（4）计算开窗核的 DFT，求得 R'。

（5）复原图像是 R' 乘以 image_DFT 的乘积的逆变换。

在图 1.37 中，菲利斯所站位置距离相机 4 英尺，而相机距离背景中的书架 15 英尺。在该图 1.37（a）中，书籍被聚焦，但菲利斯的面部并未被聚焦。这是因为相机在 15 英尺处聚焦。使用此过程和 131 元素 PSWF/Win7 复原图 1.37（b）。注意，面部、眼镜和耳环都在焦点，但书籍现在已被破坏。复原处理已经将焦点校正到 4 英尺，而书籍位于 15 英尺处。图 1.37（c）不使用窗函数进行复原。缺少窗函数导致图像伪像。

_____

① 1 英尺（ft）=0.3048 米（m）。

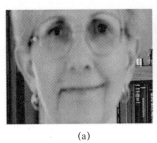 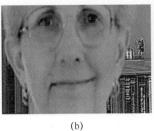 

(a)   (b)   (c)

图 1.37 （a）中的面部模糊，这是因为相机聚焦在背景中的书籍上。在（b）中，通过使用先前描述的过程进行复原以校正聚焦模糊。在（c）中，使用该过程但不乘以窗函数，且边缘效应损坏整幅图像

这个过程的要点并不在于非矩形窗的应用，虽然良好的窗函数所带来的好处仍然适用。相反，其要点是需要窗函数来确保卷积的有效区域的大小。

练习 1.5

使用数值积分，找出模拟高斯的 FT 的幅度与在练习 1.4 中使用的高斯样本的 FT 的幅度之间的差异。有什么区别吗？这是什么意思？

解：

模拟高斯的 FT 为

$$\mathrm{FT}_{\mathrm{Gaus}}(\xi) = \int_{-\infty}^{\infty} e^{-x^2/16} e^{-2\pi i x \xi} \mathrm{d}x$$

式中：x 为像素空间中的非整数维度，x 在像素 256 处等于 0。

一个例子是脉冲函数（ex1.5）。高斯采样的 FT 是所有脉冲函数的 FT 的总和。高斯采样的 FT 为

$$\mathrm{FT}_{\mathrm{samps}}(\xi) = \sum_{j=-255}^{255} A_j e^{-2\pi i j \xi}$$

式中：A_j 的计算在练习 1.6 中给出。

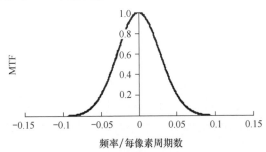

图 ex.1.5

图中绘制了两个 FT 的归一化幅度。只能看到一条曲线,这是因为两条曲线重叠,而不存在明显的区别。这表明高斯分布被良好采样,并且使用式 (1.17) 和式 (1.18) 在此特定情况下不产生误差。

练习 1.6

对于练习 1.4 中定义的高斯模糊,使用下式找出 61 元复原核:

$$\mathrm{FT}_{\mathrm{samps}}(\xi) = \sum_{j=-255}^{255} A_j e^{-2\pi i j \xi}$$

并采用练习 1.4 的结果绘出系数值。它们是否相同?如果不同,原因何在?

解:

$\mathrm{FT}_{\mathrm{samp}}$ 替换了练习 1.4 中的 DFT_ Array,否则找出去卷积系数的过程将完全相同。图 ex1.6 中绘出两个核的系数值。圆圈代表 DFT 值,而 (x) 表示 $\mathrm{FT}_{\mathrm{samp}}$ 值。去卷积核并不相同。在图 ex1.6 中,两个去卷积核的差别看上去要比实际的更大,这是因为每个核的系数的和累加等于 1。换句话说,幅度的大幅摆动被消除。尽管如此,这两个过程提供了不同的解。

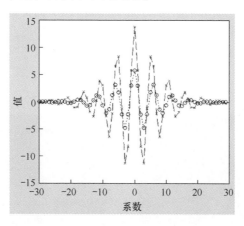

图 ex1.6

DFT 在频域中的离散位置处找到频率成分,并且每个离散频率处的值并不表示在附近频率间隔上的精确平均值。此外,DFT 假定周期性,但在这种特定情况下不是问题,这是因为高斯分布位于阵列的中心。

经验表明,DFT 方法为 $\mathrm{FT}_{\mathrm{samp}}$ 公式提供了合理的近似。尽管如此,两个核有些不同,而且使用 $\mathrm{FT}_{\mathrm{samp}}$ 公式计算反卷积核系数值总是最安全的。

1.4　局部区域对比度增强

局部区域对比度增强（LACE）具有多种用途。它自动调整显示对比度和亮度，将操作者从繁琐工作中解脱出来。它使相机的宽动态范围与显示屏的较低动态范围相适应。此外，图像的每个区域的对比度（或多或少）独立地调整，使得场景细节在亮区和暗区中的可见度更好。本节从描述对 LACE 的需求开始，在单独的小节中分别讨论了热成像仪和反射成像仪的 LACE 算法。

注意，LACE 解决了一个显示问题。LACE 仅在相机提供足够的灰度时方能工作。当热成像仪和反射成像仪产生实时视频时，LACE 变成一个相机问题，这是因为必须实时使用显示屏，而不需要操作者连续地调整显示屏的对比度和亮度。

现代相机的动态范围为 10 位或 12 位，这意味着相机可以渲染多达 4000 级灰度。然而，人眼可区分的最小对比度只是 500 级中的一部分，并且对比度阈值仅达到每毫弧度接近 0.25 周期的空间频率。更低或更高的空间频率需要更高的对比度才可见。此外，现代显示屏不能够呈现对比度的微小变化。典型的数字显示接口甚至将大面积对比度渲染限制为 7 位或 8 位，只能提供最多 256 级灰度。相机提供的灰度级比显示屏能够呈现或人眼能够理解的更多。

此外，即使当整幅图像都位于显示屏的动态范围内时，改善场景对比度也可改善观看效果。考虑图 1.38（a）中的场景由距离相机不远处的路灯照亮。附近的地面很亮，但桥上的照明很差。应用 LACE 得到图 1.36（b）的图片，远处场景中的细节更容易看到。

(a)　　　　　　　　　　　　　　　　(b)

图 1.38　对图（a）应用 LACE 得到图（b）。图（a）中原始图是对每种颜色 8 位采样的模拟

热成像很好地提供了对比度增强的需要的示例，这是因为地球环境中的一切都在辐射着热量。图 1.39 是一个坦克的热图像。图 1.39（a）显示了用绝对强度标尺显示的场景辐射，每个像素强度表示该点的场景辐射度。场景对比度很低。例如，虽然油箱发动机是热的，但在 8~12μm 光谱带中，它辐射的能量仅

比地形背景多5%。对于沿图1.39（a）和图1.39（b）中的虚线的辐射率的曲线，见图1.39（c）。在图1.39（b）中，只显示对比度的差异。也就是说，图1.39（a）中的最小强度像素形成了图1.39（b）中的全黑电平。

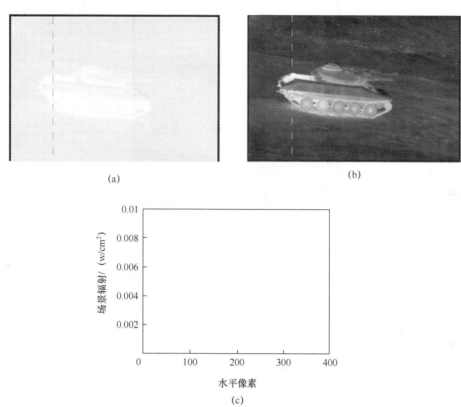

(a)

(b)

(c)

图 1.39　坦克的热成像

（a）左上角显示了绝对辐射；（b）左下角只对场景中的差异进行成像；（c）将沿着虚线的
辐射绘制出来，以说明即使坦克的热区，其对比度也很低。

图1.39（a）中的均匀强度基准降低显示对比度并遮蔽场景细节。移除基准强度提高了图像对比度。在图1.39（b）中，场景辐射度与显示亮度的映射不再是一对一的，但是在观察者具有更好的场景细节的视觉意义上，图像更好。移除热基准补偿了显示屏和人眼的限制。绝对强度信息被丢失，以便增强对场景内的热对比度（即辐射差异）的观察。

在图1.40（a）中，大气路径辐射引起热基准从图像底部到顶部的大幅增加。显示控制经过设置，使得没有区域饱和，并且降低远处目标的表观对比度。在图1.40（b）中，对场景应用高通滤波器。对应用滤波器的需要并不受我们的控制，这是因为路径辐射和显示屏及人眼对比度的限制是物理现实。然而，通过应用高通滤波器已经丢失了关于目标车辆的一定信息。然而，对比度增强的优点大大超过了丢失信息内容所带来的影响。

(a)

(b)

图 1.40 （a）中，大气路径辐射引起热基准从图像底部到顶部的大幅增加，减少成像仪
增益以防止饱和。（b）中，高通滤波器去除低频辐射分量，增加的成像仪增益增强远距离
目标的视野

　　不同的 LACE 算法用于反射成像仪和热成像仪。热图像中的强度由辐射热引
起。反射成像仪中的强度差异由变化的照明和场景反射率的变化引起。反射图像
的一部分可能是暗的，这是因为它在阴影中，或者它可能是黑色的，因为表面是
不反射光的。热成像仪和反射成像仪需要不同的 LACE 方法。

1.4.1　热成像仪的 LACE 算法

热地形的特性从白天到黑夜变化很大，而且与天气有关，但即便是一天之内在方圆一英里①范围内也会变化。也许太阳优先加热上升道路而不是阴暗的翠绿幽谷。当从一个有利位置查看不同的方向时，热特性可能大幅变化。早期的热成像仪有手动增益和电平控制，它们需要不断的调整。

另外，道路中的隆起可能与草地位于相同的视场（FOV）中。如果对丘陵和草地感兴趣，这不会是一个问题，但是与道路和草丛相比，一个人的热特性可能较小。现代热成像仪必须处理两个问题。首先，我们不能指望用户不断调整增益和电平。其次，不管热图像的宽动态范围如何，我们想要看到道路、草地和人。

通常，相机输出的动态范围超过显示屏的动态范围。即使当相机和显示屏的动态范围兼容时，图 1.39（a）所示的热基准也往往上下移动，从而需要进行控制调整。LACE 克服了这两个显示问题。

最广泛接受的解决方案是高通滤波热图像。以下是一个在计算方面可管理的过程。

（1）将图像划分为 $N \times N$ 块，其中 N 可以小到 3 或多达约 50。取每个块的平均值。也可以用中值、最小值或一些其他统计量来替代平均值。注意，这个过程等效于对 1 的 $N \times N$ 核进行卷积，然后进行欠采样。

（2）使用双线性或优选双三次插值从块平均值生成全尺寸图像。

（3）从原始图像中减去大部分（可能是 3/4）的插值低通图像，这将消除热对比度渐变。

（4）根据标准偏差设置最小和最大图像强度，复原视频黑色电平和增益。也许最小值设置为平均值减去 2 个或 3 个标准偏差，最大强度值设置为平均值加上 2 个或 3 个标准偏差。

若使用 3×3 的块尺寸，则这个过程近似为采用以下核进行卷积：

$$\begin{pmatrix} -1 & -1 & -1 \\ -1 & 8 & -1 \\ -1 & -1 & -1 \end{pmatrix} = \begin{pmatrix} -1 & -1 & -1 \\ -1 & -1 & -1 \\ -1 & -1 & -1 \end{pmatrix} + \begin{pmatrix} 0 & 0 & 0 \\ 0 & 9 & 0 \\ 0 & 0 & 0 \end{pmatrix} \tag{1.27}$$

其中，式（1.27）减去所有低频。低频的 3/4 减去以下核：

$$\begin{pmatrix} -1 & -1 & -1 \\ -1 & 11 & -1 \\ -1 & -1 & -1 \end{pmatrix} \tag{1.28}$$

3×3 核通常太小，这是因为去除了太多的图像频率成分。块平均过程（Block Averaging Procedure）在计算上更高效。

---

① 1 英里（mile）=1.609 千米（km）。

　　注意，如果使用某个核（式（1.28），而不是块平均过程），则 LACE 可能提供添加增强 MTF 的机会。块平均过程和类似式（1.28）的核往往会产生图像伪像。虽然反卷积需要消耗更多的处理能力，但是提供平坦的通带。

　　在图 1.41（a）中，采用模拟方式来建立具有已知的热对比度特性的场景。从视场的左下角到右上角，大气路径辐射度递增到履带车平均对比度的 3 倍。大气辐射随着路径长度增加，而在图像的右上方路径长度较长。此外，到最远处车辆的大气透射为 0.1。高斯模糊用于表示相机 MTF。

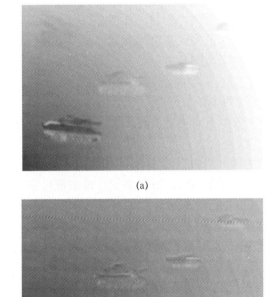

(a)

(b)

图 1.41　在（a）中的顶部，大气路径辐射引起从左下到右上的较大的热斜坡。在（b）中，通过减去由原始图像上 5×5 像素核卷积而产生的低通并减去低通图像来增强图像。这里使用了前面描述的近似过程，乘法因子为 0.75。所有履带车的对比度经过增强，加上高频被提升，从而减少了模糊

　　在没有 LACE 的情况下，必须减小显示对比度以避免饱和，并且在图 1.41（a）中以低对比度显示远处的目标车辆。对图像应用高通滤波器去除由路径辐射引起的辐射度渐变。在去除大信号摆幅的情况下，可以增加显示增益，以更好地呈现更远的车辆。使用 5×5 块大小的 LACE 的结果如图 1.41（b）所示。

　　通过减去低通图像而得到的频率提升不按照与复原滤波器相同的方式使传递

响应平坦化。如果模糊在视野中是已知且恒定的，那么复原是更好的选择。然而，只要不过度提升，那么 LACE 可部分补偿相机模糊并且改善对比度和 MTF 性能。LACE 减少模糊，同时提高显示对比度，并且不再需要持续不断的控制调整。

图 1.42 ~ 图 1.44 显示低分辨力、非制冷热图像，这些图说明当输入图像不具有大的动态范围时使用 LACE 带来的益处。所有附图中的（a）为原图，（b）图片显示直方图均衡，（c）图片使用图 1.41（b）中使用的相同 LACE 算法增强。

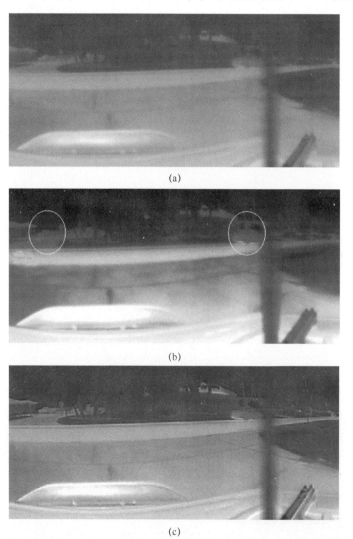

(a)

(b)

(c)

图 1.42　（a）非制冷热图像，（b）直方图均衡，（c）应用了 LACE，
（b）中的圆圈指出直方图均衡降低场景细节对比度的地方

(a)

(b)

(c)

图 1.43 (a) 非制冷热图像,(b) 直方图均衡,(c) 应用了 LACE,
(b) 中的圆圈指出直方图均衡降低场景细节对比度的地方

注意在图 1.42～图 1.44 中,(b) 图片中圆圈内的汽车。直方图均衡导致我们主观判断为"好"的高对比度图像。然而,直方图均衡改变灰度内容,使得一些图像特征实际上损失对比度。扩展灰度级以增强显示对比度,这与准确渲染场景细节的目标一致。改变像素内容的相对强度则与该目标不一致。直方图均衡是一个很好的 Photoshop 工具,但它不适合实时相机处理,这是因为不能依赖直方图均衡来准确地渲染场景细节。

图 1.45 比较了图 1.44 中 3 幅图像的直方图。注意,LACE(底部直方图)扩展了原始图像(顶部直方图)的对比度。热基准被移除,并且相机灰度经过扩展以填充显示屏的整个动态范围。然而,直方图均衡重新映射相机灰度级,以

(a)

(b)

(c)

图 1.44　（a）非制冷热图像，（b）直方图均衡，（c）应用了 LACE，
（b）中的圆圈指出直方图均衡降低场景细节对比度的地方

充分利用显示灰度级。重新映射相机灰度级提供了更高对比度的图像，这是主观上令人愉快的。然而，如图 1.42（b）~ 图 1.44（b）中的圆圈所强调的，直方图均衡实际上降低了一些场景细节。

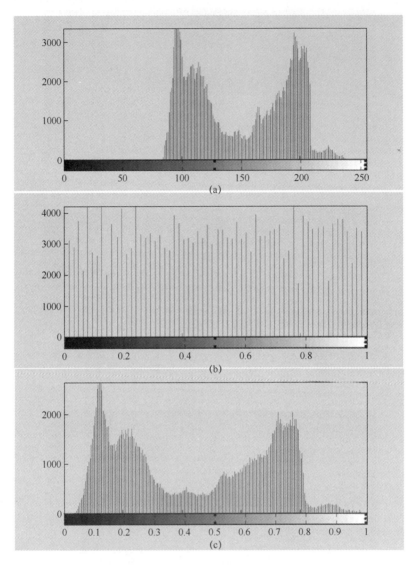

图 1.45　图 1.44 中 3 幅图片的直方图

　　已经提出了直方图均衡的许多变化来校正基本算法中的问题。Pace（2008）使用拉普拉斯金字塔来分解图像，并对每个级别的滤波器应用直方图均衡。与典型的直方图不同，该技术的实现将消除导致图 1.41（a）所示问题的热斜坡，还可以在图像重建期间定制频率提升。然而，从理论的角度来看，我们的目标是准确地呈现多样的场景。高通 LACE 滤除不需要的信号，但将大部分的场景频率成分传递到显示屏。很难看出任何重新映射相机灰度级以创建均匀显示灰度级的算法可以准确地渲染各种各样的场景。

1.4.2　反射成像仪的 LACE 算法

现代反射相机采用电荷耦合器件（CCD）或互补金属氧化物半导体（CMOS）技术。除了一些特殊应用，这些设备提供最多 10 位图像与 1000 级灰度。一些医疗显示屏能够显示 1000 级灰度，但大多数显示屏不具备该能力。然而，热成像仪使用的高通算法不能用于反射成像仪。我们不知道信号的大幅变化是否由照明或场景的反射特性引起。反射相机需要的 LACE 技术与热成像仪不同。

对于实时成像，相机制造商通常采用相机输出到显示屏的非线性映射。这个概念是众所周知的，但具体的细节一般是不公开的。例如，Behar（2009）描述松下相机的白皮书。我们提出一个通用的映射，并在一些例子中进行应用。

图 1.46 显示了传统上与"电影外观"相关的曲线。低端的相机输出受到额外的加重（Emphasis），使得暗区域可见。高端的相机输出不饱和但被去重（De-emphasized）。只有中间灰度是线性的。非线性映射是有用的，这是因为它允许同时渲染阴影区域和明亮的高光。当然，这个特别的曲线是一个通用的例子。

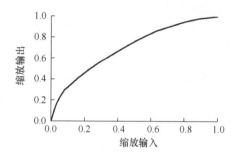

图 1.46　将相机输出映射到显示输入的曲线。两个尺度都被归一化。输出通常为 7 位或 8 位数据到显示屏，而输入通常为来自相机的 8 位或 10 位数据

要使用图 1.46，最小相机输出和最大相机输出分别确立了"缩放输入"的 0 和 1。所谓"相机输出"，指的是来自场景的实际数据但在几帧时间内经过滤波。很可能通过同时在低端和高端上让一些像素饱和来获得最好的结果。7、8 或 10 位数字显示输入确立了"缩放输出"的 0 和 1。

图 1.38、图 1.47 和图 1.48 给出了采用非线性映射的益处的示例。在图 1.38（a）中，路灯照亮附近的场景，让桥处在黑暗中。在图 1.38（b）中，通过应用如图 1.46 所示的相机到显示屏映射使暗区变亮。在这种情况下，原始彩色图像每种颜色具有 8 位编码，而校正的图像也是如此。每种颜色单独增强。

图 1.47（a）中的图片每种颜色也有 8 位，图 1.48（a）中的摄像师图片是 8 位单色。图 1.47（b）和 1.48（b）说明了 LACE 的有效性。在图 1.47（b）中，阴影区域和明亮区域由 LACE 同时渲染。在图 1.48（b）中，摄影师的外套

的阴影是可见的，而外套在图1.48（a）中是实心的黑色。这3幅图证明了从相机到显示屏的非线性映射的效用。

(a)

(b)

图1.47　在（a）中，阳光明媚的后院照明良好，但门和椅子都在深阴影中。在（b）中，阴影区域中的细节是可见的

(a)

(b)

图 1.48　（a）是互联网上的原始图片。应用非线性映射得到（b）。
注意，外套的细节在（b）可见，而在（a）中不可见

使用非线性显示映射将在一定程度上损坏场景细节。这里的情况与热成像仪相同，我们接受一定程度的缺陷以克服显示限制。

1.5　小　结

成像技术近年来发展迅速，图像处理硬件也保持同步发展。计算机、数字信号处理器、现场可编程门阵列和其他数字硬件提供了增强成像所需的处理能力。本章描述了用于实时分辨力和对比度增强的数字处理技术。

1.2 节描述了成像仪组件，并解释了如何使用 MTF 分析成像仪模糊。MTF 量化场景中的空间频率成分传递到显示屏的良好程度。如果显示屏亮度和对比度经过适当调整，那么场景中的调制乘以系统的 MTF（传递响应），产生显示屏上的调制。在非常字面意义上，MTF 告诉我们显示信号是经过良好调制的程度。

1.2 节还讨论了抽样。在等于或高于奈奎斯特频率上进行的采样仅为采样定理的一半，另一半是正确重建。由于显示像素并不根据采样定理重建，因此 1.2 节描述了如何计算显示图像的频率成分。如果相机工程师想要接近半采样率的频率可见，就应当使用每个相机像素的两个显示像素来显示图像。需要两个显示像素来重构奈奎斯特频率附近的带内信息，并且两个显示像素也避免了由可见显示像素引起的带外混叠。

1.2 节还解释了场景信息最好由较宽的成像仪带宽渲染。较宽的带宽使点扩散函数最小化。可以将相机和显示屏视为通信信道。利用时间滤波器，每个频率

增量传送相同量的信息。在空间情况下，式（1.10）告诉我们，图像带宽是空间频率域中的区域，并且高频覆盖的区域比低空间频率更大。然而，与通信信道一样，相同的逻辑适用于成像。通过在整个相机通带中保持单位调制传递来优化图像保真度。高频的过度峰化降低带宽。峰值可能有助于主观图像质量，但会降低场景细节的准确渲染。

1.3 节解释了如何生成反卷积核，并讨论在限制核大小时使用非矩形窗的好处。大的反卷积核需要强大的数字处理器，大核也会由于边缘效应的扩展而减小图像尺寸。然而，截断反卷积核等效于乘以矩形窗函数，并且空间中的乘法是频率卷积。乘以矩形窗函数导致反卷积 MTF 的波动和扩展。生成球形波函数产生良好的窗函数，这是因为它们往往在空间和频率域中都受限。使用非矩形窗来限制核大小可以是一个有效的反卷积设计工具。

LACE 对于热成像仪和反射式成像仪都是有效的，但是数字算法是完全不同的。对于两种类型的成像仪，LACE 都能将较大的相机动态范围映射到显示屏的较有限的动态范围。然而，对于热成像仪，利用空间滤波器去除视场上辐射的大幅渐变有助于观看场景细节。对于反射式相机，辐射的大幅变动可能是亮度差异的结果，也许一部分视野在阳光下，而其他部分在阴影中。对于热成像相机，利用空间滤波去除低空间频率并增强场景细节的对比度。反射式相机则使用非线性显示映射技术来照亮阴影区域并压制明亮区域。

参考文献

[1] Joseph Caniou, *Passive Infrared Detection*, Boston: Kluwer Academic Publishers, 1999.

[2] J. G. Fiasconaro, "Two-dimensional Nonrecursive Filters," Chapter 3 in *Picture Processing and Digital Filtering*, New York: Springer-Verlag, 1979.

[3] Stanford Goldman, *Information Theory*, New York: Dover Publications, 1981.

[4] Joseph W. Goodman, *Introduction to Fourier Optics*, Boston: McGraw Hill, 1996.

[5] Peter A. Jansson, *Deconvolution of Images and Spectra*, San Diego: Academic Press, 1997.

[6] R. M. Mersereau, "The Design of Nonrecursive Filters Using Windows," Section 2.2 in *Two-dimensional Digital Signal Processing I*, New York: Springer-Verlag, 1981.

[7] Athanasios Papoulis, *The Fourier Integral and Its Applications*, New York: McGraw Hill, 1962.

[8] Richard Vollmerhausen, Don Reago, and Ronald Driggers, *Analysis and Evaluation of Sampled Imaging Systems*, SPIE Tutorial Series, Bellingham, WA, 2010.

[9] Richard Vollmerhausen, "Design of Finite Impulse Response Deconvolution Filters," *Applied Optics*, Vol. 49, 2010, pp. 5814-5827.

[10] John M. Wozencraft and Irwin Mark Jacobs, *Principles of Communication Engineering*, New York: John Wiley & Sons, 1965.

第 2 章　干涉法光学表面检测

2.1　干涉仪基本原理

干涉仪使用光的波属性来测量透射或反射光的表面的形状。干涉仪的精度极高，这是因为光的波长小于 1μm，而且可以利用计算机采集和处理图像。干涉仪的精度取决于设计、精密元件的使用以及进行原位校准的能力。本节总结了干涉测量的基本物理学，并讨论了测量系统的各种应用。要想进一步阅读这个主题，请参阅 *Basics of Interferometry*[1]。

2.1.1　光的波性质使得干涉成为可能

光是横向电磁波，如图 2.1 所示。对于干涉测量来说，光的振幅、相位和振荡方向（极化）都非常重要。本节介绍了光的性质的基本原理。

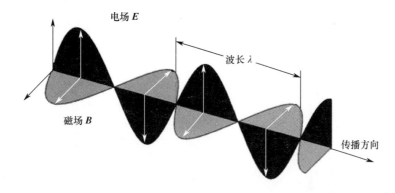

图 2.1　光波由在垂直于传播方向的正弦变化的电场和磁场组成

光（如由激光产生的光）可定义为在自由空间中传播而没有衰减或频率变化的电磁能量波。限定用于干涉仪的光的电磁波可认为是源于电场中的振荡，其典型的频率 f 约为 5×10^{14} Hz。实际上电场在垂直方向上引起变化的磁场，这又将从初始场延伸一波长的电场振荡。这些自动传输的振动在真空中以光速 $c = 3 \times 10^8$ m/s 行进。在具有折射率 n 的介质中，波被减速至 c/n 的速度。当光从一种介质行进到下一种介质时，频率 f 总是保持恒定。波长 λ 的值计算为

$$\lambda \cdot f = \frac{c}{n} \tag{2.1}$$

　　光由横向场变化构成，电场和磁场的方向与传播方向垂直，并且彼此垂直，如图 2.1 所示。我们根据电场的方向来定义偏振状态，这是因为与磁场相比，大多数材料与电场的相互作用更强。具有垂直偏振的光将具有在垂直方向上振荡的电场（以及水平方向上的磁场）。在 45°方向上偏振的光可以被分解为同相的相等量的水平偏振和垂直偏振。圆偏振光的水平偏振和垂直偏振之间具有恒定的 90°相移。非偏振光在垂直方向和水平方向的贡献相等，两个方向具有随机变化的相位。

　　用于干涉测量的电磁波的波长由光源决定。大多数干涉仪使用高度相干的激光源，这意味着波长范围非常小，并且光束上的相位分布被很好地限定。波长较长的电磁波（如无线电波）的频率足够低，可以使用天线直接测量场变化。但是可见波长光的频率极高，导致无法直接观察到场变化。相反，可以借助固态检测器来捕获光的能量。然后，光检测与在曝光时间内捕获的平均能量成比例，而与场强成比例。场围绕零位平均值正弦变化。光的强度或能量密度与场的平方成比例。因此，如果光的场强加倍，则强度和测得的亮度将增加 4 倍。

　　作为一种电磁波，光具有干涉效果。当两个光束被组合时，最终的分布由定义光的两个场的和决定。如果两个光束彼此同相，意味着正弦波如图 2.2 所示排列，那么场建设性地增加，产生的新波的强度增加。如果其中一个光束移动半个波长，那么它变成异相的，并且场破坏性地增加，与另一个光束彼此抵消，并且最终的强度减小。

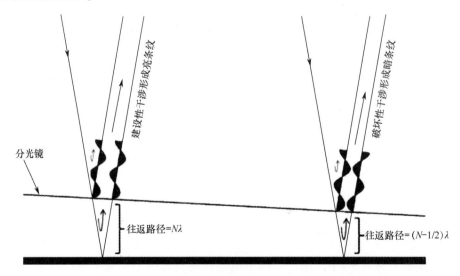

图 2.2　从两个差异表面反射的光重新组合从而产生干涉，当两束光同相结合
（光程差为整数个波长）时形成亮条纹，而光异相时形成暗条纹

干涉仪使用单一光源,并借助某种类型的分束器将一些光反射而让其余部分的光通过,从而将光分成两个部分。然后光被重新组合,以产生干涉。这两个部分在重组之前行进不同的路径。我们将光线的光程(OPL)定义为其几何路径长度与传播介质的折射率的乘积,将光程差(OPD)定义为两个光束在重新组合前的 OPL 之差。光将在两个光束同相的区域中建设性地干涉(形成亮条纹),而在两个光束异相的区域中破坏性地干涉(形成暗条纹)。最终的条纹图案给出了光的分布,其中一个完整条纹(从一个明亮区域到另一个明亮区域)表示正好一个波长的光程差,这种效应如图 2.2 所示。

最简单类型的干涉测量将平面或曲面与配合的主表面进行比较,这里的主表面制作在称为测试板(Test Plate)的一块玻璃上。将测试板放置在被测表面上并用(如来自汞灯的)单色光照射。从主表面反射的光与从被测表面反射的光之间的干涉形成条纹。每个条纹表示恰好一个光程差的波,这是由表面的半个波长的差异引起的,如图 2.3 所示。近乎垂直入射的光程差是表面失真的两倍。表面中 1μm 深的凹陷将需要光多行进 1μm 才能到达凹陷的底部。在反射时,它将多行进 1μm 才能赶上从标称表面反射的光。从表面上看,表面分离的变化 = $\lambda/2 \times$ 条纹数。

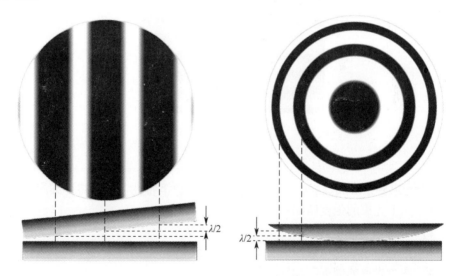

图 2.3 两个接触的抛光表面形成干涉的条纹,每个条纹定义了一个光的波长的往返路径长度差。如果将其中一个表面作为主平面,那么可以通过条纹图案来测量另一个平面,其中每个条纹表示半个波长的表面轮廓

最终的干涉图可解释为表面的轮廓图,条纹的间隔为半波轮廓。可以通过评估条纹图案并使用精确成形的主测试板来完成被测表面的精确测量。在权威著作 *Optical Shop Testing*[4] 中提供了关于使用测试板测量光学表面的更多细节。

练习 2.1

两个 100mm 的正方形平面玻璃板堆叠在一起，但在边缘处使用薄金箔将二者分离。当用来自水银灯的绿光（波长为 0.546μm）照射时，在反射镜中观察，看到如图 ex2.1 所示的 10 个直条纹。

（1）计算金箔的厚度。

（2）计算两个玻璃板之间的夹角。

解：

（1）每个条纹对应于 $\lambda/2$ 或 0.273μm 轮廓。因此 10 个条纹等于 $10 \times 0.273 = 2.7$μm。金属薄片的厚度约为 2.7μm。

（2）运用小角度近似法，两板之间的夹角为 2.7μm/100mm，或 27μrad。

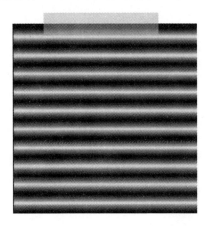

图 ex2.1

两个光束要想形成良好的干涉条纹需要具备以下特性，下面将详细解释：

（1）两个光束的强度匹配；

（2）时间相干性，由波长范围的狭窄程度决定；

（3）空间相干性，由光源的有效尺寸决定；

（4）两个光束的偏振匹配度；

（5）曝光期间条纹的振动不得过大。

1. 对比度

对比度或条纹可见度描述条纹的醒目程度。对比度被量化为正弦函数的幅度除以其 DC 偏移，如图 2.4 所示。

对于理想对比度 1 而言，两个光束将具有匹配的强度，使得暗条纹完全抵消，亮条纹全域相加，从而使它们的亮度为两个光束的非相干和亮度的两倍。

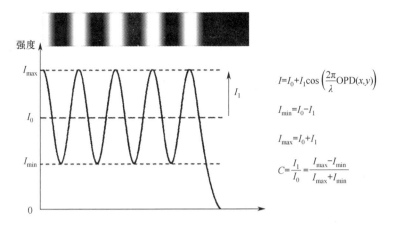

$$I = I_0 + I_1 \cos\left(\frac{2\pi}{\lambda} \text{OPD}(x,y)\right)$$

$$I_{\min} = I_0 - I_1$$

$$I_{\max} = I_0 + I_1$$

$$C = \frac{I_1}{I_0} = \frac{I_{\max} - I_{\min}}{I_{\max} + I_{\min}}$$

图 2.4　对比度或条纹可见度被量化为正弦幅度除以 DC 偏移

一般来说，由两个相互相干光束形成的条纹的强度变化可描述为

$$I(x,y) = I_A + I_B + 2\sqrt{I_A I_B}\cos(\phi(x,y)) \tag{2.2}$$

式中：I_A 和 I_B 分别为两个光束的强度；$\phi(x,y)$ 为二者的相位差。

最大和最小强度分别为

$$\begin{cases} I_{\max} = I_A + I_B + 2\sqrt{I_A I_B} \\ I_{\min} = I_A + I_B - 2\sqrt{I_A I_B} \end{cases} \tag{2.3}$$

对比度或条纹可见度被量化为正弦强度幅度除以其 DC 偏移

$$C = \frac{I_{\max} - I_{\min}}{I_{\max} + I_{\min}} = \frac{2\sqrt{I_A I_B}}{I_A + I_B} \tag{2.4}$$

2. 时间相干性

干涉需要时间相干，使得场变化在光行进光程差所花费的时间内仍然保持其正弦特性。相干时间 τ 与相干长度 L_c 除以光速相关。如果 OPD 大于相干长度，那么场总和将在非常高的频率下波动，这将消除任何干涉图案的对比度。这个条件通常要求两个光束的光来自相同的光源，并且光是单色的。这种关系容易理解：将光程差转换为波数，而且使用不同频率的光不能产生稳定的干涉图案。我们可以用每种波长的光强度来定义条纹图案。从 $\lambda - \Delta\lambda/2$ 到 $\lambda + \Delta\lambda/2$ 的连续光谱将产生条纹的连续分布，条纹相位与波长成比例。我们限定这种分布的相干长度（或相干时间），使得当光传播的距离等于相干长度时，全范围波长的相移将小于 90°。如果光程差小于该相干长度，那么所有光有助于形成相同的一组正弦条纹。否则，来自整个波长范围的不同条纹组将充分异相，使得条纹被消除。

在数学上，相干长度 L_c、相干时间 τ 和带宽 $\Delta\lambda$ 的关系如下所示：

$$L_C = c\tau = \frac{\lambda^2}{2\Delta\lambda} \tag{2.5}$$

激光通常是高度单色的，并且其相干长度可以长达数米。

练习 2.2

一些激光器可以工作在多种模式，输出若干不同的特定波长。考虑发射两个相等强度的模式的 30cm HeNe 激光器。标称波长是 632.8nm，并且两种模式在频率上相差 500MHz。

（1）计算电磁波标称频率。

（2）计算两种模式之间的波长差。

（3）确定形成最大条纹对比度和最小条纹对比度所需的条件。

（4）计算光程差和最小条纹对比度、最大条纹对比度的腔长度。

解：

（1）$c = f \cdot \lambda$，$f = c/\lambda = (3 \times 10^8 \text{ m/s})/(632.8 \times 10^{-9}\text{m}) = 4.74 \times 10^{14}$ Hz。

（2）从波长和频率的简单关系入手，计算差分。

$$c = f \cdot \lambda$$

$$\Delta c = 0 = f \cdot \Delta\lambda + \Delta f \cdot \lambda$$

$$\frac{\Delta f}{f} = -\frac{\Delta\lambda}{\lambda}$$

$$|\Delta\lambda| = \frac{\Delta f}{f}\lambda = \frac{500 \times 10^6}{4.74 \times 10^{14}}(632.8\text{nm}) = 6.7 \times 10^{-4}\text{nm}$$

（3）所得到的干涉图由两个干涉图的和产生，每个波长一个。当光程差（OPD）是整数个波时发生条纹图案重合，出现最大对比度 1。当图案偏移半个条纹时，OPD 是 $(N + 1/2)$ 个波，其中 N 是整数，图案被清除，导致对比度为零。

（4）为了获得最大对比度，通过评估随着波长的值改变由 OPD（以波长为单位）定义的波长数的变化，找到满足该关系的 OPD。当该变化是整数 k 时，两个条纹图案重叠，并且条纹具有最佳的对比度。

$$\frac{\text{d}}{\text{d}\lambda}\left(\frac{\text{OPD}}{\lambda}\right)\Delta\lambda = k$$

$$\text{OPD} \cdot \frac{\Delta\lambda}{\lambda^2} = k$$

$$\text{OPD} = \frac{\lambda^2}{\Delta\lambda}k = \frac{(632.8 \times 10^{-9}\text{m})^2}{(6.7 \times 10^{-13}\text{m})}k = 0.6\text{m} \times k$$

因为 OPD 等于腔长度的两倍，所以当腔长度等于 0、0.3m、0.6m、0.9m…时对比度达到最优。

运用同样的分析来评估 OPD 中波数变化等于 $(k + 1/2)$（其中 k 是整数）的条件，可以找出在：

$$OPD = 0.6\text{m} \times (k + 1/2)$$

时对比度达到最小值，其中腔长度为 0.15m、0.45m、0.75m…

___

3. 空间相干性

空间相干性描述了可以在多大程度上将波前处理为空间中的简单相位分布（如由单个光源产生的）。通常，可以将光处理为来自不相互干扰的不同源点的波的叠加。只要所有这些波的光程差在 ±1/4 波内，则所得到的条纹将是同相的。点光源（可以让激光通过小孔聚焦而产生）具有高空间相干性，使得其容易形成干涉条纹。然而，使用这样的光源也容易受到表面缺陷或灰尘散射的光的干涉。一些干涉仪使用小型光源来改善这种效果，既保留了足够的空间相干性用于测量，又降低了来自散射光的噪声。

4. 两个光束的偏振匹配

因为干涉利用电场的叠加，所以水平偏振光将不会干扰垂直偏振光。此外，具有左旋圆偏振的光将不会干扰右旋圆偏振光。在组合光束中添加偏振器，总是通过两个光束的匹配分量，这促成了干涉。每个分量的强度和相位可以使用名为琼斯微积分的矩阵方法来计算。

5. 振动

干涉仪对振动非常敏感。如果被测表面以仅 0.3μm 的振幅振动，则波前相位将改变两倍。对于使用波长为 0.633μm 的 HeNe 激光源的干涉仪，波前相位将随着全波而变化，使得条纹移动整个周期。如果捕获干涉图的曝光时间长于振动周期，则条纹将被消除。干涉测量通常在隔离的操作台上进行，以使地面振动耦合到系统的程度降到最低。

2.1.2 表面测量干涉仪类型

可以采集条纹图案作为干涉图，以提供有关被测表面的信息。事实上，大多数球形表面由训练有素的配镜师来测量，配镜师从测试板上观察干涉图并主观判断条纹图案中的不规则性。对于具有"1/4 波"表面不规则性的良好校正的光学表面，将其判为具有小于预期形状 1/2 的条纹偏差。（记住，反射波前不规则性是表面的两倍）。1/2 条纹表面的示例干涉图如图 2.5 所示。

相移干涉测量（PSI）技术可实现更精确和客观的测量。在相移干涉测量系统中，当采集干涉图用于处理时，参考光束和测试光束之间的相对相位经过偏移。通常进行 5 次曝光，曝光之间存在 90°相移。根据这 5 组值，可以使用下面的公式来计算焦平面中每个像素的相位：

$$\varphi = \tan^{-1}\left[\frac{2(I_2 - I_4)}{2I_3 - I_5 - I_1}\right] \tag{2.6}$$

式中：I_1、I_2、…为 5 帧（彼此存在 90°相移）中每个像素的测量强度。

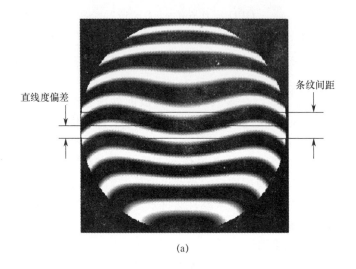

(a)

干涉图对应的1/4
波PV表面偏差形状

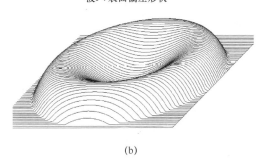

(b)

图 2.5 测试板条纹显示 1/2 不规则条纹，这是与以条纹为单位的直线度的偏差。
这是由于 1/4 波的表面不规则性造成的，如图（b）所示

式（2.6）可以确定 ±π 内的相位。运用表面的连续性来解决 2π 不确定性
问题。只要干涉仪参考是准确的，光的像素到像素相位变化就与被测表面的不规
则度成比例。

图 2.6 所示为 3 种常见的使用准直激光源和相移技术的干涉仪光学结构。马
赫 - 曾德干涉仪使用两个不同的分光器，其中一个用来分离两个光束，另一个用
来将它们重新组合。泰曼 - 格林干涉仪则两次使用同一个分光器。出射光被分成
测试光束和参考光束。使用相同的分束器将它们重新组合，以产生干涉。菲索干
涉仪使用主表面作为唯一的分光器。参考光束直接来自该表面的反射。测试光束
通过该表面透射，从被测表面反射，然后透射通过该表面，在那里它与参考光束
重新组合。

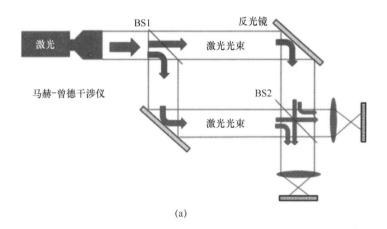

(a)

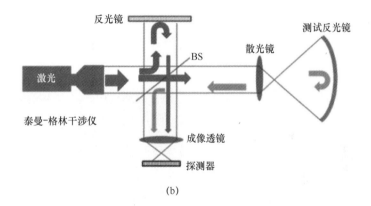

(b)

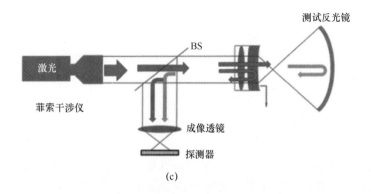

(c)

图 2.6　常见的干涉仪光学结构

（a）马赫－曾德干涉仪；（b）泰曼－格林干涉仪；（c）菲索干涉仪。

2.2　商业干涉仪

2.2.1　商业干涉仪概述

大多数商业干涉仪使用相移技术并且可以进行高速和高精度测量。市场上有几种类型的相移干涉仪（PSI）。根据应用场合的不同，一种类型可以比另一种更好。下面讨论几种常见的商业相移干涉仪设计。

1. 时间相移干涉仪

这是最常见的干涉仪，利用压电换能器（PZT）来平移参考光学器件以引入相移。依次取得 3 个或更多个相移帧的干涉测量数据。这种方法（所谓的时间相移）对系统的机械振动非常敏感。振动导致数据帧之间的相移与期望的不同，因而引入测量误差。然而，在许多测试系统相对稳定并且空气湍流得到良好控制的应用场合中，已经采用该技术并且仍然在使用。来自 4D Technology 公司的 AccuFiz 干涉仪和来自 Zygo 公司的 Verifire XPZ 干涉仪（图 2.7）就属于这种常规类型干涉仪。

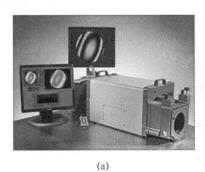

(a)　　　　　　　　　　　　　　　(b)

图 2.7　Zygo 公司的 Verifire XPZ 干涉仪（a）和 4D Technology 公司的 AccuFiz 干涉仪（b）
（图片来自于 Zygo 公司和 4D Technology 公司）

2. 振动不敏感/动态干涉仪

这种类型的干涉仪克服了时间相移干涉仪的缺点，并且只需单次曝光就能够采集所有相移数据，从而将振动和空气湍流所带来的影响降到最低，也称为空间相移干涉仪或动态相移干涉仪。

有几种方法能够实现一次性采集多帧数据。其中一种方法是使用 3 台 CCD 相机同时获得 3 幅相移干涉图，例如 ESDI Dimetior 干涉仪。对于这种类型的动态相移干涉仪，3 台相机的校准以及对准是至关重要的（图 2.8（a））。

另一种方法是空间载波技术。在该方法中，有意地将一系列倾角条纹引入到空间频率和方位均已知的干涉图中。然后使用傅里叶方法从单次曝光干涉图中提取相位[8]。Zygo 和 4D Technology 公司都有使用这种空间载波技术的干涉仪。

4D Technology 公司还开发出另一种使用像素化相位掩模（Pixelated Phase Mask）的动态干涉仪。相位掩模是一种微偏振器阵列，并且在每个像素上给予一定的离散相移并利用光源的偏振特性[5]。

3. 低相干噪声干涉仪

商业干涉仪通常使用激光器作为光源来实现高对比条纹。然而，激光器会导致来自表面缺陷或灰尘颗粒的相干噪声。来自这些伪像的杂散光与干涉仪的测试光束和参考光束相干地叠加，在干涉图中产生伪条纹，并且在测量中引入相位误差。可以通过减小光源相干性来减小这些相干噪声。减少它的一种方法是使用多色源。该解决办法要求干涉仪匹配测试光束和参考光束的路径长度。4D Technology 公司开发的 FizCam 2000（图 2.8（b））使用这种类型的短相干光源。

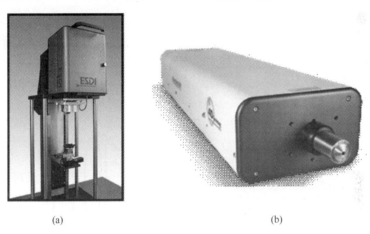

(a)　　　　　　　　　　　　　　　(b)

图 2.8　ESDI Dimetor 干涉仪（a）和 4D phaseCam（b）
（图片来自于 Engineering Synthesis Design 公司和 4D Technology 公司）

扩展光源还可以降低系统的相干性。创建扩展光源的一种典型方法包括将激光束发送到旋转的毛玻璃漫射器上。点源和漫射器之间的距离决定了扩展光源的大小。然而，这种类型的扩展光源降低了条纹对比度。环形光源方法（如由 Zygo 公司开发的 Ring of Fire）维持条纹对比度，同时减少相干噪声[3]。

4. 路径匹配干涉仪

这种干涉仪大大扩展了传统干涉测量法的平面光学测量能力。传统的干涉仪使用长相干激光源。光束路径中的任何表面的反射之间都会发生干涉，因此会同时观察到多组条纹。在这种情况下，提取与任何一个表面相关的信息是非常困难甚至是不可能的事情。

图 2.9（a）给出了一个采用标准干涉仪测试窗玻璃的例子。观察到两组条纹。其中一组是参考光束与窗玻璃的一个表面之间的干涉，另一组是窗玻璃的两

个表面之间的干涉。为了隔离和测量前表面，可以在背表面上放置一些散射涂层（如凡士林），以使其反射最小化。然而，由于表面污染，这并不总是可行的做法。图2.9（b）给出了图2.9（a）所示表面的干涉图，但是用路径匹配干涉仪（4D FizCam 2000）拍摄。

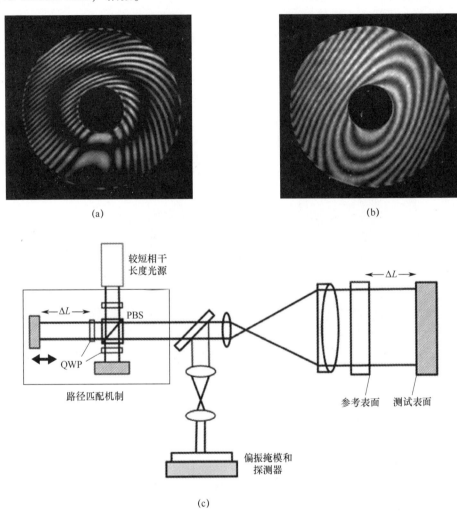

(a)   (b)

(c)

图2.9　（a）采用标准干涉仪测试窗玻璃，（b）采用4D FizCam 2000动态干涉仪测量同一块窗玻璃，（c）4D FizCam 2000路径匹配机制
（图片来自于4D Technology公司）

路径匹配干涉仪具有较短的相干长度，并且干涉仪内的"光路匹配"机制仅选择在期望表面之间发生的条纹。使用该系统，可以选择某些表面之间的干涉。例如，可以测量窗玻璃前表面和后表面之间的干涉，并且测量窗玻璃本身的

质量。

5. 拼接干涉仪

干涉仪通常经过配置，易于测量平面和球形表面。而非球面表面则通常通过添加零位光学（Null Optic）器件进行干涉测量，如计算机生成的全息图（CGH）。然而，对于每种不同的非球面形状，必须为测量做出特定的零位光学器件。

为了解决这个问题，一些特殊的干涉仪配备扫描系统。它们可以在不借助零位光学器件的情况下测量大平面、球面或非球面的子孔径，然后将子孔径测量拼接成具有高分辨力的 3D 表面。Zygo 公司的 Verifire Asphere 和 QED 公司的子孔径拼接干涉仪就属于这种类型，如图 2.10 所示。这种干涉仪具有多轴电动载物台，并提供自动对准、采集和非球面分析功能。为了提高非球面测量能力和测量速度，QED 公司开发了可变光学衡消（VON）技术。它由一对可相对旋转的棱镜组成[6]。棱镜对的倾角引入彗差和像散，可以补偿来自非球面子孔径像差。

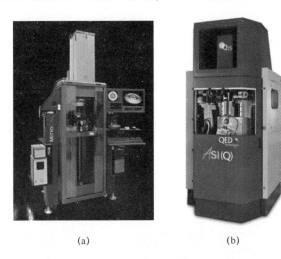

(a)　　　　　　　　　　(b)

图 2.10　Zygo 公司的 Verifire Asphere（a）和 QED 公司的子孔径拼接干涉仪 ASI（b）
（图片来自于 Zygo 公司和 QED Technologies 公司）

6. 亚尼奎斯特干涉仪

与传统干涉仪相比，这种干涉仪具有更宽的动态范围。它将采样系统的分辨力扩展到超过其奈奎斯特频率之外的频率（Grievenkamp, 1987）。虽然干涉仪中的检测器不能解析来自非球面表面的致密条纹，但是检测器的常规采样产生的混叠图案可以进行处理以计算相位。该技术基于亚奈奎斯特采样的概念，并且与相移干涉测量技术结合使用。这既保留了相移干涉测量技术固有的测量精度，又大大改善了测量范围。如图 2.11 所示，ESDI Intellium Asphere 使用这种技术，它不仅可以测量非球面，还可以测量球面和平面。

图 2.11　ESDI Intellium Asphere 是一种亚奈奎斯特干涉仪

（图片来自于 Engineering Synthesis Design 公司）

2.2.2　附加功能和附件

设备精良的干涉仪实验室需要各种附件来扩展或增强干涉仪的能力。

1. 透射平面/球面

透射平面与干涉仪系统一起用于测量平面表面。它们有不同的尺寸，如 4in① 和 6in。标准透射平面具有 4% 的反射率。这使得用户能够测量大多数表面。对于高反射表面，可以使用衰减滤波器（如薄膜）或涂覆 Dynaflect 的透射平面来降低返回到干涉仪测试光束的强度。Dynaflect 平面具有 20% 的反射率，可以适应 4%～99% 反射率的表面。

透射球面（图 2.12）用于测量曲面或发散/会聚波前。它们有各种不同的 F 数（F 数是物镜的焦距与其孔径直径的比率）。透射平面/球面的质量非常高，并且 PV 误差通常为 $\lambda/40 \sim \lambda/10$。

图 2.12　投射球面和发散透镜

（图片来自于 Zygo 公司和 4D Technology 公司）

---

① 1 英寸（in）= 0.0254 米（m）。

2. 扩束器

扩束器设计用来增加或减小准直输入光束的直径。当需要测量具有大孔径或小孔径的表面时，这个附件非常方便。典型的光束扩束器如图 2.13 所示。

图 2.13　扩束器或孔径转换器

(图片来自于 Zygo 公司和 4D Technology 公司)

3. 参考光学器件

当测量球面光学器件的透射波前时，通常把参考光学器件与透射球一起使用。它们通常是没有涂层或具有高反射率涂层的快速凹球。高质量的球（如 CaliBall[9]）也可以用作参考光学器件，将光反射回干涉仪。随机选择 CaliBall 的补片并进行测量。将相位图进行平均，以获得透射球的估计，这是因为在无限测量的极限中 CaliBall 中的误差平均为零。

4. 机械安装座

对于干涉仪实验室而言，一组良好的机械安装座是必不可少的。5 轴安装座可以调整俯仰/倾角（Tip/Tilt）、平移 x/y 和散焦。自定心元件支架（图 2.14）可以安放各种尺寸的光学元件。

图 2.14　自定心元件支架

2.2.3 曲率半径测量

干涉仪也可用于测量球形表面的曲率半径。它需要带编码器的直线导轨。需要在猫眼位置和共焦位置测量测试表面，如图 2.15 所示。猫眼位置意味着测试表面位于来自干涉仪的光的焦点处，而共焦位置意味着测试表面的曲率中心位于干涉仪的焦点处。光学器件在这两个位置之间行进的距离就是表面的曲率半径。半径测量的精度取决于导轨和指示器的精度。通常可以实现半径测量的几十微米的精度。

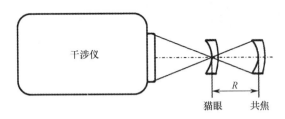

图 2.15　半径测量几何，显示猫眼和共焦测量位置

2.3　采用商业干涉仪测量平面和球面的实际问题

2.3.1　搭建硬件并对准

下面描述检测平面和球面的一般过程。

1. 检测平面

（1）插入透射平面，并与干涉仪对准，使透射平面的参考面与干涉仪的光轴精确垂直。许多干涉仪具有对准模式。将透射平面的俯仰和倾角旋钮平直，直到表示透射平面反射的返回光斑叠加在对准目标（十字准线中心）上。

（2）将测试平面放置到更接近干涉仪的位置，使环境影响最小化。然后调整平面的俯仰/倾角，以消除条纹。

2. 检测球面

（1）选择足够快，以填充球体的孔径的透射球。插入并对准干涉仪（在对准模式下），类似于透射平面的对准。

（2）透射球的精细对准是一个可选的步骤。通过将测试光学元件首先放置在猫眼位置的光束中，可以实现更好的透射球对准。猫眼位置意味着反射表面处于来自干涉仪的光的焦点处。注意，对猫眼反射位置的测试光学器件的俯仰和倾角调整不会改变条纹图案。调整透射光学元件的俯仰/倾角旋钮，以消除干涉图中的倾角条纹。猫眼倾角条纹就是由于透射光学器件的俯仰/倾角未对准造成的。

（3）基于测试球的曲率半径大致定位测试球。曲率中心应在来自干涉仪的光的焦点处。在对准模式下，调整测试球的俯仰/倾角/焦点，直到返回光斑位于对准目标中心的顶部。将针孔孔径放置在透射球的焦点附近通常有助于测试凹面。调整测试表面和干涉仪之间的距离，以便聚焦来自测试表面在针孔上的反射。调整俯仰/倾角，使反射光斑通过针孔返回干涉仪。然后就能够看到干涉图。

3. 同时检测平面和球面（精确对准）

（1）切换到条纹视图模式并调整测试光学器件，直到条纹被清除。

（2）调整变焦使图像大小最大化，并调整成像焦距，使光圈的边缘在干涉图中看起来清晰。还可以将一张纸放在测试光学器件的前面，然后查看纸张的边缘以检查成像焦点。

表2.1 给出了一些常见的干涉仪测量光学结构。

表 2.1　常见的干涉仪测量光学结构

反射平面光学器件（如反光镜、棱镜和窗玻璃）	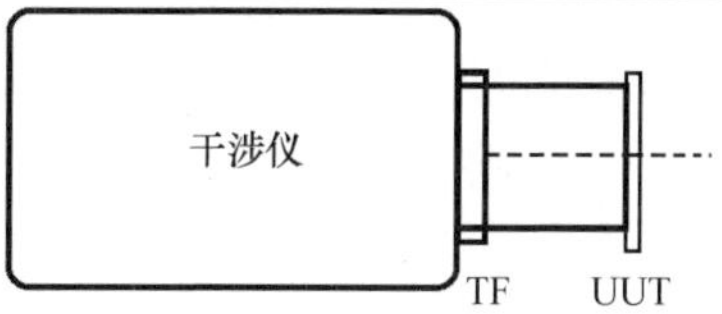 干涉仪　　TF　UUT
透射波前（比如窗玻璃和滤波器）	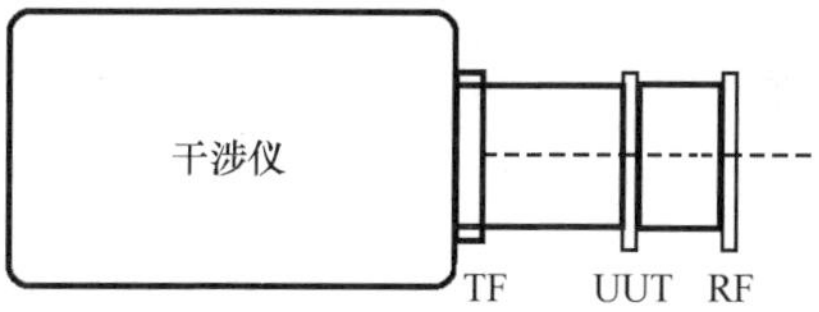 干涉仪　　TF　UUT　RF
球形表面（凸面）	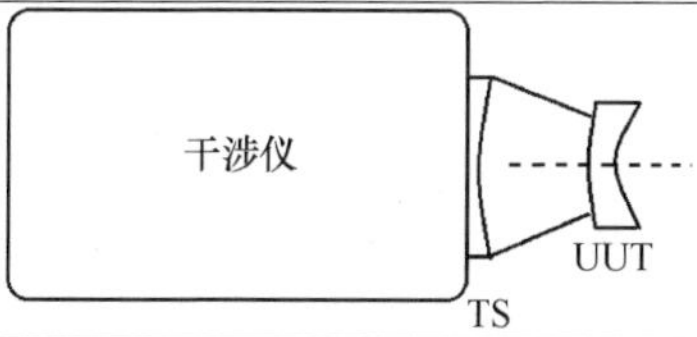 干涉仪　　UUT　TS
球形表面（凹面）	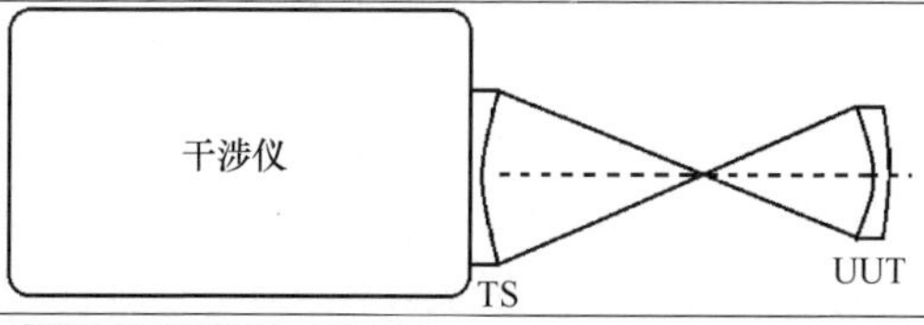 干涉仪　　TS　UUT
棱镜/系统性能方法1	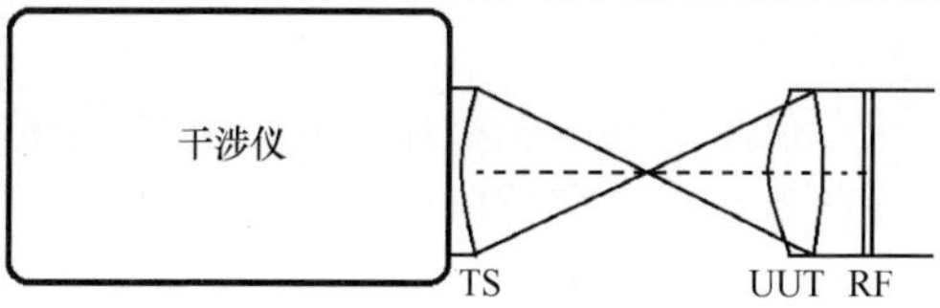 干涉仪　　TS　UUT　RF

(续)

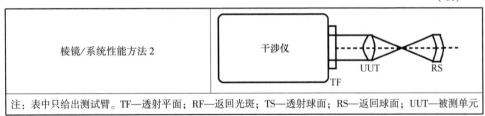

棱镜/系统性能方法2	干涉仪

注：表中只给出测试臂。TF—透射平面；RF—返回光斑；TS—透射球面；RS—返回球面；UUT—被测单元

练习2.3

在测量窗玻璃的透射波前时，必须将返回平面放到靠近窗玻璃的位置。请解释其中的原因。

解：

为了正确地测量表面，干涉仪必须聚焦于其上。当表面不对焦时，会导致两个问题：一个是边缘衍射——测试表面的边缘具有衍射"波纹"；另一个是导致测试表面上高空间频率特征平滑化。

当测量窗玻璃透射时，测试光束看到窗玻璃两次：反射离开返回平面（RF）之前和之后。如果展开围绕返回平面的光路，那么窗玻璃及其镜像位于返回平面的两侧。干涉仪不能同时聚焦在窗玻璃及其镜像上。只要将返回平面靠近窗玻璃，窗玻璃和它的镜像都可以对焦。

2.3.2 软件设置

为了得到有意义的结果，正确设置软件配置非常重要。

1. 图的朝向

根据测试几何结构，干涉图可以水平翻转、垂直翻转或两者皆可。将一张纸或笔粘在测试光学器件的前面并进行测量是有帮助的。通过查看由纸或笔形成的阴影，可以很容易地找出图的朝向，并在软件中编辑它。

2. 相位符号

干涉仪提供二维图。重要的是要知道图中显示的高是否实际上是高，而不是低。一种简单的检查方法是沿着已知方向引入一些倾角条纹或屈光度条纹，然后使用测量的相位图（不去除倾角和屈光度）来找出干涉仪的符号。

3. 线性比例因子

干涉仪测量测试光束和参考光束之间的波前差。来自干涉图的直接信息无法指示波前是否穿过窗玻璃、从表面反射或者以什么角度从表面反射。干涉图比例因子（Wedge Factor）指定如何缩放该输入波前误差以正确地表示待测量的物理参数。常见的比例因子是0.5，这是因为人们经常对表面中（而不是波前）的误差感兴趣。图 2.16 显示了测试光学结构示例。干涉仪从测试表面测量的波前误差为 $W = 2 \times 2S\cos\theta$，其中 S 为表面误差，θ 为被测表面入射角。如果对测试光学元件的表面误差感兴趣，则线性因子应为 $1/4\cos\theta$。

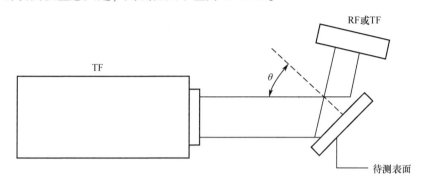

图 2.16　干涉仪线性因子经过设置以适当地缩放数据。干涉仪测量反射波前变化。
测试几何结构决定了该波前与被测表面之间的关系

4. 掩模

在执行测量之前，应该定义一个掩模，这样在计算中只包括感兴趣的数据。许多测量结果（如 RMS、PV 和 Zernike 系数）取决于掩模。

5. 移除项

从测量中移除活塞（Piston）、倾角和屈光度（Power）是非常常见的做法，这是因为这些常常属于对准误差而不是表面的性质。

2.3.3　校准

在测量的波前数据中存在许多误差来源，例如杂散反射、量化误差、检测器非线性、光源中频率和强度的不稳定性以及数据帧之间不正确的相移。对于商业干涉仪，这些误差中的大多数已得到最小化或校准。

1. 条纹印透误差

条纹印透误差（Fringe Print - through Error）是出现在相位图中的常见误差，如图 2.17 所示。印透误差是形状测量中的误差，它与干涉条纹图案相关，并且它的频率通常是原始条纹频率的 2 倍。条纹印透误差的原因是振动、饱和光强度或不正确的移相器校准。振动导致不同于设计值的帧间相移。饱和光强度使得难以找到正确的条纹中心。数据帧之间不正确的相移校准也引入了条纹印透误差。图 2.18 给出了五步测量的相移校准示例。一般来说，增加更多的相位步骤减少了这个误差，但来自环境的测量误差的可能性则相应地增加。应该首先确定印透误差的原因，然后相应地解决。

图 2.17 相位图是描绘测量的表面形状误差的图像，本图给出了相位图中的
条纹印透误差的示例

在大多数干涉仪软件中，可以校准移相器。例如，可以调整 PZT 斜率
（V/s），使相移恰好为90°，如图 2.18 所示。

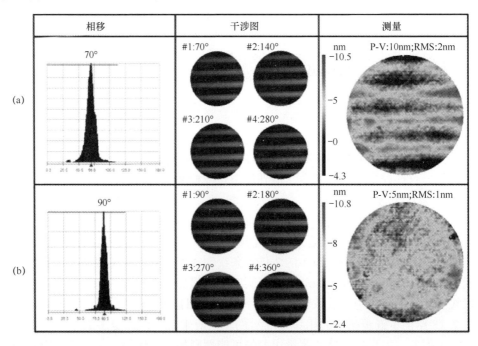

图 2.18 错误的相移校准会导致条纹印透误差，所需的相移为90°

（a）相移不正确；（b）相移经过正确校准。

2. 透射球面校准

在干涉测试中，测量的光程差（OPD）是参考光束和测试光束之间的差值。对于高精度测量，透射光学器件中的误差与测试光学器件的误差大致相当。因此，必须对其进行校准，以实现对测试光学器件的质量的最佳估计。一种校准方法是随机球测试，即测量高质量球的随机选择的斑块，然后将测量结果进行平均，以获得参考表面的估计。在无限测量的极限中，球中的误差平均为零。在实际实施该测试时，可以使用市售的 CaliBall 和如图 2.19（a）所示的动力学支架。图 2.19（b）给出了透射球的校准参考表面的示例。

(a)

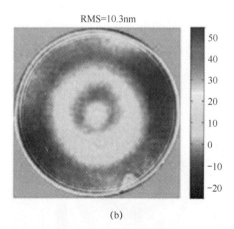

(b)

图 2.19　错误的相移校准会导致条纹印透误差。所需的相移为 90°
(a) 相移不正确；(b) 相移经过正确地校准。

还有其他绝对测试，如三平面/球体[7]和三位置测试[2]。这些技术通常需要测试表面的临界对准以及用于 180°旋转的极好的旋转台。

2.3.4 处理数据

1. 泽尼克拟合

泽尼克多项式通常用于描述波前数据，这是因为它们的形式与在光学测试中观察到的像差类型相同。这些多项式是完备集并且在单位圆上正交。泽尼克多项式有两个常见的定义：一个是泽尼克条纹多项式；另一个是泽尼克标准多项式。它们具有不同的编号和归一化。图2.20显示了最低阶泽尼克多项式。

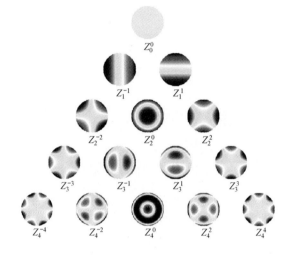

图 2.20   泽尼克多项式波前图

任何波前均可描述为泽尼克多项式与一个描述所有剩余特征的残差的和：

$$W(x,y) = \sum_j C_j Z_j(x,y) + W_{\text{resid}}(x,y) \qquad (2.7)$$

图2.21显示了由37个泽尼克标准多项式和残差描述的波前。

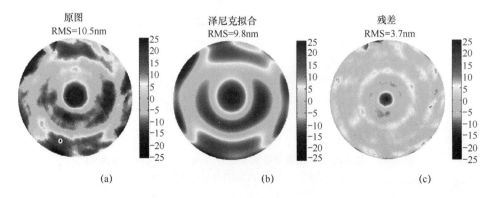

图 2.21   原始波前（a）、原始波前的37个泽尼克标准拟合（b）和残余（c）

2. 从数据中移除对准项

测试中的未对准会导致数据中出现倾角和屈光度形式的特定测量误差。平面或球面与理想值之间的小旋转角度 α 将导致表面测量具有线性变化和 αD 的峰谷（PV）变化，其中 D 是测量区域的直径。而球面的偏心等效于少量倾角。

R 数（R_n）定义为曲率半径 R 与直径 D 的比率。将球形表面偏心 δx 等效于使表面倾角 $\alpha = \delta x/R$ 的量。测量的表面变化将具有 $\delta x/R_n$ 的 PV 倾角。

平面的轴向位移不影响测量结果。但是球形表面的轴向位移 δz 将导致测量中的屈光度二次变化。由于该位移，表面测量中的 PV 屈光度使用关系 $\delta z/SR_n^2$ 进行计算。

由于倾角和屈光度是由于测试对准度而产生的，并非被测量表面所固有的，因此通常从数据中去除这些项。

2.3.5　测量不确定度的估计

干涉测量中的误差可以分为随机误差、回程误差和成像畸变。只要测量值为零位（Null），回程误差就可忽略不计。一旦在测量中存在许多条纹，那么测试光束和参考光束存在较大的失配。因此，两个光束不再是共同路径，而这导致误差。

成像畸变通常在使用快速透射球或零位光学器件时发生。这将导致两个问题：一个是表面缺陷出现移位；另一个是低阶对准误差表现为高阶波前误差。成像畸变可以通过图像还原（Remapping）来消除畸变，详见 2.5.5 节。

随机误差通常在大多数平面和球面测量中占主导地位。此误差的来源包括激光源不稳定性、机械振动、空气湍流和检测器噪声。将多次测量结果进行平均可减少随机误差并提高测量精度。数据中的变化可以用于估计单幅图中的噪声和平均图中的随机误差大小。

因为测试光学器件的真实表面图是未知的，所以使用多次测量的平均值作为表面图的估计。单次测量与平均图之间的差异提供了测量噪声的估计。

这里提供了一个估计曲率半径为 16m 的参考球面的噪声测量的示例。在这个示例中，反射镜的曲率半径很长，使得空气湍流引起大量的噪声。图 2.22（a）所示为 RMS 表面误差为 47.7nm 的单次干涉表面测量的图。图中所示的散光主要是由于湍流造成的。图 2.22（b）所示的 70 次测量的平均值 $\overline{W}$ 的旋转对称性更佳，RMS 误差降至 28.9nm。

70 次测量的平均值当然具有较少噪声，并且可以使用下面描述的方法来估计平均图中的噪声。

从 70 次测量中，随机选择 N（$N < 70$）幅图并进行平均。从 $\overline{W}$ 中减去该平均值（表示为 $\overline{W_N}$），并且将平均值的 RMS 计算为 $\mathrm{RMS}(\overline{W_N} - \overline{W})$。该过程重复

若干次，计算 $\mathrm{RMS}(\overline{W_N} - \overline{W})$ 的平均值和标准偏差。然后对于 N 的各种值（在这种情况下为 $1 \sim 39$）重复这一过程，结果绘制在图 2.23（a）中。曲线跟随平均值，误差条表示标准偏差。随着平均测量的数量增加，$\mathrm{RMS}(\overline{W_N} - \overline{W})$ 的平均值变得更小。该图给出了残余噪声在 N 幅图平均值中的幅度。例如，当对 15 个测量结果进行平均时，噪声约为 10nm rms。图 2.23（b）是以对数 – 对数标度绘制的相同曲线。数据拟合成一条斜率为 -0.51 的直线，这意味着测量中的噪声是随机的，这是因为它下降 $1/\sqrt{N}$。通过外推，100 幅图的平均值中的噪声将减少到约 3.5nm。

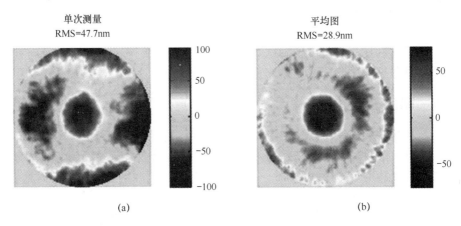

图 2.22　（a）单次测量的图，（b）70 次测量的平均图

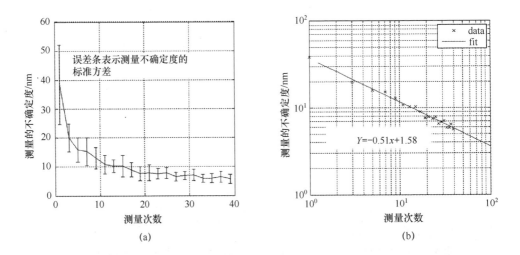

图 2.23　测量噪声是平均测量次数的函数：正常标度（a），对数标度（b）显示噪声与平均值中的测量次数的平方根成反比下降

类似图 2.23 的图非常有用，因为它可以用于估计平均图中的残差和实现所需精度所需的测量次数。随着条件改善，对数 – 对数图的斜率保持为 0.5，但是曲线整体向下移动。该曲线的 y 截距表示测试环境的质量和单次测量的精度。

练习 2.4

不使用单幅图的 RMS 值的标准偏差来估计随机误差的原因是什么？

解：

两幅波前图可以具有相同的 RMS 值，但是形状却完全不同。如果只使用 RMS 值来估计随机误差，那么将不能正确地估计测量中的随机误差。从多幅图的平均值中直接以像素到像素方式减去单幅图来确定随机误差。

2.4　非球面的测量

2.4.1　非球面的定义及类型

非球面是一种既非平面亦非球面的表面。下面描述一些典型的非球面。

1. 锥面

圆锥表面由以下的垂度方程描述：

$$Z(r) = \frac{r^2/R}{1 + \sqrt{1 - (1+k)r^2/R^2}} \tag{2.8}$$

式中：$r = \sqrt{x^2 + y^2}$，为径向坐标；R 为表面顶点处的曲率半径；k 为圆锥常数；$K = 0$，为球面；$k = -1$，为抛物线；$k < -1$，为双曲线；$-1 < k < 0$，为长椭球；$k > 0$，为扁椭球。

圆锥表面的离轴段由附加参数描述：离轴距离 d，其被定义为在父坐标中的该段的中心的径向位置。

圆锥表面具有两个焦点，它们是彼此共轭的。

2. 锥形表面加多项式条件

这个类型的锥面由以下垂度方程表示：

$$Z(r) = \frac{r^2/R}{1 + \sqrt{1 - (1+k)r^2/R^2}} + \sum_{n=2}^{m} A_{2n} R^{2n} \tag{2.9}$$

式中：A_{2n} 为多项式 r^{2n} 项的系数。

同样，这种表面的离轴段由附加参数描述：离轴距离 d。

3. 环形和类似表面

在几何上可认为环形表面的形状是通过围绕轴旋转圆弧而获得的表面。根据弧的半径大小不同，表面具有环形或桶的形状，如图 2.24 所示。圆柱面是特殊类型的环面。如果旋转弧是非圆形曲线的一部分，则产生一个心房表面。

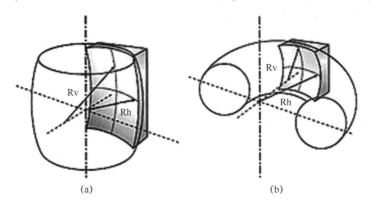

(a)   (b)

图 2.24　桶型（a）和环型（b）的环形表面

4. 自由表面

在光学应用中，自由形状表面可以宽松地定义为不规则形状的光滑表面。图 2.25 显示了渐进式透镜的自由形状表面的形状，它属于自由形式。该表面不能由任何前述等式描述。

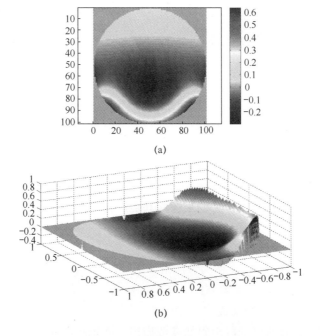

图 2.25　渐进式透镜的自由形状表面的形状

（a）二维图；（b）三维图。

2.4.2　非球面零位测试的配置

零位测试是对非球面表面的干涉测试，其中当被测表面具有确切的规定时获得零位条纹。基本上，需要额外的光学器件，以使干涉仪通过测量其球面波前来提供非球面上的数据。

非球面表面的干涉零位测试主要有两种类型，即共轭测试和零位透镜测试。

1. 共轭测试

圆锥表面具有两个共轭焦点，在表面的零位测试中利用了这一点。著名的技术有抛物面或其离轴段的自动准直测试以及双曲面的 Hindle 测试，如图 2.26 和图 2.27 所示。

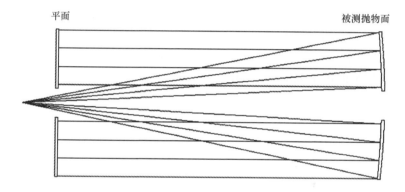

图 2.26　抛物面（旋转抛物线）的自动准直测试

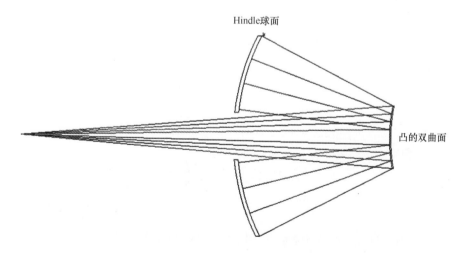

图 2.27　双曲线 Hindle 测试的布局

2. 零位透镜测试

在这种类型的零位测试中，使用零位透镜来创建匹配完美非球面表面的非球面波前。根据产生非球面波前的不同方式，存在几种不同类型的零位透镜：

（1）传统的折射或反射零位透镜：图 2.28 给出了一个偏角零位透镜的示例，其中使用两个透镜（中继透镜和场透镜）将球面波前转换成与待测的理想表面匹配的抛物线形波阵面。

（2）计算机生成的全息图（CGH）：CGH 通过衍射改变波前。图 2.29 显示了使用 CGH 作为零位透镜的一般性非球面表面的测试。有关 CGH 的详细信息，请参见 2.5 节。

（3）折射、反射或衍射零位点的组合：在一些特殊情况下（例如，当测试的表面具有巨大的非球面偏离，如几毫米 PV）时，需要不同类型的零位透镜的组合。图 2.30 显示了巨型麦哲伦望远镜主镜（8.4mm PV 非球面偏离）的 8.4m 段的零位点测试，其中零位透镜由 3 个部分组成：3.75m 直径的大折叠球面、0.75m 直径的小折叠球面和 6in CGH。

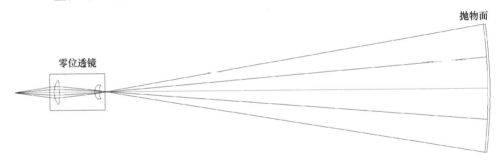

图 2.28　用 Offner 零位透镜测试 F/1.75 抛物面（未显示干涉仪和透射球）

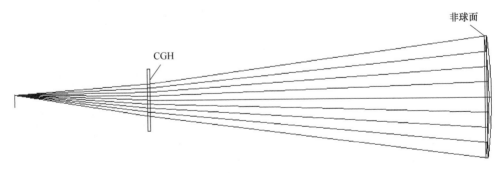

图 2.29　一般非球面表面的 CGH 测试布局（未显示干涉仪和透射球）

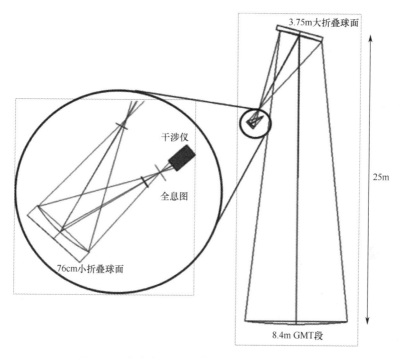

图 2.30 大麦哲伦望远镜离轴主段光学测试布局

2.5 使用计算机生成的全息图进行非球面测量

计算机生成的全息图（CGH）是一种用于测量非球面光学表面的衍射零位透镜。它与激光干涉仪一起使用，类似于其传统的折射或反射对应物。通过 CGH 将球面或平面入射波前转换成与被测理想非球面的形状匹配的非球面波前，形成表面的零位点测试，如图 2.31 所示。

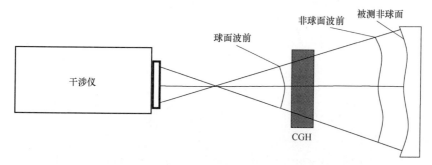

图 2.31 演示采用 CGH 进行非球形表面测试的干涉仪装置

CGH 通过像光栅一样的衍射改变波前，或重定向光线，如图 2.32 所示。

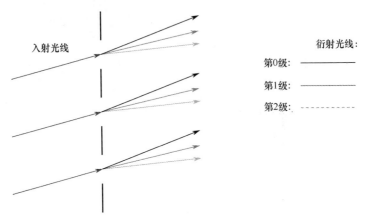

图 2.32　演示通过衍射 CGH 重定向光线

对于大多数非球形表面，单个 CGH 足以测量表面，并且使用半导体光掩模制造技术可以以合理的成本精确地制造 CGH。相比之下，折射或反射零位透镜通常需要两个或更多部件。零位透镜的每个部件都必须精确地制造，然后所有的部件都需要精确地组装。因此，制造折射或反射零位校正器的成本通常比 CGH 成本更高，并且需要更长的时间。

2.5.1　CGH 干涉仪的工作原理

1. CGH 的数学表示

CGH 或一般的衍射光学元件在数学上通过相位函数描述。当光线碰到 CGH 表面上的点时，它拾取该点处的相位。然后，射线将根据斯内尔定律的一般向量形式改变方向（图 2.33）：

$$(n_1\hat{r}_1 - n_2\hat{r}_2 + \nabla\varPhi) \times \hat{n} = 0 \tag{2.10}$$

式中：$\varPhi$ 为衍射面的相位函数；n_1 和 n_2 分别为表面前后的折射率；$\hat{r}_1$ 和 $\hat{r}_2$ 为表面前后的光线的单位向量 $\hat{n}$ 为沿着表面法线的向量。

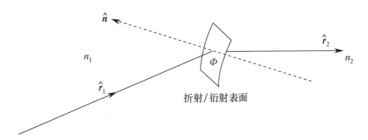

图 2.33　在由相位函数 $\varPhi$ 定义的衍射表面处折射/衍射的光线图

2. GCH 类型和衍射效率

用于光学测试的 CGH 由在最经常为平面的光学表面上形成的线图案组成。

线是弯曲的而且间隔不等，看起来类似于干涉条纹。因此，CGH 线通常被称为条纹。在任何局部区域中，CGH 可以近似为线性光栅。CGH 通常为二值化。有两种类型的二值化 CGH（图 2.34）：

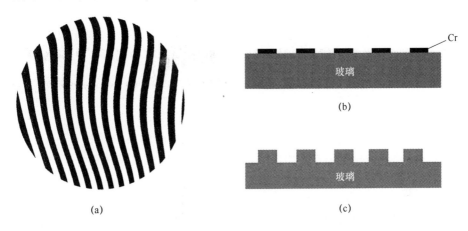

图 2.34　（a）CGH 线或条纹的图，（b）由玻璃表面上的铬线定义的振幅 CGH，
（c）由蚀刻到玻璃中的凹槽所限定的相位 CGH

（1）振幅 CGH，其中激光束的强度被调制；

（2）相位 CGH，其中激光束的相位被调制。

相位 CGH 具有比振幅 CGH 更高的衍射效率。当在双程设置中测试未涂覆的表面时，需要相位 CGH 以获得对比度较好的条纹。相位 CGH 的成本大于幅度 CGH，这是因为制造它需要额外的步骤。

Chang 和 Burge 为 CGH 开发了一个参数模型[10]。图 2.35 描绘了二元光栅的横截面图。它由周期 S 和蚀刻深度 t 所定义。光栅的占空比定义为 $D = b/S$，其中 b 是光栅线的宽度，n 是光栅的折射率，A_0 和 A_1 对应于从空间和线的输出波前的幅度的光栅。相位阶跃 ϕ 表示这两个区域之间的相位差，其对于用于透射的光栅而言等于 $2\pi (n - 1)t/\lambda$ 。

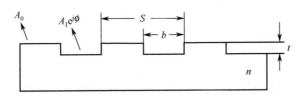

图 2.35　用于紧跟 CGH 之后的波前形状的参数模型。
大多数 CGH 使用 50% 占空比（即 $D = 0.5$）

使用标量衍射理论和线性光栅近似，可以导出用于计算衍射效率的方程。对于 0 级衍射：

$$\eta_{m=0} = A_0^2 (1 - D)^2 + A_1^2 D^2 + 2A_0 A_1 D (1 - D) \cos\phi \tag{2.11}$$

对于非 0 级衍射：

$$\eta_{m\neq0} = \left[A_0^2 + A_1^2 - 2A_0 A_1 \cos\phi \right] D^2 \operatorname{sinc}^2(mD) \tag{2.12}$$

对于 50% 占空比，幅度 CGH 在 0 级中具有 25% 的衍射效率，在 ±1 级中具有 10% 的衍射效率。对于 50% 占空比和半波相位阶跃（$\phi = \pi$），相位 CGH 具有 0 级的 0% 和 ±1 级的 40% 的衍射效率。对于级数 m，其中 $|m| > 1$，衍射效率为 $\eta_m = \eta_1 / m^2$。

练习 2.5

问题：使用菲索干涉仪和 CGH 估计非球面表面的条纹对比度。假设使用 50% 占空比和半波相位步长的相位蚀刻相同的零位模式（使用第一衍射级），在 BK7 基板上制作非球面表面，激光波长为 632.8nm。

解：

假设入射在透射球的参考表面处的总激光能量为 1，则紧靠参考表面的参考光束强度为 0.04。测试光束透过参考表面（96% 透射单通）和 CGH（40% 透射单通）两次，并由测试表面反射一次（4% 反射）。因此测试光束在它通过返回路径中的参考表面之后强度为 $0.96^2 * 0.40^2 * 0.04 = 0.0059$。条纹对比度为 $2 * \operatorname{sqrt}(0.04 * 0.0059)/(0.04 + 0.0059) = 66.9\%$。

3. 使用 CGH 的优势——极高的准确性和灵活性

虽然世界上有几种专门用于写入对称 CGH 图案的机器，但是大多数 CGH 都是采用为制造用于半导体工业的光掩模而开发的电子束或激光写入器写成的。不管是哪一类型的机器，写入精度（由图案线的放置精度决定）都非常高，在 100mm 直径面积上约为 10nm rms，这使得 CGH 产生的非球面波前形状能够得到精确控制。

CGH 产生的波前误差与写入误差具有如下的直接关系：

$$\Delta W(x,y) = \vec{\boldsymbol{\varepsilon}}(x,y) \cdot \vec{\boldsymbol{S}}(x,y) \tag{2.13}$$

式中：ΔW 为波前误差；$\vec{\boldsymbol{\varepsilon}}$ 为局部写入误差；$\vec{\boldsymbol{S}}$ 是局部相位斜率。

对于给定 CGH 相位函数 $\Phi(x,y)$，$\vec{\boldsymbol{S}}(x,y) = -\nabla\Phi(x,y)$。

CGH 的另一个优点是其灵活性，它能够产生几乎任何波前形状，这意味着它能够测量任何表面形状，仅受最小可写特性的限制。传统的折射或反射零位透镜的设计自由度非常有限，这是因为每个元件的每个表面通常是球面。对于非对称表面，设计和制作传统的零位透镜是非常困难的。如前所述，CGH 在任何小局部区域中近似为线性光栅。线性光栅的方向和间距确定光线如何重定向。将 CGH 视为大量线性光栅的整体，这使得其能够灵活地以任何方式改变波前。

此外，通常在同一基板上制作多种图案，每种图案执行特定功能。例如，主图案产生非球面波前，在反射中使用的对准图案使得 CGH 相对于干涉仪精确地对准，而有些基准投影图案在测试表面周围投射一些聚焦的斑点，从而能够粗略对准测试表面。

4. 使用 CGH 的不足——基板质量和重影级数

特制的 CGH 写入器能够制作高精度基板，但只能写入圆形图案。虽然光掩模写入器能够写入任意图案，但是它们仅允许标准衬底。对于后者，整体 CGH 的精度取决于衬底的质量。标准光掩模基板的形状因子（Form Factor）比光学工业中可接受值更大。基板表面和透射波前的质量也不是理想的。对于需要非对称图案的要求苛刻的应用，需要定制的高质量基板。光掩模基板选择标准尺寸规范见表2.2。

表 2.2　光掩模基板选择标准尺寸规范

类型	边缘长度最小值/mm	边缘长度最大值/mm	厚度最小值/mm	厚度最大值/mm
4009	100.8	101.6	2.2	2.4
5009	126.2	127.0	2.2	2.4
6012	151.6	152.4	2.95	3.15
6025	151.6	152.4	6.25	6.45
7012	177.0	177.8	2.95	3.15

通过衍射重定向光线还带来了另一个缺点，即多余的衍射级。多余的衍射级形成重影条纹（Ghost Fringe），如果不能完全屏蔽，就会降低测量精度，而且它们也减少了想要的衍射级数的光子数量，这可能降低条纹对比度。在许多情况下，这些缺点都可以克服：可以通过添加载流子（倾角载流子用于横向分离，而屈光度载流子用于纵向分离）分离衍射级，而使用相位 CGH 来增加所需的级数（通常是第一级数）的衍射效率。在 CGH 的设计过程中，花费大量的精力来完全消除来自多余级数的重影条纹，或将它们减少到可接受的水平。

2.5.2　CGH 的设计

典型的 CGH 测试包括干涉仪、CGH 和待测表面。设计过程的首要目标是找到可行的测试布局（即也就是每个器件在测试中相对于彼此的位置）。CGH 设计采用诸如 Zemax 或 Code V 的光学设计代码，其中干涉仪由焦点或准直光束表示（假设分别使用透射球 TS 或透射平面 TF）。CGH 设计是通过纯几何光线跟踪完成的，尽管事实上 CGH 是衍射器件。其原因是光学测试 CGH 在数学上由相位函数表示。相位函数是设计过程除了可行测试布局之外的另一个结果。

在设计 CGH 之前，收集如下信息：

（1）测试表面的规定；

（2）要使用 CGH 的干涉仪，特别是激光波长、孔径尺寸和可用的透射球或散射透镜；

（3）CGH 基板材料、尺寸和最大可图案化面积；

（4）所需的对准功能；

（5）所需的测量精度。

注意：在设计 GCH 之前必须精确地知道激光波长，谨慎使用波长可能偏移的二极管激光器。

在设计过程中，首先需要设置一个从测试表面开始的单通光线跟踪模型（图 2.36），该表面的形状与 CGH 为表面零位测试需要创建的波前形状相同。一个诀窍是设置紧挨表面前面的介质的折射率为 0，然后根据斯内尔定律，从表面出来的光线垂直于表面。根据定义，由这些光线定义的波前与表面重合。

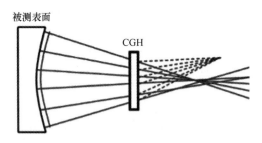

图 2.36　用来确定 CGH 测试布局的单通光线跟踪模型

需要找到 CGH 和焦点相对于被测表面的位置：

（1）零位图案的尺寸是适当的（即与其他图案一起适合于基板的可用的可图案化区域）；

（2）其他级数导致的重影条纹不存在或者可接受地小；

（3）图案的线间隔足够大，使得它们是可写的，并且图案产生的波前足够准确，知道一定的写入精度。

一旦找到可行的测试布局，就可以唯一地定义该布局的 CGH 相位函数。我们可以使用光学设计代码的表面的内置多项式类型来表示相位函数，将多项式的系数设置为变量，并且优化系统，以产生想要的结果。在一些特殊情况下，这种方法不能收敛，但是我们仍然可以用数值计算网格点处的相位值，然后使用三次样条拟合法在任意点拟合相位值。Zemax 有一种内置的表面类型（网格相位）就是这样。

确定零位图案相位函数后，还必须设置一个双通道模型以执行重影分析。如果重影没有完全消除或减少到可接受的水平，那么退回到单通模型找到另一个布局。迭代此过程，直到获得可行的布局。然后，从双通模型开始并设计在同一基板上制作的其他图案（如对准图案、基准投影图案等）。

2.5.3　CGH 的制造

在制造之前，必须把 CGH 相位转换为条纹位置数据。对于使用圆形激光写入器制造的对称 CGH，该过程比较简单，如图 2.37 所示。为了使用光掩模制造技术制造 CGH，必须通过多边形来近似平滑的条纹，这是因为只有多边形才可以由机器写入。这个过程称为数字化，如图 2.38 所示。在进行数字化之后，数据通常被编码为中间交换格式（如 GDSII）。写入机读取编码数据并进一步将其转换为机器特定格式，这个过程称为压裂。然后，按照图 2.39 所示的过程写入（和蚀刻）图案。

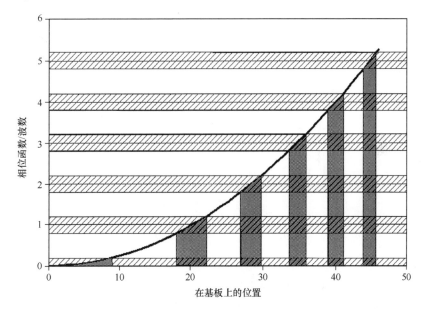

图 2.37　根据要由圆形激光写入器制造的对称 CGH 的相位数据生成条纹位置

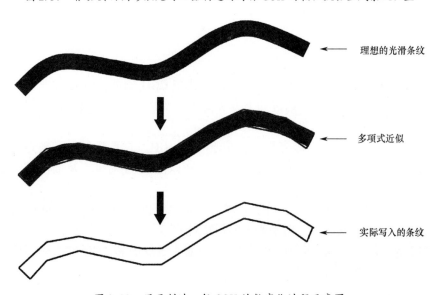

图 2.38　用于制造一般 CGH 的数字化过程示意图

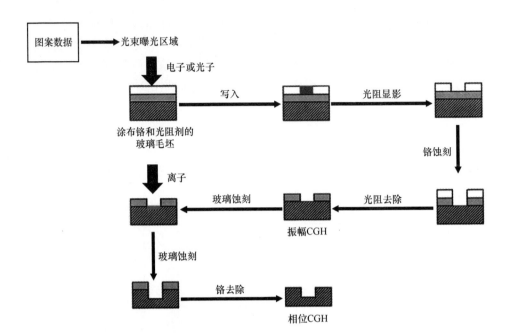

图 2.39 振幅类型 CGH 和相位类型 CGH 制造过程示意图

为了确保 CGH 针对特定表面设计正确并准确制造，建议进行以下质量保证检查：

(1) CGH 是设计用于测试特定表面的。

(2) 用于不同图案（即零位、对准和基准图案）的模型是一致的。

(3) CGH 制造数据与设计数据一致。

(4) 图案准确放置。

2.5.4　CGH 测试的对准

对于由干涉仪、CGH 和待测表面组成的典型 CGH 测试，CGH 和非球面表面需要与干涉仪对准，这可以通过如下方法实现或借助其实现，也就是在同一基板上制作以下图案与零位图案：

(1) CGH 对准图案：顾名思义，用于对准 CGH。它是反射入射激光束以形成条纹的铬图案，通过相对于干涉仪调整 CGH 以使 CGH 对准，从而使条纹的数量最小化。

(2) 基准投影图案：用于对准非球面。将聚焦的斑点投影到非球面表面的特定位置（如中心或边缘，用于表面的粗略对准）。

图 2.40 显示了具有多个图案的 CGH 的缩放条纹图和 CGH 的实际图像。测试的光线追踪模型如图 2.41 所示。

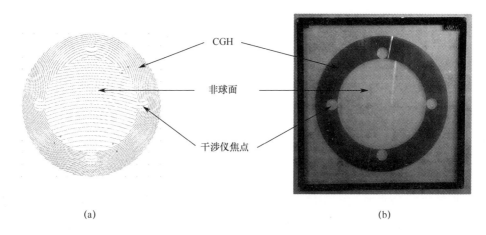

(a)   (b)

图 2.40   (a) CGH 的缩放条纹图，(b) CGH 的实际图像

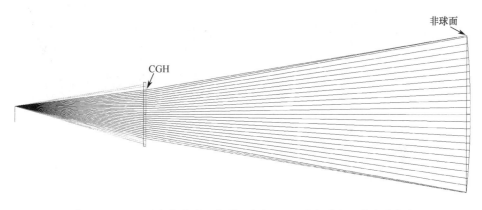

图 2.41   CGH 测试布局的示意图，包括 CGH 对准图案、零位图案和
聚焦点投影图案

2.5.5 数据削减

CGH 测试的一项重要特性是非球面的图像失真，其表现为非球面和 CGH 之间的映射失真。因此，图像变换（Morphing）对于获得表面的正确缩放的测量图是必要的。在图像变换之后，可以对变换后的图执行针对普通干涉测量的所有分析（例如，泽尼克分解、去除对准项或泽尼克项的任意组合）。注意，可以仅从变换后的图中去除对准项（如俯仰/倾角/聚焦）。

对于离轴抛物线（OAP）的测试，图像失真如图 2.42（a）和图 2.42（b）所示。图 2.42（a）显示了 CGH 表面的光束覆盖图，而图 2.42（b）显示了 OAP 表面的光束覆盖图。原始表面测量图和变换图如图 2.42（c）和图 2.42（d）所示。

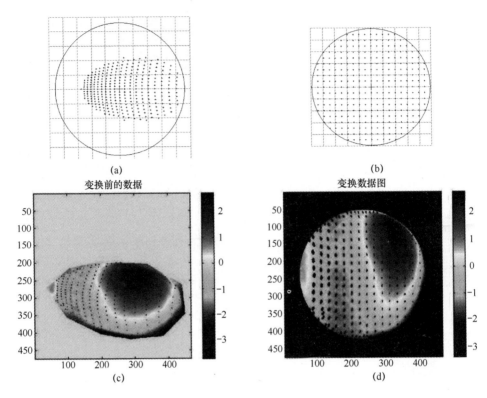

图 2.42　(a) CGH 表面上的点的位置，(b) 被测非球面上的点，(c) 原始测量图上重叠的
基准点的位置，(d) 带有基准的变换后的测量图

图像失真（映射关系）的数学描述如下：

$$\begin{cases} X = \sum u_{ij}x_iy_j \\ Y = \sum v_{ij}x_iy_j \end{cases} \tag{2.14}$$

式中：(X, Y) 为变换前的失真测量图中的点的归一化像素坐标；(x, y) 为测试表面上对应点的归一化坐标；$(u_{i,j}, v_{i,j})$ 为多项式的系数。

　　通过在测试表面上放置一些基准标记或掩模（图 2.43），然后测量非球面上的物理位置 (X, Y) 及其对应的像素位置 (x, y)。利用这些数字，可以进行拟合映射关系以得到 $(u_{i,j}, v_{i,j})$，然后将其应用于非球面表面上的规则网格上的任意点，以获得其对应的测量位置以及该点处的表面误差。这样就得到一个变换的测量图的表面。图 2.42 (c) 显示了原始测量图，其中重叠了基准位置，图 2.42 (d) 给出了变换后的表面图，再次显示了（变换的）重叠的基准位置。变换的轴的规则分布指示变换的良好质量。图 2.43 显示在测试表面上放置一个孔的掩模，以获得表面及其在 CGH 测试中的图像的映射关系。

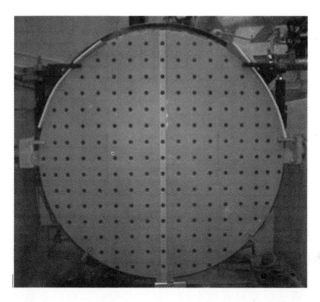

图 2.43　在测试表面上放置孔掩模，从而在 CGH 测试中获得表面及其图像的映射关系

2.5.6　误差分析

与所有光学部件一样，CGH 不能完美地制造。因此，CGH 产生的非球面波前并不是完美的，这造成了非球面表面测量的不确定性。CGH 产生的波前的不确定性包括来自以下来源的贡献：

（1）设计误差：在设计 CGH 相位函数时的残余波前误差。

（2）编码错误：通过用多边形近似平滑 CGH 线引入的误差。

（3）制造误差：由线放置误差、线宽误差、相位 CGH 的蚀刻宽度和深度的均匀性误差等表示。

（4）基板误差。

① 当 CGH 用于反射时的表面误差，或当 CGH 用于透射时的透射波前误差。

② 折射率、基板厚度和楔形的不确定性。

③ 弯月误差（即两个表面都不是平面，但具有相同的曲率半径）。

基板质量是非球面表面的 CGH 测量精度的主要限制。在使用第 0 级的图案化之后可以校准透射的波前误差。校准步骤如表 2.3 所示。校准装置由菲索干涉仪、透射平面（TF）和参考平面（RF）组成。按顺序进行两个测量：第一个测量将 CGH 放在菲索腔中；第二个测量不用校准菲索腔误差。在两次测量之间获得差值图，以产生绝对透射波前误差图，其可以用于从非球面表面测量中退出 CGH 基板误差。

表 2.3   CGH 基板 TWE 校准过程

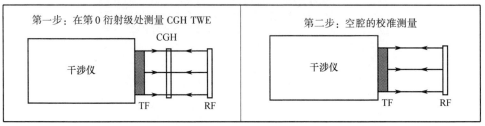

| 第一步：在第 0 衍射级处测量 CGH TWE | 第二步：空腔的校准测量 |

对于幅度 CGH，校准捕获全部本征基板误差并且可以直接使用。然而，相位 CGH 的校准更复杂。一方面，第 0 级测量校准捕获在波前（对于 50% 占空比 CGH）蚀刻深度变化的全部效应；另一方面，它还捕获占空比变化对第 0 级光束的影响。注意，非零位级测试光束波前不受占空比变化的影响，然而这种校准的 TWE 会将占空比变化的影响添加到第 0 级基板测量。占空比变化通常很小，因此这对测量误差只有很小的贡献。必要时，可以测量和补偿占空比变化的影响。

在表 2.4 中给出了一个完全 CGH 误差分析示例。

表 2.4   完全 CGH 误差分析示例

误差源		单通 WFE/nm rms
设计残差		0.0
激光波长不确定度 0.002nm		0.2
制造	编码误差 图案化误差 蚀刻误差	
基板误差	CGH 基板折射率误差	0.0
	CGH 基板厚度误差	0.0
	CGH 基板楔形误差	0.1
	CGH 基板变形误差（两面具有相同的变形，这种情况在透射测量中不会见到）	0.1
	基板 TWE 校准残差	1.0
RSS		2.6

除了 CGH 部件的固有误差之外，CGH 的对准还引入波前误差，这可以在诸如 Zemax 的光学设计软件中进行评估。由对准图案产生的波前误差（波的微小部分）对整个 CGH 对准误差的贡献无关紧要。机械调整分辨力和精度也影响 CGH 对准误差。最大的贡献者通常是基板质量。在反射中使用对准图案，但是基板表

面绝不是完美的平面。为了 CGH 的精确对准，基板表面也必须经过校准。

一些与 CGH 有关的便利公式、经验和数字如下：

（1）CGH 线间距 $= \lambda / \delta\theta$，其中 λ 是激光波长，$\delta\theta$ 是 CGH 的光线角度变化。

（2）条纹对比度 $= 2 * \mathrm{sqrt}\ (I_A * I_B)\ /\ (I_A + I_B)$，其中 I_A 和 I_B 是被组合的两个光束的强度。

（3）幅度 CGH，50% 占空比：1 级衍射效率 $\approx 10\%$。

（4）相位 CGH，50% 占空比，半波相位阶跃：1 级衍射效率 $\approx 40\%$。

（5）对于两种类型的 CGH，第 m 级具有与第 1 级一样大的 $1/m^2$ 的衍射效率。

（6）暗铬反射率：$\approx 20\%$ @ 633 nm。

（7）亮铬反射率：$\approx 50\%$ @ 633 nm。

（8）熔融石英的折射率：1.457017@633nm。

参考文献

［1］Hariharan, P., and P. Hariharan, *Basics of Interferometry*, Second Edition, Elsevier, 2007.

［2］Jensen, A. E., "Absolute Calibration Method for Laser Twyman – Green Wave – Front Testing Interferometers," *J. Opt. Soc. Am.* Vol. 63, 1973, p. 1313A.

［3］Kuchel, M., "Spatial Coherence in Interferometry. Zygo's New Method to Reduce Intrinsic Noise in Interferometers," *Zygo Technical Report*, 2004.

［4］Malacara, D. (ed.), *Optical Shop Testing*, Third Edition, Wiley, 2007.

［5］Millerd, J., B. Neal, J. Hays, M. North – Morris, M. Novak, et al., "Pixelated Phase – Mask Dynamic Interferometer," *Proc. SPIE*, Vol. 5531, 2004, pp. 304 – 314.

［6］Murphy, P., et al., "Measurement of High – Departure Aspheric Surfaces Using Subaperture Stitching with Variable Null Optics," *Proc. SPIE*, Vol. 7426, 2009.

［7］Schulz, G., and J. Schwider, "Interferometric Testing of Smooth Surfaces," in *Progress in Optics*, Vol. 13, 1976, pp. 93 – 167.

［8］Takeda, M., "Temporal versus Spatial Carrier Techniques for Heterodyne Interferometry," *Proc. SPIE*, Vol. 813, 1987, pp. 329 – 330.

［9］http：//www.optiper.com/products/caliball – i – ii.

［10］Chang, Y., Zhou, P., and Burge, J. H., "Analysis of Phase Sensitivity for Binary Computer – Generated Holograms," *Appl. Opt.*, Vol. 45, 2006, pp. 4223 – 4234.

［11］Zhao, C., and Burge, J. H., "Optical Testing with Computer Generated Holograms：Comprehensive Error Analysis," *Proc. SPIE*, 2013, pp. 8838 – 88380H.

第3章　相移干涉测量法

干涉仪最早在 20 世纪初用于光学检测，正如金斯莱克早期论文所证明的那样，当时完全依赖于对静态干涉图的分析[1]。这种分析方法通常需要找到条纹中心，插值成一张规则网格，而且需要在精度和数据点数之间进行权衡。从 20 世纪 70 年代初开始，计算机和数字成像技术的采用为这个领域带来了变革，从而促成了相移干涉测量技术的快速发展。这种技术发展的关键在于能够以电子方式记录一系列干涉图，每张干涉图对应于不同的参考相位值，从而能够逐像素地恢复相位图（如表示波前畸变）。相移干涉测量技术显著地提高了测量的便利性、速度和精度。

本章介绍了相移干涉测量法的一些原理，主要分为两个部分。首先，从干涉、双光束干涉仪的基本概念以及光强的定义开始，然后描述一些最常用的相移（Phase-shifting）算法。当然，每种算法都有各自的优点和缺点，虽然有许多方法可用来表征它们的性能，但是在这一部分的最后，我们描述了一种基于特征多项式的方法。第二部分专门介绍相移步进（Phase Stepping）技术及其实际应用。涵盖的主题包括基于压电换能器、旋转光栅和平移玻璃楔的机械方法。最近的几项重要进展均基于几何相位（在文献中有时称为偏振调制，Polarization modulation）的各种实现，因此我们专门用一节来详细讨论这种现象。本章最后描述了能够同时捕获相移步进干涉仪中所有帧的各种技术，这种功能显著降低了这些仪器对振动和空气湍流的敏感度。

3.1　干涉仪方程

干涉仪方程描述了干涉仪的输出强度作为光路长度的函数如何变化，它是所有相位步进方法的出发点，因此首先从它的推导开始。

如图 3.1 所示，考虑两个来自光源 S_1 和 S_2、向观察点 P 传播的相同频率的单色、线性偏振平面波。这里的分析相当普遍，并不依赖于波前形状（见练习 3.1），但平面波假设大大简化了代数公式。假设这两个波的电场由以下方程给出：

$$E_1(r,t) = E_{01}\cos(k_1 \cdot r - \omega_0 t + \varepsilon_1) \tag{3.1a}$$

和

$$E_2(r,t) = E_{02}\cos(k_2 \cdot r - \omega_0 t + \varepsilon_2) \tag{3.1b}$$

式中：E_{0i}，$i = 1,2$，为一个矢量，其振幅和方向分别给出电场的振幅和偏振方向；k 为传播矢量，其中 $|k| = 2\pi/\lambda$，而 $\varepsilon_{1,2}$ 是这些波的初始相位。

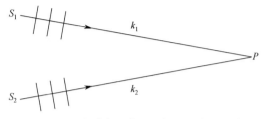

图 3.1　两个单色、线性偏振平面波的干涉

这两个波在 P 处相遇，根据叠加原理，它们的电场相加。然而，可以在 P 处（用光电探测器、CCD 相机或人眼）测量的值不是瞬时电场，而是强度 I，或者更严格地讲是辐照度。对于线性、均匀、各向同性的电介质，其辐照度由下式给出[2]：

$$I = \varepsilon\nu\langle E^2\rangle \tag{3.2}$$

式中：$\langle\cdot\rangle$ 代表时间均值；ε、ν 分别为介质的介电常数和速度。

进一步的详细信息可以在注释 3.1 中找到。既然我们只对相对强度的测量感兴趣，那么需要丢弃这些常数，并假设强度 $I = \langle E^2\rangle$。

注释 3.1　光强或辐照度

电磁波（如可见光）的辐照度或强度定义为单位时间、单位面积内的平均能量，它等于坡印亭向量（Poynting vector）大小的时间平均值[2]。对于均匀场而言，其公式如下：

$$I = \langle S\rangle = c^2\varepsilon_0 |E_0 \times B_0|\langle\cos^2(k\cdot r - \omega_0 t)\rangle$$

式中：c 为光速；ε_0 为自由空间的介电常数。

根据定义：

$$\langle\cos^2(k\cdot r - \omega_0 t)\rangle = \frac{1}{T}\int_t^{t+T}\cos^2(k\cdot r - \omega_0 t')\,\mathrm{d}t'$$

而在经过一定的计算之后最终得到如下结果：

$$= \frac{1}{2} + \frac{1}{2}\frac{\sin(\omega_0 T)}{\omega_0 T}\cos(k\cdot r - 2\omega_0 t - \omega_0 T)$$

$$= \frac{1}{2}，对于 T \gg t$$

项 $\frac{\sin(\omega_0 T)}{\omega_0 T} = \mathrm{sinc}(\omega_0 T)$，图 3.2 给出了它的曲线图，$u = \omega_0 T = 2\pi T/\tau$，其中 τ 为电场的周期。对于可见光而言，$\tau \approx 10^{-15}$，因此即使一毫秒的累计周期 T 对应的值也达到了 $T \approx 10^9\tau$，该值足以让 sinc 函数到达一个完全可忽略的值。

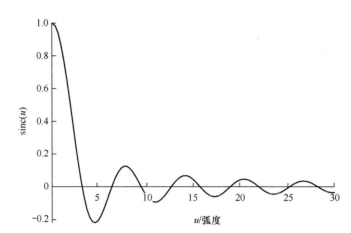

图 3.2 sinc 函数，sinc(u) = sin(u)/u

因此强度为

$$I \equiv \langle S \rangle = \frac{c^2 \varepsilon_0}{2} | \boldsymbol{E}_0 \times \boldsymbol{B}_0 |$$

$$= \frac{c \varepsilon_0}{2} \boldsymbol{E}_0^2$$

或者等价为真空中

$$I = c \varepsilon_0 \langle \boldsymbol{E}^2 \rangle$$

了解这些知识点之后，我们可以将点 P 处的强度写为

$$I = \langle \boldsymbol{E}^2 \rangle = \langle (\boldsymbol{E}_1 + \boldsymbol{E}_2) \cdot (\boldsymbol{E}_1 + \boldsymbol{E}_2) \rangle \tag{3.3a}$$

$$= \langle \boldsymbol{E}_1^2 \rangle + \langle \boldsymbol{E}_2^2 \rangle + 2 \langle \boldsymbol{E}_1 \cdot \boldsymbol{E}_2 \rangle \tag{3.3b}$$

$$= I_1 + I_2 + 2 \langle \boldsymbol{E}_1 \cdot \boldsymbol{E}_2 \rangle \tag{3.3c}$$

干涉项是 $\langle \boldsymbol{E}_1 \cdot \boldsymbol{E}_2 \rangle$，可以按照下式进行估算：

$$\boldsymbol{E}_1 \cdot \boldsymbol{E}_2 = \boldsymbol{E}_{01} \cdot \boldsymbol{E}_{02} \cos(\boldsymbol{k}_1 \cdot r - \omega_0 t + \varepsilon_1) \times \cos(\boldsymbol{k}_2 \cdot r - \omega_0 t + \varepsilon_2) \tag{3.4a}$$

将其中的两个余弦项展开，得

$$\boldsymbol{E}_{01} \cdot \boldsymbol{E}_{02} \{ \cos(\omega_0 t) \cos(\boldsymbol{k}_1 \cdot r + \varepsilon_1) + \sin(\omega_0 t) \sin(\boldsymbol{k}_1 \cdot r + \varepsilon_1) \} \times$$

$$\{ \cos(\omega_0 t) \cos(\boldsymbol{k}_2 \cdot r + \varepsilon_2) + \sin(\omega_0 t) \sin(\boldsymbol{k}_2 \cdot r + \varepsilon_2) \} \tag{3.4b}$$

如果进行如下的分析，那么这个表达式的计算可以简化。由于 $\sin(\omega_0 t)$ 和 $\cos(\omega_0 t)$ 为正交函数，二者之积的时间平均值为零，不会产生干涉。另外，$\langle \cos^2(\omega_0 t) \rangle = \langle 1/2(1 - \cos(2\omega_0 t)) \rangle = 1/2$，而且对于 $\sin^2(\omega_0 t)$ 项也类似。因此：

$$\langle \boldsymbol{E}_1 \cdot \boldsymbol{E}_2 \rangle = \frac{1}{2} \boldsymbol{E}_{01} \cdot \boldsymbol{E}_{02} \{ \cos(\boldsymbol{k}_1 \cdot r + \varepsilon_1) \cos(\boldsymbol{k}_2 \cdot r + \varepsilon_2) +$$

$$\sin(\boldsymbol{k}_1 \cdot r + \varepsilon_1) \sin(\boldsymbol{k}_2 \cdot r + \varepsilon_2) \} \tag{3.4c}$$

重新组合三角项，得

$$\langle \boldsymbol{E}_1 \cdot \boldsymbol{E}_2 \rangle = \frac{1}{2} \boldsymbol{E}_{01} \cdot \boldsymbol{E}_{02} \cos(\boldsymbol{k}_1 \cdot r + \varepsilon_1 - \boldsymbol{k}_2 \cdot r - \varepsilon_2) \tag{3.4d}$$

将这个结果代入式（3.3c）中，得

$$I = I_1 + I_2 + \boldsymbol{E}_{01} \cdot \boldsymbol{E}_{02} \cos\Delta\phi \tag{3.4e}$$

式中：$\Delta\phi = (\boldsymbol{k}_1 \cdot r + \varepsilon_1 - \boldsymbol{k}_2 \cdot r - \varepsilon_2)$ 由光路长度和初始相位差的组合产生的相位差。

注意，如果 $\boldsymbol{E}_{01}$ 和 $\boldsymbol{E}_{02}$ 偏振方向正交，那么干涉项为零，这个发现对应到菲涅耳–阿喇戈定律的表述之一（详细内容参见注释 3.2）。由于实验上最大化干涉项是有利的，因此我们通常确保 $\boldsymbol{E}_1$ 和 $\boldsymbol{E}_2$ 在同一平面中偏振。最后，注意：

$$I_1 = \langle \boldsymbol{E}_1^2 \rangle = \frac{\boldsymbol{E}_{01}^2}{2} \tag{3.5}$$

而且对于 I_2 类似，干涉项为 $2\sqrt{I_1 I_2}\cos\Delta\phi$ ，于是干涉公式为

$$I = I_1 + I_2 + 2\sqrt{I_1 I_2}\cos\Delta\phi \tag{3.6a}$$

或者

$$I = A + B\cos\Delta\phi \tag{3.6b}$$

练习 3.1

现在考虑更为一般的情形，电场表示如下：

$$\boldsymbol{E}_1(\text{r},t) = \boldsymbol{E}_1(\text{r})\exp(-i\omega_0 t) \tag{3.7a}$$

和

$$\boldsymbol{E}_2(\text{r},t) = \boldsymbol{E}_2(\text{r})\exp(-i\omega_0 t) \tag{3.7b}$$

式中：未指定波前图形，$\boldsymbol{E}_1$ 和 $\boldsymbol{E}_2$ 为依赖于空间和初始相位角的复数向量。

证明干涉项的公式为

$$\langle \boldsymbol{E}_1 \cdot \boldsymbol{E}_2 \rangle = \frac{1}{4}(\boldsymbol{E}_1 \cdot \boldsymbol{E}_2^* + \boldsymbol{E}_1^* \cdot \boldsymbol{E}_2) \tag{3.8}$$

请证明，对于平面波而言，式（3.8）缩减为 $\boldsymbol{E}_{01} \cdot \boldsymbol{E}_{02}\cos\Delta\phi$ 。

解：

$$\boldsymbol{E}_1 \cdot \boldsymbol{E}_2 = \frac{1}{2}(\boldsymbol{E}_1\exp(-i\omega_0 t) + \boldsymbol{E}_1^*\exp(i\omega_0 t)) \cdot$$

$$\frac{1}{2}(\boldsymbol{E}_2\exp(-i\omega_0 t) + \boldsymbol{E}_2^*\exp(i\omega_0 t)) \tag{3.9a}$$

由于 $\Re(z) = 1/2(z + z^*)$ ，其中 $*$ 表示复数共轭。

$$\boldsymbol{E}_1 \cdot \boldsymbol{E}_2 = \frac{1}{4}(\boldsymbol{E}_1 \cdot \boldsymbol{E}_2\exp(-2i\omega_0 t) + \boldsymbol{E}_1^* \cdot \boldsymbol{E}_2^*\exp(i\omega_0 t) + \boldsymbol{E}_1 \cdot \boldsymbol{E}_2^* + \boldsymbol{E}_1^* \cdot \boldsymbol{E}_2)$$

$$\tag{3.9b}$$

最后两项与时间无关，而 $\langle E_1 \cdot E_2 \exp(-2i\omega_0 t)\rangle \rightarrow 0$，而且对于上式中的第二项而言，与此类似。因此：

$$\langle E_1 \cdot E_2 \rangle = \frac{1}{4}(E_1 \cdot E_2^* + E_1^* \cdot E_2) \tag{3.9c}$$

如果 $E_1(\mathrm{r},t)$ 是平面波，那么可以将其写为

$$E_1(\mathrm{r},t) = E_{01}\exp(i[k_1 \cdot r + \varepsilon_1 - \omega_0 t]) \tag{3.10}$$

对于 $E_2(\mathrm{r},t)$ 而言，与此类似。因此，很容易推导出最终结果。

注释 3.2 菲涅耳 – 阿喇戈定律

在大多数光学教科书（如 Hecht[2]）中都能够找到菲涅耳 – 阿喇戈定律的描述，而在 Collett 的论文中可以找到使用斯托克斯矢量（Stokes vector）的完整处理[3]。该定律如下：

(1) 两个在相同平面线性偏振的光波会产生干涉。

(2) 两个偏振方向垂直的线性偏振光不会产生干涉。

(3) 两个偏振方向垂直的线性偏振光，如果来自于非偏振光的垂直分量，并且随后进入同一个平面，那么不会产生干涉。

(4) 两个偏振方向垂直的线性偏振光，如果来自于相同的线性偏振波，并且随后进入同一个平面，那么能够产生干涉。

第三条定律实际上说明非偏振光（严格说来是随机偏振）的两个正交分量相互不相干。

既然已经确立了干涉仪公式，那么可以给出所有相移步进技术背后的关键原理，即如果通过修改光路长度 $\Delta\phi$ 来引入已知的相位增量 δ，那么可以获得若干幅图像 $I_0, \cdots, I_{N-1}$，从而有可能从这些图像中提取出式（3.6b）中的 3 个未知量，特别是初始相位 $\Delta\phi$。

下面详细描述几种常见的相移步进方法。

3.2 三帧法

由于干涉仪方程中存在 3 个未知量，即 A、B 和 ϕ，因此至少需要 3 次独立的测量才能确定所有未知量。因此，最简单的技术需要 3 帧（或 3 幅图像）以及两个相移步长。作为一个具体的例子，考虑图 3.3 所示的标准迈克尔逊干涉仪。来自合适激光器（例如氦氖激光器）的光首先经过扩展和准直，直到光束足够大以照射试件表面 T。此刻，假设干涉仪的另一个臂中的平面参考反光镜 M 受到压

电换能器（PZT）的驱动，使得其位置（亦即光路长度）可以被精确控制。本章后面部分还将描述其他用于产生必要的相移步长的方法。两个光束在分光镜处重新组合，然后透镜 F 在屏幕上（更普遍的情况是在 CCD 阵列的图像平面上）形成试件表面的图像。

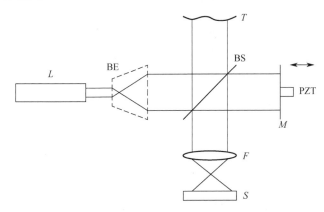

图 3.3　迈克尔逊干涉仪

L—激光器；BE—扩束镜；BS—分光镜；M—参考反光镜；PZT—压电换能器；
T—试件表面；F—聚光透镜；S—屏幕或 CCD 相机。

图像中给定像素的强度表示为

$$I(x,y) = A(x,y) + B(x,y)\cos(\phi(x,y)) \tag{3.11}$$

式中：$\phi(x,y)$ 为试件表面 T 的高度变化（在这个实例中）所产生的二维相位分布，就是所希望测量的量。

一般而言，背景值 $A(x,y)$ 和调制深度 $B(x,y)$ 可能是像素位置 (x,y) 的函数，这是因为激光束可能没有均匀照射试件表面。典型的实验过程可能如下所示：

（1）采用采集卡和个人计算机来采集条纹图案，该图像为 $I_0(x,y)$。

（2）利用压电换能器来移动反光镜，可以精确地修改相位 $2\pi/3$ 弧度。这是第一个相移步长。采集条纹 $I_1(x,y)$。

（3）移动反光镜 $2\pi/3$ 弧度，总相移步长为 $4\pi/3$。再次采集条纹 $I_2(x,y)$。

（4）按照逐个像素的方式计算 $\phi(x,y)$。

对于三帧法，现在采集了如下一组图像：

$$I_0 = A + B\cos\phi \tag{3.12a}$$

$$I_1 = A + B\cos(\phi + 2\pi/3) \tag{3.12b}$$

$$I_2 = A + B\cos(\phi + 4\pi/3) \tag{3.12c}$$

为了清晰起见，这里已经去掉了 A、B 和 ϕ 对像素位置 (x,y) 的显式依赖。使用标准三角恒等式展开余弦项，得到这 3 幅采集图像的以下等式：

$$I_0 = A + B\cos\phi \tag{3.13a}$$

$$I_1 = A - \frac{B}{2}\cos\phi - \frac{\sqrt{3}B}{2}\sin\phi \tag{3.13b}$$

和

$$I_2 = A - \frac{B}{2}\cos\phi + \frac{\sqrt{3}B}{2}\sin\phi \tag{3.13c}$$

很明显，如果采用如下的差值：

$$\sqrt{3}(I_2 - I_1) = 3B\sin\phi \tag{3.14a}$$

和

$$2I_0 - (I_1 + I_2) = 3B\cos\phi \tag{3.14b}$$

那么可以利用下式以逐个像素的方式计算相位 $\phi(x,y)$：

$$\phi(x,y) = \tan^{-1}\left\{\frac{\sqrt{3}(I_2 - I_1)}{2I_0 - (I_1 + I_2)}\right\} \tag{3.15}$$

注意，相位 $\phi(x,y)$ 将返回对 2π 取模的值，并且需要展开。虽然这里采用 $2\pi/3$ 的相移步长描述该方法，但是也可以采用 $\pi/2$ 的相移步长。虽然这种方法是最容易实现的，但是这种方法对图像之间相移步长的误差最为敏感[4]。

练习 3.2

考虑相等相移步长 α 的一般情形，即

$$\delta_i = -\alpha, 0, \alpha,\ i = 1, 2, 3 \tag{3.16a}$$

找出相位 $\phi(x,y)$ 的一般表达式，证明如果 $\alpha = \pi/2$，那么表达式缩减为

$$\phi(x,y) = \tan^{-1}\left\{\frac{I_1 - I_3}{2I_2 - I_1 - I_3}\right\} \tag{3.16b}$$

找出 $\alpha = 2\pi/3$ 时 $\phi(x,y)$ 的表达式。在对强度值进行适当的重排后，应该会发现该表达式与式（3.15）一致。

解：

对应的强度为

$$I_1 = A + B\cos(\phi - \alpha) = A + B\{\cos\phi\cos\alpha + \sin\phi\sin\alpha\} \tag{3.17a}$$

$$I_2 = A + B\cos(\phi) \tag{3.17b}$$

$$I_3 = A + B\cos(\phi + \alpha) = A + B\{\cos\phi\cos\alpha - \sin\phi\sin\alpha\} \tag{3.17c}$$

根据上面的公式很容易证明：

$$I_1 - I_3 = 2B\sin\phi\sin\alpha \tag{3.17d}$$

$$2I_2 - I_1 - I_3 = 2B\cos\phi(1 - \cos\alpha) \tag{3.17e}$$

因此：

$$\frac{I_1 - I_3}{2I_2 - I_1 - I_3} = \tan\phi\frac{\sin\alpha}{1 - \cos\alpha} \tag{3.17f}$$

当 $\alpha = \pi/2$ 时，这将产生想要的结果。

当 $\alpha = 2\pi/3$ 时，项 $\sin\alpha/(1 - \cos\alpha)$ 等于 $1/\sqrt{3}$ ，而且如果进行如下映射 $I_1 \to I_2$、$I_2 \to I_0$ 和 $I_3 \to I_1$，就可以完全恢复式（3.15）。

3.3 四帧法

四帧法是一种更加常见得多的方法，这是因为它可以推导出非常简单的相位图表达式。对于该方法，所需的相移步长为 $\pi/2$，对应的图像分别为

$$I_0 = A + B\cos\phi \tag{3.18a}$$
$$I_1 = A + B\cos(\phi + \pi/2) = A - B\sin\phi \tag{3.18b}$$
$$I_2 = A + B\cos(\phi + \pi) = A - B\cos\phi \tag{3.18c}$$
$$I_3 = A + B\cos(\phi + 3\pi/2) = A + B\sin\phi \tag{3.18d}$$

根据这些公式可以轻易地推导出下面的相位表达式：

$$\phi(x,y) = \tan^{-1}\left\{\frac{I_3 - I_1}{I_0 - I_2}\right\} \tag{3.19}$$

练习 3.3

假设能够对式（3.19）中的条纹强度分布进行精确测量，请估算由移相器中的误差所导致的最终相位测量误差。假设 $A = B$（即条纹可见度为 1），移相器典型误差大约为 $\lambda/10$ 。

解：

使用偏微分和标准误差传播技术来解决这一问题。为了便于表示，设：

$$\tan\phi = k = \frac{N}{D} \tag{3.20a}$$

式中：N 和 D 分别为式（3.19）的分子和分母，那么 ϕ 的误差表示为

$$\Delta\phi = \cos^2\phi\Delta k \tag{3.20b}$$

其中：

$$\Delta k = \sqrt{\left(\frac{\Delta N}{D}\right)^2 + \left(\frac{N}{D^2}\Delta D\right)^2} \tag{3.20c}$$

现在：

$$\Delta N = \sqrt{\Delta I_3^2 + \Delta I_1^2} \tag{3.20d}$$

$$\Delta D = \sqrt{\Delta I_0^2 + \Delta I_2^2} \tag{3.20e}$$

如果设

$$I_i = A + B\cos(\phi + \theta_i), \ i = 0,\cdots,3 \tag{3.20f}$$

式中：θ_i 为相位变化值，那么可得

$$\Delta I_i = -B\sin(\phi + \theta_i)\Delta\theta \tag{3.20g}$$

式中：$\Delta\theta$ 为移相器误差。代入（精确的）相移步长 θ_i 得到每个 ΔI_i 的表达式。将这些表达式代入 ΔN 和 ΔD 中，然后代入 Δk 中，进行一些代数计算后得

$$\Delta\phi = \frac{\Delta\theta}{\sqrt{2}}\sqrt{\cos^4\phi + \sin^4\phi} \tag{3.20h}$$

图 ex3.1 绘制出该误差，很明显它具有周期性。

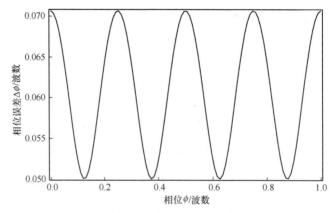

图 ex3.1　移相器误差 0.1λ 导致的相位 φ 误差

练习 3.4

现在估算强度测量误差对四帧法的最终相位测量精度的影响。假设移相器是完美的，条纹可见度是 1，并且使用 8 位数字化仪（随机误差为 ±4 最低有效位）来测量条纹。条纹强度变化使用数字化仪的完整动态范围。

解：

由于条纹对比度为 1，因此 $A = B$，而且既然使用数字化仪的完整动态范围，那么 $A + B = 256$，因而 $A = 128$，$B = 128$。误差为 4 位，因此 $\Delta I_i = 16, i = 1, \cdots, 4$，且 $\Delta N = \Delta D = 16\sqrt{2}$。根据前一个练习题和式（3.20c），可得

$$\Delta k = \frac{1}{D}\sqrt{\Delta N^2 + \tan^2\phi\Delta D} \tag{3.21a}$$

$$= \frac{16\sqrt{2}}{2B\cos\phi}\sqrt{1 + \tan^4\phi} \tag{3.21b}$$

将这个结果代入 $\Delta\phi$ 方程式中，得

$$\Delta\phi = \frac{1}{8\sqrt{2}}\mathrm{rad} \tag{3.21c}$$

最后，举例演示该算法的基本步骤。

当然，对试件表面的形状并没有任何限制，但是如果选择简单的表面，如一条抛物线，那么或许能够更佳地看出相移步进的效果。下面是生成试件表面和图像的 MATLAB 代码片段：

```
x = 1: 256;
 [X, Y] = meshgrid (x);
x0 = 128;
y0 = 128;
phase = 6* ((X - x0) .^2 + (Y - y0) .^2) ./128^2; I = 32* (1 +
cos (phase + step));
```

这是 256 像素 ×256 像素灰度图像，对于每幅图像 step 都会相应增加。由此而产生图 3.4 所示的四帧图。当使用式（3.19）进行计算并展开之后，生成图 3.5 所示的表面。相位展开本身就是一个重要课题，但其超出了本章的讨论范畴。有兴趣的读者可去查阅文献 [5 – 8]。

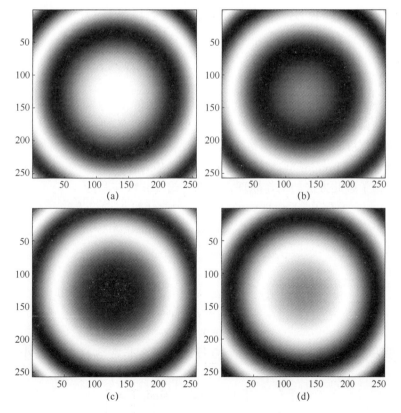

图 3.4　抛物线表面 $6((x - x_0)^2 + (y - y_0)^2) / 128^2$、相移步长 $\pi/2$ 的条纹图案

（a）I_1—无相移步长；（b）I_2—相移步长为 $\pi/2$；（c）I_3—相移步长为 π；（d）I_4—相移步长为 $3\pi/2$。

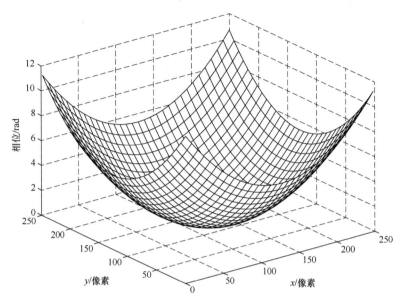

图 3.5 根据图 3.4 中的图像恢复得到的相位图

3.4 最小二乘算法

给定像素位置 (x, y) 处的 $I(x, y)$ 取决于未知量 A、B 和 ϕ，而且随着相移步进呈现正弦函数变化，而其周期已知。因此，最小二乘法可以用于把每个像素位置处实测的强度拟合为正弦函数，这不足为奇。N 幅图像（每幅相移为 δ_i）的一般处理方法由 Bruning 等[9] 首次报道，随后 Morgan[10] 和 Greivenkamp[11] 也进行了论述。为了解此方法的工作原理，首先将式（3.11）写为

$$I_i(x, y) = A(x, y) + B(x, y)\cos(\phi(x, y) + \delta_i) \quad (3.22a)$$

$$= A + B\cos\phi\cos\delta_i - B\sin\phi\sin\delta_i \quad (3.22b)$$

$$= \alpha_0 + \alpha_1\cos\delta_i + \alpha_2\sin\delta_i \quad (3.22c)$$

其中：

$$\alpha_0 = A \quad (3.23a)$$

$$\alpha_1 = B\cos\phi \quad (3.23b)$$

$$\alpha_2 = -B\sin\phi \quad (3.23c)$$

如果采用矩阵形式来书写这个方程式，那么非常容易看出最小二乘法的本质：

$$\begin{bmatrix} I_1 \\ \vdots \\ I_N \end{bmatrix} = \begin{bmatrix} 1 & \cos\delta_1 & \sin\delta_1 \\ \vdots & \vdots & \vdots \\ 1 & \cos\delta_N & \sin\delta_N \end{bmatrix} \begin{bmatrix} \alpha_0 \\ \alpha_1 \\ \alpha_2 \end{bmatrix} \quad (3.24a)$$

或者，采用更加精简的形式写为

$$I = M\alpha \tag{3.24b}$$

众所周知，实测强度值和预测强度值的差值平方和最小解为

$$\tilde{\alpha} = (M^T M)^{-1} M^T I \tag{3.25}$$

式中：$\tilde{\alpha}$ 为参数 α_i 的最优估计；T 表示矩阵转置。然后很容易确定这 3 个未知量的最优估计：

$$A = \tilde{\alpha}_0 \tag{3.26a}$$

$$B = \sqrt{\tilde{\alpha}_1^2 + \tilde{\alpha}_2^2} \tag{3.26b}$$

和

$$\phi = \tan^{-1}\left\{\frac{-\tilde{\alpha}_2}{\tilde{\alpha}_1}\right\} \tag{3.26c}$$

值得注意的是，这个算法使得我们能够使用相移步长 δ_i 的 3 个或更多个值的任意组合，并且这些值不需要均匀间隔。

然而，对于 δ_i 的多个值按照某个周期均匀间隔这一特殊情形，即

$$\delta_i = \frac{2\pi i}{N}, \ i = 1, \cdots, N \tag{3.27}$$

该算法具有极其简单的形式。可以发现下式的所有非对角元素均为零：

$$M^T M = \begin{bmatrix} N & \sum \cos\delta_i & \sum \sin\delta_i \\ \sum \cos\delta_i & \sum \cos^2\delta_i & \sum \cos\delta_i \sin\delta_i \\ \sum \sin\delta_i & \sum \cos\delta_i \sin\delta_i & \sum \sin^2\delta_i \end{bmatrix} \tag{3.28a}$$

因此：

$$(M^T M)^{-1} = \begin{bmatrix} 1/N & 0 & 0 \\ 0 & 1/\sum \cos^2\delta_i & 0 \\ 0 & 0 & 1/\sum \sin^2\delta_i \end{bmatrix} \tag{3.28b}$$

因此，参数 $\tilde{\alpha}$ 的最佳估计如下：

$$\tilde{\alpha}_0 = \frac{\sum I_i}{N} \tag{3.28c}$$

$$\tilde{\alpha}_1 = \frac{\sum I_i \cos\delta_i}{\sum \cos^2\delta_i} \tag{3.28d}$$

$$\tilde{\alpha}_2 = \frac{\sum I_i \sin\delta_i}{\sum \sin^2\delta_i} \tag{3.28e}$$

由于 $\sum \sin^2\delta_i = \sum \cos^2\delta_i$，因此很容易发现：

$$\phi = \tan^{-1}\left\{\frac{-\sum I_i \sin\delta_i}{\sum I_i \cos\delta_i}\right\} \tag{3.28f}$$

注释 3.3 给出了这个推导中的两个定理的证明。

注释 3.3 式（3.28f）推导中的其他细节

首先需要证明 $\boldsymbol{M}^{\mathrm{T}}\boldsymbol{M}$ 的非对角元素均为零。这其中的关键在于 δ_i 在一个周期内均匀间隔。为了简单起见，选择 $N=5$，并给出了 δ_i 和 $\sin\delta_i$ 的值，如图 3.6 所示。

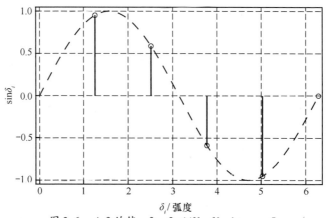

图 3.6　$\sin\delta_i$ 的值，$\delta_i = 2\pi i/N$，$N = 1, \cdots, 5$

很明显，$\sin\delta_2 = -\sin\delta_3$ 且 $\sin\delta_1 = -\sin\delta_5$，而最终值将总是零，这是因为它对应到 $\sin(2\pi)$。这种成对取消关系对于 N 的任何值都成立，$\cos\delta_i$ 的曲线图说明类似的论点对于该函数同样成立。因此 $\sum \sin\delta_i = \sum \cos\delta_i = 0$。

接下来，对于 δ_i 的每个值，$\cos\delta_i\sin\delta_i = 1/2\sin(2\delta_i)$，这刚好对应于以更大的间隔 $N/2$ 对一个周期进行采样。因此，按照前面的结论，即 $\sum \cos\delta_i\sin\delta_i = 0$，$\boldsymbol{M}^{\mathrm{T}}\boldsymbol{M}$ 的所有非对角元素确实均为零。

最后，可以得到如下公式：

$$\sum \sin^2\delta_i = \frac{1}{2}\sum (1 - \cos(2\delta_i)) \tag{3.29a}$$

$$= \frac{1}{2}\sum 1 \tag{3.29b}$$

由于 $\cos(2\delta_i)$ 表示在 $N/2$ 间隔上进行采样，我们已经证明其和为零。类似地：

$$\sum \cos^2\delta_i = \frac{1}{2}\sum (1 + \cos(2\delta_i)) \tag{3.29c}$$

$$= \frac{1}{2} \sum 1 \qquad (3.29\text{d})$$

因此，$\sum \sin^2\delta_i = \sum \cos^2\delta_i$。而这填补了式（3.28f）中缺失的步骤。

前面描述的三帧法和四帧法由分析法导出的，与根据式（3.28f）的最小二乘解获得的算法相同。也就是说，三帧和四帧算法在最小二乘的意义上已经是最优的。

3.5　Carré 算法

在上文中，我们假设可以在每帧之间应用数值已知的精确相移步长。显然，如果实际相移与假定值不同，就会在重建中引入误差，因此应该将相移步长看作未知量之一。此外，在实验方面，将相移步长作为变量处理是非常有用的。例如，我们可以使用线性相位延迟器（例如 Soleil–Babinet 补偿器）来产生增量相等但是数值未知的相移步长。在这些情况下最著名的算法是 Carré 算法[4,12]。

首先，假设每帧之间的相移步长为 2α，即
$$\delta_i = -3\alpha, -\alpha, \alpha, 3\alpha, i = 1,\cdots,4 \qquad (3.30)$$
以对称形式书写干涉仪方程如下：
$$I_0 = A + B\cos(\phi - 3\alpha) \qquad (3.31\text{a})$$
$$I_1 = A + B\cos(\phi - \alpha) \qquad (3.31\text{b})$$
$$I_2 = A + B\cos(\phi + \alpha) \qquad (3.31\text{c})$$
$$I_3 = A + B\cos(\phi + 3\alpha) \qquad (3.31\text{d})$$
接下来，像前面那样将余弦项展开，并计算下面的和与差：
$$3(I_1 - I_2) - (I_0 - I_3) = 6B\sin\phi\sin\alpha - 2B\sin\phi\sin3\alpha \qquad (3.32\text{a})$$
代入 $\sin3\alpha = -4\sin^3\alpha + 3\sin\alpha$，得
$$8\sin\phi \sin^3\alpha \qquad (3.32\text{b})$$
类似地，有
$$(I_0 - I_3) + (I_1 - I_2) = 2B\sin\phi \sin^3\alpha + 2B\sin\phi\sin\alpha \qquad (3.32\text{c})$$
$$= -8B\sin\phi \sin^3\alpha + 8B\sin\phi\sin\alpha \qquad (3.32\text{d})$$
消去公因子 $8B\sin\phi\sin\alpha$，得
$$8B\sin\phi\sin\alpha \cos^2\alpha \qquad (3.32\text{e})$$
因此，可以根据下式计算未知的相移步长：
$$\alpha(x,y) = \tan^{-1}\left\{\frac{3(I_1 - I_2) - (I_0 - I_3)}{(I_0 - I_3) + (I_1 - I_2)}\right\}^{1/2} \qquad (3.33)$$
为了恢复相位，需要下面捕获图像的和与差：

$$(I_0 - I_3) + (I_1 - I_2) = 8B\sin\phi\sin\alpha\cos^2\alpha \tag{3.34a}$$

$$(I_1 + I_2) - (I_0 + I_3) = -2B\cos\phi(-\cos\alpha + \cos3\alpha) \tag{3.34b}$$

代入 $\cos3\alpha = 4\cos^3\alpha - 3\cos\alpha$ ，在进行一些简化后得

$$8B\cos\phi\cos\alpha\sin^2\alpha \tag{3.34c}$$

既然从式 (3.33) 中得到相移步长，那么可以从下式恢复相位图：

$$\phi(x,y) = \tan^{-1}\left\{\tan(\alpha[x,y])\frac{(I_0 - I_3) + (I_1 - I_2)}{(I_1 + I_2) - (I_0 + I_3)}\right\} \tag{3.35a}$$

或者，通过插入根据式 (3.33) 得到的 $\tan\alpha$ 结果：

$$\phi(x,y) = \tan^{-1}\left\{\frac{\{[3(I_1 - I_2) - (I_0 - I_3)][(I_0 - I_3) + (I_1 - I_2)]\}^{1/2}}{(I_1 + I_2) - (I_0 + I_3)}\right\} \tag{3.35b}$$

将该表达式中的反正切函数的结果转换为以 2π 为模的波前相位 $\phi(x,y)$ ，这不像迄今为止讨论的其他算法那样直接。式 (3.35b) 的分子中的平方根返回 $\sin(\phi[x,y])$ 的绝对值，而不是正弦值。由于分母可以是正的或负的，我们必须构造与相位的正弦和余弦成比例的附加项[4,13]，以便正确地返回以 2π 为模的 ϕ 。

帧间相移步长最常用的值为 $90°$ ，即 $\alpha = 45°$ ，但最优值取决于实验条件，例如，$110°$ 的相移步长使随机强度噪声的影响最小[14]。

3.6 Hariharan 法

线性相移误差产生两倍于重建相位 ϕ 中条纹频率的正弦误差[15]，因此人们非常希望找到一种对于这个误差相对免疫的相移算法。Hariharan 算法就是这样的一种方法[16,17]。

假设帧间相移为 α ：

$$\delta_i = -2\alpha, -\alpha, 0, \alpha, 2\alpha, i = 1, \cdots, 5 \tag{3.36}$$

再次以对称形式给出强度 I_i ：

$$I_0 = A + B\cos(\phi - 2\alpha) \tag{3.37a}$$

$$I_1 = A + B\cos(\phi - \alpha) \tag{3.37b}$$

$$I_2 = A + B\cos\phi \tag{3.37c}$$

$$I_3 = A + B\cos(\phi + \alpha) \tag{3.37d}$$

$$I_4 = A + B\cos(\phi + 2\alpha) \tag{3.37e}$$

像前面那样将余弦项展开，并计算下面的差值：

$$I_1 - I_3 = 2B\sin\phi\sin\alpha \tag{3.38a}$$

$$2I_2 - I_4 - I_0 = 2B\cos\phi(1 - \cos2\alpha) \tag{3.38b}$$

$$= 4B\cos\phi\,\sin^2\alpha \tag{3.38c}$$

可以将式（3.38a）和式（3.38c）合并，得

$$\frac{\tan[\phi(x,y)]}{2\sin\alpha} = \frac{I_1 - I_3}{2I_2 - I_4 - I_0} \tag{3.39}$$

既然相移 α 是一个变量，那么可以自由地选择它，使得该表达式中的变化对相移中的误差最小化。因此，对 α 求导：

$$\frac{\mathrm{d}}{\mathrm{d}\alpha}\left\{\frac{\tan[\phi(x,y)]}{2\sin\alpha}\right\} = \frac{-\cos\alpha\tan[\phi(x,y)]}{2\sin^2\alpha} \tag{3.40}$$

当 $\alpha = \pi/2$ 时该式为零。对于这个相移值，式（3.39）缩减为

$$\phi(x,y) = \tan^{-1}\left[\frac{2(I_1 - I_3)}{2I_2 - I_4 - I_0}\right] \tag{3.41}$$

如果 $\phi(x,y) = \pi/4$，则式（3.39）左侧具有图 3.7 所示的形式。值得注意的是，以 $\pi/2$ 为中心的最小值非常宽，这意味着 Hariharan 算法可以容忍相移中存在相当大的误差，但不会在恢复的相位 $\phi(x,y)$ 中引起显著的误差。

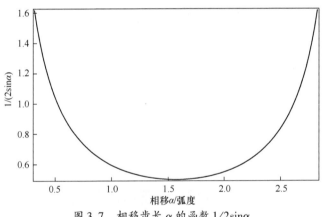

图 3.7　相移步长 α 的函数 $1/2\sin\alpha$

练习 3.5

如果相移步长存在 2° 误差，那么估算恢复的相位 $\phi(x,y)$ 中可能出现的最大误差。

解：

假定两次测量之间的实际相移为 $\pi/2 + \varepsilon$，其中 ε 是一个很小的角度，在这里是 2°。设实际相位为 $\phi(x,y)$，测得的相位为 $\phi'(x,y)$，因此：

$$\phi'(x,y) = \phi(x,y) + \Delta\phi(x,y) \tag{3.42a}$$

我们的目标是找出 $\Delta\phi$ (x, y) 的估值。根据式（3.39），得

$$\frac{\tan[\phi(x,y)]}{2\sin\alpha} = \frac{(I_1 - I_3)}{2I_2 - I_4 - I_0} = \frac{\tan[\phi'(x,y)]}{2} \tag{3.42b}$$

由于 $\sin(\pi/2 + \varepsilon) = \cos\varepsilon \approx 1 - 1/2\varepsilon^2$，因此：

$$\tan[\phi'(x,y)] = \frac{1}{1 - \frac{1}{2}\varepsilon^2}\tan[\phi(x,y)] \tag{3.42c}$$

$$\approx \left(1 + \frac{1}{2}\varepsilon^2\right)\tan[\phi(x,y)] \tag{3.42d}$$

现在，使用标准三角函数展开，可得

$$\tan\Delta\phi = \tan(\phi' - \phi) \tag{3.42e}$$

$$= \frac{\tan\phi' - \tan\phi}{1 + \tan\phi'\tan\phi} \tag{3.42f}$$

当根据式（3.42d）代入 ϕ' 的近似表达式，得

$$\tan\Delta\phi \approx \frac{\frac{\varepsilon^2}{2}\tan\phi}{1 + \left(1 + \frac{\varepsilon^2}{2}\right)\tan^2\phi} \tag{3.42g}$$

$$\approx \frac{\varepsilon^2}{2}\frac{\tan\phi}{(1 + \tan^2\phi)} \tag{3.42h}$$

最后：

$$\Delta\phi \approx \tan\Delta\phi \approx \frac{\varepsilon^2}{4}\sin[2\phi(x,y)] \tag{3.42i}$$

由于 $\max|\sin(2\phi)| = 1$，因此很容易计算出相移步长中 2° 的误差所导致的 $\Delta\phi$ 最大误差为 0.017°。

3.7 相移步进算法设计

此时，我们已经研究了多种不同的相移步进算法，其中一些算法对相移步进误差相对鲁棒，而另一些算法则不是。因此，自然地要问：什么导致算法表现出这种可取的行为？我们可以设计算法，使它们具备特殊的特性吗？针对这些问题，Surrel 提出了一个解决方案[18,4]。实质上，任何相移算法都可以与一个多项式相关联，其根决定了算法对谐波和相移步进误差的敏感度。

若条纹图案强度按照正弦变化，那么可以将其书写为

$$I(\phi) = I_0(1 + \gamma\cos\phi) \tag{3.43a}$$

$$= I_0 + \frac{I_0\gamma}{2}\exp(i\phi) + \frac{I_0\gamma}{2}\exp(-i\phi) \tag{3.43b}$$

这种表示法要比式（3.5b）中所用的表示法稍微简洁一些。这里 γ 是条纹可见度，它实际上是条纹对比度的测量值。更多细节请参见注释 3.4。

注释 3.4 条纹可见度

干涉条纹对比度一种方便而且常用的测量是可见度 $\mathcal{V}$。根据式（3.8b），可以容易看出，当 $\delta = 2m\pi$（m 是一个整数）时，强度取得最大值 $I_{\max} = I_1 + I_2 + 2\sqrt{I_1 I_2}$。类似地，当 $\delta = (2m+1)\pi$ 时，其取得最小值 $I_{\min} = I_1 + I_2 - 2\sqrt{I_1 I_2}$。

可见度 $\mathcal{V}$ 定义如下：

$$\mathcal{V} = \frac{I_{\max} - I_{\min}}{I_{\max} + I_{\min}} \tag{3.44a}$$

$$= \frac{2\sqrt{I_1 I_2}}{I_1 + I_2} \tag{3.44b}$$

$$= \frac{B}{A} = \gamma \tag{3.44c}$$

式中：$0 \leqslant \mathcal{V} \leqslant 1$。

由于 $I(\phi)$ 是一个周期性函数，可以按傅里叶级数进行展开：

$$I(\phi) = \sum_{m=-\infty}^{\infty} \alpha_m \exp(im\phi) \tag{3.45}$$

显然，根据式（3.43b）：

$$\alpha_1 = \alpha_{-1} = \frac{I_0 \gamma}{2} \tag{3.46}$$

所有其他系数相同为零。在相移步进中，设 ϕ 是某个点（希望测量的对象）的给定相位，并且增加相移步长 δ。也就是说，测量 $I(\phi + \delta)$，也可以表示为傅里叶级数展开，因此：

$$I(\phi + \delta) = \sum_{m=-\infty}^{\infty} \left[\alpha_m \exp(im\phi) \right] \exp(im\delta) \tag{3.47a}$$

$$= \sum_{m=-\infty}^{\infty} \beta_m(\phi) \exp(im\delta) \tag{3.47b}$$

任何相移算法的主要目的都是评估 β_1 傅里叶系数的自变量（对应于强度信号的基本谐波）。因为：

$$\beta_1 = \alpha_1 (\cos\phi + i\sin\phi) \tag{3.48a}$$

很明显：

$$\arg(\beta_1) = \frac{\mathcal{F}(\beta_1)}{\mathcal{R}(\beta_1)} = \tan\phi \tag{3.48b}$$

从前面的例子中已经看出，M – 步相移算法通常被评估为 $I(\delta)$ 的值的两个线性组合的比率的反正切。也就是说，测得的相位（为了区别于实际相位 ϕ，这里用 $\bar{\phi}$ 表示）为

$$\tilde{\phi} = \tan^{-1} \left\{ \frac{\sum_{k=0}^{M-1} b_k I(\phi + k\delta)}{\sum_{k=0}^{M-1} a_k I(\phi + k\delta)} \right\} \tag{3.49}$$

为了弄明白这与多项式之间的关联，考虑以下复线性组合：

$$S(\phi) = \sum_{k=0}^{M-1} c_k I(\phi + k\phi) \tag{3.50}$$

式中：$c_k = a_k + ib_k$。很容易看出：

$$\tilde{\phi} = \arg[S(\phi)] \tag{3.51}$$

使用式（3.47a），可以将 $S(\phi)$ 的傅里叶级数书写为

$$S(\phi) = \sum_{m=-\infty}^{\infty} \left\{ \alpha_m \exp(im\phi) \sum_{k=0}^{M-1} c_k \left[\exp(im\delta) \right]^k \right\} \tag{3.52a}$$

$$= \sum_{m=-\infty}^{\infty} \alpha_m \exp(im\phi) P[\exp(im\delta)] \tag{3.52b}$$

式中：P（z）是 $M-1$ 级多项式，即

$$P(z) = \sum_{k=0}^{M-1} c_k z^k \tag{3.52c}$$

任何给定相移算法的所有性质均可从 P（z）的根（被称为算法的特征多项式）推导出来。这些根导致以下设计规则[18]：

（1）为了检测基频，$\exp(-i\delta)$ 必须是特征多项式的根，而 $\exp(i\delta)$ 不是。

（2）如果 $\exp(im\delta)$ 和 $\exp(-im\delta)$ 是特征多项式的根（$m\neq1$），则该算法对强度信号的 m 次谐波不敏感。

（3）当 $\exp(-im\delta)$ 或 $\exp(im\delta)$ 中仅有一个是特征多项式的双根时，可以检测到该谐波分量，但是该算法对移相器的误校准不敏感。

（4）如果 $\exp(-im\delta)$ 和 $\exp(im\delta)$ 都是特征多项式的双根，则该算法对 m 次谐波以及移相器的校准不敏感。

为了说明在实践中如何运用这些规则，我们将其运用到两个知名的相移算法中。

练习 3.6

找出 Hariharan 方法的特征多项式。

解：

直接分别从式（3.41）的分子和分母中读取系数 a_k 和 b_k，可以得到该方法的特征多项式：

$$P(z) = -1 + 2iz + 2z^2 - 2iz^3 - z^4$$
$$= -(z-1)(z+1)(z+i)^2 \tag{3.53}$$

该式在 $z = \pm 1$ 处具有单根，而在 $-i$ 处具有双根。Surrel 还描述了一种非常简洁和便利的图形化方法来显示特征多项式的特性，图 ex3.2 给出了这种方法的一个例子。相移步长被绘制为径向线，其中来自实轴的线的角度等于相移步长。对于该方法，相移步长为 $\pi/2$，因此我们看到单位圆被分成 4 个象限。接下来，如果该特定谐波具有根，那么在线和单位圆的交点处绘制实心点。双根由用空心圆包围的实心点表示。最后，超过 2π 的相移步长由沿实轴的粗实线表示。

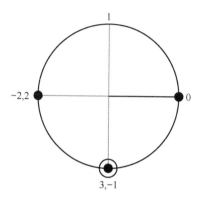

图 ex3.2　Hariharan 方法在单位圆上特征多项式的根

图 ex3.2 说明，对于 $m = 1$ 没有根，但是对于 $m = -1$ 有根，这与规则 1 一致。由于多项式对于 $m = 2$ 和 -2 具有一个根，因此根据规则 2，该算法对第二谐波不敏感。最后，通过规则 3，对于 $m = 3$ 的双根使得算法对相移误差不敏感，正如在前面看到的。

练习 3.7

找出三帧法的特征多项式，并评价其对相位误差的敏感度。

解：

之前断言，三帧法（具有 $2\pi/3$ 的相移步长）是最简单的算法，但是也对步进误差最敏感。现在可以使用特征多项式容易地证明这一点。直接从式（3.15）读取系数，有

$$P(z) = 2 - (1 + \sqrt{3}i)z - (1 - \sqrt{3}i)z^2$$
$$= \frac{1}{2}(-1 + \sqrt{3}i)(z - 1)(2z + 1 + \sqrt{3}i) \tag{3.54}$$

将这些根绘制到单位圆上就会生成图 ex3.3 中所示图。根据规则 1，能够检测基本波，但由于缺乏成对根或双根，使得该方法对于所有谐波和相移误差敏感。

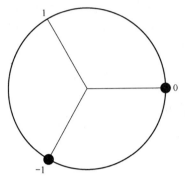

图 ex3.3　三帧法特征多项式根在单位圆上的分布

3.8　相移步进技术及应用

3.8.1　机械步进

　　用于产生相移步长的最常见的方法之一是使用 PZT（压电陶瓷）来平移参考镜或某种便利的光学表面。PZT 是陶瓷材料，通常是锌钛酸铅，在受到适度的直流电压时膨胀或收缩。对于现代设备，大约 100V 通常足以引起波长的机械平移。

　　因此，使用 PZT 的机械相移步进技术广泛应用于光学检测[4]，通常按照如图 3.8 所示的泰曼 – 格林（Tywman – Green）光学结构来配置干涉仪，这并不奇怪。迈克尔逊干涉仪和泰曼 – 格林干涉仪非常适合于机械相移步进，这是因为参考镜平行于参考光束的传播方向移动。相同的技术也可以应用于标准马赫 – 曾德尔干涉仪，只是反光镜运动现在与光束方向成倾斜角。图 3.9 显示了移动镜的情况。波前获得的相移为[2]

$$\delta = \overline{AB} + \overline{BC} - \overline{AD} \tag{3.55a}$$

其中：

$$\overline{AB} = \overline{BC} = \frac{x}{\cos\theta} \tag{3.55b}$$

和

$$\overline{AD} = \overline{AC}\sin\theta \tag{3.55c}$$

$$= 2x\tan\theta\sin\theta \tag{3.55d}$$

将这些结果代回式（3.55a）中，得

$$\delta = 2x\cos\theta \tag{3.55e}$$

式中：x 为反光镜位移；θ 为入射角。

　　注意，光束已被横向移位。

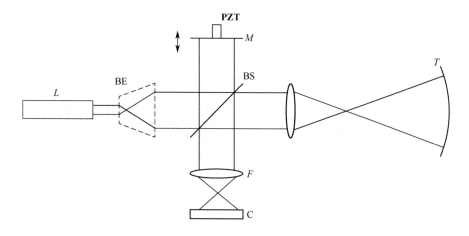

图 3.8　泰曼 – 格林干涉仪

L—激光器；BE—扩束镜；BS—分光镜；M—参考镜；PZT—压电换能器；T—试件表面；
F—成像透镜；C—CCD 相机。

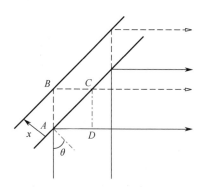

图 3.9　马赫 – 曾德尔干涉仪反光镜上的相移步长和光束位移

　　机械相移步进广泛用于菲索（Fizeau）干涉仪，但是如果正在检测球形表面（所谓的球状菲索腔），则必须小心。图 3.10 揭示了这个问题的本质，给出了球状腔菲索干涉仪的局部视图。半径为 r_2 的弯月形透镜的内层表面是参考表面。半径为 r_1 的试件表面的安装位置非常巧妙，使得这两个球状面具有共同的中心。要想在迈克尔逊干涉仪或泰曼 – 格林干涉仪中精确模拟平面参考镜的运动，就需要在不移动中心点的情况下改变 r_1 或 r_2，而这显然是不可能做到的。Moore 和 Slay-maker[19] 考虑了试件表面在平行于干涉仪轴的方向上移动的情况，并且发现对于数值孔径（NA）≤0.8，误差 <λ/100。

　　一种普遍采用的方法是移动参考面，如图 3.11 所示[4]。de Groot[20] 仔细研究了这种方法的相关误差，并发现现代的多帧算法可用来将可用的数值孔径扩展到 0.95。

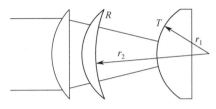

图 3.10　菲索干涉仪的局部示意图，准直激光从左手侧入射

T—试件表面；R—参考表面。

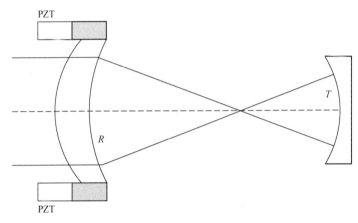

图 3.11　采用机械步进参考表面的菲索干涉仪

T—试件表面；R—参考表面。

　　最近，人们已经提出了菲索干涉仪中相移步进的一种替代解决方案[21,22]，其不再需要移动参考表面或试件表面。该方法背后的基本思想如图 3.12 所示，其中两个相同的玻璃楔经过精心布置，使得它们形成可变厚度的平行板。通过横向平移两个玻璃楔中的一个（如 W_2）来实现相移。由该横向偏移引入的光程差由下式给出：

$$\delta = 2(n-1)s\,\tan\theta \tag{3.56}$$

式中：n 和 θ 分别为楔形板的折射率和楔角；s 为横向位移。

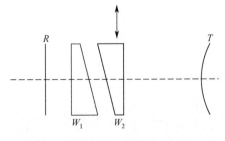

图 3.12　菲索腔

T—试件表面；R—参考表面；$W_{1,2}$—相同的玻璃楔。

3.8.2　光栅方法

到目前为止，我们已经考虑了空间域中的相移，其通常通过物理地移动干涉仪的一个臂中的光学元件来实现。还可能在时域中产生相移，通常通过将参考光束和测试光束布置在稍微不同的光频率上。严格说来，这构成了外差干涉测量（Heterodyne Interferometry），但这里只做简要的讨论，因为它为菲索干涉仪提供了一个替代的相移步进方法，稍后将给以说明。

首先，考虑两个光频率稍有不同的电场。为了方便起见，假设这两个电场具有相同的偏振：

$$E_1 = E_{01}\exp(i[\phi_r(x,y) - 2\pi(\nu + \Delta\nu)t]) \tag{3.57a}$$

$$E_2 = E_{02}\exp(i[\phi_t(x,y) - 2\pi\nu t]) \tag{3.57b}$$

式中：$\phi_r = k_1 \cdot r + \epsilon_1$，为参考臂中的相位，而测试臂中的相位 ϕ_t 与此类似。

不难证明，最终的强度如下式所示：

$$I = I_1 + I_2 + 2\sqrt{I_1 I_2}\cos(\phi(x,y) + 2\pi\Delta\nu t) \tag{3.57c}$$

式中：$I_{1,2} = |E_{1,2}|^2$；$\phi(x,y) = \phi^t - \phi^r$；$\Delta\nu$ 为外差或拍频（Beat Frequency）。这个频差等同于参考臂和测试臂之间的线性（时间）相移：

$$\delta(t) = 2\pi\Delta\nu t \tag{3.57d}$$

因此，很明显，在每个像素处对正弦变化的强度进行采样，将产生任何相移步进算法所需的相移步长。

能够产生这种频差的方式有很多（较为流行的方式包括移动镜以及电光和声光调制器），但是我们在此希望关注光栅方法。垂直于入射光束的传播方向移动的衍射光栅使得衍射级发生多普勒频移。频移与光栅的衍射级和速度成正比[4]。在与运动相同方向上衍射的光束在频率上向上偏移，相反地，与运动方向相反的衍射的光束衍射级向下偏移。从实际的角度来看，旋转径向光栅更方便，在这种情况下，频率偏移 $\Delta\nu$ 与光栅角速度 ω 成正比[23]。

菲索干涉仪非常稳定，这是因为除了试件板之间的小块区域之外，两个干涉光束几乎沿着相同的路径行进。因此，似乎任何光学频移器都需要放置在该区域中，但是这种方法是非常不切实际的。Barnes[24]描述了这个问题的优雅解决方案，它借助旋转光栅在干涉仪的外部进行外差。

外差菲索干涉仪的示意图如图 3.13 所示。来自激光器的光被旋转的径向光栅衍射，并且衍射光束通过透镜 L_1 聚焦在空间滤波器 F_1 的平面中。这个过滤器会阻止除 +1 和 -1 级数之外的所有级数。这两个级数由透镜 L_2 和 L_3 收集和准直，使得两个近似同轴的光束照射试件表面和参考表面。在反射时，光束遇到第二个空间滤波器 F_2，其被放置在系统的焦平面中。调整表面使得从 T 开始的 -1 级数的焦点叠加在从 R 反射的 +1 级数的焦点上。空间滤波器 F_2 只有一个允许这两个光束通过的中心孔。最后，透镜 L_4 和 L_5 将试件表面之间的区域的图像形成在屏幕或 CCD 相机上。注意，该图像中的每个像素将在拍频下呈现强度的正弦变化。

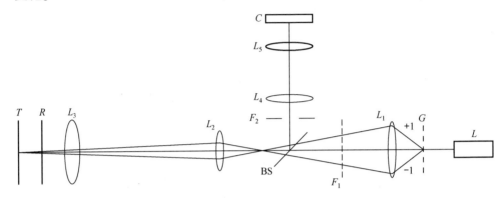

图 3.13　外差菲索干涉仪

L—激光；G—径向光栅；$L_1 \sim L_5$—透镜；$F_{1,2}$—空间滤波器；BS—分光镜；C—CCD 相机；

T、R—试件表面和参考表面。

衍射光栅的另一个应用是用作无色散相移器（Achromatic Phase Shifter）[25]，如图 3.14 所示。该装置基本上是频域光学延迟线并且对傅里叶变换著名的时移属性进行操作，即频域中的线性相位斜坡对应于时域中的延迟。宽带准直光束入射到透射光栅 G 上并且以特定方式分散，使得平均波长为 λ_0 的光谱分量沿着光轴 z 行进。光栅被放置在焦距为 f 的透镜 L 的焦平面中，散射的光束经过准直，并投射到可倾斜反光镜 M（其旋转点位于另一焦平面中）上。反光镜的倾斜角 θ 可以改变，并且旋转点相对于光轴偏移距离为 x_0，如图 3.14 所示。倾斜的反光镜在光束的光谱分量上施加相位斜坡，对于小角度，该光谱分量与倾斜角度成线性比例，以及与枢轴偏移成线性比例的相位偏移。反射光由透镜收集并投射回到光栅上，这将分散的光重新准直成光束。由波数为 k 的频谱分量所获取的相位 $\delta(k)$ 如下[25]：

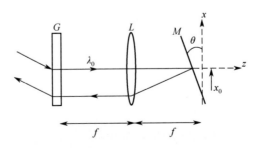

图 3.14　基于光延迟线的无色散相移器

G—光栅；L—透镜；M—可倾斜镜。

$$\delta(k) = 2\theta x_0 k - \frac{4\pi m\theta f(k - k_0)}{pk_0} \tag{3.58}$$

式中：θ 为倾斜角；m 为衍射级；f 为透镜的焦距；p 为光栅周期。

如果 $x_0 = m\lambda_0 f/p$，则群延迟（Group Delay）为零，并且实现了真正的无色散相移。

练习 3.8

如果半导体激光二极管中的驱动电流经过调制，则其导致激光波长的线性变化，并且可以将该变化运用到具有不等臂长的干涉仪中产生相移步进[26]。设这些臂的长度分别为 L_1 和 L_2。请推导关于光程长度差 $\Delta l = 2(L_1 - L_2)$ 和分数波长变化 $\Delta\lambda/\lambda_0$ 的函数的相移 $\Delta\phi$ 表达式。

如果 $\lambda_0 = 635\text{nm}$ 和 $\Delta l = 100\text{mm}$，找到可产生 $\pi/2$ 相移的波长变化 $\Delta\lambda$。

解：

假设有一台双通干涉仪（如迈克尔逊干涉仪），可以将每个臂的光程长度与波长关联如下：

$$2L_1 = m_1\lambda_0 \tag{3.59a}$$

$$2L_2 = n_1\lambda_0 \tag{3.59b}$$

当波长增加 $\Delta\lambda$ 时，有

$$2L_1 = m_2(\lambda_0 + \Delta\lambda) \tag{3.59c}$$

$$2L_2 = n_2(\lambda_0 + \Delta\lambda) \tag{3.59d}$$

当 $\Delta\lambda$ 满足 $(m_1 - m_2) - (n_1 - n_2) = 1$ 时，就会出现一个条纹或 2π 弧度相位，有

$$1\text{fringe} = 2(L_1 - L_2)\left(\frac{1}{\lambda_0} - \frac{1}{\lambda_0 + \Delta\lambda}\right) \tag{3.59e}$$

但

$$\frac{1}{\lambda_0} - \frac{1}{\lambda_0 + \Delta\lambda} \approx \frac{\Delta\lambda}{\lambda_0^2} \tag{3.59f}$$

且

$$2(L_1 - L_2) = \Delta l \tag{3.59g}$$

为光程差。因此，相位变化 $\Delta\delta$ 为

$$\Delta\delta = 2\pi\Delta l\frac{\Delta\lambda}{\lambda_0^2} \tag{3.59h}$$

将这些值插入到上述方程中得到波长变化 $\Delta\lambda \approx 1\text{pm}$，通过驱动电流的适度改变就很容易取得该值。

3.8.3 基于 Pancharatnam 相位的方法

我们迄今为止已经考虑的机械步进产生与波长成反比的相移步长 δ。对于双通干涉仪（如迈克尔逊干涉仪、泰曼 – 格林和菲索干涉仪）而言，$\delta = 4\pi d/\lambda$，其中 d 是由反光镜或光学元件移动的距离。对于宽带光源或白光源，这种类型的相移步进技术显然不能为每种波长产生相同的相移步长。但是，我们可以通过利用 Pancharatnam 相位（也称为几何相位或 Berry 相位）来生成与波长无关的相移步长。

Pancharatnam 相位是与偏振态连续变形相关的几何相位或拓扑相位[27 – 30]。描述庞加莱球上闭合回路的偏振态获得一个等于该回路在庞加莱球中心处所对的立体角 1/2 的几何相位。有关庞加莱球的简要描述，请参见注释 3.5。由于这种相移是与波长无关的，因此它特别适合于宽带光源。有很多方法可以实现偏振相移[31,32]，图 3.15 重现了其中的 3 个。图 3.15（a）中所示的光学元件的结构经过设计，在干涉仪的输入处工作，并且实际上与由 Sommargren 首次公布的频移器装置相同[33]。其他两种光学结构设计用于干涉仪的输出。

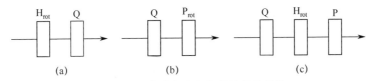

$$\text{H}_{rot} \quad \text{Q} \qquad\qquad \text{Q} \quad \text{P}_{rot} \qquad\qquad \text{Q} \quad \text{H}_{rot} \quad \text{P}$$

$$(a) \qquad\qquad\qquad (b) \qquad\qquad\qquad (c)$$

图 3.15 3 种进行几何相移的光学结构

(a) 适于干涉仪输入端；(b) 和 (c) 适于输出端。

Q—四分之一波片；H—半波片；P—偏振器；下标 rot—旋转分量。

注释 3.5 *琼斯代数和庞加莱球*

为了确定光束在通过任意一组光学元件传播的过程中给定偏振态是如何演变的，我们需要一个方便的数学系统。琼斯代数就是这样的一个系统，它由美国物理学家 R·克拉克·琼斯于 1941 年发明[34]。偏振光束的电场的 x 和 y（或等效地，p 和 s）分量的列向量形式如下所示：

$$E = \begin{bmatrix} E_{ox}\exp i\phi_x \\ E_{oy}\exp\phi_y \end{bmatrix} \tag{3.60}$$

式中：E_{ox}、E_{oy} 为幅度；ϕ_x、ϕ_y 为相位。

注意，一般来说，该向量的元素可能是复数。

每个光学元件，无论其在透射还是反射中工作，均由 2×2 矩阵（通常为复数）表示。因此，例如，一个透射轴朝向 x 轴的理想偏振器可由下式表示：

$$J_P = \begin{bmatrix} 1 & 0 \\ 0 & 0 \end{bmatrix} \tag{3.61a}$$

而（理想的）延迟器或波片可由下式表示：

$$J_R = \begin{bmatrix} 1 & 0 \\ 0 & \exp(-i\delta) \end{bmatrix} \tag{3.61b}$$

式中：δ 为相位差。

与标准旋转矩阵 $R(\theta)$ 一起，该形式允许通过相应的琼斯矩阵的乘法来描述光学元件任何的任意级联。然而，注意，该代数仅适用于偏振波，它不能处理部分偏振波。对于后者，需要基于 Stokes 参数和 Muller 矩阵的替代方法。然而，对于本章所述类型的激光干涉仪，琼斯代数已经足够。可以在文献［2］中找到一些进一步的阅读资料，更完整的描述可在文献［35，36］中找到。

庞加莱球是具有单位直径的球体，用于偏振状态的图形化表示，如图 3.16 所示。该球的北极和南极分别对应于右旋和左旋圆偏振光，而赤道包含所有线性偏振状态。北半球代表所有右旋椭圆偏振态，而南半球则相反。经线包含具有相同方位角的所有状态，但椭圆率从北极的右旋圆，到赤道的线性，再到南极的椭圆状到左旋圆。相反，纬度线包含具有相同椭圆率但具有不断变化的方位角的所有状态。庞加莱球的效用来自于斯托克斯参数到球上的点的一对一映射的事实。更多的细节可以在文献［36，35］中找到。

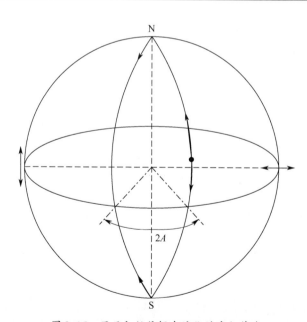

图 3.16　显示初始偏振态演化的庞加莱球

为了了解几何相位是如何产生的，我们将使用光学结构（b）作为例子，并分析输入偏振态的演变过程。假设入射到这个移相器上的光是任意椭圆偏振的，并且表示为

$$\boldsymbol{E}_{\mathrm{in}} = \begin{bmatrix} E_{01}\exp(i\phi(x,y)) \\ E_{02} \end{bmatrix} \tag{3.62a}$$

$$= \begin{bmatrix} 1 \\ 0 \end{bmatrix} E_{01}\exp(i\phi(x,y)) + \begin{bmatrix} 0 \\ 1 \end{bmatrix} E_{02} \tag{3.62b}$$

式中：E_{01} 和 E_{02} 为电场幅度；ϕ 为它们的相对相位。这种椭圆偏振状态由图 3.16 中的庞加莱球上的实心点表示。矢量 $[1,0]^{\mathrm{T}}$ 和 $[0,1]^{\mathrm{T}}$ 分别表示 p 和 s 偏振光[35]。p 和 s 偏振分量入射在方位为 45° 的四分之一波片上，因此分别产生右旋圆偏振光和左旋圆偏振光，产生在庞加莱球上所示的初始轨迹。方位为角度 A 的分析仪将这两个圆偏振状态带到赤道上的相同点，完成回路，从而产生几何相移步进[27]。

使用琼斯代数可以得到相同的结果（参见文献 [35] 和注释 3.5）。分析器之后的电场如下：

$$\begin{bmatrix} E_x \\ E_y \end{bmatrix} = \begin{bmatrix} \cos^2 A & \cos A \sin A \\ \cos A \sin A & \sin^2 A \end{bmatrix} \begin{bmatrix} 1 & i \\ i & 1 \end{bmatrix} \begin{bmatrix} E_{01}\exp(i\phi) \\ E_{02} \end{bmatrix} \tag{3.63a}$$

式中：第一个矩阵表示偏振器的透射轴朝向与水平方向成角度 A 的效应；第二个矩阵表示 45° 朝向的理想四分之一波片；最后一个向量是输入电场。将其相乘得

$$\begin{bmatrix} \cos^2 A(E_{01}\exp(i\phi) + iE_{02}) + \cos A \sin A(iE_{01}\exp(i\phi) + E_{02}) \\ \cos A \sin A(E_{01}\exp(i\phi) + iE_{02}) + \sin^2 A(iE_{01}\exp(i\phi) + E_{02}) \end{bmatrix} \tag{3.63b}$$

经过计算，该式可表示为

$$(\cos A[E_{01}\exp(i\phi) + iE_{02}] + \sin A[iE_{01}\exp(i\phi) + E_{02}]) \begin{bmatrix} \cos A \\ \sin A \end{bmatrix} \tag{3.63c}$$

现在，如果提取公共因子，那么可以重新书写为

$$(E_{01}\exp(i\phi)[\cos A + i\sin A] + iE_{02}[\cos A - i\sin A]) \begin{bmatrix} \cos A \\ \sin A \end{bmatrix} \tag{3.63d}$$

对方括号中的各项应用欧拉方程，得

$$(E_{01}\exp(i[\phi + A]) + iE_{02}\exp(-iA)) \begin{bmatrix} \cos A \\ \sin A \end{bmatrix} \tag{3.63e}$$

注意 E_{01} 和 E_{02} 如何获得相反的旋转。然后很容易给出任何波长的强度：

$$I \propto E_{01}^2 + E_{02}^2 + 2E_{01}E_{02}\sin(2A + \phi(x,y)) \tag{3.63f}$$

式中：$2A$ 为相移步长。因此，可以仅通过将偏振器角度 A 设置为适当的值来产生任何数量的相移步进图像，并且由于这种方法能够反复且精确地进行，而没有与 PZT 相关联的任何滞后，偏振相移步进是一种非常具有吸引力的方法。

练习 3.9

使用琼斯代数来推导快轴方位与水平方向成 45° 角的理想四分之一波片所对

应的矩阵。证明入射在该波片上的 p 偏振光和 s 偏振光将产生正交的圆偏振态。

解：

旋转元件的琼斯矩阵为 $\boldsymbol{J}_{\text{rot}} = \boldsymbol{R}(-\theta)\boldsymbol{J}_{\text{unrot}}\boldsymbol{R}(\theta)$ [35]，而由于这里的四分之一波片旋转 45°，因此：

$$\boldsymbol{J}_{\text{QWP}} = \frac{1}{\sqrt{2}}\begin{bmatrix} 1 & -1 \\ 1 & 1 \end{bmatrix}\begin{bmatrix} 1 & 0 \\ 0 & -i \end{bmatrix}\begin{bmatrix} 1 & 1 \\ -1 & 1 \end{bmatrix} \tag{3.64a}$$

$$= \frac{1}{2}\begin{bmatrix} 1-i & 1+i \\ 1+i & 1-i \end{bmatrix} \tag{3.64b}$$

$$= \frac{1-i}{2}\begin{bmatrix} 1 & i \\ i & 1 \end{bmatrix} = \frac{\exp(-i\pi/4)}{\sqrt{2}}\begin{bmatrix} 1 & i \\ i & 1 \end{bmatrix} \tag{3.64c}$$

公共的相位项并不重要，因此如果 p 偏振光入射到这个四分之一波片，那么：

$$\boldsymbol{E} = \frac{1}{\sqrt{2}}\begin{bmatrix} 1 & i \\ i & 1 \end{bmatrix}\begin{bmatrix} 1 \\ 0 \end{bmatrix} \tag{3.64d}$$

$$= \frac{1}{\sqrt{2}}\begin{bmatrix} 1 \\ i \end{bmatrix} \tag{3.64e}$$

这是右旋圆偏振光的琼斯矢量。相反，如果入射光是 s 偏振的，那么将产生左旋圆偏振光。

这种方法已经成功应用于许多应用领域，如白光椭偏仪[37]、单频成像椭偏仪[38]和外差干涉测量[39]，其中拍频是通过连续地旋转偏振器来产生的。另外，这种方法已经用于实现单次快拍干涉仪（Single - snapshot Interferometer），能够同时获取所有 4 个相移步长。

要想明白为什么单次快拍干涉仪是一种非常理想的技术，需要考虑典型的相移步进仪器的精度所受到的限制。平均强度 A 和调制 B 的空间变化是完全可接受的。毕竟，恢复的相位 $\phi(x,y)$ 与这两个参数无关。然而，我们确实要求激光强度和条纹对比度在获取条纹所需的时间内保持恒定。一般来说，这不难实现。相移干涉测量技术的最大不足之处在于对环境的敏感性，包括振动和空气湍流，而这二者通常在控制之外。由于每个相移帧都是在不同的时刻拍摄的，振动（或湍流）导致不同帧间的实际相移与期望值之间出现差异。不要忘了，要想在双通道干涉仪中实现 90° 相移步长，需要反光镜位移为 $\lambda/8 \approx 79\text{nm}$（氦氖激光的波长为 632.8nm），因此很容易理解为什么不必要的振动可能导致较大的相移误差。

图 3.17 示意性地给出了一种可以实现同时相移步进的方式[40-42]。构造一个线栅偏振器阵列（Wire Grid Polarizer Array），阵列的每个元件具有相同的尺寸并对准检测器像素。为了实现 4 帧算法，取一组 4 个元件，然后仔细排列每个元件

中的偏振器，使其朝向如图 3.17（a）部分所示，重复该模式直到检测器被覆盖。如果照射该结构的光是右旋圆偏振光和左旋圆偏振光的混合，则所有标记为 A 的像素对应于具有 $0°$ 的相移步长的子图像 $I_0(x,y)$，而 B 对应于 $I_1(x,y)$ 以 $90°$ 的步长等。因此这种布置使得我们能够同时获取 4 帧算法所需的所有 4 幅图像，并因此显著降低对环境干扰的敏感度。

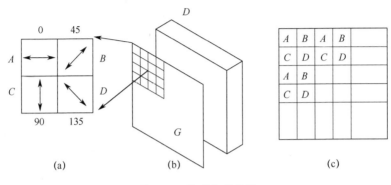

图 3.17　快拍相移步进

（a）线栅偏振器的方位；（b）偏振器 G 的网格经过对准并调整大小，以匹配检测器 D 中的像素；
（c）包含标记为 A 的所有像素的子图像构成相位步进图像之一，并且对于标记为 $B \sim D$ 的子图像类似。

3.8.4　空间方法

本节将描述两种方法，使得能够同时采集所有 4 个帧，但是这些图像现在被横向移位。最简单的布置如图 3.18 所示[40]。激光器以 $45°$ 角线性偏振，并且在干涉仪中只使用透射过第一个分光镜的光。参考臂中的八分之一波片（$\lambda/8$）的方位为 $0°$。由于两次通过八分之一波片等于通过四分之一波片，因此在参考臂中反射的光的 x 和 y 分量彼此相差 $90°$。参考光束和测试光束在输出分光镜处重新组合，并且在空间上由偏振分光镜分离。将两个条纹图案投影到两个 CCD 阵列上，从而能够同时捕获四个帧中的两个。八分之一波片确保这两个帧对应于 $0°$ 和 $90°$ 的相移步长。考虑当参考光束和测试光束从介质光束分离器反射时发生什么，如图 3.19 所示。这些光束之一（如参考光束）经历来自于低折射率介质和高折射率介质之间的界面的反射。相反，测试光束经历从高折射率介质到低折射率介质的反射。因此，这两个光束之间存在 $180°$ 的相位差，这可以容易地从菲涅尔反射系数[2]中得到证实。同样的结论也可以通过能量守恒观点得出。如果测试臂和参考臂中的光路长度使得在干涉仪输出处存在完全相长干涉（Complete Constructive Interference），那么向激光器返回的光束必须经历完全相消干涉（Complete Destructive Interference），否则能量在干涉仪中不守恒。

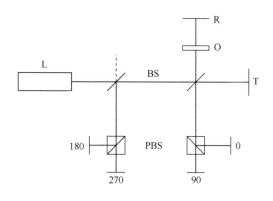

图 3.18　采用空间位移图像的同时相移步进

L—激光；BS—介质分光镜；R、T—参考和试件表面；O—八分之一波片（λ/8）；PBS—偏振分光镜。

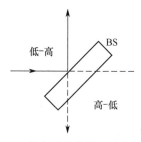

图 3.19　在介质分光镜处的反射相移

　　第一个分光镜用于拾取这些向后传播的光波并将它们引导至第二个偏振分光镜，再次在空间上分离 x 和 y 分量。另外的两个 CCD 阵列获得对应于 180° 和 270° 相移步长的帧。虽然这能够同时获取 4 个帧，但是使用 4 台相机并非没有问题。具体说来，相机的对准（图像配准）和校准对于获得良好的精度非常关键。

　　一个好得多的方法是让 4 个相移图像落在单个 CCD 相机上，可以使用图 3.20 所示的光学结构来实现[40]。干涉仪输入端的偏振分光镜使参考臂和测试臂中的光束具有正交的线性偏振。第一次穿过四分之一波片将这些线性偏振转换为圆形偏振（一个左旋，另一个右旋）。反光镜的反射将光的旋向性反转，并且第二次穿过四分之一波片将光束转换回线性偏振，但是 p 偏振光现在被转换为 s 偏振光，反之亦然。因此，最初在偏振分光镜处反射的光束现在被透射，并且被反射的光束现在被透射。两个正交偏振光束离开干涉仪，并入射在全息元件上，将光束分成 4 个单独的光束。这些光束通过双折射掩模，在测试光束和参考光束之间引入 0°、90°、180° 和 270° 的相移。将方位为 45° 角的偏振器放置在相位掩模之后且恰好在 CCD 之前。因此，在单个 CCD 阵列上同时检测到所有 4 个相移干涉图。使用单个阵列显著简化了对准和校准过程。

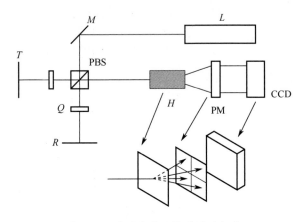

图 3.20 使用全息元件的同时相移

L—激光；PBS—偏振分光镜；R、T—参考和试件表面；Q—四分之一波片；H—全息元件；

PM—相位掩模和偏振器；CCD = CCD 相机。

最近已经提出了一种用于菲索干涉仪相移步进的方法[43]，其利用 Pancharat-nam 相位进行步进，但在单个检测器上使用空间分离的波束来一次性获取所有 4 个帧。干涉仪的草图如图 3.21 所示。来自氦氖激光器的垂直偏振光在进入干涉仪之前经过扩展和准直。在这种情况下，参考表面是具有 λ/10 平坦度的硅石英四分之一波片，并且确保反射的参考光束和测试光束具有正交偏振。这些正交偏振光束在它们离开干涉仪时遇到另一个四分之一波片，其方位为 45°，从而产生

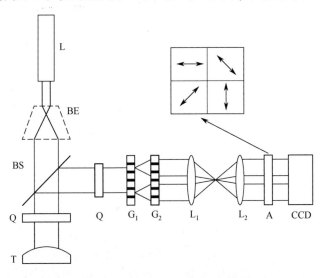

图 3.21 采用同步相移的菲索干涉仪

L—激光；BE—扩束镜；BS—分光镜；Q—四分之一波片；T—试件表面；G_1、G_2—伦奇光栅；

PA—偏振器阵列；CCD—CCD 相机。

两个正交的圆偏振光波。使用两个伦奇（Ronchi）相位光栅 G_1 和 G_2 （它们的光栅矢量彼此垂直）将参考光波和测试光波衍射为不同的级数。如前所述，CCD 阵列前面的偏振器阵列执行相移，并且能够同时获取 4 个相移步进帧。

参考文献

［1］ Kingslake, R., "The Analysis of an Interferogram," *Transactions of the Optical Society*, Vol. 28, No. 1, 1926, p. 1.

［2］ Hecht, E., *Optics*, 4th Edition, San Francisco: Addison Wesley, 2002.

［3］ Collett, E., "Mathematical Formulation of Interference Laws of Fresnel and Arago," *American Journal of Physics*, Vol. 39, No. 12, 1971, pp. 1483 – 1495.

［4］ Malacara, D., *Optical Shop Testing*, Third Edition, Hoboken, NJ: Wiley, 2007.

［5］ Ghiglia, D. C., and M. D. Pritt, *Two - Dimensional Phase Unwrapping: Theory, Algorithms, and Software*, New York, Wiley, 1998.

［6］ Navarro, M. A., J. C. Estrada, M. Servin, J. A. Quiroga, and J. Vargas, "Fast Two - Dimensional Simultaneous Phase Unwrapping and Low - Pass Filtering," *Optics Express*, Vol. 20, No. 3, 2012, pp. 2556 – 2561.

［7］ Ghiglia, D. C., and L. A. Romero, "Robust Two - Dimensional Weighted and Unweighted Phase Unwrapping that Uses Fast Transforms and Iterative Methods," *Journal of the Optical Society of America A: Optics and Image Science, and Vision*, Vol. 11, No. 1, 1994, pp. 107 – 117.

［8］ Marroquin, J. L., and M. Rivera, "Quadratic Regularization Functional for Phase Uwrapping," *Journal of the Optical Society of America A*, Vol. 12, No. 11, 1995, pp. 2393 – 2400.

［9］ Bruning, J. H., D. R. Herriot, J. E. Gallagher, D. P. Rosenfeld, A. D. White, and D. J. Brangaccio, "Digital Wavefront Measuring Interferometer for Testing Optical Surfaces and Lenses," *Applied Optics*, Vol. 13, No. 11, 1974, pp. 2693 – 2703.

［10］ Morgan, C. J., "Least - Squares Estimation in Phase - Measurement Interferometry," *Optics Letters*, Vol. 7, No. 8, 1982, pp. 368 – 370.

［11］ Greivenkamp, J. E., "Generalized Data Reduction for Heterodyne Interferometry," *Optical Engineering*, Vol. 23, No. 4, 1984, pp. 350 – 352.

［12］ Carré, P., "Installation et Utilisation du Comparateur Photoéctrique et Interférentiel du Bureau International des Poids et Measures," *Metrologia*, Vol. 2, No. 1, 1966, pp. 13 – 23.

［13］ Creath, K., "Phase - Shifting Speckle Interferometry," *Applied Optics*, Vol. 24, No. 18, 1985, pp. 3053 – 3058.

［14］ Qian, K. M., F. J. Shu, and X. P. Wu, "Determination of the Best Phase Step of the Carre Algorithm in Phase Shifting Interferometry," *Measurement Science and Technology*, Vol. 11, No. 8, 2000, pp. 1220 – 1223.

［15］ Schwider, J., R. Burow, K. E. Elssner, J. Grzanna, R. Spolaczyk, and K. Merkel, "Digital Wave - Front Measuring Interferometry: Some Systematic Error Sources," *Applied Optics*, Vol. 22, No. 1, 1983, pp. 3421 – 3432.

[16] Hariharan, P., "Digital Phase – Stepping Interferometry: Effects of Multiply Reflected Beams," *Applied Optics*, Vol. 26, No. 13, March 1987, pp. 2506 – 2507.

[17] Hariharan, P., B. F. Oreb, and T. Eiju, "Digital Phase – Shifting Interferometry—A Simple Error – Compensating Phase Calculation Algorithm," *Applied Optics*, Vol. 26, No. 13, 1987, pp. 2504 – 2506.

[18] Surrel, Y., "Design of Algorithms for Phase Measurements by the Use of Phase Stepping," *Applied Optics*, Vol. 35, No. 1, pp. 51 – 60.

[19] Moore, R. C., and F. H. Slaymaker, "Direct Measurement of Phase in a Spherical – Wave Fizeau Interferometer," *Applied Optics*, Vol. 19, No. 13, 1980, pp. 2196 – 2200.

[20] de Groot, P., "Phase – Shift Calibration Errors in Interferometers with Spherical Fizeau Cavities," *Applied Optics*, Vol. 34, No. 16, 1995, pp. 2856 – 2862.

[21] Chatterjee, S., "Measurement of Surface Figure of Plane Optical Surfaces Using Fizeau Interferometer with Wedge Phase – Shifter," *Optics & Laser Technology*, Vol. 37, 2004, pp. 43 – 49.

[22] Chatterjee, S., and Y. P. Kumar, "Measurement of the surface form error of a spherical surface with a wedge phase shifting Fizeau interferometer," *Journal of Optics – Nouvelle Revue D Optique*, Vol. 42, No. 2, April 2013, pp. 122 – 127.

[23] Stevenson, W. H., "Optical Frequency Shifting by Means of a Rotating Diffraction Grating," *Applied Optics*, Vol. 9, No. 3, 1970, pp. 649 – 652.

[24] Barnes, T. H., "Heterodyne Fizeau Interferometer for Testing at Surfaces," *Applied Optics*, Vol. 26, No. 14, 1987, pp. 2804 – 2809.

[25] Zvyagin A. V., and D. D. Sampson, "Achromatic Optical Phase Shifter – Modulator," *Optics Letters*, Vol. 26, No. 4, 2001, pp. 187 – 189.

[26] Tatsuno, K., and Y. Tsunoda, "Diode – Laser Direct Modulation Heterodyne Interferometer," *Applied Optics*, Vol. 26, No. 1, 1987, pp. 37 – 40.

[27] Frins, E. M., W. Dultz, and J. A. Ferrari, "Polarization – Shifting Method for Step Interferometry," *Pure and Applied Optics*, Vol. 7, 1998, pp. 53 – 60.

[28] Hariharan, P., and M. Roy, "A Geometric – Phase Interferometer," *Journal of Modern Optics*, Vol. 39, No. 9, 1992, pp. 1811 – 1815.

[29] Hariharan, P., H. Ramachandran, K. A. Suresh, and J. Samuel, "The Pancharatnam Phase as a Strictly Geometric Phase: A Demonstration Using Pure Projections," *Journal of Modern Optics*, Vol. 44, No. 4, 1997, pp. 707 – 713.

[30] Kothiyal, M. P., and C. Delisle, "Shearing Interferometer for Phaseshifting Interferometry with Polarization Phase – Shifter," *Applied Optics*, Vol. 24, No. 24, 1985, pp. 4439 – 4442.

[31] Hariharan, P., "Geometric – Phase Interferometers: Possible Optical Configurations," *Journal of Modern Optics*, Vol. 40, No. 6, 1993, pp. 985 – 989.

[32] Sommargren, G. E., "Up – Down Frequency Shifter for Optical Heterodyne Interferometry," *Journal of the Optical Society of America*, Vol. 65, No. 8, pp. 960 – 961.

[33] Clark Jones, R., "A New Calculus for the Treatment of Optical Systems," *Journal of the Optical Society of America*, Vol. 31, No. 7, 1941, pp. 488 – 493.

［34］Azzam, R. M. A. , and N. M. Bashara, *Ellipsometry and Polarized Light*, Amsterdam, Netherlands: North – Holland, 1987.

［35］Goldstein, D. , *Polarized Light*, 2nd Edition, New York: Marcel Dekker, 2003.

［36］Watkins, L. R. , and M. Derbois, "White – light Ellipsometer with Geometric Phase Shifter," *Applied Optics*, Vol. 51, No. 21, 2012, pp. 5060 – 5065.

［37］Chou, C. , H. – K. Teng, C. – J. Yu, and H. – S. Huang, "Polarization Modulation Imaging Ellipsometry for Thin Film Thickness Measurement," *Optics Communications*, Vol. 273, No. 1, 2007, pp. 74 – 83.

［38］Hong, Z. H. , "Polarization Heterodyne Interferometry Using A Simple Rotating Analyzer. 1. Theory and Error Analysis," *Applied Optics*, Vol. 22, No. 13, 1983, pp. 2052 – 2056.

［39］Millerd, J. , N. Brock, J. Hayes, B. Kimbrough, M. Novak, M. North – Morris, and J. C. Wyant, "Modern Approaches in Phase Measuring Metrology," In *Optical Measurement Systems for Industrial Inspection IV*, Vol. Proc. SPIE 5856, 2005, Part I, pp. 14 – 22.

［40］Novak, M. , J. Millerd, N. Brock, M. North – Morris, J. Hayes, and J. Wyant, "Analysis of a Micropolarizer Array – Based Simultaneous Phase – Shifting Interferometer," *Applied Optics*, Vol. 44, No. 32, 2005, pp. 6861 – 6868.

［41］Millerd, J. , N. Brock, J. Hayes, M. North – Morris, M. Novak, and J. Wyant, "Pixelated Phase – Mask Dynamic Interferometer," in *Optical Science and Technology*, *SPIE* 49th Annual Meeting, pp. 304 – 314, International Society for Optics and Photonics, 2004.

［42］Adbelsalam, D. G. , B. Yao, P. Gao, J. Min, and R. Guo, "Single – Shot Parallel Four – Step Phase Shifting Using On – Axis Fizeau Interferometry," *Applied Optics*, Vol. 51, No. 20, 2012, pp. 4891 – 4895.

第4章 数字全息成像的系统方法及其在干涉测量中的应用

4.1 介 绍

1948年，匈牙利物理学家丹尼斯·加博（Dennis Gabor）发明了一种记录和重建物体散射光波的新方法[1]，后来被授予诺贝尔奖。这种方法被称为全息术（Holography）。与只在光敏介质上记录光波振幅的摄影术不同，在全息术中，同时记录振幅和相位信息。全息术记录由物体散射的光波（被称为物体波）与不受物体影响的光波（被称为参考波）之间的干涉。两种光波都来自同一个相干激光源。根据用于全息记录的光敏介质的类型，全息术可以分为两组：传统全息术和数字全息术。

在传统全息术中，光敏介质是一种二维胶片。显影的胶片被称为全息图（Hologram）。在重建步骤的过程中，将全息图放置在初始记录位置，并且用参考波（现在充当重建波）照射。观察者透过全息干版可观察到物体经过光学重建的虚像，而且虚像刚好位于在全息图记录期间物体所处的位置。如果在重建步骤中物体也同时存在，那么虚像将重叠在物体上。此时，如果物体经受任何负载，那么可以通过物体表面上生成的光学条纹的形式来检测其效应。

胶片湿法化学处理法的使用是传统全息术受到的一项关键限制，这已经极大地妨碍了该技术在科研领域的渗透性并减慢了其在工业环境中的应用拓展。因此，研究人员开发出被称为数值或数字重建的波场光学重建替代方案[2]。在这个方法中，通过用摄像机管中的电子枪扫描感光表面以电子方式记录全息图。对记录的电子信号进行采样和量化，以获得数字化全息图。随后，使用傅里叶变换程序进行光波场的数值重建。这个过程称为数字全息术。数值重建对于恢复光波场的相位信息非常有用。数字全息术的一项重大突破是使用电荷耦合元件（CCD）实现全息图的直接数字记录[3]。CCD和互补金属氧化物半导体（CMOS）数字传感器阵列无需进行以前所用的电子枪扫描，而且它们的图像采集速度更快。计算机和数字技术的最新进展进一步促进了它们在数字全息术的发展和应用，详见文献［4－6］。

4.2　记录数字全息图

数字全息术的光学结构如图 4.1（a）所示。波长为 λ 的激光束被分光镜分成两个分离的光束，其中一个用于照射物体，另一个用作参考光束，并且让该光束直接入射在 CCD 面板上（在这里表示全息图记录平面）。全息图记录平面位于 $z=0$ 处。如图 4.1（b）所示，记录平面上的某一点的坐标由 $(x_h, y_h, 0)$ 表示。物体所在位置距离 CCD 为 z_o。

球面物体波被物体上的点（坐标为 $(x_0, y_0, -z_0)$）散射并到达记录平面，其复振幅可以表示为

$$O(x_h, y_h) = \frac{O_o}{\rho_o} \exp\left\{ i \frac{2\pi}{\lambda} \rho_o \right\} \tag{4.1}$$

类似地，从位于 $(x_u, y_u, -z_u)$ 的点发散的参考波到达记录平面，其复振幅可以表示为

$$R(x_h, y_h) = \frac{R_u}{\rho_u} \exp\left\{ i \frac{2\pi}{\lambda} \rho_u \right\} \tag{4.2}$$

其中

$$\rho_o = \sqrt{(x_o - x_h)^2 + (y_o - y_h)^2 + z_o^2}$$

$$\rho_u = \sqrt{(x_u - x_h)^2 + (y_u - y_h)^2 + z_u^2}$$

式中：O_o 和 R_u 分别为物体波和参考波的振幅。

物体波和参考波在记录平面处彼此相遇并形成干涉图（或称为全息图）。干涉图的强度可以表示为

$$I(x_h, y_h) = |O + R|^2$$
$$= OO^* + RR^* + OR^* + O^*R \tag{4.3}$$

这里，为了简明起见，已经去掉复振幅对点坐标 (x_h, y_h) 的函数相关性。通过将在式（4.3）中给出的强度分布乘以 CCD 因子，获得记录在全息图中的强度分布 $H(x_h, y_h)$：

$$H(x_h, y_h) = \left[\text{CCD 因子} \right] I(x_h, y_h) \tag{4.4}$$

式中：CCD 因子取决于 CCD 的物理特性（曝光时间、动态范围等）。

全息图记录介质（也就是 CCD）应该能够分辨由物体光束和参考光束产生的干涉图的最大空间频率 f_{max}。设 α_{max} 为记录平面处物体光束和参考光束之间的最大角度，f_{max} 与 α_{max} 的依赖关系如下：

$$f_{max} = \frac{2}{\lambda} \sin\left(\frac{\alpha_{max}}{2} \right) \tag{4.5}$$

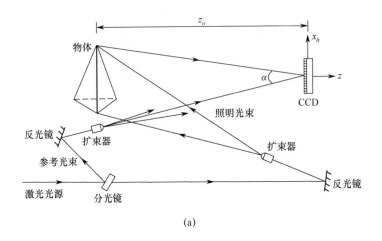

(a)

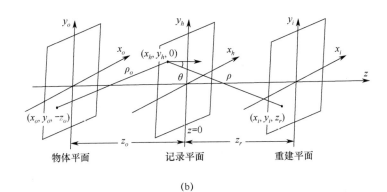

(b)

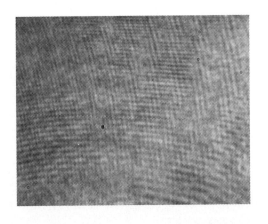

(c)

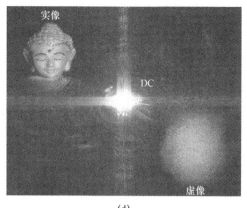

(d)

图 4.1　（a）数字全息术的光学结构，（b）坐标系，（c）试验记录全息图，
（d）运用菲涅耳近似法进行数值重建

在传统全息术中，胶片用于全息图的记录，f_{max} 的值超过每毫米 3000 线对（Lp/mm）。这让 α_{max} 的值可超过 100°。然而，在数字全息术中，f_{max} 的值受到 CCD 像素尺寸的限制。基于奈奎斯特采样定理的最大可分辨频率为

$$f_{max} = \frac{1}{2\max(\Delta x_h, \Delta y_h)} \tag{4.6}$$

式中：Δx_h 和 Δx_h 分别为像素在 x_h 和 y_h 方向上的尺寸。

市售相机的典型像素尺寸为 2 ~ 10μm。这将 α_{max} 的值限制为几度。根据式（4.5）和式（4.6），可以得到 α_{max} 的公式如下：

$$\alpha_{max} = 2\sin^{-1}\left(\frac{\lambda}{4\max(\Delta x_h, \Delta y_h)}\right) \approx \frac{\lambda}{2\max(\Delta x_h, \Delta y_h)} \tag{4.7}$$

从式（4.7）可以看出，α_{max} 的值取决于波长和最大像素尺寸。为了实现全息图的最佳记录，还应考虑物体的大小以及物体与相机之间的距离。设图 4.1（a）所示的光学结构中放置的圆形物体的直径为 L，物体的边角与 CCD 之间的 α_{max} 的最大值可以计算为

$$\alpha_{max} \approx \frac{L + \max(N\Delta x_h, M\Delta y_h)}{z_o} \tag{4.8}$$

式中：N 和 M 分别为沿着 x_h 和 y_h 方向的像素的数量。

比较式（4.7）和式（4.8），得到 CCD 与物体之间必需距离的最小值公式：

$$z_{o_{min}} = 2\frac{\max(\Delta x_h, \Delta y_h)}{\lambda}\left[L + \max(N\Delta x_h, M\Delta y_h)\right] \tag{4.9}$$

练习 4.1

在图 4.1（a）中所示的数字全息干涉测量装置中，使用波长为 532nm 的绿

色激光源。将物体放置在距离 CCD 相机 1m 的地方。CCD 成像区域为 1600 像素 ×
1200 像素，每个像素的尺寸为 4.4μm。可由该装置有效成像的物体的最大尺寸
是多少？

解：

首先，计算给定装置的 α 的最大值（即 α_{max}）。这里，$\lambda = 532\text{nm}$，$z_0 = 1\text{m}$，
$\Delta x_h = \Delta y_h = 4.4\mu\text{m}$。使用式（4.7），得到 $\alpha_{max} = 0.0605\text{rad}$。将 α_{max} 代入
式（4.8），得到 $L = 5.35\text{cm}$。因此，使用给定装置可以有效成像直径最大为
5.35cm 的圆形物体。

4.3　数字全息方法中的数值重建

在传统全息术中，在全息图记录期间由物体散射的光波场的重建是通过用参
考波照射全息图来完成的。而在数字全息术中，通过数值方式进行重建，其中强
度 $H(x_h, y_h)$ 与参考光束 $R(x_h, y_h)$ 的数值当量相乘，以获得全息图记录平面中的
衍射光波场。通过使用 Rayleigh – Sommerfeld 衍射积分计算这束衍射光的传播过
程，从而实现距离 z_r 处的波场重建[7]：

$$\Gamma(x_i, y_i) = \frac{1}{i\lambda}\iint H(x_h, y_h)R(x_h, y_h)\frac{\exp\left(i\frac{2\pi}{\lambda}\rho\right)}{\rho}\cos(\theta)\,\mathrm{d}x_h\mathrm{d}y_h \quad (4.10)$$

其中，

$$\rho = \sqrt{(x_h - x_i)^2 + (y_h - y_i)^2 + z_r^2} \quad (4.11)$$

这里，$\cos(\theta)$ 是倾斜因子（Obliquity Factor），(x_i, y_i, z_r) 表示重建平面中的某
个点的坐标。上面的积分是采用数值方式计算的。为了计算物体图像，人们已经
开发了各种数值重建方法。下面介绍一些常用的方法。

4.3.1　基于卷积法的重建

从式（4.10）可以看出，波场重建是一个线性过程。因此，式（4.10）可
以表示为

$$\Gamma(x_i, y_i) = \iint H(x_h, y_h)R(x_h, y_h)g(x_h - x_i, y_h - y_i)\,\mathrm{d}x_h\mathrm{d}y_h \quad (4.12)$$

其中，

$$g(x_h, y_h) = \frac{1}{i\lambda}\frac{\exp\left(i\frac{2\pi}{\lambda}\sqrt{x_h^2 + y_h^2 + z_r^2}\right)}{\sqrt{x_h^2 + y_h^2 + z_r^2}} \quad (4.13)$$

因为对于足够大的重建距离 z_r，$\cos\theta = z_r/\rho$ 的值在 1 附近变化非常小，所以

这里已经有效代入 $\cos\theta = 1$。式（4.12）和式（4.13）表明数值重建是乘积 $H \cdot R$ 与脉冲响应函数 g 之间的卷积。这允许我们将上述积分表示为

$$\Gamma(x_i, y_i) = ((H \cdot R) * g)(x_i, y_i) \tag{4.14}$$

式中：符号 $*$ 为卷积运算符。

对于数值实现，脉冲响应函数可以表示为

$$g(n,m) = \frac{1}{i\lambda} \frac{\exp\left(i\frac{2\pi}{\lambda}\sqrt{(n-N/2)^2\Delta x_h^2 + (m-M/2)^2\Delta y_h^2 + z_r^2}\right)}{\sqrt{(n-N/2)^2\Delta x_h^2 + (m-M/2)^2\Delta y_h^2 + z_r^2}} \tag{4.15}$$

式中：$n \in [1,N]$；$m \in [1,M]$。

根据对称性，这里设坐标偏移为 $N/2$ 和 $M/2$。可以使用傅里叶变换的卷积特性来高效地计算式（4.14）中的卷积：

$$\Gamma(x_i, y_i) = \mathcal{F}^{-1}[\mathcal{F}(H \cdot R) \cdot \mathcal{F}(g)] \tag{4.16}$$

式中：$\mathcal{F}$ 为傅里叶变换算子。

在上述计算中涉及 3 个快速傅里叶变换（FFT）运算。脉冲响应函数的傅里叶变换仅取决于光学装置参数。因此，式（4.16）中的表达式 $\mathcal{F}(g)$ 可以用 G（g 的傅里叶谱）替代。这节省了一次快速傅里叶变换计算。因此：

$$\Gamma(x_i, y_i) = \mathcal{F}^{-1}[\mathcal{F}(H \cdot R) \cdot G] \tag{4.17}$$

其中，

$$G(k,l) = \exp\left\{i\frac{2\pi z}{\lambda}\sqrt{1 - \frac{\lambda^2\left(k + \frac{N^2\Delta x_h^2}{2z_r\lambda}\right)}{N^2\Delta x_h^2} - \frac{\lambda^2\left(l + \frac{M^2\Delta y_h^2}{2z_r\lambda}\right)}{M^2\Delta y_h^2}}\right\} \tag{4.18}$$

在基于卷积的重建中，重建平面中的图像的像素大小与记录平面上的像素大小相同（即 $\Delta x_i = \Delta x_h$ 且 $\Delta y_i = \Delta y_h$）。这表明这些方法非常适合于与 CCD 成像区域尺寸相当的物体。

4.3.2　基于菲涅耳近似的重建

然而，物体尺寸可能比 CCD 成像区域大得多。将干涉测量应用到实验力学和非破坏性测试中尤其如此。因此，与物体图像和 CCD 的尺寸相比，记录距离以及重建距离将大得多（即 x_i、y_i、x_h、$y_h \ll z_r$）。这使得我们使用式（4.11）的二项展开式获得 ρ 的近似：

$$\rho = z_r\left(1 + \frac{(x_h - x_i)^2}{z_r^2} + \frac{(y_h - y_i)^2}{z_r^2}\right)^{1/2}$$
$$\approx z_r + \frac{(x_h - x_i)^2}{2z_r} + \frac{(y_h - y_i)^2}{2z_r} \tag{4.19}$$

因此，式（4.10）中的 Rayleigh-Sommerfeld 衍射积分可以表示为

$$\Gamma(x_i, y_i) = \frac{1}{i\lambda z_r} \exp\left(i\frac{2\pi}{\lambda} z_r\right) \iint H(x_h, y_h) R(x_h, y_h) \times$$

$$\exp\left[i\frac{2\pi}{\lambda z_r}((x_h - x_i)^2 + (y_h - y_i)^2)\right] \mathrm{d}x_h \mathrm{d}y_h \tag{4.20}$$

$$\Gamma(x_i, y_i) = \frac{1}{i\lambda z_r} \exp\left(i\frac{2\pi}{\lambda} z_r\right) \exp\left[i\frac{2\pi}{\lambda z_r}(x_i^2 + y_i^2)\right] \iint H(x_h, y_h) R(x_h, y_h) \times$$

$$\exp\left[i\frac{2\pi}{\lambda z_r}(x_h^2 + y_h^2)\right] \exp\left[-i\frac{2\pi}{\lambda z_r}(x_h x_i + y_h y_i)\right] \mathrm{d}x_h \mathrm{d}y_h \tag{4.21}$$

上述方程被称为菲涅耳近似（Fresnel Approximation）。在式（4.21）中，积分符号之前的项与物体无关，且仅取决于光学装置参数。因此，可以忽略它们的计算而不失一般性。对于仅关注波场相位变化的干涉测量应用而言，这种处理方法特别有用。为了高效地计算式（4.21），进行以下代入：

$$\nu = \frac{x_i}{\lambda z_r}; \mu = \frac{y_i}{\lambda z_r} \tag{4.22}$$

因此，式（4.21）变成如下：

$$\Gamma(\nu, \mu) = \iint H(x_h, y_h) R(x_h, y_h) \exp\left[i\frac{\pi}{\lambda z_r}(x_h^2 + y_h^2)\right] \times$$

$$\exp\left[-i2\pi(x_h \nu + y_h \mu)\right] \mathrm{d}x_h \mathrm{d}y_h \tag{4.23}$$

从式（4.23）可以看出，菲涅耳近似只是积 $H(x_h, y_h) R(x_h, y_h) \exp[i(\pi/\lambda z_r)(x_h^2 + y_h^2)]$ 的二维傅里叶变换。它提供了在距离 CCD 相机 z_r 处的波场重建。式（4.23）可以写为

$$\Gamma(\nu, \mu) = F\left\{H(x_h, y_h) R(x_h, y_h) \exp\left[i\frac{\pi}{\lambda z_r}(x_h^2 + y_h^2)\right]\right\}(\nu, \mu) \tag{4.24}$$

如前所述，CCD 阵列由分别沿着 x_h 和 y_h 方向的尺寸为 Δx_h 和 Δy_h 的 $N \times M$ 个像素组成。因此，$\Gamma(\nu, \mu)$ 的数字化形式可以表示为

$$\Gamma(n, m) = \sum_{k=1}^{N} \sum_{l=1}^{M} H(k, l) R(k, l) \exp\left[i\frac{\pi}{\lambda z_r}(k^2 \Delta x_h^2 + l^2 \Delta y_h^2)\right] \times$$

$$\exp\left[-i2\pi(k\Delta x_h n\Delta \nu + l\Delta y_h m\Delta \mu)\right] \tag{4.25}$$

最大空间频率由空间域中的采样间隔确定，其对应于 CCD 的像素大小。因此，基于傅里叶变换理论，$\Delta \nu$、$\Delta \mu$ 与 Δx_h、Δy_h 之间具有以下关系：

$$\Delta \nu = \frac{1}{N\Delta x_h}; \Delta \mu = \frac{1}{M\Delta y_h} \tag{4.26}$$

运用式（4.22）和式（4.26），得

$$\Delta x_i = \frac{\lambda z_r}{N\Delta x_h}; \Delta y_i = \frac{\lambda z_r}{M\Delta y_h} \tag{4.27}$$

将式（4.26）代入式（4.25），得

$$\Gamma(n,m) = \sum_{k=1}^{N} \sum_{l=1}^{M} H(k,l) R(k,l) \exp\left[i\frac{\pi}{\lambda z_r}(k^2\Delta x_h^2 + l^2\Delta y_h^2)\right] \times$$

$$\exp\left[-i2\pi\left(\frac{kn}{N} + \frac{lm}{M}\right)\right] \tag{4.28}$$

可以使用二维快速傅里叶变换程序容易地实现上述方程。

根据式 (4.27)，在基于菲涅耳近似的重建中，重建平面中的图像的像素大小是重建距离的函数。为了进行说明，针对物体到 CCD 距离的不同值，记录相同物体的两幅全息图。图 4.2 (a) 和图 4.2 (b) 分别给出了使用菲涅耳近似得到的这两幅全息图的数值重建。可以观察到，较大物体到 CCD 距离（图 4.2 (a)）所对应的图像的分辨力低于较小物体到 CCD 距离所对应的图像的分辨力（图 4.2 (b)）。

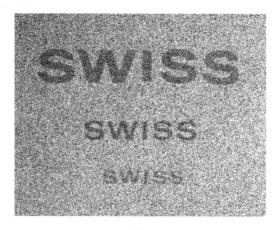

(a)

(b)

图 4.2　将物体放在 (a) $z_o = 937$cm 和 (b) $z_o = 750$cm 处时的全息图数值重建

当像素数 N 和 M 在 x_h 和 y_h 方向上不相同时，执行零填充操作以匹配全息图在两个方向上的尺寸。通常，像素尺寸沿着 x_h 和 y_h 方向相同（即 $\Delta x_h = \Delta y_h$）。

由于 x_o、y_o、x_h、$y_h \ll z_o$，因此可以使用二项式展开重写 ρ_o：

$$\rho_o \approx z_o + \frac{(x_o - x_h)^2}{2z_o} + \frac{(y_o - y_h)^2}{2z_o}$$

因而，式（4.1）中给出的物体波表达式可以重写为

$$O(x_h, y_h) = O_o' \exp\left\{ i \frac{\pi}{\lambda z_o} [(x_o - x_h)^2 + (y_o - y_h)^2] \right\}$$

式中：O_o' 为物体波的振幅。

如果在记录全息图时使用平面参考波（即，$z_u = \infty$），则在记录平面处的参考波的表达式变为

$$R(x_h, y_h) = R_u \exp\left\{ i(f_x x_h + f_y y_h) \right\} \tag{4.29}$$

式中：$f_x = \vec{\boldsymbol{k}} \cdot \hat{\boldsymbol{x}}_h$、$f_y = \vec{\boldsymbol{k}} \cdot \hat{\boldsymbol{y}}_h$，为与参考波相关的空间频率，其值依赖于 α 角的值；$\hat{\boldsymbol{x}}_h$ 和 $\hat{\boldsymbol{y}}_h$ 分别为沿 x_h 和 y_h 轴方向的单位矢量。在数字全息术中使用的两种常用的光学结构取决于角度 α：一种是同轴全息术；另一种是离轴全息术。

注释 4.1

对于靠近 CCD 放置的小尺寸物体，近似 $\cos\theta = 1$ 不再有效。因此，基于卷积或基于菲涅耳近似的数值重建方法不再适用。为了克服这个限制，人们已经提出了基于角谱（Angular Spectrum）的数值重建[8]。在该方法中，计算角谱 $A_o(f_{x_h}, f_{x_y}, 0)$（即在全息图平面处的物体波的复振幅的傅里叶变换）。其结果就是，物体波被分成多个沿不同方向行进的平面波。

$$O(x_h, y_h, 0) = H(x_h, y_h) R(x_h, y_h) \tag{4.30}$$

$$A_o(f_{x_h}, f_{y_h}, 0) = F[O(x_h, y_h, 0)](f_{x_h}, f_{y_h}) \tag{4.31}$$

式中：f_{x_h} 和 f_{y_h} 分别为与平面波相关联的空间频率。

在距离 $z = z_r$ 处的物体波的角谱的计算如下：

$$A_o(f_{x_h}, f_{y_h}, z_r) = A_o(f_{x_h}, f_{y_h}, 0) \exp(i2\pi f_{z_r} z_r) \tag{4.32}$$

式中：$f_{z_r} = \frac{1}{\lambda} (1 - (\lambda f_{x_h})^2 - (\lambda f_{y_h})^2)^{1/2}$。

最后，角谱的逆傅里叶变换给出了在平面 $z = z_r$ 处的重建物体波：

$$O(x_h, y_h, z_r) = F^{-1}[A_o(f_{x_h}, f_{y_h}, z_r)](x_h, y_h) \tag{4.33}$$

4.3.2.1　同轴全息术

在该光学结构中，α 设置为等于零，这意味着平面参考波平行于 z 轴传播。相应地，将空间频率 f_x 和 f_y 也设置为等于零。因此，在式（4.29）中给出的参考

波表达式减小到常数 R_u。根据式（4.3），记录的全息图的强度变为

$$H(x_h, y_h) = |O'_o|^2 + |R_u|^2 + O'_o R_u \exp\left\{i\frac{\pi}{\lambda z_o}[(x_o - x_h)^2 + (y_o - y_h)^2]\right\} +$$

$$O'_o R_u \exp\left\{-i\frac{\pi}{\lambda z_o}[(x_o - x_h)^2 + (y_o - y_h)^2]\right\} \tag{4.34}$$

这里，为了简单起见，可认为 CCD 因子（CCD Factor）是一致的。在数值重建步骤中，将上述强度表达式代入式（4.24）并认为重建波的复振幅是一致的，不失一般性，得

$$\Gamma(\nu, \mu) = F\Bigg((|O'_o|^2 + |R_u|^2)\exp\left\{i\frac{\pi}{\lambda z_r}(x_h^2 + y_h^2)\right\} +$$

$$O'_o R_u \exp\left\{i\frac{\pi}{\lambda}\left[\frac{(x_o - x_h)^2}{z_o} + \frac{(y_o - y_h)^2}{z_o} + \frac{x_h^2 + y_h^2}{z_r}\right]\right\} +$$

$$O'_o R_u \exp\left\{-i\frac{\pi}{\lambda}\left[\frac{(x_o - x_h)^2}{z_o} + \frac{(y_o - y_h)^2}{z_o} - \frac{x_h^2 + y_h^2}{z_r}\right]\right\}\Bigg)(\nu, \mu)$$

$$\tag{4.35}$$

在式（4.35）中，第一项表示非衍射光（即重建图像中的 DC 项）。虽然该项出现在图像中，但是它并不携带有关物体的任何有用信息，可以很容易通过在 4.4 节中描述的 DC 抑制方法将其抑制。第二项和第三项分别表示物体的虚像和实像。虚像和实像对应于全息图参考光束的 -1 和 $+1$ 衍射级。由于已经考虑了物体上的散射点源，因此期望数值重建在重建平面中生成对应的点图像。然而，二次相位项 $\exp\left[i\frac{\pi}{\lambda z_r}(x_h^2 + y_h^2)\right]$ 的存在使得点源的图像变宽，这又导致重建图像严重变宽。从式（4.35）可以观察到，如果设置 $z_r = -z_o$，则可以观察到虚像的二次相位项消失；而如果设置 $z_r = z_o$，则可以观察到实像的二次相位项消失。因此，可以通过选择适当的重建距离来实现虚像或实像的数值聚焦。然而，由于在同轴全息光学结构中 f_x 和 f_y 被设置为等于零，因而 DC 项、虚像项和实像项在空间上彼此重叠。因此，需要采用滤波方法来去除在重建期间出现的 DC 项和严重变宽的图像项。

4.3.2.2　离轴全息术

为了避免各项（对应于 DC、虚像和实像）的重叠，人们已经提出了全息术中的离轴光学结构[9]。在该光学结构中，通过选择适当的 α 值，使得参考光束倾斜地照射在 CCD 表面上。实际上，得

$$\Gamma(\nu, \mu) = \mathcal{F}\Bigg((|O'_o|^2 + |R_u|^2)\exp\left\{i\frac{\pi}{\lambda z_r}(x_h^2 + y_h^2)\right\} +$$

$$O'_o R_u \exp\left\{i\left[\left(\frac{\pi}{\lambda}\left[\frac{(x_o - x_h)^2}{z_o} + \frac{(y_o - y_h)^2}{z_o} + \frac{x_h^2 + y_h^2}{z_r}\right]\right) - f_x x_h - f_y y_h\right]\right\} +$$

$$O'_o R_u \exp\left\{i\left[-\left(\frac{\pi}{\lambda}\left[\frac{(x_o - x_h)^2}{z_o} + \frac{(y_o - y_h)^2}{z_o} - \frac{x_h^2 + y_h^2}{z_r}\right]\right) + f_x x_h + f_y y_h\right]\right\}\right)(\nu, \mu)$$

(4.36)

根据式 (4.36),可以观察到空间频率对重建图像分量的空间分离的影响。由于空间频率 f_x 和 f_y 的存在,DC、虚像和实像在空间上得以分离。因此,离轴全息术能够将 DC、实像和虚像彼此分离,它与同轴全息术光学结构相比具备一些优势。然而,与参考波相关联的空间频率消耗了 CCD 的一部分最大可检测空间频率。这限制了物体图像的可用空间频率带宽。

图 4.1 给出了基于离轴光学结构的数值重建的图示。对于图 4.1 (c) 所示的实验记录的全息图,使用菲涅耳近似在 $z_r = z_o$ 执行数值重建。可以在图 4.1 (d) 中观察到分离的虚像、实像和 DC。

4.3.2.3 无透镜傅里叶变换全息术

无透镜傅里叶变换全息术是一种光学结构,在图 4.3 (a) 所示的光学装置中,在全息图记录期间使用球面参考源。因此,式 (4.1) 中给出的参考波表达式可以写为

$$R(x_h, y_h) = R'_u \exp\left\{i\frac{\pi}{\lambda z_u}\left[(x_u - x_h)^2 + (y_u - y_h)^2\right]\right\}$$

(4.37)

式中:R'_u 为参考波的振幅。

根据式 (4.3),记录的全息图的强度可书写为

$$H(x_h, y_h) = |O'_o|^2 + |R_u|^2 + O'_o R'_u \exp$$

$$\left\{i\frac{\pi}{\lambda}\left[\frac{(x_o - x_h)^2 + (y_o - y_h)^2}{z_o} - \frac{(x_u - x_h)^2 + (y_u - y_h)^2}{z_u}\right]\right\} +$$

$$O'_o R'_u \exp\left\{i\frac{\pi}{\lambda}\left[-\frac{(x_o - x_h)^2 + (y_o - y_h)^2}{z_o} + \frac{(x_u - x_h)^2 + (y_u - y_h)^2}{z_u}\right]\right\}$$

(4.38)

在数值重建步骤中,将上述强度表达式代入式 (4.24),得到

$$\Gamma(\nu, \mu) = \mathcal{F}\left(\left(|O'_o|^2 + |R_u|^2\right)\exp\left\{i\frac{\pi}{\lambda}\frac{(x_h^2 + y_h^2)}{z_r}\right\} +\right.$$

$$O'_o R_u R \exp\left\{i\frac{\pi}{\lambda}\left[\frac{(x_o - x_h)^2 + (y_o - y_h)^2}{z_o} - \frac{(x_u - x_h)^2 + (y_u - y_h)^2}{z_u} + \frac{x_h^2 + y_h^2}{z_r}\right]\right\} +$$

$$O'_o R_u R \exp\left\{i\frac{\pi}{\lambda}\left[-\frac{(x_o - x_h)^2 + (y_o - y_h)^2}{z_o} + \frac{(x_u - x_h)^2 + (y_u - y_h)^2}{z_u} + 0\frac{x_h^2 + y_h^2}{z_r}\right]\right\}\right)(\nu, \mu)$$

(4.39)

根据上述等式,可以观察到,通过将重建波作为单位振幅平面波 (即 $R = 1$)

代入可以消除二次项，重建距离 z_r：

$$\frac{1}{z_r} = \pm \frac{1}{z_u} \mp \frac{1}{z_o} \tag{4.40}$$

在球面参考源位于包含物体的平面中（即，$z_u = z_o$）的特殊情况下，在 $z_r = \infty$ 处获得重建。因此，式（4.39）进一步缩减为

$$\Gamma(\nu,\mu) = \mathcal{F}\{H(x_h,y_h)\} \tag{4.41}$$

式（4.41）表明，利用无透镜傅里叶变换全息术，重建算法仅包含全息图强度的单个傅里叶变换。在这种情况下有一件重要的事情需要注意，对于虚像和实像，二次项均消失。因此，在数值重建中，获得了聚焦的物体虚像和实像。用图 4.3（a）所示的实验装置记录单幅全息图。图 4.3（b）所示的全息图傅里叶变换给出了聚焦的物体虚像和实像。

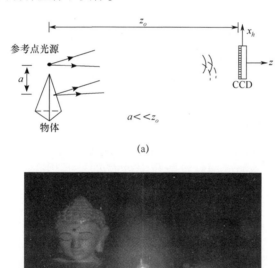

(a)

(b)

图 4.3　（a）无透镜傅里叶变换全息术的光学结构，（b）全息图的数值重建

练习 4.2

在练习 4.1 中给出的装置中，如果物体上有两个点相距 $60\mu m$，那么若使用菲涅耳近似技术进行重建，那么它们能够被解析吗？如果不能，为什么？如果想

要在重建图像中解析它们，可能的解决方案是什么？

解：

式（4.27）提供了图像平面的分辨力。使用可用数据，我们获得位于 $z_r = z_o$ 的图像平面的分辨力为 $\Delta x_i = 75\mu m$ 和 $\Delta y_i = 100\mu m$。因此，从所计算的值可以观察到，在重建图像中将不能分辨物体上间隔 $60\mu m$ 的两个点。为了能够解析物体上的这两个点，应当按照在式（4.9）中提到的物体到 CCD 的最小距离标准来缩短物体到 CCD 的距离。其他可选项还包括使用像素数更高或像素尺寸更小的 CCD 相机。

4.3.3 可变放大倍率的数值重建

重建图像的像素尺寸与 CCD 的像素尺寸的比值表示为重建方法的放大倍率 γ（即 $\gamma = \Delta x_i / \Delta x_h$）。由于在基于卷积的重建方法中 $\Delta x_i = \Delta x_h$，放大率是一致的。另外，与式（4.27）一致，基于菲涅耳近似的重建方法的放大率是波长 λ、距离 z_r、CCD 像素大小和像素数目的函数。然而，这些方法都无法灵活地调整放大倍率。

研究人员已经提出了可独立于全息图记录参数来调整放大率的各种方法。下面描述其中一些基于菲涅耳近似的方法[10]。

4.3.3.1 Fresnel – Bluestein 变换

通过在菲涅耳内核中引入 Bluestein 代入，研究人员已经提出了一种被称为 Fresnel – Bluestein 变换的可调整重建放大倍率的方法[11]。因此，式（4.25）的数字化形式可以表示为

$$\Gamma(n,m) = \sum_{k=1}^{N} \sum_{l=1}^{M} H(k,l) R(k,l) \exp\left[i\frac{\pi}{\lambda z_r}(k^2 \Delta x_h^2 + l^2 \Delta y_h^2)\right] \times$$
$$\exp\left[-i\frac{2\pi}{\lambda z_r}(kn\Delta x_h \Delta x_i + lm\Delta y_h \Delta y_i)\right] \quad (4.42)$$

其中，撤销了将式（4.22）代入式（4.25）。Bluestein 引入一种新的代入，式（4.42）的指数中的积 $2kn$ 和 $2lm$ 可以分别替换成 $2kn = k^2 + n^2 - (n-k)^2$ 和 $2lm = l^2 + m^2 - (l-m)^2$。进行这种代入后得到如下公式：

$$\Gamma(n,m) = \sum_{k=1}^{N} \sum_{l=1}^{M} H(k,l) R(k,l) \exp\left[i\frac{\pi}{\lambda z_r}(k^2 \Delta x_h(\Delta x_h - \Delta x_i) + l^2 \Delta y_h(\Delta y_h - \Delta y_i))\right] \times$$
$$\exp\left[i\frac{\pi}{\lambda z_r}((n-k)^2 \Delta x_i \Delta x_h + (m-l)^2 \Delta y_i \Delta y_h)\right] \quad (4.43)$$

注意：求和符号之前的对应的 n^2 和 m^2 项已被忽略而不失一般性。假设 $N = M$ 且 $\Delta x_h = \Delta y_h$，并在上述等式中代入放大倍率值 $\gamma = \Delta x_i / \Delta x_h$，得

$$\Gamma(n,m) = \sum_{k=1}^{N} \sum_{l=1}^{M} H(k,l) R(k,l) \exp\left[i\frac{\pi}{\lambda z_r}(1-\gamma)(k^2 \Delta x_h^2 + l^2 \Delta y_h^2)\right] \times$$

$$\exp\left[i\frac{\pi}{\lambda z_r}\gamma((n-k)^2\Delta x_h^2 + (m-l)^2\Delta y_h^2)\right] \qquad (4.44)$$

可以把上述公式看作是函数 Γ_1 和 Γ_2 之间的空间卷积，定义为

$$\Gamma_1(k,l) = H(k;l)R(k;l)\exp\left[i\frac{\pi}{\lambda z_r}(1-\gamma)(k^2\Delta x_h^2 + l^2\Delta y_h^2)\right] \qquad (4.45)$$

$$\Gamma_2(k,l) = \exp\left[i\frac{\pi}{\lambda z_r}\gamma(k^2\Delta x_h^2 + l^2\Delta y_h^2)\right] \qquad (4.46)$$

可以使用傅里叶变换的卷积特性来高效地实现卷积：

$$\Gamma(n,m) = \mathcal{F}^{-1}\left[\mathcal{F}(\Gamma_1(k,l))\mathcal{F}(\Gamma_2(k,l))\right](n,m) \qquad (4.47)$$

因此，可以通过改变上述等式中 γ 的值来简单地调整放大倍率。通过设置 $\gamma = \gamma_0$ 可以获得基于菲涅耳近似的重建的固有放大倍率 $\gamma_0 = \lambda z_r/N\Delta x_h^2$。

4.3.3.2　数字二次透镜法

比较式（4.20）和以下公式：

$$\Gamma(x_i,y_i) = \left((H(x_h,y_h) \cdot R(x_h,y_h)) * \exp\left[i\frac{\pi}{\lambda z_r}(x_h^2 + y_h^2)\right]\right)(x_i,y_i) \qquad (4.48)$$

从式（4.48）可以观察到，也可以使用具有卷积核 $g_f = \exp\left[i\frac{\pi}{\lambda z_r}(x_h^2 + y_h^2)\right]$ 的卷积方法，在菲涅耳近似下执行数值重建。对于基于卷积的重建方法，由于单位放大的存在，使得它不适用于大尺寸物体。原因是物体的空间频率带宽和卷积核 g_f 不相互重叠[12]。通过调整卷积核的带宽使得它与物体的空间带宽完全重叠，从而可以实现卷积方法，对大尺寸物体进行成像。在重建平面中卷积核的空间带宽如下：

$$U \times V = \frac{1}{\Delta x_i} \times \frac{1}{\Delta y_i} = \frac{N\Delta x_h}{\lambda z_r} \times \frac{M\Delta y_h}{\lambda z_r} \qquad (4.49)$$

一种调整内核的空间带宽的方式是调整重建距离。建议通过使用数值球面重建波（而不是平面波）进行重建，从而可以调整重建距离[12]。虚拟球面波前具有二次透镜的效果。半径 R_c 的球面波前可以表示为

$$R(x_h,y_h) = \exp\left[-i\frac{\pi}{\lambda R_c}(x_h^2 + y_h^2)\right] \qquad (4.50)$$

重建距离 z_r、数值球面波的曲率半径 R_c、物体距离 z_o 的关系如下：

$$\frac{1}{z_r} = \frac{1}{R_c} - \frac{1}{z_o} \qquad (4.51)$$

根据上述等式对重建距离的调整导致重建图像的放大倍率 γ 的变化：

$$\gamma = -\frac{z_r}{z_o} \qquad (4.52)$$

根据式（4.51）和式（4.52），曲率半径 R_c 可以近似计算如下：

$$R_c = \frac{\gamma z_o}{\gamma - 1} \tag{4.53}$$

因此，式（4.48）中的卷积可以如下使用快速傅里叶变换例程高效地实现：

$$\Gamma(x_i, y_i) = \mathcal{F}^{-1}\left[\mathcal{F}(H \cdot R)\mathcal{F}(g_f)\right](x_i, y_i) \tag{4.54}$$

因此，可以不依赖记录参数来调整重建全息图的放大倍率。由于 g_f 的计算仅取决于光学装置参数，因此可以通过直接使用 g_f 的傅里叶变换来进一步缩减式（4.54）。因此，按下式获得全息图重建：

$$\Gamma(x_i, y_i) = \mathcal{F}^{-1}\left[\mathcal{F}(H \cdot R)G_f(u, v)\right] \tag{4.55}$$

其中，

$$G_f(u, v) = \exp\left[-i\pi z_r \lambda(u^2 + v^2)\right] \tag{4.56}$$

式中：u 和 v 为空间频率。

图4.4针对不同的放大倍率给出了上述全息图重建方法的实验说明。这些方法的可变放大能力使得我们能够放大或缩小物体图像。然而，重建图像的大小的改变可能导致出现图像副本或引起混叠。在图像的尺寸大于物体尺寸的情况下，发生混叠，而副本则出现在相反的情况下。为了避免出现这样的副本和混叠，需要执行额外的操作。可以通过仅考虑图像平面中与物体图像相对应的 $(\gamma_0/\gamma)N$ 个像素，随后进行零填充操作，从而移除副本。而为了处理混叠，研究人员已经提出了用于预滤波全息图的方法[13]。

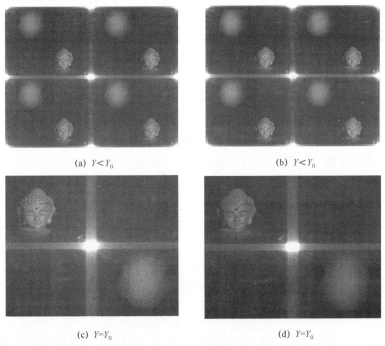

(a) $Y < Y_0$　　　　　　　　　　(b) $Y < Y_0$

(c) $Y = Y_0$　　　　　　　　　　(d) $Y = Y_0$

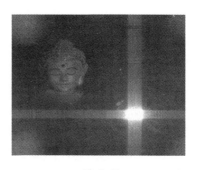

(e) $Y > Y_0$　　　　　　　　　　　　　　　(f) $Y > Y_0$

图 4.4 （a）（c）（e）使用 Fresnel – Bluestein 变换进行数值重建，
（b）（d）（f）使用数字二次透镜方法进行数值重建

4.4　抑制 DC 项

式（4.3）中的前两项（对应于零阶衍射）构成重建图像的低频部分，也就是 DC 部分。可以在图 4.1（d）所示的重建图像中的中心亮点观察到零级衍射。DC 部分的空间扩展取决于物体波的频谱。在同轴全息术光学结构中，DC 部分与对焦图像重叠，而在离轴光学结构中，在大尺寸物体的情况下，物体图像也与 DC 部分重叠。由于 DC 部分不携带关于物体波相位的任何信息，因此研究人员希望在重建中去除其贡献。研究人员已经提出了许多不同的技术来抑制 DC 项。一种方式是在执行重建之前从所有已存储的强度中减去平均全息图强度。在这种情况下，新的全息图函数 $H'(k,l)$ 的计算为

$$H'(k,l) = H(k,l) - \frac{1}{NM}\sum_{k=1}^{N}\sum_{l=1}^{M}H(k,l) \tag{4.57}$$

此外，还可以通过从原始的全息图函数减去低通滤波的全息图函数来实现 DC 抑制[14]。低通滤波器可设计为 3×3 平均滤波器。图 4.5（a）给出了类似于图 4.1（d）但具有抑制 DC 项的重建示例。由于该方法中涉及的全局过滤效果，重建的物体图像也被修改。

人们已经提出了非线性滤波方法来实现 DC 抑制[15]。在该方法中，将参考波的强度设置为远高于物体波的强度，并且使用离轴全息光学结构来分离图像分量。对式（4.3）进行以下重排：

$$\begin{cases} I = |O + R|^2 \\ \dfrac{I}{|R|^2} = \left(1 + \left(\dfrac{O}{R}\right)\right)\left(1 + \left(\dfrac{O}{R}\right)^*\right) \end{cases} \tag{4.58}$$

滤波后的全息图强度 $H'(x_h, y_h)$ 计算如下：

$$H'(x_h, y_h) = \log\left(1 + \left(\frac{O}{R}\right)\right)$$

$$= \mathcal{F}^{-1}\left\{F\left\{\log\left(\frac{I}{|R|^2}\right)\right\} \times 1_{(N/2 \times M/2)}\right\} \tag{4.59}$$

然后可以计算在全息图平面处的物体波的复振幅：

$$O(x_h, y_h) = R(x_h, y_h)(\exp(H'x_h, y_h)) - 1) \tag{4.60}$$

式中：$1_{(N/2 \times M/2)}$ 为实像对应象限的指示函数。接下来使用菲涅耳近似来计算物体平面处物体波的复振幅。该方法基本上消除了与物体波相关联的 DC 项和未聚焦物体图像。为了去除与参考波相关的 DC 部分，只要执行一个简单的校准步骤，即测量参考波强度并将其从记录的全息图中减去。由于物体光束的 DC 贡献被抑制，因此该方法为物体提供了可用的较大的可允许最大空间带宽。图 4.5（b）给出了使用非线性滤波方法执行 DC 和虚像抑制。

(a)

(b)

图 4.5　抑制 DC 项

（a）使用低通滤波，（b）使用非线性滤波。

注释 4.2

在文献［16］中已经提出了一项用于数字全息成像的相移技术。最初，使用相移干涉测量法计算全息图记录平面处的物体波 $O(x_h, y_h)$ 的复振幅。通过仅记录由物体散射的物体波对应的强度来获得物体波 $O_o(x_h, y_h)$ 的振幅。为了计算物体波的相位 $\phi_o(x_h, y_h)$，分别在相对于参考光束的 0、$\pi/2$、π 和 $3\pi/2$ 的步进相位差记录 4 幅全息图 $H(x_h, y_h)$。然后获得相位 $\phi_o(x_h, y_h)$：

$$\phi_o(x_h, y_h) = \tan^{-1} \frac{H(x_h, y_h; 3\pi/2) - H(x_h, y_h; \pi/2)}{H(x_h, y_h; 0) - H(x_h, y_h; \pi)} \qquad (4.61)$$

全息图记录平面处物体波的复振幅计算如下：

$$O(x_h, y_h) = O_o(x_h, y_h) \exp(i\phi_o(x_h, y_h)) \qquad (4.62)$$

注意，该过程基本上消除了 DC 项在全息图记录平面处的物体波场计算中的贡献。因此，可以将其视为一项用于抑制 DC 项的技术。最后，通过使用菲涅耳近似计算 $O(x_h, y_h)$ 到重建平面的传播过程来获得重建平面处物体波的复振幅 $O(x_i, y_i, z_r)$。

这里并非记录 4 次相移对应的 4 幅独立的全息图，而是可以使用像素化阵列和波片来执行单幅全息图的记录。在该技术中，将微偏振器阵列放置在 CCD 的前面。允许正交圆偏振物体波和参考波在 CCD 平面处干涉。微偏振器中的单位晶胞由 4 个具有不同方位的线性偏振器组成，这些偏振器在 4 个相邻像素处引入不同的相移。因此，获得具有类似相移的 4 组像素。在这些像素处的强度值经过插值，以获得具有与记录的全息图的相同尺寸的 4 幅相移全息图。使用这 4 幅全息图计算物体波场的相位。

4.5　降低 CCD 上的空间频率内容

如式（4.7）所示，需要记录的最大空间频率取决于物体光束和参考光束之间的最大角度 α_{max}。由于 CCD 可以记录的最大空间频率受其分辨力的限制，因此它对 α_{max} 具有很强的约束，进而对可精确成像的物体的尺寸具有很强的约束。相应地，式（4.8）表明数字全息术仅适用于对小尺寸物体成像。然而，人们已经提出了克服这种限制的不同方法。其中的一个方法就是增加物体和 CCD 之间的距离 z_o，使得满足式（4.10）中所给出的 α_{max} 标准。下面解释用于减少空间频率内容的一些其他方法。

4.5.1　通过使用发散透镜减小 CCD 阵列上的物体角度

在这种技术中，使用发散透镜来产生大尺寸物体的缩小虚像[17]。在成像几何形状中，发散透镜位于物体和 CCD 之间，使得投影在 CCD 表面上的物体角度显著减小。实际上，由 CCD 记录虚像对应的全息图，如图 4.6 所示。假定虚像的尺寸远小于物体尺寸，则必须由 CCD 容纳的最大空间频率显著降低。因子 ς 定义为

$$\varsigma = \frac{\sin\varphi/2}{\sin\varphi'/2} \approx \frac{\tan\varphi/2}{\tan\varphi'/2} \tag{4.63}$$

式中：φ 和 φ' 分别为物体和虚像在 CCD 上投射的角度。

在图 4.6 所示的光学结构中，ς 可以重写为

$$\varsigma = \frac{G}{L} \times \frac{l + z_o}{g + z_o} = \frac{g}{l} \times \frac{l + z_o}{g + z_o} \tag{4.64}$$

其中，在式（4.64）中使用的各量的重要性如图 4.6 所示。

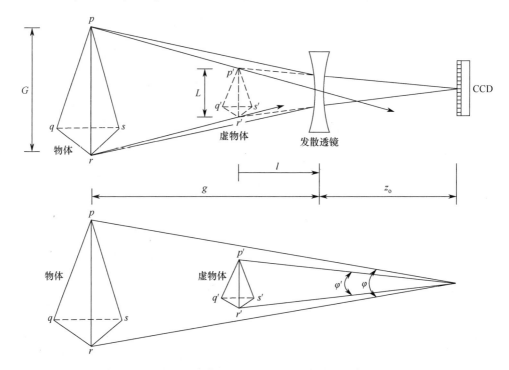

图 4.6　使用发散透镜来减小 CCD 上物体角度的光学装置示意图

4.5.2　通过使用小孔减小 CCD 上的物体角度

基于 CCD 可产生空间频率的受控选择，人们已经提出一种用于记录全息图的有趣方法[18]。这是通过在物体和 CCD 之间引入适当尺寸的小孔来实现的，如图 4.7 所示。小孔实际上限制了从物体表面散射并沿 CCD 方向传播的光线的角度，使其位于可接受的值范围内。如果这些值足以满足奈奎斯特采样标准，则将

记录空间频率而不会出现混叠。

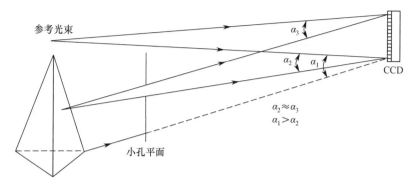

图 4.7　使用小孔来减小 CCD 上物体角度的光学装置示意图

从图 4.7 可以观察到，小孔阻挡住那些从物体表面散射出来且与参考光束形成相对较大角度（例如 α_1）的光线。这将参考光束和目标光束之间的干涉条纹限制在低空间分辨力频率值，而且位于 CCD 的空间分辨力值的范围内。因此，利用这项技术，可以对大尺寸物体成像，但是具有相对较大的散斑。还要注意的是，由于小孔阻挡来自物体的光线，因此如果小孔使用不当，则可能发生图像亮度降低的情况。

4.6　数字全息干涉测量

干涉测量技术是物理学领域中一种公认的检测工具，广泛应用于工程应用领域。来自单个光源的两个相干光波叠加在检测器上，产生强度波动，形成明带和暗带图。这种强度图被称为干涉条纹图。这些干涉条纹是由于由两个光波所经过的不同光程长度产生的相位差而形成的。在干涉测量应用中，一束光波用作参考，其路径长度通常保持恒定不变。第二束光波传播，使得其路径长度的变化与我们想要测量的物理参数的变化成比例。随后，所得到的条纹图用于测量前述物理参数的变化量。

数字全息术能够直接提供由物体散射的光波场的复振幅，因此它很好地适用于那些需要干涉精度和测量的应用领域。在数字全息干涉测量中，记录两幅全息图，每幅全息图对应于不同的物体状态。物体状态的变化引起波场的相位差。可以通过数值重建两幅全息图来计算与每个对象状态相关联的相位。相位值的差异提供关于对象上的每个点处的物体状态变化的信息。这种全场和非接触式测量能力使得数字全息干涉测量成为实验力学和非破坏性测试中不可或缺的测量工具。

考虑在物体的初始状态时记录一幅全息图。数值重建的目标波场可以表示为

$$\Gamma_b(x_o, y_o) = A_b(x_o, y_o) \exp\left[j\phi(x_o, y_o) \right] \tag{4.65}$$

式中：$\phi(x_o,y_o)$ 为相位；$A_b(x_o,y_o)$ 为波场的振幅。

然后，物体变形并记录单独的全息图。这幅新的全息图的数值重建提供了与新物体状态相关联的波场的复振幅，可以表示为

$$\Gamma_a(x_o,y_o) = A_a(x_o,y_o)\exp\left[j(\phi(x_o,y_o) + \Delta\phi(x_o,y_o))\right] \qquad (4.66)$$

可以观察到，相位已经改变为 $\phi(x_o,y_o) + \Delta\phi(x_o,y_o)$。由于物体表面的粗糙度，两个物体状态对应的波场的相位本质上是随机的。然而，它们的差值 $\Delta\phi(x_o,y_o)$ 却是确定的，并且与物体状态的变化成比例。然后，通过与两个物体状态相关联的波场的复振幅的共轭乘法来计算与物体状态的变化相对应的干涉场。这可由下式获得：

$$\begin{aligned}\Gamma(x_o,y_o) &= \Gamma_a(x_o,y_o)\Gamma_b^*(x_o,y_o)\\ &= A(x_o,y_o)\exp(j\Delta\phi(x_o,y_o))\end{aligned} \qquad (4.67)$$

式中：假定 $A(x_o,y_o) = A_a(x_o,y_o)A_b(x_o,y_o)$ 是恒定的或缓慢变化的；$\Gamma(x_o,y_o)$ 为干涉场；$\Delta\phi(x_o,y_o)$ 为干涉相位。

作为干涉场的实部，可以观察到条纹图。与物体状态变化有关的信息被编码到干涉相位中。通过从干涉场精确地提取干涉相位，可以导出该信息。提取相位的直接方法包括使用 arctan 函数（即反正切操作）。然而，反正切函数的主要值位于区间 $[-\pi, \pi]$ 中，实际上是将真实相位值包裹在此区间中。这也解释了为何需要通过将 2π 的整数倍加到包裹的相位图来执行相位展开操作。

4.6.1　变形测量

物体变形测量在表征物体在负载下的行为时起着关键作用。在使用数字全息干涉测量技术的变形测量中，记录两幅全息图，即在物体的变形之前和之后各记录一幅。因此，重建的干涉场的相位 $\Delta\phi(x_o,y_o)$ 携带关于物体变形的信息。物体表面位移和干涉相位之间的关系可以使用图 4.8（a）所示的光学结构来理解。

图 4.8 中，$\hat{i}$ 是沿着物体照射方向的单位向量，$\hat{o}$ 是沿观察方向的单位向量。单位灵敏度向量 $\hat{s} = \hat{o} - \hat{i}$ 定义为照明方向和观察方向之间的平分线。物体位移 $\vec{d} = d_x\hat{x}_o + d_y\hat{y}_o + d_z\hat{z}$ 与干涉相位 $\Delta\phi(x_o,y_o)$ 之间的关系可写为[19]

$$\begin{aligned}\Delta\phi(x_o,y_o) &= \frac{2\pi}{\lambda}\vec{d}\cdot(\hat{o} - \hat{i})\\ &= \frac{2\pi}{\lambda}\vec{d}\cdot\hat{s}\end{aligned} \qquad (4.68)$$

因此，条纹图案携带关于位移向量沿着灵敏度向量的投影部分（Resolved Part）的信息。如果图 4.1 中所示的干涉测量装置经过布置，使得灵敏度矢量沿

着 z 方向，那么干涉相位提供物体的平面外位移测量。

为了进行说明，这里进行一次面外变形测量。在距离 CCD 1m 处放置一个沿着边缘夹紧的圆形薄膜。用波长 $\lambda = 532nm$ 的激光源照射该物体。在物体未加载状态下记录一幅全息图。接下来通过在其中心处施加一个点负载使物体变形，并且记录第二幅全息图。执行全息图的数值重建，分别获得式（4.65）和式（4.66）中给出的复振幅。图 4.8（b）给出了物体在未加载状态对应的复振幅强度图，该图还指出被选择用于变形分析的对象区域。图 4.8（c）和图 4.8（d）分别给出两个物体状态对应的相位。由于物体表面的微结构，相位是随机的。使用式（4.67）计算这些相位的差异。图 4.8（e）给出了展开形式的干涉相位。条纹轮廓指示物体上经历了相等位移的点。随后，应用二维相位展开算法，获得真正展开的干涉相位图。由于与测量相关联的噪声，需要执行滤波操作以便进行精确地二维相位展开。文献［20］中已经提出了不同的算法来执行滤波和二维展开。Goldstein、泛洪填充、局部直方图、正则化相位跟踪等就是这样的一些算法。干涉相位的展开形式如图 4.8（f）所示。这里使用 Goldstein 算法（提供表面位移的定量测量）计算干涉相位。

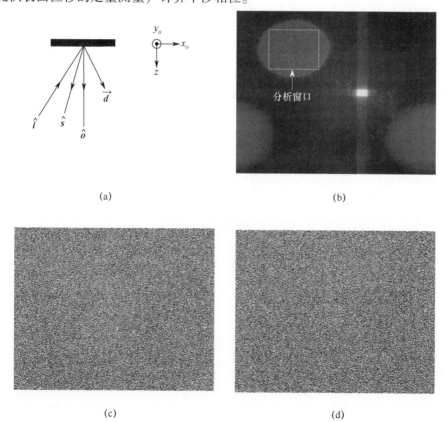

(a)　　　　　　　　　　　　　　　(b)

(c)　　　　　　　　　　　　　　　(d)

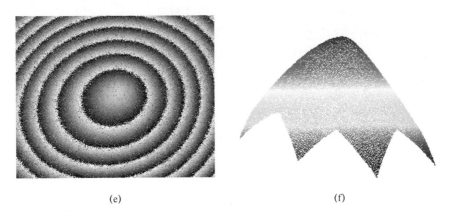

(e)　　　　　　　　　　　　　　　　　(f)

图4.8 （a）指示敏感度和位移矢量之间关系的光学结构，（b）全息图的数值重建，（c）未
变形物体状态，（d）变形物体状态的复振幅的相位，（e）包裹形式的干涉相位，（f）二维相位
展开后的干涉相位

　　通过利用干涉相位相对于空间坐标 x_o 和 y_o 的连续性质，人们已经提出了一种
用于相位估计的不同方法[21,22]。在该方法中，一次只考虑给定行 y_o 或列 x_o 的干
涉场。根据维尔斯特拉斯近似定理，在该特定行或列中，可以用适当阶数的多项
式来近似干涉相位。然而，在相位快速变化的情况下，将需要很高阶数的多项式
才能准确表示干涉相位。因此，干涉场被划分为多个段，并且在每一段中，干
涉相位被建模为较低阶数的多项式。随后，执行多项式系数的精确估计，利用
该多项式系数获得干涉相位的估计。局部多项式相位近似提供了非常精确的结
果。这种方法直接提供展开的相位图，而不需要滤波和展开操作。我们实现这
种方法，直接获得图4.8所示的测量示例的干涉相位的展开估计。图4.9（a）
为展开相位估计。相位估计的包裹形式也在图4.9（b）中给出，以便进行
比较。

(a)

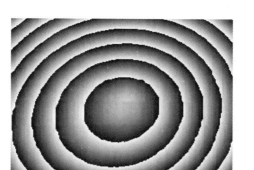

(b)

图 4.9　（a）使用相位的分段多项式近似法得到的干涉相位展开估计，
（b）对应的干涉相位包裹形式

在非破坏性测试中，非常需要直接估计位移导数（即应变）。人们已经提出了各种基于数字剪切[23,24]、干涉场的空间 – 频率分布的脊检测[25,26]等用于直接相位导数估计的方法。尽管基于数字剪切的方法在估计包裹形式的相位导数时计算效率很高，但是基于空间 – 频率分布的方法在提供展开的相位导数估计时具有更好的噪声性能。因此，为了计算本节上面引用的测量示例的干涉相位导数，我们实现了空间 – 频率分布之一，即伪 Wigner – Ville 分布（PWVD）。图 4.10（a）给出了与负载在物体表面所致应变直接相关的相位导数估计。为了进行比较，图 4.10（b)和（c）给出了使用基于 PWVD 的方法和基于数字剪切的方法计算的经过适当缩放的估计相位导数的包裹形式。

为了健全地表征物体变形过程，获得所有三个或至少两个变形分量的测量可能比较有利。为了实现这些测量，通常使用多光束物体照明装置。利用两个对称光束照射物体，这两束光关于观察方向（垂直于物体表面）对称。每个散射的物体光束都有一个与其相关联的单独的参考光束。因此，可以使用多色激光源或者使用具有正交偏振参考光束的单色激光源，实现两个照明光束对应的散射物体光束的非相干混合[27 - 29]。这些技术可以让我们利用记录在 CCD 上的多个物体 – 参考光束对的全息图来估计多个干涉相位。还有一种方法，把单个参考光束与多个物体光束一起使用[30]。分别记录每个物体 – 参考光束对对应的全息图。该方法不允许同时估计多个干涉相位。通常，可以使用灵敏度矢量来获得多维变形和多重干涉相位之间的代数关系。

人们已经提出了一种基于数字全息莫尔技术的方法[31]，利用两个对称光束照射物体，这两个光束关于观察方向（垂直于物体表面）对称。物体照明和观察光学结构的示意图如图 4.11（a）所示。单个参考光束用于记录全息图。记录两幅全息图，即在物体变形之前和之后。这导致莫尔条纹图案的形成。为了精确估计莫尔条纹图案中存在的多重干涉相位，人们已经采用信号处理技术[32,33]。在其中一种方法中，按照行或列将干涉场划分为多个非重叠段。在每个段中，干涉场被表示为具有二阶多项式干涉相位的多分量信号。基于乘积型三次相位函数（PCPF）的方法已被应用于多项式相位系数的精确估计。借助这些多项式系数，在每个段中估计干涉相位。进一步地，将这些相位估计接合在一起，以获得完整的二维相位图。在该光学结构中，估计相位的和与差分别提供了面外位移分量和面内位移分量的测量。

(a) 干涉相位导数

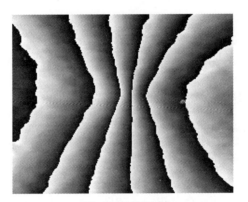

(b) 包裹的相位导数

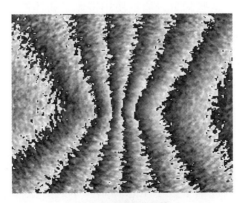

(c) 包裹的相位导数

图 4.10　(a) 使用伪 Wigner–Ville 分布方法得到的相位导数估计，(b) 对应的包裹形式的相位导数，(c) 使用数字剪切方法得到的相位导数估计

这里提供了一个在双光束照明装置中进行多维形变测量的演示。物体经受面外变形和面内旋转。记录的莫尔条纹图案如图 4.11 （b） 所示。估计的干涉相位如图 4.11 （c） 和 4.11 （d） 所示。估计相位的和与差以及它们的包裹形式如图 4.12 （a） ~ （d） 所示。

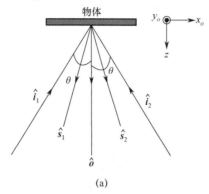

(a)

(b)

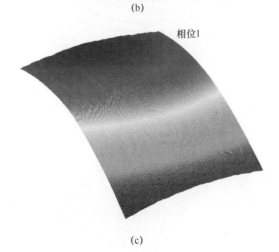

(c)

相位2

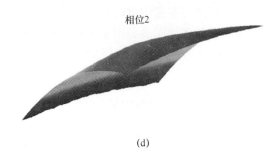

(d)

图 4.11　（a）用于多维变形测量的光学结构，图中指出了照明方向和观察方向，（b）实验记录的莫尔条纹图案，（c）估计的 $\Delta\phi_1(x_o, y_o)$，（d）估计的 $\Delta\phi_2(x_o, y_o)$

相位和

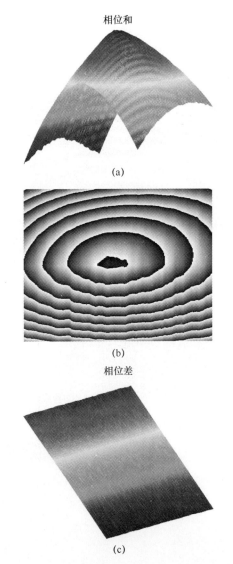

(a)

(b)

相位差

(c)

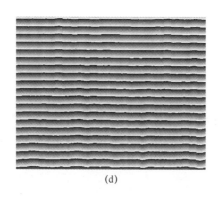

(d)

图 4.12 （a）相位和，（b）包裹形式的相位和，（c）相位差，
（d）包裹形式的相位差

4.6.2 折射率分布的研究

数字全息干涉测量已经成为研究透明介质折射率分布的有用工具。当光束通过透明介质时，介质中的折射率分布的变化产生光行进的光路的变化。光路长度的这种变化会被编码到干涉相位中。在数字全息干涉测量装置中，激光束在穿过透明介质之后，可以落在 CCD 上。对应于对象的初始折射率分布状态 $n(x_o, y_o, z)$，记录一幅全息图。当折射率分布改变为 $n'(x_o, y_o, z)$ 时，记录第二幅全息图。由于沿着光束路径的折射率分布的改变，重建的干涉场的干涉相位可以使用以下等式表达：

$$\Delta\phi(x_o, y_o) = \frac{2\pi}{\lambda} \int_0^l (\Delta n(x_o, y_o, z)) \, \mathrm{d}z \qquad (4.69)$$

式中：$\Delta n(x_o, y_o, z) = n(x_o, y_o, z) - n'(x_o, y_o, z)$；$l$ 为介质沿 z 方向的长度。

式（4.69）中的积分表示沿 z 方向的折射率变化的累积产生干涉相位 $\Delta\phi(x_o, y_o, z)$。如果折射率的变化 $\Delta n(x_o, y_o, z)$ 沿 z 方向保持恒定，则上述关系缩减为以下形式：

$$\Delta\phi(x_o, y_o) = \frac{2\pi l}{\lambda} (\Delta n(x_o, y_o)) \qquad (4.70)$$

通过透明测试介质的光束可以被允许直接落在 CCD 上，也可以被允许落在漫射表面上。在后一种情况下，从漫射表面散射的光落在 CCD 上。为了说明这一事实，我们沿着到达 CCD 的光路径放置了一根蜡烛。在蜡烛处于未照明状态时，记录单幅全息图。在蜡烛处于照亮状态时，记录第二幅全息图。图 4.13 所示的干涉条纹图案表示由点燃的蜡烛引起的空气温度变化引起的空气折射率的变化。

(a)

(b)

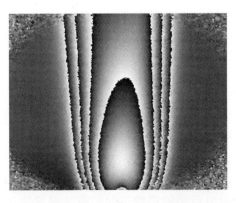

(c)

图 4.13　（a）未点燃蜡烛，（b）已点燃蜡烛对应的相位，
（c）空气折射率改变对应的相位变化

4.6.3 振动测量

数字时间平均全息干涉测量[34]已发展成为研究振动物体的谐振模式形状和频率的引人注目的高效工具。该方法包括将 CCD 暴露于参考和散射物体波的持续时间远大于物体振动的时间段。假设物体以频率 ω 振动，则由正弦振动的物体散射的瞬时光波可以表示为 $O(x_o, y_o, t) = O_o(x_o, y_o) \exp(i\phi(x_o, y_o, t))$。瞬时相位为 $\phi(x_o, y_o, t) = \phi_0(x_o, y_o) + \phi_m(x_o, y_o)$，其中 $\phi_0(x_o, y_o)$ 为由物体处于静态时散射的初始随机相位，ϕ_m 为振动幅度所对应的相位的最大变化。在全息图平面处的瞬时波可表示为

$$O(x_o, y_o, t) = \iint O(x_o, y_o, t) \exp\left[i\frac{\pi}{\lambda z_o}(x_o^2 + y_o^2)\right] \times$$

$$\exp\left[-\frac{i2\pi}{\lambda z_o}(x_o x_h + y_o y_h)\right] dx_o dy_o \tag{4.71}$$

为了获得时间平均全息图，调整 CCD 曝光时间 T 以使得 $\omega T \gg 1$。因此，由 CCD 记录的强度表示为

$$I(x_h, y_h) = \int_0^T |R(x_h, y_h) + O(x_h, y_h, t)|^2 dt \tag{4.72}$$

物体虚像对应的项可以表示为

$$\int_0^T R^*(x_h, y_h) O(x_h, y_h, t) = R^*(x_h, y_h) \iint \tilde{A}(x_o, y_o) \exp\left[i\frac{\pi}{\lambda z_o}(x_o^2 + y_o^2)\right] \times$$

$$\exp\left[-\frac{i2\pi}{\lambda z_o}(x_o x_h + y_o y_h)\right] dx_o dy_o \tag{4.73}$$

其中，

$$\tilde{A}(x_o, y_o) = O_o(x_o, y_o) \exp(i\phi(x_o, y_o)) T J_0\left[\phi_m(x_o, y_o)\right] \tag{4.74}$$

时间平均全息图的数值重建说明，重建物体图像是由 J_0^2 条纹调制的，其中 J_0 是第一类的零阶贝塞尔函数。使用数字时间平均全息干涉仪，借助扬声器获得的典型条纹图案如图 4.14 所示。扬声器以 8.5kHz 和 9kHz 的正弦频率驱动。CCD 相机的曝光时间为 250ms。节点对应的第一最大值在图 4.14 (a) 和 4.14 (b) 中可见。为了说明数字全息术在振动分析中的众多优点之一，将直径为 4mm、厚度为 0.33mm 的微小质量粘贴在扬声器表面的某一点上，如图 4.14 (c) 所示。扬声器以 9kHz 的正弦频率驱动。相对于图 4.14 (b) 的节点模式的变化说明由引入微小质量引起的阻尼效应。

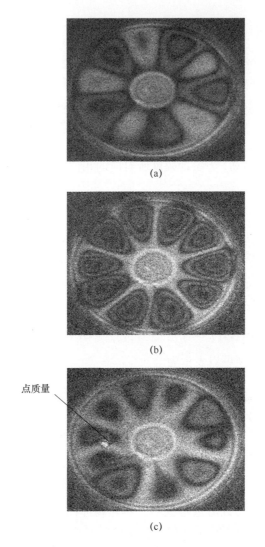

(a)

(b)

点质量

(c)

图 4.14　（a）8.5kHz 和（b）9kHz 对应的振动图案，（c）9kHz 并带有点质量载荷所对应的振动图案

4.6.4　物体形貌测量

多年来，数字表面形貌测量已经成为三维形状测量技术领域的一种重要工具。它具有广泛的应用领域，从制造的质量保证、减少产品开发时间等到生物特征的三维成像。在针对物体形貌测量而提出的各种非破坏性光学技术中，数字全息术属于可以提供高分辨力测量能力的一类技术。基于全息图的形貌测量的基本原理是，在其光学结构中引入一种相位变化，使其与所研究的三维物体的形状变

化相对应[35]。为了实现光相位的这种变化，已经提出了基于双照明法、双波长法和双折射率法等不同方法。

在用于物体形貌测量的装置中，采用与物体表面法线成角度为 β 的准直照明光束照射物体。利用该光学结构记录单幅全息图。在将照射角改变为 $\beta + \Delta\beta$ 之后记录第二幅全息图。两幅全息图经过数值重建，复振幅的共轭相乘产生干涉图。

注意，由于以角度 β 照射物体，因此在干涉相位中存在相关联的载波。通过数字方式计算并去除该载波相位，然后获得实际的展开相位图，其提供了物体表面形貌的测量。

图 4.15（a）给出了一个使用数字全息干涉测量技术进行物体形貌测量的典型示例。图中标示为分析窗口（Analysis Window）的物体表面就是用于形貌测量的区域。参考窗口（Reference Window）标示了参考平面的一部分，它用于数值计算载波相位。图 4.15（b）显示了干涉相位图。图 4.15（c）给出了图 4.15（b）中存在的载波相位项所对应的相位图。在去除载波相位项之后，使用相位展开算法，获得物体的三维形状表示。如图 4.15（d）所示。

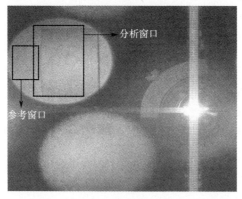

(a)

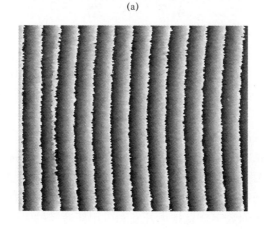

(b)

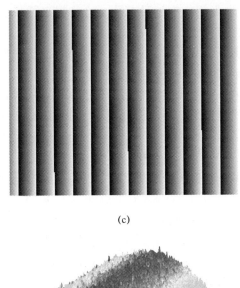

(c)

(d)

图 4.15　（a）带分析窗口和参考窗口的全息图数值重建，（b）分析窗口中的包络形式的
相位，（c）使用参考窗口的包络形式的数值计算得到载波相位，
（d）在移除载波后分析窗口中的展开相位

4.7　小　结

随着计算能力的指数增长和数字图像处理和数字成像技术的实质性改进，数字全息术正在成为全息术的可行替代技术，就图像质量或对现实世界问题的应用而言，所述进步只受到技术限制的束缚。本章详细介绍了在图像形成的上下文中数字全息的系统方法，包括抑制零级衍射项和降低落在 CCD 上的空间频率含量，两个参数对成功发现高性能数字全息系统有着重要贡献。该章还介绍了在过去几年中开发的数字全息术在光学计量学中的一些现有应用，直接从多幅数字全息图中确定同一物体的两个状态之间的相位差。这些应用已经覆盖物体变形的测量、折射率的变化、振动和表面形貌等多个方面。随着数字成像技术的快速发展，我们坚信，正在帮助开创数字全息技术开发和应用新途径的时代，毫无疑问，直接的受益者将是光学计量学。

参考文献

［1］ Gabor, D. , "A New Microscopic Principle," *Nature*, Vol. 161, No. 4098, 1948, pp. 777 – 778.

［2］ Goodman, J. W. and R. W. Lawrence, "Digital Image Formation from Electronically Detected Holograms," *Applied Physics Letters*, Vol. 11, No. 3, 1967, pp. 77 – 79.

［3］ Schnars, U. , and W. Juptner, "Digital Recording and Numerical Reconstruction of Holograms," *Measurement Science and Technology*, Vol. 13, 2002, pp. R85 – R101.

［4］ Paturzo, M. , P. Memmolo, A. Finizio, R. Näsänen, T. J. Naughton, and P. Ferraro, "Synthesis and Display of Dynamic Holographic 3d Scenes with Real – World Objects," *Optics Express*, Vol. 18, April 2010, pp. 8806 – 8815.

［5］ Locatelli, M. , E. Pugliese, M. Paturzo, V. Bianco, A. Finizio, A. Pelagotti, P. Poggi, L. Miccio, R. Meucci, and P. Ferraro, "Imaging Live Humans Through Smoke and Flames Using Far – Infrared Digital Holography," *Optics Express*, Vol. 21, March 2013, pp. 5379 – 5390.

［6］ Matoba, O. , E. Tajahuerce, and B. Javidi, "Real – Time Three – Dimensional Object Recognition with Multiple Perspectives Imaging," *Applied Optics*, Vol. 40, July 2001, pp. 3318 – 3325.

［7］ Goodman, J. , *Introduction to Fourier Optics*, 2nd Edition, McGraw – Hill, 1996.

［8］ Yu, L. , and M. K. Kim, "Wavelength – Scanning Digital Interference Holography for Tomographic Three – Dimensional Imaging by Use of the Angular Spectrum Method," *Optics Letters*, Vol. 30, No. 16, 2005, pp. 2092 – 2094.

［9］ Leith, E. N. , and J. Upatniks, "Reconstructed Wavefronts and Communication Theory," *Journal of the Optical Society of America*, Vol. 52, October 1962, pp. 1123 – 1128.

［10］ Verrier, N. , and M. Atlan, "Off – Axis Digital Hologram Reconstruction: Some Practical Considerations," *Applied Optics*, Vol. 50, 2011, pp. H136 – H146.

［11］ Restrepo, J. F. , and J. Garcia – Sucerquia, "Magnified Reconstruction of Digitally Recorded Holograms by Fresnel – Bluestein Transform," *Applied Optics*, Vol. 49, No. 33, 2010, pp. 6430 – 6435.

［12］ Picart, P. , P. Tankam, D. Mounier, Z. – J. Peng, and J. – C. Li, "Spatial Bandwidth Extended Reconstruction for Digital Color Fresnel Holograms," *Optics Express*, Vol. 17, 2009, pp. 9145 – 9156.

［13］ Hennelly, B. , D. Kelly, N. Pandey, and D. Monaghan, "Zooming Algorithms for Digital Holography," *Journal of Physics: Conference Series*, Vol. 206, No. 1, 2010, p. 012027.

［14］ Kreis, T. M. , and W. P. O. Juptner, "Suppression of the DC Term in Digital Holography," *Optical Engineering*, Vol. 36, No. 8, 1997, pp. 2357 – 2360.

［15］ Pavillon, N. , C. S. Seelamantula, J. Kuhn, M. Unser, and C. Depeursinge, "Suppression of the zero – order term in Off – Axis Digital Holography Through Nonlinear Filtering," *Applied Op-*

tics, Vol. 48, No. 34, 2009, pp. H186 – H195.

[16] Yamaguchi, I., and T. Zhang, "Phase – Shifting Digital Holography," *Optics Letters*, Vol. 22, No. 16, 1997, pp. 1268 – 1270.

[17] Schnars, U., T. M. Kreis, and W. P. O. Juptner, "Digital Recording and Numerical Reconstruction of Holograms: Reduction of the Spatial Frequency Spectrum," *Optical Engineering*, Vol. 35, No. 4, 1996, pp. 977 – 982.

[18] Pedrini, G., S. Schedin, and H. J. Tiziani, "Lensless Digital – Holographic Interferometry for the Measurement of Large Objects," *Optics Communications*, Vol. 171, No. 1, 1999, pp. 29 – 36.

[19] S. JE, "Holographic Interferometry Applied to Measurements of Small Static Displacements of Diffusely Reflecting Surfaces," *Applied Optics*, Vol. 8, No. 8, 1969, pp. 1587 – 1595.

[20] Rajshekhar, G., and P. Rastogi, "Fringe analysis: Premise and perspectives," *Optics and Lasers in Engineering*, Vol. 50, No. 8, 2012, pp. iii – x.

[21] Gorthi, S. S., and P. Rastogi, "Piecewise Polynomial Phase Approximation Approach for the Analysis of Reconstructed Interference Fields in Digital Holographic Interferometry," *Journal of Optics A: Pure and Applied Optics*, Vol. 11, No. 6, 2009.

[22] Gorthi, S. S., and P. Rastogi, "Phase Estimation in Digital Holographic Interferometry Using Cubic – Phase – Function Based Method," *Journal of Modern Optics*, Vol. 57, No. 7, 2010.

[23] Zou, Y., G. Pedrini, and H. Tiziani, "Derivatives Obtained Directly from Displacement Data," *Optics Communications*, Vol. 111, No. 5 – 6, 1994, pp. 427 – 432.

[24] Liu, C., "Simultaneous Measurement of Displacement and Its Spatial Derivatives with a Digital Holographic Method," *Optical Engineering*, Vol. 42, No. 12, 2003, pp. 3443 – 3446.

[25] Sciammarella, C. A., and T. Kim, "Determination of Strains from Fringe Patterns Using Space – Frequency Representations," *Optical Engineering*, Vol. 42, No. 11, 2003, pp. 3182 – 3193.

[26] Rajshekhar, G., S. S. Gorthi, and P. Rastogi, "Strain, Curvature, and Twist Measurements in Digital Holographic Interferometry Using Pseudo – Wignerville Distribution Based Method," *Review of Scientific Instruments*, Vol. 80, No. 9, 2009.

[27] Saucedo – Anaya, T., M. H. De La Torre – Ibarra, F. Mendoza Santoyo, and I. Moreno, "Digital Holographic Interferometer Using Simultaneously Three Lasers and a Single Monochrome Sensor for 3D Displacement Measurements," *Optics Express*, Vol. 18, No. 19, 2010, pp. 19867 – 19875.

[28] Picart, P., E. Moisson, and D. Mounier, "Twin – Sensitivity Measurement by Spatial Multiplexing of Digitally Recorded Holograms," *Applied Optics*, Vol. 42, No. 11, 2003, pp. 1947 – 1957.

[29] Rajshekhar, G., S. S. Gorthi, and P. Rastogi, "Simultaneous Measurement of In – Plane and Out – of – Plane Displacement Derivatives Using Dual Wavelength Digital Holographic Interferometry," *Applied Optics*, Vol. 50, No. 34, 2011, pp. H16 – H21.

[30] Morimoto, Y., T. Matui, M. Fujigaki, and A. Matsui, "Three – Dimensional Displacement A-

nalysis by Windowed Phase – Shifting Digital Holographic Interferometry," *Strain*, Vol. 44, No. 1, 2008, pp. 49 – 56.

[31] Rajshekhar, G. , S. SivaGorthi, and P. Rastogi, "Simultaneous Multidimensional Deformation Measurements Using Digital Holographic Moire," *Applied Optics*, Vol. 50, No. 21, 2011, pp. 4189 – 4197.

[32] Rajshekhar, G. , S. S. Gorthi, and P. Rastogi, "Estimation of Multiple Phases from a Single-Fringe Pattern in Digital Holographic Interferometry," *Optics Express*, Vol. 20, No. 2, 2012, pp. 1281 – 1291.

[33] Kulkarni, R. , and P. Rastogi, "Multiple Phase Estimation in Digital Holographic Interferometry Using Product Cubic Phase Function," *Optics and Lasers in Engineering*, Vol. 51, No. 10, 2013, pp. 1168 – 1172.

[34] Picart, P. , J. Leval, D. Mounier, and S. Gougeon, "Time – Averaged Digital Holography," *Optics Letters*, Vol. 28, No. 20, 2003, pp. 1900 – 1902.

[35] Thalmann, R. , and R. Dandliker, "Holographic Contouring Using Electronic Phase Measurement," *Optical Engineering*, Vol. 24, No. 6, 1985, pp. 930 – 935.

第 5 章　数字散斑图案干涉测量

5.1　介　绍

阿尔伯特·爱因斯坦的基本激光理论概念的建立以及西奥多·迈曼在 1960 年 5 月第一次实验性演示的红宝石操作激光器，使得具有高相干度的光源突然变得可用。新型激光器和激光应用的增长在过去的半个世纪中不断加速。如今，激光器以前所未有的方式存在于人类生活中。他们在消费产品、电信、材料加工、医学（通常用于手术）、工程和科学研究方面发挥重要作用。本章将讨论这一主题，展示激光用于计量目的的应用。

使用激光光源的研究人员注意到，当用激光照射光学粗糙表面时，观察者可以看到对比度和精细度都很高的颗粒图案[1]。这种效应被命名为散斑[2,3]，其特征在于散射光的随机分布，可以通过漫射器（其中光被反射或透射）的位移或旋转确定性地改变分布。在激光光源出现后的早期，散斑效应曾被认为是讨厌的干扰，特别是在全息技术中[4]。

注释 5.1

散斑分布也会随着照明和观察几何结构、激光的波长和光传输介质的折射率的变化而改变。因此，散斑分布使得我们能够测量以下特征：①粗糙物体的表面变形的平面和面内分量；②三维形状；③表面位移导数[5]。考虑到这些可能性，从 20 世纪 60 年代末和 70 年代初开始了一系列重要的研究工作，重点是开发用于漫反射面的高灵敏度测量的新方法，所有这些方法都可以划分为散斑干涉测量方法[6-11]。

在开始时，使用照相胶片来获得图像，然后通过光学方法处理记录的信息。缺乏用于处理和显示底片的光学平台是实现稳健测量（主要在工业环境中）需要克服的主要缺点。因此，研究开始转向通过电视摄像机取代全息图像并以电子方式处理视频信号。新的方法被称为电子散斑图案干涉测量（ESPI）。由于检测器分辨力低、灵敏度低且信噪比低，第一次结果不太令人满意。

由于高速和高分辨力数据采集系统技术的不断进步，使得能够将电视摄像机

（起初）和 CCD 或 CMOS 相机（现在）连接到主计算机，以便采集被激光照射表面的数字图像。数据传输技术的进步使我们能够将相机直接连接到计算机（通过 IEEE – 1394、USB 或 GigE 接口）并传输数字图像，而不需要借助额外器件（如图像采集卡）对采集的图像进行数字化处理。在这一点上，由于使用数字图像以及数字处理技术，因而 ESPI 被称为 DSPI（"电子"被替换为"数字"）。因此，该技术现在被广泛地称为数字散斑图案干涉测量（DSPI）。

多年来，研究人员已经对该技术在理论方面和实验方面进行了彻底的研究，并不断进行改进。因此，现在可以认为散斑方法是实验室以及工业环境中执行测量公认的实验技术和重要工具。

5.2　散斑基本原理

惠更斯原理指出，"行进中的波前的每个点都作为球面次级子波的光源，子波的包络面随后变成新的传播波前"[12]。

当表面被来自激光器的相干光照射时，可以认为该表面上的每个点就像是遵循惠更斯原理的小光源，如图 5.1 所示。此外，空间中每个点光场的大小将由来自表面上的每个散射点的所有小波的复相干叠加确定。如果激光入射在光学粗糙表面上（即高度变化大于光的波长 λ），则其将在所有方向上散射。散射波将形成由空间随机分布的暗点和亮点组成的干涉图案，这种称为散斑分布的随机光分布可以在图 5.2 中看到。当激光透射通过"光学粗糙的"漫射器时，可以产生相同的效果，其中光学粗糙意味着漫射器的厚度变化大于 λ。

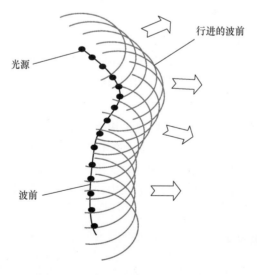

图 5.1　惠更斯原理：每个点都可视为行进的子波的光源

图 5.2　典型的模拟散斑分布

　　散斑图案的每个点的随机振幅值由一组被叠加的随机相位的向量来描述，产生具有随机振幅的最终向量。这就是文献中已知的随机游走问题。幅度的值从零到由单个幅度的大小和相位确定的最大值。随着观察点移动，最终的幅度和强度将具有不同的值。

注释 5.2

　　除了古德曼的著作[1]之外，还有其他很好的著作，读者可以参考文献［13 - 15］中列出的关于散斑统计和相量复合叠加的更多信息。其中，J. C. Dainty 编辑的著作是最广泛引用的来源，而在 P. K. Rastogi 编辑的著作中由 M. H. Lehmann 撰写的那一章中发现的处理方法[15]是应用于 DSPI 散斑性质的极好参考资料。

　　可以对散斑分布进行分类，这取决于用于观察它们的光学结构。第一类被称为客观散斑（Objective Speckle），对应于在对物体表面前面的三维空间中自由传播场中的散斑。如果通过使用诸如带有成像透镜的相机或人眼之类的图像装置来捕获图像，那么散斑将被呈现在图像平面中，并且它们将被称为主观散斑（Subjective Speckles）。

5.2.1　客观散斑分布

　　为了找出散斑尺寸的一个具有代表性的值，可以借助于图 5.3 执行几何计算。图 5.3 显示了在横截面为 $l_0 \times l_0$ 的区域上被激光照射的粗糙面。点 P_1 和 P_2 属

于该表面的边界。从点 P_1 和 P_2 到 $Q(x, y)$ 的光程差可以表示为

$$s = P_1Q - P_2Q \approx \frac{xl_0}{z} + \frac{1}{2}\frac{l_0^2}{z} \tag{5.1}$$

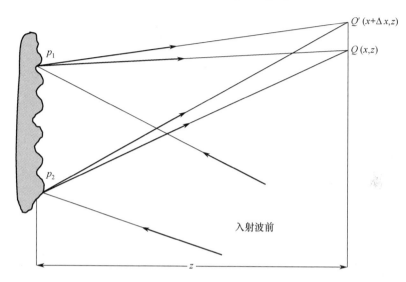

图 5.3 客观散斑分布的光学装置

采用同样的方法，邻近点 $Q'(x + \Delta x, y)$ 的光程差可以描述为

$$P_1Q' - P_2Q' \approx \frac{xl_0}{z} + \frac{1}{2}\frac{l_0^2}{z} + \frac{\Delta xl_0}{z} \tag{5.2}$$

因此，Q 和 Q' 之间的相对光程差可表示为

$$\Delta s = \frac{\Delta xl_0}{z} \tag{5.3}$$

对于 $\Delta s < \lambda$ 的点，各分量的相对相位将近似具有相同的值。另一方面，如果 $\Delta s = \Delta xl_0/z \approx \lambda$，那么相对相位将完全不同，并且点 Q' 中的强度将不与点 Q 中的强度相关。因此，平均散斑大小 d_{sp} 将表示为

$$d_{sp} = \lambda z/l_0 \tag{5.4}$$

根据式（5.4）可以看出，散斑大小取决于照射区域的大小以及散射光聚集的屏幕与物体之间的距离。此外，散斑尺寸不依赖于用于观察它的光学系统。因此，这种散斑被称为客观斑点。

5.2.2 主观散斑分布

图 5.4 给出了通过由透镜和圆孔构成的光学系统对散射面进行成像的情形。因此，属于被照射表面的点 P_1 在图像平面上成像，形成以点 Q（艾里斑）为中心的强度分布。如针对客观散斑所示，来自点 P_1 的光具有与散射表面的粗糙度

相关的随机相位。点 Q 接收来自位于点 P_1 附近的其他点的光贡献。因此，具有随机相位的一组艾里分布将在 Q 处叠加。采用相同的方式，现在可以考虑新的点 P_2（图 5.4），其中衍射图案以点 Q' 为中心。读者可以看到，对于这个特定的点，艾里分布的第一最小强度值将与点 Q 一致。因此，点 P_2 将不照亮点 Q。另外，远离点 P_1 放置的点也不会对点 Q 的照明有贡献，这是因为次级最大强度值显著低于中心最大值，从而产生较低的贡献。

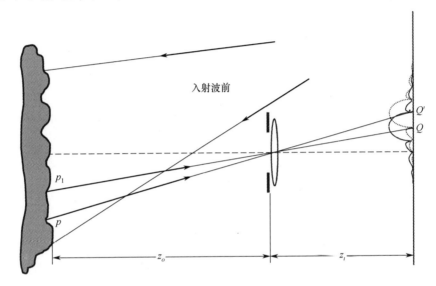

图 5.4 主观散斑分布的光学结构

其结果就是，点 Q 处的光强度由来自以点 P_1 为中心的被照明物体的圆形区域的贡献给出，其半径等于点 P_1 和 P_2 之间的距离。平均散斑尺寸 d_{sp} 对应于艾里斑的半径：

$$d_{sp} = 1.22 \frac{\lambda z_i}{b} \tag{5.5}$$

式中：z_i 为孔径和像平面之间的距离；b 为孔径的直径。

距离 $P_1 P_2$ 是位于被照射表面上在点 Q 处散射光的散射元件的半径，其值由下式给出：

$$(d_{sp})_{obj} = 1.22 \frac{\lambda z_o}{b} \tag{5.6}$$

式中：z_0 为从物体到孔径的距离。该区域被称为光学系统的分辨单元，并且对应于被照射物体上的散斑颗粒。

若光学系统的放大率为 M_g 并且焦距为 F，则可以推导出以下关系：

$$z_i = (1 + M_g)F \tag{5.7}$$

$$z_o = \frac{z_i}{M_g} = \frac{1 + M_g}{M_g} F \tag{5.8}$$

考虑 $F_b = F/b$ 作为光学系统的数值孔径，散斑的尺寸可以写为

$$d_{sp} = 1.22 \lambda F_b (1 + M_g) \tag{5.9}$$

最后，被照射物体上的散斑的尺寸可以表示为

$$(d_{sp})_{obj} = 1.22 \frac{\lambda F_b (1 + M_g)}{M_g} \tag{5.10}$$

因此，小的主观散斑与大的透镜孔径有关。换句话说，透镜孔径越大，获得的主观散斑越小。当看到散斑图案时缩小眼睛孔径，这很容易得到验证。

注释 5.3

对一阶统计量的深度分析使得我们能够获得散射波前的复振幅、相位和强度以及散斑大小的概率分布的表达式。文献 [1]，[16] 给出了这些概率分布的表达式。另外，二阶统计量描述点与相邻点之间的强度变化，使得能够通过相关函数[1,15,17,18]估计平均散斑大小以及其在空间中的分布。因此，通过使用二阶统计量获得式 (5.5)。

读者将在下文中看到，散斑混叠或欠采样使得测量的散斑相位图变差，从而降低了所获得的信噪比。为了避免这些影响，应当计算散斑尺寸，并且应当选择适当的像素尺寸，使其可由散斑颗粒完全记录。换句话说，散斑大小应该与像素大小相同。以下练习显示了实际情况：相机传感器可用于散斑干涉测量，并且用户应该知道它是否适合于该应用或选择适当的相机传感器。

练习 5.1

使用像素尺寸为 $4.4\mu m$ 的 CCD 相机作为传感器装置来采集被照射表面的图像。该相机与焦距为 16mm 的商业成像系统进行组合。相机分辨力为 130 万像素（1280 像素 ×960 像素），并且要成像的物体区域的直径为 25mm。这个传感器能否解析红色激光（$\lambda = 638.2$nm）产生的散斑颗粒？

解：

由于 CCD 传感器的像素尺寸为 4.4mm，可以看到图像尺寸为 5.632×4.224mm（$1280 \times 4.4\mu m = 5.632$mm 和 $960 \times 4.4\mu m = 4.224$mm）。由于物体的尺寸为 25mm，为了对整个物体进行成像，将考虑小尺寸 CCD。因此，放大率将为 4.224mm/25mm = 0.1689。通过运用式 (5.9) 并考虑常用的数值孔径 8，散斑尺寸为

$$d_{sp} = 1.22 \times 0.6328\mu m \times 8 \times (1 + 0.1689) = 7.22\mu m \tag{5.11}$$

因此，可以看到散斑颗粒将被欠采样，这是因为它的尺寸大于像素。因此，

在放大率固定的情况下，应当使用另一台具有较大像素尺寸的相机。

练习 5.2

用波长为 532nm 的激光源照射物体。若满足以下条件，则确定物体和相机的 CCD 之间的距离：①不使用透镜对物体成像；②照射面积为 10mm；③散斑将只有一个像素大小；④像素尺寸为 3.8μm。

解：

在这种情况下获得的散斑为客观散斑，这是因为散斑被投影到没有透镜的传感器上。另外，散斑应该适合一个像素，具有以下直径 $d_{sp} = 3.8\mu m$。因此，光源的波长将为

$$z = \frac{d_{sp}l_0}{\lambda} = \frac{3.8\mu m \cdot 10mm}{0.532\mu m} = 71.42mm \tag{5.12}$$

练习 5.3

对于以下条件，求散斑尺寸：①物距为 100mm；②孔径和像平面之间的距离为 50mm；③数值孔径为 8；④激光为绿色（532nm）。定义像素大小以使按像素解析至少一个散斑。

解：

光学系统的放大率为 $M_g = z_i/z_o = 50mm/100mm = 0.5$。因此，散斑大小为

$$dsp = 1.22\lambda F_b(1 + M_g) = 1.22 \cdot 0.532\mu m \cdot 8 \cdot (1 + 0.5) = 7.788\mu m \tag{5.13}$$

选中的相机的散斑尺寸约为 7.8μm。

5.3　散斑干涉测量

前文中曾经提及，可通过以下方式确定性地改变散斑分布：①散射面上产生的位移；②照明和观察几何结构的变化；③光源的波长变化或光传输介质的折射率变化[1]。

应用近轴光线（Paraxial Ray）近似表明，漫射器表面上的区域（对观察平面上的散斑分布有贡献）与观察点或者与光学系统的轴线形成一个小的角度。在这种情况下，观察平面的每个点 P 中的散斑分布的光学相位就可以按照下述方式表示为光源的光所行进的光学路径的函数（图5.5）：

$$\varphi = \varphi_s + \psi = \varphi_s + \psi_i + k_i \cdot (r - r_i) + k_o \cdot (r_o - r) \tag{5.14}$$

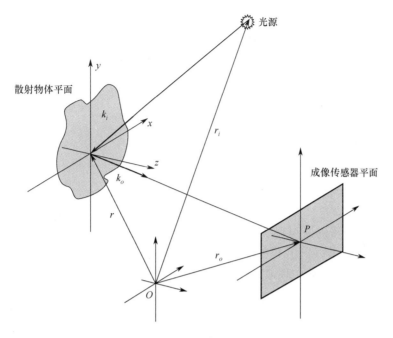

图 5.5　散斑相位灵敏度几何结构

　　散斑相位由随机分量 φ_s 和确定分量 ψ 组成。散斑分布的每个点的 φ_s 的大小取决于沿着对该点处的散斑有贡献的区域的散射表面的粗糙度。

注释 5.4

　　确定性部分包括：①初始光学相位 ψ_i（在光源的输出处）；②沿着光源和散射面之间的路径产生的相位的变化（$k_i \cdot (r - r_i)$）；③沿着漫射器和观察点之间的路径发生的相位变化（$k_o \cdot (r - r_o)$）。为了简单起见，在式（5.14）中省略了折射率，但重要的是强调该折射率的变化也将对相位变化有影响。向量 r 是位置向量，由于近轴假设，对于漫射器上的所有的点它是恒定的。另外，r_i 表示入射波前的曲率中心，r_o 是观察点的位置向量，k_i 和 k_o 分别是对应于照明和观察方向的波传播向量。

$$k_i = \frac{2\pi}{\lambda}\hat{n}_i \quad k_o = \frac{2\pi}{\lambda}\hat{n}_o \tag{5.15}$$

式中：$\hat{n}_o$ 和 $\hat{n}_i$ 为单位向量。

　　灵敏度向量定义如下（图 5.6）：

$$k = k_i - k_o \tag{5.16}$$

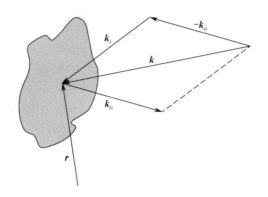

图 5.6　灵敏度矢量的确定

该矢量表示漫射器在观察平面上的点 P 处产生最大相位变化的方向。

式（5.14）可以采用下列方式重写：

$$\varphi = \varphi_s + \psi_i + k_o \cdot r_o - k_i \cdot r_i + (k_i - k_o) \cdot r \qquad (5.17)$$

$$\varphi = \varphi_s + \psi' + k \cdot r \qquad (5.18)$$

$$\psi' = \psi_i + k_o \cdot r_o - k_i \cdot r_i \qquad (5.19)$$

当漫射器移位或照明和观察方向改变时，散斑分布的相位经历变化，其可以表示为

$$\Delta\varphi = \Delta\varphi_s + \Delta\psi' + \Delta(k \cdot r) \qquad (5.20)$$

其中，最后一项可以写为

$$\Delta(k \cdot r) = \big[(k + \Delta k) \cdot (r + \Delta r)\big] - (k \cdot r) = \Delta k \cdot r + k \cdot \Delta r + \Delta k \cdot \Delta r \qquad (5.21)$$

按照这种方式：

$$\Delta\varphi = \Delta\varphi_s + \Delta\psi' + \Delta k \cdot r + k \cdot \Delta r + \Delta k \cdot \Delta r \qquad (5.22)$$

和

$$\Delta\psi' = \Delta\psi_i + \Delta(k_o \cdot r_o) - \Delta(k_i \cdot r_i) \qquad (5.23)$$

项 $k \cdot \Delta r$ 表示由漫射器的移动产生的光学相位的增量。另外，$\Delta\psi' + \Delta k \cdot r$ 由照明和观察方向的几何形状、波长、折射率和光源的初始相位的变化产生。最后，$\Delta k \cdot \Delta r$ 表示组合效应和两个参数的变化。如果与散射面的粗糙度相关的微结构保持相对不变，则随机分量 φ_s 将是恒定不变的。因此，其变化将为零（$\Delta\varphi_s = 0$）。此外，相位分布中的所有变化将仅由确定性分量产生。此外，对于大多数情况，漫射器移动不会改变灵敏度向量。因此，$\Delta k \cdot \Delta r$ 的变化是可以忽略的并且进行以下简化：

$$\Delta\varphi \approx \Delta\psi = \Delta\psi' + \Delta k \cdot r + k \cdot \Delta r \qquad (5.24)$$

式（5.24）可用于描述所有几何形状和工作条件，并且它使我们能够基于散斑分布对所有干涉测量技术进行建模。例如，实验被设计为取消式（5.24）中除

含 Δr 的项之外的所有项，以便仅测量位移场。这是在照明和观察方向以及折射率保持恒定时实现的。结果，散斑的相位变化将仅反映沿灵敏度矢量方向的漫射器位移。

$$\Delta\varphi \approx \Delta\psi = \boldsymbol{k} \cdot \Delta\boldsymbol{r} \tag{5.25}$$

当在漫射器中引入小的位移时，散斑的强度分布保持不变。然而，散斑的相位分布发生变化，可以通过用来自相同光源并具有相同偏振方向的参考光束干涉原始散斑分布来表示。参考光束可以是均匀的或有散斑的光束。

文献［12］表明，在干涉具有强度 I_1 和 I_2 的两个光束之后的合成光束的强度可写为

$$I = I_1 + I_2 + 2\sqrt{I_1 I_2}\cos(\varphi_1 - \phi_2) \tag{5.26}$$

式中：φ_1 和 φ_2 为干涉波前的相位。

注意，I、I_1、I_2、φ_1 和 φ_2 是位置 $\boldsymbol{r}$（x，y，z）和时间 t 的函数。方程（5.26）可以表示为[19]

$$I = I_0(1 + V\cos\phi) \tag{5.27}$$

其中，平均强度 I_0（又被称为背景强度）为

$$I_0 = I_1 + I_2 \tag{5.28}$$

条纹可见度或强度 V 表示为

$$V = \frac{2\sqrt{I_1 I_2}}{I_1 + I_2} \tag{5.29}$$

两个干涉光束之间的相对相位计算如下：

$$\phi = \varphi_1 - \varphi_2 \tag{5.30}$$

先前的方程对于经典干涉测量以及具有散斑分布的干涉测量均有效。对于最后一种情况，式（5.27）是对光学相位变化敏感的随机分布，其被称为散斑干涉图或散斑图。

当干涉光场为散斑分布时，干涉图的统计特性类似于原始分布。由于两个波前的叠加产生的强度的增加，因此应当包括缩放因子[1,20,21]。另外，当散斑分布与均匀光场干涉时，统计特性与原始分布不同。具体说来就是对比度降低并且平均散斑尺寸增大[1]。

式（5.27）中的相位携带关于干涉仪的配置的信息。不管漫射器的位移，每个光束的灵敏度矢量的变化、光的波长的变化或折射率的变化将产生相对相位 ϕ 的变化。

为了概括使用两个散斑分布或一个散斑分布和均匀波前作为参考光束的技术，可以通过使用式（5.18）和式（5.30）来表示散斑的相对相位：

$$\phi = \varphi_s + \psi_r + \psi_o \tag{5.31}$$

其中

$$\varphi_s = (\varphi_{s1} - \varphi_{s2}) \tag{5.32}$$

$$\psi_r = (\psi'_1 - \psi'_2) \tag{5.33}$$

$$\psi_o = (\boldsymbol{k}_1 \cdot \boldsymbol{r}_1 - \boldsymbol{k}_2 \cdot \boldsymbol{r}_2) \tag{5.34}$$

标记为 φ_s 的相位属于干涉相位的随机分量，并且贡献了散斑噪声。对于粗糙度超过光的波长的表面，φ_s 在间隔（π，$-\pi$）中具有空间分布[1]。这种噪声使干涉图表现出颗粒特性。通过改变两个光束的初始相位，或者通过改变光束的行进距离或照明和观察路径的方向（见式（5.19）），有意地引入相位 ψ_r。物体相位 ψ_o 取决于干涉光束的灵敏度矢量和散射表面的瞬时配置（在空间中的位置）。ψ_o 项提供了可用于计算漫射器的变形的有用信息。

通常，式（5.31）中的项是观察平面中的坐标 x（x，y）和时间 t 的函数。然而，为了考虑两个简化的假设，设计了实验干涉仪。第一种认为散斑分布在采集期间既不是去相关的，在测量期间也没有沿着横向方向发生显著偏移。因此，φ_s、I_0 和 V 可以被认为是与时间无关的。第二个假设考虑了照明和观察方向对于整个干涉图是相同的。这样一来，$\boldsymbol{k}_1$、$\boldsymbol{k}_2$ 和 ψ_r 仅是时间相关的参数。换句话说，入射到漫射器上的光束（以及观察光束）经过准直[16]。实际上，准直光束意味着使用大型光学器件，这些通常是非常昂贵的设备。因此，发散光束通常与远离物体放置的扩展透镜一起使用，使得曲率半径尽可能大。考虑这些因素：

$$\phi(x,t) = \varphi_s(x) + \psi_r(t) + \psi_o(x,t) \tag{5.35}$$

和

$$\psi_o(x,t) = \boldsymbol{k}_1(t) \cdot \boldsymbol{r}_1(x,t) - \boldsymbol{k}_2(t) \cdot \boldsymbol{r}_2(x,t) \tag{5.36}$$

同样，基于式（5.27），对应于物体特定状态的散斑干涉图的强度如下所示：

$$I(x,t) = I_0(x)\{1 + V(x)\cos[\varphi_s(x) + \psi_r(t) + \psi_o(x,t)]\} \tag{5.37}$$

对于散斑干涉测量（以及任何其他干涉测量技术），光束之间的相位差的变化可用来测量漫射器中发生的位移。在这种情况下，相位差的变化为

$$\Delta\varphi = \Delta\varphi_s + \Delta\psi_r + \Delta\psi_o \tag{5.38}$$

如果散斑在两次采集之间并非去相关（$\Delta\varphi_s = 0$），并且故意引入的参考相位差 $\Delta\psi_r$ 是已知的，则式（5.37）中的强度的变化将仅仅展现物体相位 $\Delta\psi_o$ 的变化。从式（5.24）可以看出，如果灵敏度矢量保持不变，相位变化只与散射面的位移 $\Delta\boldsymbol{r}$ 有关。

为了将物体相位 ψ_o 与相位差 ϕ 分离，需要比较物体的两个不同状态。读者应该注意到，在没有散斑去相关情况下，在两个状态之间在漫射器中引入位移场。结果就是，$\Delta\varphi_s$ 变为零。

下面将引导读者了解用于编码两个物体阶段之间的光学相位差 $\Delta\psi_o$ 变化的不同方法。式（5.37）描述了观察对象特定状态的散斑分布的强度分布。考虑：

$$I_1(x,t_1) = I_0\left\{1 + V(x)\cos\left[\phi(x,t_1)\right]\right\} \tag{5.39}$$

和

$$I_2(x,t_2) = I_0\left\{1 + V(x)\cos\left[\phi(x,t_2)\right]\right\} \tag{5.40}$$

分别作为物体变形之前和之后所对应的观察状态的强度分布，其中：

$$\phi(x,t_1) = \varphi_1 - \varphi_2 \quad \varphi(x,t_2) = \varphi_1 + \Delta\varphi - \varphi_2 \tag{5.41}$$

式中：$\Delta\varphi$ 为由漫射器的位移而产生的物体光束中散斑的相位变化。

如果计算 $I_{12} = \left[I_1 - I_2\right]^2$，则考虑以下三角恒等式：

$$\cos(a) - \cos(b) = 2\sin\left(\frac{a+b}{2}\right)\sin\left(\frac{b-a}{2}\right) \tag{5.42}$$

$$\sin^2(a) = \frac{1}{2} - \frac{1}{2}\cos(2a) \tag{5.43}$$

因此，I_{12} 可以写为

$$I_{12} = I_{0f}\left[1 + V_f\cos(\Delta\phi)\right] \tag{5.44}$$

和

$$\Delta\phi = \phi(x,t_1) - \phi(x,t_2) \tag{5.45}$$

$$I_{0f} = I_0^2 V^2\left\{1 - \cos\left[\phi(x,t_1) + \phi(x,t_2)\right]\right\}, \quad V_f = -1 \tag{5.46}$$

式中：$\Delta\phi$ 为由散斑和物体光束之间的相位变化产生的相位差。

考虑式（5.29），式（5.44）可以表示为

$$I_{12} = I_{0f}\left[1 + V_f\cos(\Delta\psi_o - \Delta\psi_r)\right] \tag{5.47}$$

式中：I_{0f} 项中呈现的随机相位 φ_s 导致 I_{12} 的粒状特性，并且具有高空间频率的分量；余弦项产生低频调制条纹并对 t_1 和 t_2 之间的相位差进行编码，如果参考光束的相位是已知的，则该项将仅取决于由变形产生的物体光束的变化。

因此，散斑图的相减使得我们能够对物体相位中的强度变化进行编码。这种强度调制被称为相关条纹（Correlation Fringe）。重要的是强调式（5.27）和式（5.44）之间的对应关系，它们分别描述了散斑的强度分布和相关条纹。在第一种情况下，可见度和强度与散斑有关，而在第二种情况下，它们与相关条纹有关。

注释 5.5

读者应该看到相关条纹可解释为沿着灵敏度方向具有相等位移的点之间的链接。那些 $\Delta\psi_o = 2n\pi$（其中 $n = 0, 1, 2, \cdots$）的点具有相同的散斑分布，并且强度 I_{12} 将等于零，导致暗条纹。另外，那些 $\Delta\psi_o = (2n-1)\pi$ 的点具有亮条纹。在实践中，$|I_1 - I_2|$ 比 $\left[I_1 - I_2\right]^2$ 更容易计算，并且还获得具有与由式（5.47）表示的稍微不同的形式的分布，但是主要包含高阶谐波。由于基于相关条纹的

相位估计涉及一个用来消除这些项的减噪步骤，因此相位 $\Delta\psi_o$ 是等效的。

总结这一部分，应该提到的是，相关条纹的直接可视化对于几个问题的定性分析已经足够。然而，通常还希望获得 $\Delta\phi$ 的量化值。将在 5.4 节中针对这种情况进行讨论。

5.4　散斑干涉测量的相位恢复

在使用 DSPI 的系统中可以分离为两个部分：①由干涉仪组成的光学部分；②采集干涉图并生成相关条纹的电子部分。为了定量估计相位分布，对这些条纹进行数值处理，如图 5.7 所示。该图显示了干涉图的生成和分析中涉及的两个步骤。第一阶段称为采集步骤。在向物体引入扰动之前和之后分别采集干涉图。因此，需要处理两个散斑分布 $I_1(x,t_1)$ 和 $I_2(x,t_2)$，以便获得由扰动产生的相位差。

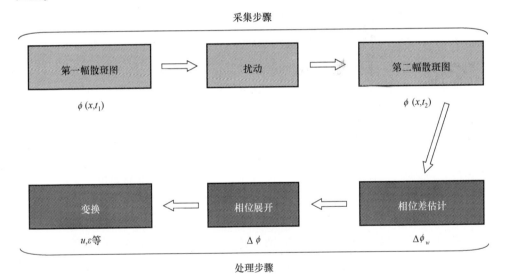

图 5.7　散斑干涉图分析所需的步骤

下一阶段称为处理步骤，其使得能够分析和处理获取的干涉图。该阶段可以分成两个部分：①估计相位差 $\Delta\phi$；②将相位值转换为描述扰动的物理参数（如应力、应变、位移）。

在 5.3 节中，显示相关条纹具有以下强度分布：

$$\begin{aligned} I_{12}(x,t) &= I_{0f}(x,t)\{1 + V_f(x,t)\cos[\Delta\phi(x,t)]\} \\ &= I_{0f}(x,t) + I_M(x,t)\cos[\Delta\phi(x,t)] \end{aligned} \tag{5.48}$$

式中：I_{0f}为平均强度；V_f为条纹可见度；I_M为调制强度；$\Delta\phi$ 为相位差的变化。

为了从式（5.48）提取 $\Delta\phi$ 的值，其反演是必要的。由于余弦函数是周期为 2π 的偶函数：

$$\cos\Delta\phi = \cos(\text{sig}\Delta\phi + 2\pi q) \quad \text{sig} \in \{-1,1\} \quad q \in Z \quad (5.49)$$

仅根据一个 I_{12} 分布计算的相位将导致无法确定符号（sig）及 2π 的整数（q）倍。

如今使用数码相机来采集干涉图。这些相机通常生成 8 位图像（256 灰度级，其中 0 是黑色，255 是白色）。还有 10 位和 12 位相机，使得我们能够处理低调制信号。采用 $N_n \times N_m$ 像素的传感器对干涉图 N_t 进行数字化，给出离散的三维强度分布 $I(n, m, t)$，其中 $n = 0, 1, 2, \cdots, N_{n-1}$，$m = 0, 1, 2, \cdots, N_{m-1}$，并且 $t = 0, 1, 2, \cdots, N_{t-1}$。因此，式（5.48）可写为

$$I(n,m,t) = I_0(n,m,t)\left[1 + V(n,m,t)\cos\phi(n,m,t)\right] \quad (5.50)$$

离散图像（n，m，t）的无量纲坐标与图像平面的维度和连续坐标（x，t）相关，其中 $x = x$，y 通过使用关系 $x = ndx$ $y = mdy$ $t = tdt$，其中 dx 和 dy 是 x 和 y 方向上相邻像素之间的距离，dt 是连续记录之间的时间间隔。

5.4.1 运用傅里叶变换进行相位估计

傅里叶变换估计方法可以归类为一种空间方法，这是因为仅在一幅干涉图中同时获取相位计算所需的数据[16,22,23]。在该方法中，将谐波函数的线性组合拟合到测得的相关条纹对应的强度分布 $I_{12}(x, t)$。通过选择带通滤波器，在傅里叶空间中定义组合谐波函数的空间频率。

如果引入具有空间频率 $f_c(f_{cn}, f_{cm})$ 的线性载波函数，那么式（5.50）将具有以下表达式：

$$I = I_0\left\{1 + V\cos\left[\phi + 2\pi(f_{cn}n + f_{cm}m)\right]\right\} \quad (5.51)$$

注释 5.6

由于引入了相邻像素之间的相位的连续变化，因此该方法可以归类为空间相移技术。在实践中，通过在两次曝光之间将参考光束或照明光束倾斜以引入空间载波。然而，这种方法对于具有时间载波的信号同样有效[24]，并且已经报道了几种应用[25-28]。

复可见度 V_c 定义如下：

$$V_c(n,m) = \frac{1}{2}V(n,m)\exp\left[i\phi(n,m)\right] \quad (5.52)$$

式（5.51）可以按照如下形式重新书写：

$$I = I_0 \left\{ 1 + V_c \exp \left[2\pi (f_{cn} n + f_{cm} m) \right] + V_c^* \exp \left[2\pi (f_{cn} n + f_{cm} m) \right] \right\} \quad (5.53)$$

式中：$*$ 表示复共轭。

通过 FFT 算法[29]应用离散二维傅里叶变换，由式（5.53）得

$$\tilde{I} = \tilde{I}_0 \otimes \left[\delta(f_n, f_m) + \tilde{V}_c(f_n - f_{cn}, f_m - f_{cm}) + \tilde{V}_c^*(f_n + f_{cn}, f_m + f_{cm}) \right]$$

$$= \tilde{I}_0 \otimes \delta(f_n, f_m) + \tilde{I}_0 \otimes \tilde{V}_c(f_n - f_{cn}, f_m - f_{cm}) + \tilde{I}_0 \otimes \tilde{V}_c^*(f_n + f_{cn}, f_m + f_{cm})$$

$$(5.54)$$

式中：$\otimes$ 表示卷积；$\sim$ 表示傅里叶变换；δ 为狄拉克 delta 函数；(f_n, f_m) 为空间频率。

为了清楚起见，省略了对数量 $\tilde{I}$、$\tilde{I}_0$ 和 δ 的显式 (f_n, f_m) 依赖。

如果载波频率 f_c 高于 I_0、V 和 ϕ 的空间变化，那么空间频谱的 3 个分量被很好地分离。因此，项 $\tilde{I}_0 \otimes \tilde{V}_c$ 可以由带通滤波器分离。所得到的频谱 $\tilde{I}'$ 将为

$$\tilde{I}' = \tilde{I}_0 \otimes \tilde{V}_c(f_n - f_{cn}, f_m - f_{cm}) \quad (5.55)$$

运用逆傅里叶变换：

$$I'(n, m) = I_0(n, m) V_c(n, m) \exp \left[2\pi i (f_{cn} n + f_{cm} m) \right]$$

$$= \frac{1}{2} I_0(n, m) V(n, m) \exp \left[i \phi(n, m) + 2\pi (f_{cn} n + f_{cm} m) \right] \quad (5.56)$$

$I'(n, m)$ 的相位为

$$\phi(n, m) + 2\pi (f_{cn} n + f_{cm} m) = \tan^{-1} \left[\frac{\mathrm{Im} \left\{ I'(n, m) \right\}}{\mathrm{Re} \left\{ I'(n, m) \right\}} \right] \quad (5.57)$$

其值位于 $-\pi$ 与 $+\pi$ 之间。图 5.8 给出了使用一维傅里叶变换进行相位估计的示例。

式（5.57）中由载波频率贡献的线性相位斜坡可以通过使用 f_c 的估计值或已知值从空间域中去除[30]。可以在频域中执行等效的过程[22]：在计算逆变换之前，将滤波变换的尖峰 I 移到原点。

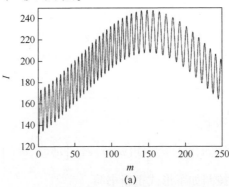

(a)

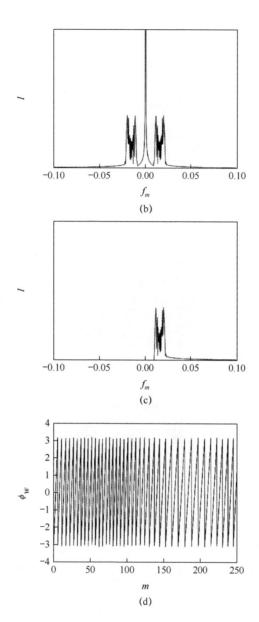

图 5.8　使用一维傅里叶变换进行相位估计（图片来源于 G. E. Galizzi）

（a）通过高斯变形与线性空间载波组合所产生的强度分布；（b）从（a）计算出的信号频谱；

（c）图（b）所示频谱在应用带通滤波器之后；（d）最终相位（2π 模数）。

　　作为示例，图 5.9（a）给出了一组圆形的相关条纹，图 5.9（b）给出了这些条纹与线性载波的组合，图 5.9（c）给出了在应用前述等式和载波消减之后的相位分布。

(a)

(b)

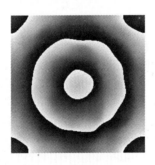

(c)

图 5.9 傅里叶变换相位估计（图片来源于 G. E. Galizzi）

(a) 变形产生的相关条纹；(b) 相同条纹与线性载波的组合；(c) 在去除载频后计算的相位。

注释 5.7

傅里叶方法对几个误差源较为敏感。尤其是以下几个方面：

(1) 由采样频率的较低值产生的混叠；

(2) 由物体的物理边缘产生的泄漏，其导致不连续的条纹；

(3) 滤波不足；

(4) 散斑噪声。

5.4.2 利用相移作为相位估计量化工具

读者可以看到，如果项 $I(n, m, t)$、$V(n, m, t)$ 和 $\phi(n, m, t)$ 在 n 和 m 中快速变化，而随时间 t 缓慢变化，那么能够使用时间相移（通常在物体光束中引入）。

注释 5.8

该条件意味着，在连续干涉图之间的时间间隔期间，分数级变化 $\delta I_o/I_o$、$\delta V/V$ 和 $\delta\phi/2\pi$ 小于单位值。

这样，以相对相移 α_t 获取有限数量的干涉图 N_t。因此，式（5.50）可以重写如下：

$$I(n,m,t) = I_0(n,m)\left\{ 1 + V(n,m)\cos\left[\phi(n,m) + \alpha_t\right] \right\} \qquad (5.58)$$

该方法包含针对每个像素的独立数据分析。为此，在以下等式中将省略对像素坐标 (n, m) 的依赖。

目前，相位计算的算法有多种，它们使用 3 幅或更多幅相移图像。对于所有情况，利用 N_t 干涉图在确定点处的强度来获得该点处的相位值。因此，这些方法也称为局部方法。

这些算法中的一些较为常见的类型使用 α_t 的已知值，对于每幅干涉图中的所有点，这些值均相等[31,32]。根据式（5.58），存在 3 个未知数 (I_0, V, ϕ)，并且需要至少 3 次测量以确定相位值。最简单的情况之一被称为 4 帧算法，即相移 $\alpha_t = \pi/2$ 的 4 幅图像的情况。通过将 $t = 0，1，2，3$ 代入式（5.58），获得下面的方程组[19,33]：

$$\begin{cases} I(0) = I_0 + I_M\cos\phi \\ I(1) = I_0 + I_M\cos(\phi + \pi/2) = I_0 - I_M\sin\phi \\ I(2) = I_0 + I_M\cos(\phi + \pi) = I_0 - I_M\cos\phi \\ I(3) = I_0 + I_M\cos(\phi + 3\pi/2) = I_0 + I_M\sin\phi \end{cases} \qquad (5.59)$$

通过重写这组公式，可以获得 I_M 和 ϕ_w 的值如下：

$$\phi_w = \tan^{-1}\left[\frac{I(3) - I(1)}{I(0) - I(2)}\right],$$

$$I_M = \frac{\sqrt{\left[I(3) - I(1)\right]^2 + \left[I(0) - I(2)\right]^2}}{2} \qquad (5.60)$$

五帧算法由 Schwider 等[34]提出，作为四帧算法的改进，它不易受校准误差的影响。在该算法中，获取相移 $\alpha_t = \pi/2$ 的五幅干涉图，并且可以如下计算相位和调制：

$$\phi_w = \tan^{-1}\left\{\frac{2\left[I(3) - I(1)\right]}{I(4) + I(0) - 2I(2)}\right\},$$

$$I_M = \frac{\sqrt{4\left[I(3) - I(1)\right]^2 + \left[I(4) + I(0) - 2I(2)\right]^2}}{4}$$

(5.61)

Carré 介绍了一种替代方法，以避免移相器的校准误差[35]。这种方法认为 α_t 是另一个未知数。如果连续图像之间的相移全部相等，那么式（5.58）将具有 4 个未知数。如果选择相移为 $\alpha_t = \alpha(2t - 3)/2t = 0$，1，2，3，相位差可以计算为[19]

$$\phi_w + \frac{3\alpha}{2} = \tan^{-1}$$

$$\left[\frac{s\sqrt{\left[I(0) - I(3) + I(1) - I(2)\right]\left\{3\left[I(1) - I(2)\right] - I(0) + I(3)\right\}}}{I(1) + I(2) - I(0) - I(3)}\right]$$

(5.62)

式中：$s = \text{sign}\left[I(1) - I(2)\right]$。

sign 函数为 4 个象限引入相位值的正确符号。在计算相位差值之后，项 $3\alpha/2$ 消失，并且它是通过选择载波起点产生的。

包裹相位（根据式（5.60）~式（5.62）计算得到）具有初始随机相位 $\phi(n,m,0) = \varphi_s(n,m,0) - \psi_r(n,m,0) + \psi_o(n,m,0)$。在 t_1 和 t_2 处记录的相位分布之间的差异允许消除 φ_s 和 Ψ_r。如果既不存在散斑去相关 $\left[\phi_s(n,m,t_1) = \phi_s(n,m,t_2)\right]$，也不存在干涉仪的设置变化 $\left[\psi_r(n,m,t_1) = \psi_r(n,m,t_2)\right]$，那么该条件为真。因此，由漫射器的变形所产生的相位分布可以表示为

$$\Delta\phi_{ww}(n,m,t_1,t_2) = \phi_w(n,m,t_2) - \phi_w(n,m,t_1)$$

(5.63)

由于 ϕ_w 值位于 $-\pi$ 和 π 之间，相位 $\Delta\phi_{ww}$ 位于区间 $\left[-2\pi, 2\pi\right]$ 中。为了正确地显示相位，通过使用包裹运算符（Wrapping Operator）$\gamma(\phi) = \phi - 2\pi\text{NINT}(\phi/2\pi)$ 将其包裹在范围 $\left[-\pi, \pi\right]$ 内，其中 NINT 表示四舍五入取整。因此，产生 2π 模的相位差：

$$\Delta\phi_w(n,m,t_1,t_2) = Y\left[\Delta\phi_{ww}(n,m,t_1,t_2)\right]$$

(5.64)

注释 5.9

这种方法称为相位差（Difference of Phases）。还有另一种称为差异相位（Phase of Differences）的替代方法，它基于相关条纹的形成。在该方法中，在变形之前采集一幅图像，并且在变形后采集 N_t 幅图像（反之亦然）。从 N_t 幅图像中减去初始图像，并且获得一组 N_t 个相移相关条纹。此后，它们经过滤波并且可以

通过标准相移算法进行分析。对于动态应用，这种技术具备一定优势，这是因为可以在瞬态事件期间采集唯一的图像，并且可以在物体静止时获取 N_t 幅图像。这种方法的主要缺点是计算相位图的质量[19,36]被降低了。

练习 5.4

对于相移为 $\alpha_t = \pi/2$ 的五帧算法，按照 $\phi_w = \tan^{-1}\left\{\dfrac{2\left[I(3) - I(1)\right]}{I(4) + I(0) - 2I(2)}\right\}$ 计算相位，起始值为 $\alpha_t = -\pi$。如果起点是 $\alpha_t = 0$，那么相位公式为式（6.59），还是 $\phi_w = \tan^{-1}\left\{\dfrac{7\left[I(3) - I(1)\right]}{4I(0) - I(1) - 6I(2) - I(3) + 4I(4)}\right\}$？请证明。

解：

应当针对每种情况做出类似于式（5.59）中所示的公式系统。对于 $\alpha_t = -\pi$ 的情况，公式系统应为

$$\begin{cases} I(0) = I_0 + I_M\cos(\phi - \pi) \\ I(1) = I_0 + I_M\cos(\phi - \pi/2) \\ I(2) = I_0 + I_M\cos(\phi + 0) \\ I(3) = I_0 + I_M\cos(\phi + \pi) \\ I(4) = I_0 + I_M\cos(\phi + \pi/2) \end{cases} \tag{5.65}$$

对于 $\alpha_t = 0$ 的情况，公式系统如下：

$$\begin{cases} I(0) = I_0 + I_M\cos(\phi + 0) \\ I(1) = I_0 + I_M\cos(\phi + \pi/2) \\ I(2) = I_0 + I_M\cos(\phi + \pi) \\ I(3) = I_0 + I_M\cos(\phi + 3\pi/2) \\ I(4) = I_0 + I_M\cos(\phi + 2\pi) \end{cases} \tag{5.66}$$

在解答后，读者会看到这两个公式是不同的，它们依赖于起点。

5.5　相位展开处理

在式（5.57）、式（5.60）～式（5.62）中使用的反正切函数是多值的，并且产生介于 $-\pi$ 和 $+\pi$ 之间的相位值。为此，为了解决具有连续相位分布的跳跃问题，需要额外的计算来将正确的整数倍 2π 添加到每个像素值。这个额外的过程如图 5.10 所示，称为相位展开。文献［37］可认为是关于相位展开方面的最

重要的著作，是一本很好的参考书。

为了正确地展开给定的相位分布，必须根据香农抽样定理对原始相位图进行正确的采样[38]。如果沿时间轴的连续样本满足该要求，则可以将每个像素处的相位（加上 2π 的倍数）展开为时间的函数，如图 5.10 所示。这个过程称为时间相位展开[39-42]。很清楚，对于这种情况，对于每个图像中的相邻像素也将满足抽样定理，从而允许空间相位展开。对于相位差 $\Delta\phi_w(n,m,t_1,t_2)$ 而言，由于在时间 t_1 和 t_2 发生的变化，因此对于时间轴，它违反抽样定理。然而，对于空间情况，该相位差满足抽样定理，因此允许空间相位展开。

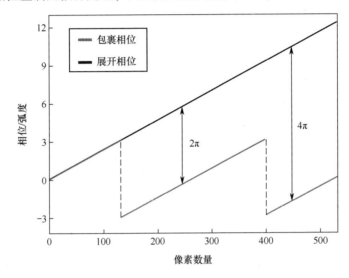

图 5.10 展开相位和包裹相位，显示相位展开过程

最简单的相位展开方法遵循图 5.10 所示的原理：沿着扫描整幅图像的路径，添加 2π 的倍数来求相位积分[37]。对于无噪声和正确采样的相位，展开的光相位与积分路径无关（图 5.11（a））。通过使用格林定理，可以证明，当且仅当 2π 模块中的相位梯度沿整个图像中的每个闭环的积分等于零时，路径独立性的这个条件才是有效的[37]。图 5.11（b）示出了表示 4 个相邻像素的位置的一组点（圆）。发现每个像素之间的梯度之和为 0。

另外，在实际应用中测量的相位图通常在图像的局部部分具有相位不连续性（参见图 5.12（a））。这些不连续性由局部散斑噪声、散斑的局部去相关、全局特征的欠采样（诸如试件的边缘或小孔）或裂纹产生。对于图 5.12（a）所示的情况，发现除了分别围绕点 1 和点 2 的两个回路 L_1 和 L_2 之外，沿着闭合回路的梯度之和在所有像素处均为零。对于这些环路，如果遵循不同的路径，相位展开过程产生不同的相位值。因此，如果算法沿着路径 P_1 或 P_2 从点 A 移动到点 B，则展开的相位值将不同（图 5.12（b））。换句话说，相位展开问题具有路径依赖性。点 1 和点 2 是图像中出现的孤立点，并且它们被称为不一致性（Inconsistency）、残差（Residue）或不连续性（Discontinuity）源。不一致性具有正值和负值，而且在被称为偶极子（Dipole）的结构中它们还会一同出现。文献［19］给出了能够识别不连续性的偶极子和过程的更详细的解释。

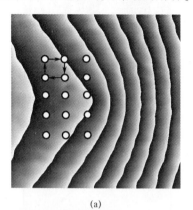

(a)

(b)

图 5.11　（a）无噪声包裹相位，（b）展开相位（图片来自于 G. E. Galizzi）

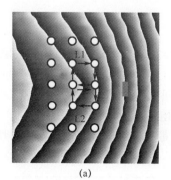

(a)

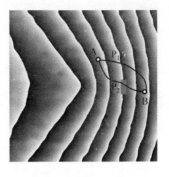

(b)

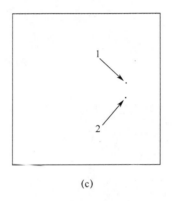

(c)

图 5.12　（a）显示相位故障附近的闭环的包裹相位，（b）使用两条不同的路径进行相位
展开，（c）在图（a）中的包裹相位中发现的不一致性（图片来源于 G. E. Galizzi）

目前，开发的几乎所有相位展开算法可以划分为以下两大类别：①选择单条
展开路径的算法；②通过全局优化选择计算的展开相位的算法[19]。基于放置枝
切（Branch Cuts）作为展开障碍（Unwrapping Barriers）的算法属于前者。而对
于后一组算法，最小二乘展开是一种众所周知的适当方法。

注释 5.10

在考察枝切算法时，会发现一个有趣和独特的现象：枝切算法是由卫星雷达
干涉测量、实验力学和光学天文学领域的研究人员分别独立开发的。对于所有研
究领域，枝切法在残基之间放置障碍（称为枝切），展开过程避免跨越这些点。
由于枝切的明智选择，因此总是能够让相位图成为单值。此外，文献［43］提
出的一个统计参数表明，最可能的剪切分布是使剪切长度的平方和最小化的
分布。

最简单的方法称为最近邻法。该方法的思想是连接由最短距离分开的两个相对

残基（或一个残基和图像的边界）。为了克服最近邻方法失效的一些情形，研究人员已经提出了几种优化方法，使总剪切长度最小化。在这些方法中，文献［44］中提出的算法基于名为匈牙利算法的图论方法，可保证找到最小全局剪切长度。

Ghiglia 和 Romero 开发了一个基于 L^p 范数最小化的全局方法族[37]。主要目标是找到 $\Delta\phi(n,m)$，以使以下误差项最小化。

$$
\begin{aligned}
\varepsilon^p &= \sum_{n=0}^{N_n-2}\sum_{m=0}^{N_m-1} \left| \Delta\phi(n+1,m) - \Delta\phi(n,m) - Y[\Delta\phi_w(n+1,m) - \Delta\phi_w(n,m)] \right|^p \\
&+ \sum_{n=0}^{N_n-1}\sum_{m=0}^{N_m-2} \left| \Delta\phi(n,m+1) - \Delta\phi(n,m) - Y[\Delta\phi_w(n,m+1) - \Delta\phi_w(n,m)] \right|^p
\end{aligned}
\tag{5.67}
$$

式中：Y 为 5.4 节中定义的包裹运算符（Wrapping Operator）。

最小二乘相位展开属于 $p=2$ 的特殊情况。对于这种情况，其思想是选择 $\Delta\phi(n,m)$ 的 $N_n \times N_m$ 值，使得相邻像素之间的差异匹配（根据最小二乘法）根据测量的包裹相位计算出的对应相位差。文献［45］描述了一种采用正向和反向离散余弦变换来计算该解的高效算法。

加权因子（考虑了带有较差数据的区域）的引入显著改进了该算法。然而，计算量显著增加，因为该算法现在变成了迭代式算法。

当 $p=0$ 时发生有趣的变化。在物理上，该解对应于如下要求，即解相位梯度在尽可能多的位置上等于输入相位梯度。因此，它等效于用选择的一组能使总的枝切长度最小化的枝切进行展开。L^0 和枝切算法之间的关系在文献［37］中有详细讨论。

现今，研究人员已经开发了其他几种相位展开算法来替代前文中描述的那些方法。为了不使这一部分过于宽泛，根据作者的意见，这里只提及最早的部分方法。

5.6　实验测量的光学结构

如前所述，散斑分布的光学相位中产生的变化与：①散射面的移动；②照明和观察几何结构的变化；③光源或者光传输介质的折射率的改变确定性地相关。如果在测量期间激光的波长、折射率和干涉仪的几何形状保持恒定，那么干涉测量光学结构将能够仅测量所需检测试件上产生的位移场。在现有文献中可以找到几种光学装置，可以主要分为两类：①对面外位移敏感的干涉仪[46-54]；②对面内位移敏感的干涉仪[55-59]。另外，还有对位移导数敏感的光学装置，称为剪切干涉仪（Shearography Interferometer）[60-76]。

5.6.1　对面外位移敏感的干涉仪

图 5.13（a）给出了对面外位移敏感的散斑干涉仪的一种可能的光学装置。

用与观察方向形成小角度 γ 的准直光束照射散射面。在实际情况下，光源往往尽可能远离物体放置，以便获得接近零的角度 γ。通过分析该图，可以观察到由物体散射的散斑分布与平滑的参考光束发生干涉（$\varphi_{s2}=0$）。另外，干涉图的强度记录在位于成像平面中的相机传感器中。

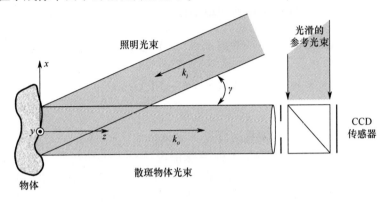

(a)

(b)

图 5.13　对面外位移敏感的光学装置

（a）侧射式照明；（b）重合式照明以及观察方向。

物体光束的相位为

$$\varphi_1 = \varphi_{s1} + \psi_1' + k \cdot r \tag{5.68}$$

由于参考光束的相位依赖于物体表面的粗糙度，因此可以表示为

$$\varphi_2 = \varphi_{s2} + \psi_2' \tag{5.69}$$

式中：$\varphi_{s2}=0$，这是因为参考光束为平滑光束。

考虑图 5.13，灵敏度公式如下：

$$k = k_i - k_o = \frac{-2\pi}{\lambda}\left[\gamma\hat{i} + (1 + \cos\gamma)\hat{k}\,\right] \tag{5.70}$$

式中：$\hat{i}$ 和 $\hat{k}$ 分别为 x 和 z 方向的单位向量；λ 为光源的波长。

使用式（5.36），物体相位可以表示为

$$\psi_o(x,t) = k \cdot r(x,t) = \left\{\frac{-2\pi}{\lambda}\left[\gamma\hat{i} + (1 + \cos\gamma)\hat{k}\,\right]\right\} \cdot r(x,t) \tag{5.71}$$

而相位变化变为

$$\Delta\psi_o(x,t) = k \cdot \Delta r(x,t) = \left\{\frac{-2\pi}{\lambda}\left[\gamma\hat{i} + (1 + \cos\gamma)\hat{k}\,\right]\right\} \cdot \Delta r(x,t) \tag{5.72}$$

根据前面的等式，读者可以看到，当达到小的 γ 值时，相位变化对沿着观察方向产生的位移非常敏感。此外，相位变化只对 xy 平面内产生的位移略微敏感（图 5.13（a））。当照射方向和观察方向平行时（图 5.13（b），$\gamma = 0$），式（5.71）和式（5.72）可以改写为

$$k = \frac{-4\pi}{\lambda}\hat{k} \Rightarrow \Delta\psi_o(x,t) = \frac{-4\pi w}{\lambda} \tag{5.73}$$

式中：w 为物体表面位移沿 z 方向的分量。

负号由物体上参考系选择产生。应当强调的是，如果散斑在两次采集（$\Delta\varphi_s = 0$）之间没有相关，并且有意引入的参考相位差 $\Delta\psi_r$ 是已知的，那么式（5.73）中的强度变化将仅显示物体相位的变化 $\Delta\psi_o$。

对于这种类型的干涉仪，当调整成像系统的光学孔径产生具有与相机传感器可分辨最大频率相对应的空间频率的主观散斑分布时，相关条纹的可见度将达到最大值。此外，文献指出物体光束和参考光束之间的强度比必须为 1.7[2]。

作为示例，图 5.14 给出了对面外位移敏感的传统 DSPI 干涉仪的实际光学结构。通过使用分光镜（BS）来分割激光。其中一个光束用透镜（L）扩展，以便照射试件表面。散射光由用作光学成像系统的另一个透镜（L）捕获。第二个光束由一组反光镜（M）引导，通过位于 CCD 传感器和透镜 L 之间的分光镜引入相机中。在该装置中放置多个反光镜的目的是在两个干涉仪臂之间获得相同的长度。压电致动器连接到其中的一个反光镜，目的是在干涉仪臂长度中引入一个偏移，并且通过使用相移技术来计算相应的相位变化。

作为示例，图 5.15（a）～（d）给出了利用类似于图 5.14 所示的光学布局测量的面外位移的连续光学相位和等高线图。试验中使用的试件（S）是沿其边缘夹紧的直径为 100mm、厚度为 2mm 的铝制圆盘。

图 5.15（a）显示了由无缺陷试件在连续加热时产生的面外位移所生成的展开相位图。图 5.15（b）以等高线图的方式给出了前面提到的位移场。如所预期的，等高线图由闭合的近似圆形曲线的图案形成。

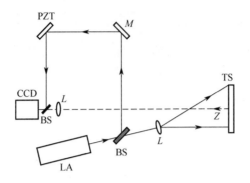

图 5.14　面外干涉仪

LA—激光光源；BS—分光器；*M*—分光器；PZT—压电致动器；*L*—透镜；CCD—相机；TS—试验的试件。

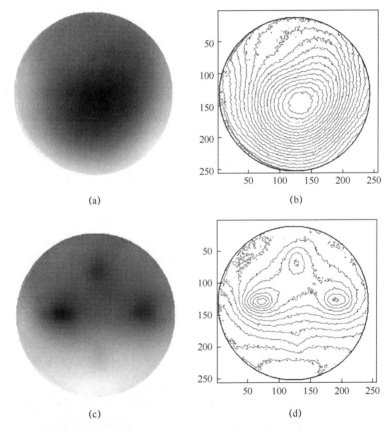

(a)　　　　　　　　　　　　(b)

(c)　　　　　　　　　　　　(d)

图 5.15　当连续加热时无缺陷试件面外位移的 (a) 展开相位图，(b) 等高线图；当连续加热
有缺陷圆盘面外位移的 (c) 展开相位图，(d) 等高线图 (源自文献 [77])

另外，图 5.15（c）和（d）给出了有缺陷圆盘在受到连续加热时所产生的位移场的展开相位和等高线图。可以注意到，位移场受到位于圆盘背面上的几个平底槽的影响。在最后那幅图像中，闭环条纹清楚地描绘了所有 3 个最深槽的位置。此外，可以观察到圆盘底部具有最低深度的那个槽附近的小扰动。

练习 5.5

增加面外干涉仪灵敏度的更合适的方法是什么？请给出证明。对于最大位移值 5μm，使用氦氖激光可测得多少条纹？

解：

根据式（5.73），在面外干涉仪中改变灵敏度的最好且唯一的方法是改变光源的波长。较小的波长将具有较大的灵敏度。

氦氖激光器具有 632.8nm 的波长，则

$$\Delta\psi_o(x,t) = \frac{-4\cdot\pi\cdot 5\mu m}{0.6328\mu m} = -99.29\text{rad} \tag{5.74}$$

由于条纹级数与 2π 相关，因此干涉仪可以大致测得 16 个条纹（15.8 个条纹）。

5.6.2　对面内位移敏感的干涉仪

用于测量面内位移的光学结构通常基于双光束照射布局，Leendertz 于 1970 年首次描述了该布局[55]。这些干涉仪通常能够测量与面内方向一致的位移分量。

图 5.16 显示了这种干涉仪的照明和观察装置。两个经过扩展且最终准直的激光束照射物体表面，与照射方向形成两个角度，即 γ_1 和 γ_2。因此，来自物体表面的两个散斑分布（其对应的灵敏度矢量 $\boldsymbol{k}_{i1}$ 和 $\boldsymbol{k}_{i2}$）在相机的成像平面干涉。这些散斑分布的光学相位可以表示为

$$\varphi_1 = \varphi_{s1} + \psi_1 + k_1\cdot r_1 \tag{5.75}$$
$$\varphi_2 = \varphi_{s2} + \psi_2 + k_2\cdot r_2 \tag{5.76}$$

考虑 $r_1 = r_2 = r$ 和式（5.36），物体相位差如下：

$$\psi_o(x,t) = (k_1 - k_2)\cdot r(x,t) = \boldsymbol{k}\cdot r(x,t) \tag{5.77}$$

式中：$\boldsymbol{k}$ 为两个光束的灵敏度矢量相减获得的灵敏度矢量。

对于 $\gamma_1 = \gamma_2 = \gamma$ 的特定情况，其垂直于观察方向（z 方向）。在这种情况下，如果照明向量在 xy 平面中，则净灵敏度为

$$k_x \frac{-4\pi}{\lambda}\sin\gamma \tag{5.78}$$

式中：k_x 为沿 x 方向的灵敏度矢量分量。

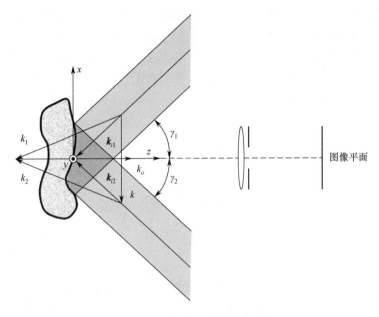

图 5.16　面内灵敏度的光学结构

通过分析该方程，读者可以看到角度 γ 的大小可以将干涉仪的灵敏度从零值（对于照射方向垂直于物体表面的情形）调整到 $-4\pi/\lambda$ 的最大极限值（对于照射方向平行于物体表面的情形）。

为了获得两个物体状态的相位差，需要把式（5.78）代入式（5.77）：

$$\Delta\psi_o(x,t) = k \cdot \Delta r(x,t) = k_x u(x,t) = \frac{-4\pi}{\lambda} u(x,t)\sin\gamma \qquad (5.79)$$

式中：u 为位移场沿 x 方向的分量。

如前所述，应当强调的是，如果在两次采集之间散斑没有去相关（$\Delta\varphi_s = 0$），并且有意引入的参考相位差 $\Delta\psi_r$ 是已知的，那么式（5.79）中的强度变化将仅显示物体相位变化 $\Delta\psi_o$。

对于这种干涉仪，当光学系统正确地分辨散射面产生的每个散斑，并且两个照明光束强度之间的比率等于 1 时，将获得减条纹（Subtraction Fringe）的最大可见度[2]。图 5.17 显示了具有对称双光束照明的常规面内数字散斑图案干涉仪的示意图。根据该图，使用两个分光器照射对象。因为物体和分光透镜之间的距离是测量区域大小的一百倍，所以可以认为灵敏度矢量在视场上的变化是可忽略的。作为示例，图 5.18（a）和（b）给出了使用这种干涉仪对具有水平方向单轴残余应力的铝盘所测得的包裹相位图和展开相位图。在材料中引入小孔可释放应力，而用这种干涉仪可测量小孔周围产生的位移场。

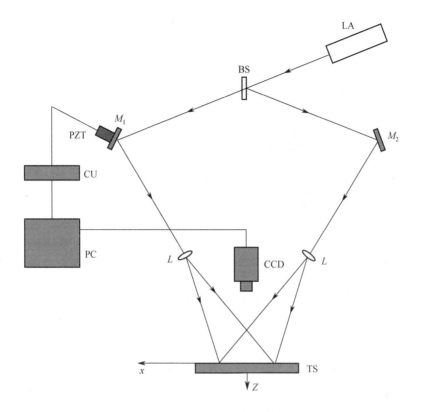

图 5.17　双光束照明干涉仪
LA—激光光源；BS—分光器；M_1、M_2—反光镜；PZT—压电致动反光镜；L—透镜；CCD—相机；
CU—控制单元；PC—计算机；TS—试验试件。

(a)

(b)

图 5.18　水平方向单轴残余应力的（a）包裹相位图，（b）展开相位图

注释 5.11

在实际的光学结构中，三维位移场常常被分成垂直于待测表面的一个分量和沿切线方向的两个分量。对于平面或光滑表面，前者被称为面外位移分量，后者被称为面内分量。对于工程应用而言，主要对面内位移更感兴趣，其主要任务是确定机械部件内部受到的应变和应力场，以估计其完整性。

因为图 5.17 所示的干涉仪只在一个方向上具有灵敏度（一维灵敏度），所以不可能同时确定两个面内分量。然而，可以借助具有二维灵敏度的干涉仪来实现这种测量。这些系统包括两个对两个正交的位移方向敏感的干涉仪，并且基于偏振鉴别方法，借助偏振分光器将激光束分成两个正交的线性偏振光束[78,79]。另外，这些系统还采用了其他方法，如基于高速开关的方法（如使用改变激光偏振的液晶显示器[80,81]）。可以发现所有这些方法都有两个缺点：①试验表面可以明显使两个双光束照明组去偏振，导致它们之间的交叉干涉；②光学装置变得更加庞大和复杂。

练习 5.6

实验者想要测量由平面物体（金属条）伸长所产生的位移场。最大预期位移量将为 2.5μm。获得至少 4 个波长为 632.8nm 的条纹的较为合适的照射角度是多少？绿色激光器将获得多少条纹？

解：

读者可以看到呈现在物体中的主位移将与其表面平行，因此，使用对面内位移敏感的干涉仪将是解决这个问题的最佳方式。当然，灵敏度方向将与伸长方向一致。考虑到最大位移将为 $2.5\mu m$（$u(x,\ t) = 2.5\mu m$），并且对于 4 个条纹，物体相位将为 $\Delta\psi_o(x,\ t) = 4\times2\pi = 8\pi$。通过使用式（5.79），读者可以看到：

$$8\pi = \frac{4\pi}{0.6328\mu m}\times2.5\mu m\times\sin\gamma \tag{5.80}$$

$$\sin\gamma = \frac{8\pi\times0.6328\mu m}{4\pi\times2.5\mu m} = 0.506\Rightarrow\gamma\approx30° \tag{5.81}$$

对于照射角度 30° 和绿色激光，最大物体相位将为

$$\Delta\psi_o = \frac{4\pi}{0.532\mu m}\times2.5\mu m\times0.5 = 9.39\pi\Rightarrow\Delta\psi_o = 4.7\ \text{条纹} \tag{5.82}$$

因此，短波长将干涉仪灵敏度提升大约 18%。

5.6.3　对径向面内位移敏感的干涉仪

图 5.19（a）显示了用于获得径向面内灵敏度的锥形反光镜的横截面[82-84]。反光镜位于试件表面附近，允许试件表面的双重照明。

图 5.19（a）还显示从准直照明光源选择的两条特定光线。每条光线被锥形反光镜面朝向试件表面上的点 P 反射，以相同的入射角到达它。照射方向由单位矢量 n_A 和 n_B 指示，而灵敏度方向由矢量 k（由两个单位矢量相减而得）给出。由于两条光线的角度相同，在点 P 处达到面内灵敏度。可以证明，对于相同的横截面以及对于试件表面上的任何其他点，仅存在一对光线在那一点处汇合。此外，在图 5.19（a）所示的横截面中，对于试件表面上的每个点，入射角总是相同的，并且相对于反光镜轴线对称。考虑单位向量，并比较图 5.16 和图 5.19（a），读者会注意到两种光学结构的相似性。因此，如果试件表面的法线平行于锥形反光镜的轴，那么 n_A 和 n_B 将具有相同的角度。因此，灵敏度矢量 k 将平行于试件表面，并且将获得面内灵敏度。前面的描述（针对特定横截面）可以延伸到锥形反光镜的任何其他横截面。如果中心点不在本分析范围之内，那么可以证明试件表面的每个点仅被一对光线照射。由于两条光线与镜轴共面，并且它们的方位对称，所以对于试件上的圆形区域，获得了完整的 360° 径向面内灵敏度。

最后，径向面内位移场 $u_r(r,\theta)$ 可以从光学相位分布计算[85]：

$$u_r(r,\theta) = \frac{\Delta\phi(r,\theta)\lambda}{4\pi\sin\gamma} \tag{5.83}$$

式中：λ 为激光的波长；γ 为照射方向和试件表面的法线方向之间的角度。

与衍射元件相比，锥形反光镜具有两个缺点：①它使用质量较高且相对昂贵的铝制锥形反光镜；②要求用作光源的激光的波长稳定，而采用紧凑和便宜的二极管激光器无法轻易达到该要求。因此，实验室外的应用变得复杂，甚至不可行。

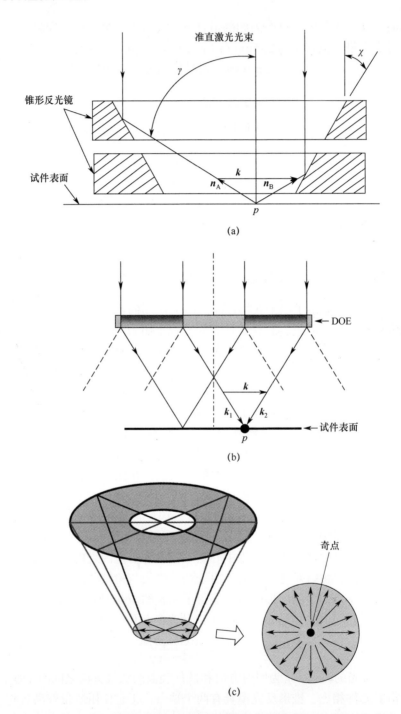

图 5.19　(a) 用于显示径向面内灵敏度的锥形反光镜的上下两部分的横截面，
　　(b) 显示径向面内灵敏度的散射光学器件的横截面，(c) 照射原理

众所周知，衍射结构能够将白光分成彩色光谱。另外，当入射光是单色时，光栅将产生一组规则间隔的光束。因此，衍射结构将用作波前光束分光和成形的光学元件。间隔光束的衍射角 ξ 由众所周知的光栅方程给出[12,86]：

$$p_r \sin\xi = m\lambda \Rightarrow \sin\xi = \frac{m\lambda}{p_r} \qquad (5.84)$$

式中：p_r 为光栅结构的周期；ξ 为 m 级的衍射角。

从式（5.84）可以清楚地看出，-1 级和 $+1$ 级与入射光线形成对称的角度。

微光刻制造领域的最新进展使得制造各种几何形状和构造的衍射光学元件（DOE）成为可能。因此，具有多种光学功能的新型灵活的光学元件系列变得可用。衍射透镜、分光镜和衍射成形光学器件仅是众多可能性中的几个例子。可以设计特殊的 DOE，以实现利用 DSPI 的径向面内灵敏度。对于这种情形，DOE 由具有二元轮廓和恒定节距 p_r 的圆形衍射光栅组成，如图 5.19（b）和（c）所示。因此，-1 和 $+1$ 衍射级的对称性将产生具有对称角的双重照明，这产生径向面内灵敏度[87,88]。与锥形反光镜相比，使用 DOE 具备一些优点：①衍射结构的制造已达到一定的成熟度，使得其比特制锥形反光镜更便宜；②干涉仪灵敏度与波长无关的激光用作光源[88]。

通过考虑式（5.84），相应的条纹方程变为

$$u_r(r,\theta) = \frac{\lambda}{2\sin\gamma} \qquad (5.85)$$

根据式（5.85），如果角度 γ 或光源的波长改变，那么该方法的灵敏度也将改变。例如，如果角度 γ 增加，则干涉仪的灵敏度也将增加。通过观察图 5.19（a），可以清楚地看出，衍射角 ξ 以及照射方向与试件表面法线（γ）之间的角度是相同的。因此，$\sin\xi = \sin\gamma$。通过将式（5.85）代入式（5.84）中，仅考虑第一衍射级（$m=1$）：

$$u_r(r,\theta) = \frac{\Delta\phi(r,\theta)\lambda}{4\pi \dfrac{\lambda}{p_r}} = \frac{\Delta\phi(r,\theta)p_r}{4\pi} \qquad (5.86)$$

同样，对应的条纹方程变为

$$u_r(r,\theta) = \frac{p_r}{2} \qquad (5.87)$$

式（5.86）和式（5.87）表明，位移场和光学相位分布现在通过 DOE 光栅周期而相关。另外，它们与激光器的波长无关。考虑随着照明光源的波长增加或减小，衍射角的正弦函数以相同的量减小或增加（式（5.85）），可以理解这种特殊和有趣的效果。由于在式（5.83）中 λ 除以 $\sin\gamma$，它们之间的比率将保持恒定。

练习 5.7

使用具有 660nm 波长的准直二极管激光照射光栅周期为 1.32μm 的衍射光学元件（参见图 5.19（b））。对于另一种情况，相同的光学装置使用波长为 532nm 的绿色激光器。这两种情况的灵敏度是多少？是否相同？照射角度是多少？

解：

根据式（5.84），第一衍射级的衍射角为

$$\begin{cases} \sin\xi_{\text{red}} = \dfrac{m\lambda}{p_r} = \dfrac{1 \times 0.660\mu m}{1.32\mu m} = 0.5 \Rightarrow \xi_{\text{red}} = 30° \\[3mm] \sin\xi_{\text{green}} = \dfrac{1 \times 0.532\mu m}{1.32\mu m} = 0.40 \Rightarrow \xi_{\text{green}} = 23.76° \end{cases} \quad (5.88)$$

因此，绿色激光器将以一个较小的角度照射试件表面。但是，对于图 5.20（a）或（b），灵敏度如下（使用式（5.83））：

$$\begin{cases} u_{r(\text{red})}(r,\theta,t) = \dfrac{\psi_o(r,\theta,t)\lambda_{\text{red}}}{4\pi\sin\gamma_{\text{red}}} = \dfrac{\psi_o(r,\theta,t) \times 0.660\mu m}{4\pi\sin(30°)} = 0.10504 \times \psi_o(r,\theta,t) \\[3mm] u_{r(\text{green})}(r\theta,t) = \dfrac{\psi_o(r,\theta,t)\lambda_{\text{green}}}{4\pi\sin\gamma_{\text{green}}} = \dfrac{\psi_o(r,\theta,t) \times 0.532\mu m}{4\pi\sin(23.76°)} = 0.10507 \times \psi_o(r,\theta,t) \end{cases}$$

$$(5.89)$$

根据前面的计算，读者可以看出，与预期的一样，两台干涉仪的灵敏度是一样的。

在图 5.20（a）中可以看到用于集成衍射光学元件的光学布局。来自小型二极管激光器（L）的光由平面凹透镜（E）扩展。然后，它通过 45°反光镜 M_1 的椭圆孔，照射反光镜 M_2 和 M_3，然后被反射回反光镜 M_1。之后，扩展的激光朝向准直透镜（CL），以获得平面波前。最后，光被 DOE 朝向试件表面衍射（主要在第一衍射级）。残留的非衍射光或来自较高衍射级的光并不会造成问题，这是因为它们并不朝向试件表面上的中心测量区域。

注释 5.12

位于 M_1 处的椭圆孔的功能之一是让来自激光光源的光照射反光镜 M_2 和 M_3。另外，该孔具有另外一些功能，即：①防止激光直接到达试件表面（即三重照明）；②为 CCD 相机提供观察窗口。

反光镜 M_2 和 M_3 是两个特殊的圆形反光镜。前者连接到压电致动器（PZT），后者具有一个直径略大于 M_2 直径的圆孔。镜面 M_3 是固定的，而 M_2 是可移动的。

PZT 致动器使反光镜 M_2 沿其轴向移动，从而在由 M_2（中心光束）反射的光束和由 M_3（外部光束）反射的光束之间产生相对相位差。两个波束之间的边界在图 5.20（a）中用虚线表示。在该图中，可以看到，照明区域上的每个点从 M_2 接收一条光线，从 M_3 接收另一条光线。因此，PZT 使得能够引入相移，以便通过相移算法来计算光学相位分布。

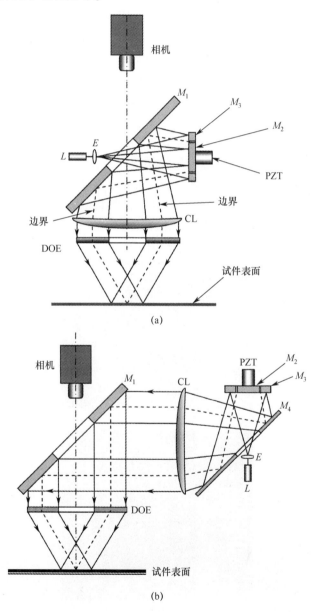

图 5.20   （a）采用 DOE 的径向面内干涉仪的光学布局，（b）另一种紧凑的光学结构

光的强度在试件表面的整个圆形照射区域上并非恒定不变，并且在中心点处特别高，这是因为它接收来自所有截面光线的贡献。因此，在圆形测量区域的中心部分处可看见非常亮的光斑，使得条纹质量变得模糊。为此，计算反光镜 M_2 的离群点直径和 M_3 处的中心孔的直径，以便获得约 1.0mm 的间隙，从而使得能够阻挡被反射到测量区域的中心的光线。

图 5.20（a）的光学布局测量直径约为 10mm 的圆形区域。对于一些应用，越小的照射区域对于测量越有趣和高效。因此，DOE 应该尽可能小，而反光镜 M_1 的圆孔也应该更小。因此，该反光镜的制造变得复杂，这是因为其直径显著减小，因此应当在垂直轴（沿着观察方向）上形成额外的圆孔。为了克服这个实际问题，可以开发离轴光学结构，如图 5.20（b）所示[89]。

图 5.21（a）和（b）分别给出了基于图 5.20（a）和（b）的光学布局构建的径向面内干涉仪的两张照片。图 5.21（a）所示的干涉仪通过结合 DSPI 与钻孔技术[90]来测量残余应力。右边的黑色模块是干涉仪，左边的较小模块是钻孔模块。它们可以通过旋转黑色圆盘互换。另外，图 5.21（b）显示了一个干涉仪，用于测量作为光学应变计的机械应力[89]。测量区域的直径约为 5mm。因此，离轴光学结构更适合于器件的实现。最后，图 5.22（a）和（b）分别给出了残余应力场和机械应力场的两幅测量差异相位图。

(a)

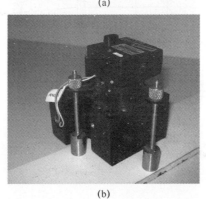

(b)

图 5.21　针对（a）残余应力场和（b）机械应力场的径向面内干涉仪

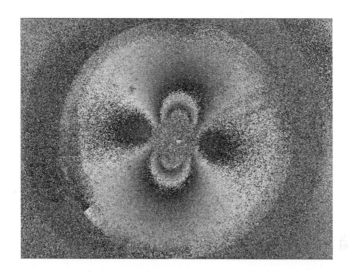

(a)

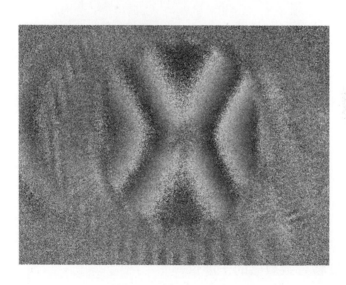

(b)

图 5.22　针对（a）残余应力场和（b）机械应力场测得的差异相位图

　　总结本节，图 5.23 显示了实验室外的径向面内干涉仪的应用。在本应用中，图 5.21（a）中所示的装置的先前模块化版本用于测量在工作条件下的气体管线中的残余应力。紧凑的结构提供足够的鲁棒性，允许在恶劣和不利的大气条件下进行测量[91]。

(a)

(b)

图 5.23　在实验室外进行的残余应力测量

5.6.4　对位移导数敏感的干涉仪

　　数字散斑剪切干涉测量（也称为剪切术）用于测量变形物体的表面中发生的位移导数。为了实现这一点，在成像系统中引入剪切装置，在 CCD 相机上产生物体的两个叠加图像。结果，物体要么被复制，要么物体上的点通过确定的横向偏移（被称为剪切）而发生移位。

　　剪切效应可以采用不同的方式产生。图 5.24 显示了一种使用具有非常小角度的楔形的可能解决方案。来自点 P 的光线（在图中以连续线绘制）通过位于图像平面上的透镜的下部聚焦在点 P'。上部分的分析显示楔形使来自 P（虚线）

的光线发生略微的倾斜，并将它们聚焦在位置 P''（原始位置 P'）处的图像平面上。因此，在图像平面上可看见点 P 的具有恒定垂直偏移的双图像。

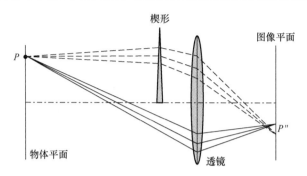

图 5.24　通过引入楔形而获得的剪切效应

换句话说，图像平面中的每个单独点接收位于物体表面上的两个不同点散射的光。图 5.25 显示了这种效应，其中来自 P_1 和 P_2 的光在图像平面上的同一点 $P' = P''$ 汇合。如果物体的粗糙表面被相干光照射，那么可在图像平面上看见散斑。两个横向偏移的散斑图案的叠加将在图像平面上产生干涉散斑图案，其中只要 P_1 和 P_2 之间的相位差保持稳定，其相位差也将保持稳定。

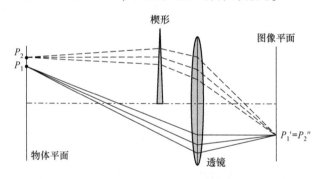

图 5.25　来自点 P_1 和 P_2 的光线之间的干涉

图 5.24 所示的光学结构非常紧凑和坚固，这是因为它只有非移动可调节部件。然而，该结构产生固定的剪切量，并且仅存在于一个方向上，这是因为垂直偏移与楔形的角度直接相关。图 5.26 给出了更加灵活和功能更强的光学结构。它包括两个反光镜和传统迈克尔逊光学结构中的分光镜立方体[60-62]。该物体由具有入射角 γ 的准直光照射。散射光被分光镜部分偏转，照射平面镜 M_1（光线由实线表示）。然后，光线被该反光镜反射向成像系统，在点 P 处聚焦在 CCD 传感器上。另外，通过分光镜的光线（由虚线表示）照射平面镜 M_2。这些光线被反射回该反射镜，并且在偏转到分光镜中之后，它们在 CCD 传感器上的点 P'' 处成像。通过倾斜反光镜 M_2，点 P' 从 P'' 横向偏移 δx。反射镜 M_2 的倾斜量控制图

像的横向剪切的大小以及点 P' 和 P'' 之间的距离。图 5.26 中所示的倾斜产生垂直剪切。这些点的水平移动通过围绕垂直轴旋转镜 M_2 来实现。

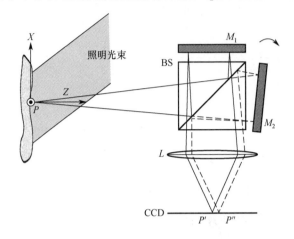

图 5.26 通过倾斜平面镜产生可变的剪切效应

另外，图 5.26 所示的光学装置非常方便用来在两个干涉散斑之间产生相移。镜 M_1 可以以平行方式轻微地上下移动，从而少量改变干涉的光线之间的相对相位差。这可以容易地通过将上平面镜连接到微转换器（例如压电转换器）来实现。

注释 5. 13

在对图 5.26 进行深入分析之后，可以看到光学装置的视角被迈克尔逊光学结构限制到大约 28°。为了克服这个限制，修改迈克尔逊干涉仪（通过引入 4f 系统），将视角增加到大约 57°，允许测量更大的面积[64]。另一种用于剪切术的光学装置使用衍射光栅代替用作衍射光学分光镜的分光镜立方体。在这种干涉仪中，通过光栅的面内平移产生相移[36,65]。其他研究人员使用其他不同的剪切装置，即玻璃楔形、菲涅尔二棱镜、Wollaston 棱镜和带有平行面的玻璃板。一种新颖的方法使用液晶空间光调制器（SLM）的双折射性质作为剪切元件。因此，该光学结构不具有用于产生剪切的移动机械部件。因而该光学结构是鲁棒和可靠的，这是因为它同时具有灵活性、高精度和高可再现性[92,93]。

注释 5. 14

现在，几种基于 DSPI 的商业干涉仪可用于非破坏性应用。Dantec Dynamics 是一家全球领先的测量系统供应商。该公司商业化光学系统，其完整的三维分析可用于测量机械部件中存在的应变和应力场。商业名称是 Q – 300（公司称为

"三维 ESPI 系统")。为了研究 MEMS 和电子部件的热膨胀，名为 Q‑300 TCT 的系统将 DSPI 与加热装置结合起来，以评估材料的热膨胀系数以及部件的热应力。Optonor 公司有 VibroMap 1000。该设备基于 DSPI，可以测量表面振动和静态偏转。

　　另外，剪切术是非破坏性评价中最广泛使用的装置，特别是在航空和航天工业中。几本书和章节深入了解这种技术在过去 20 年的发展[94‑97]。如今，有几家公司拥有商业剪切系统，并将航空、航天和汽车行业作为其主要应用领域。例如，Dantec Dynamics 制造用于非破坏性测试（NDT）的 Q‑800 便携式剪切系统，以及名为 Q‑810 的便携式版本。同样，Steinbichler Optotechnik GmbH 也将名为 ISISmobile 3000 的便携式剪切仪进行商业化。根据公司网站，测量系统的一些主要特性有：①灵活地用于各种任务；②易于调节；③单人操作；④客户特定的用户界面；⑤实时数据显示；⑥以通用文件格式以及网络进行数据导出。挪威 Optonor 的 SNT 4045 是一种紧凑型剪切系统，与动态激发（使用振动激发）结合起来用于 NDT。SNT 4040 是一个具有非常高分辨力的系统，使用真空和静态激励。另一个非常有名的公司是 ISI‑sys，它也商业化光学设备的 NDT 和应变测量。由 ISI‑sys 开发的剪切系统采用振动激励通过压电晶片机装载物体，该压电晶片放置在待测量的表面上。最后，Laser Technology Inc.（LTI）将可用作便携式设备以及生产在线检测的多个系统（2100、5000、6000 和 9000 系列）商业化。此外，LTI 还为测试或生产应用提供检测服务。

　　最后，由 Karl Stetson 引入和开发的名为电子全息术的技术可以被认为是使用激光源作为非破坏性评估工具的光学技术的应用的先驱。今天，Karl Stetson Associates, LLC 将 K100/HOL 光学头实现商业化，这使得可以识别实时测量中的结合缺陷。此外，其他重要的光学器件供应商使用这个原理来执行 NDT 评估。其中，LTI 制造了用于识别和检测脱粘的 DH‑8000 全息检测站。

5.7　小　结

　　散斑效应是激光光源的相干光和粗糙表面的微观几何结构之间迭代的结果。通过使用干涉测量技术，可以确定性地将散斑特性与所研究试件表面上产生的位移场相关。

　　数字散斑图案干涉测量（DSPI）与诸如高检测速度、数字处理、数据分析处理自动化和非接触性质的光学方法相比具有共同的优点。此外，DSPI 足以用于评估实际部件，而无需进一步准备要分析的表面。因此，DSPI 适合于大规模测量，例如可以在工业应用中找到其应用。

传统的干涉仪受大气条件和振动的影响。由于这些原因，它们适用于具有温度和湿度控制以及被动隔振和主动隔振的实验室。另一方面，干涉仪装置可内置在便携式设备中以便在实验室外部应用。为了实现这一点，干涉仪需要满足一些要求。干涉仪需要：①鲁棒；②柔性；③紧凑；④稳定；⑤用户友好；⑥协作。作为示例，衍射光学元件（DOE）为赋予鲁棒性和紧凑性的光学测量系统带来新的概念设计特征和性质。对于对位移敏感的干涉仪，DOE 可以用作分光镜，使其不受激光光源波长的影响，并能够使用廉价的二极管激光器而不需要波长稳定。对于剪切术，DOE 可用于构造具有抗振动鲁棒性的紧凑装置。

由于所有这些原因，DSPI 目前越来越多地出现在研究组和实验室外的不同领域，主要用作检查工具。在世界各地可以发现几种商业系统，包括数字散斑干涉仪和主要可以解决几种问题的剪切干涉仪。可以预料到 DSPI 会面临着新的挑战，而这将确保 DSPI 成为具有广泛和全面应用领域的最新技术。

5.8 致 谢

作者非常感谢 Gustavo E. Galizzi 教授在撰写文本中使用的一些图片时所提供的帮助，以及与 Gordon Craggs 博士在文字写作方面进行了多次富有成效的讨论，并就一些特殊词语提供了帮助。

参 考 文 献

［1］Goodman, J. W., *Speckle Phenomena in Optics：Theory and Applications*, Roberts and Company publishers, 2006.

［2］Jones, R., and K. Wykes, *Holographic and Speckle Interferometry*, 2nd ed. Cambridge University Press, 1989.

［3］Françon, M., *La Granularité Laser (Speckle)*, 2nd ed., Masson, 1978.

［4］Stetson, K. A., and W. R. Brohinsky, "Eletrooptic holography and its application to hologram interferometry," *Applied Optics*, Vol. 24, No. 21, 1985, pp. 3631–3637.

［5］Goodman, J. W., "Statistical properties of laser speckle patterns," In *Laser Speckle and Related Phenomena*, pp. 9–75, J. C. Dainty, (ed.), Springer Verlag, 1984.

［6］Ennos, A. E., "Speckle interferometry," In *Laser Speckle and Related Phenomena*, pp. 203–253, J. C. Dainty, (ed.), Springer Verlag, 1975.

［7］Butters, J. N., and J. A. Leendertz, "Holographic and video techniques applied to engineering measurement," *Journal of Measurement and Control*, Vol. 4, No. 12, 1971 pp. 349–354.

［8］Macovski, A., D. Ramsey, and L. F. Schaefer, "Time lapse interferometry and contouring using television systems," *Applied Optics*, Vol. 10, No. 12, 1971, pp. 2722–2727.

［9］O. Schwomma. Austrian Patent No. 298830, 1972.

[10] Stetson, K. A. , "A new design for the laser image – speckle interferometer," *Optics and Laser Technology*, Vol. 2, No. 4, 1970, pp. 179 – 181.

[11] Stetson, K. A. , "Miscellaneus topics in speckle metrology," In *Speckle Metrology*, pp. 292 – 302, R. K. Erf (ed.), Academic, 1978.

[12] Hetch, E. , *Optics*, 4th ed. , Addison Wesley, 2002.

[13] Dainty, J. C. , *Laser Speckle and Related Phenomena*, 2nd ed. Springer Verlag, 1984.

[14] Zel'dvich, B. Y. , A. V. Mamaev, and V. V. Shkunov, *Speckle – Wave Interaction in Application to Holography and Nonlinear Optics*, CRC Press, Inc. , 1995.

[15] Lehmann, M. , "Speckle statistics in the context of digital speckle interferometry." In *Digital Speckle Pattern Interferometry and Related Techniques*, pp. 60 – 139, P. K. Rastogi, (ed.), Wiley and Sons, 2001.

[16] Kreis, T. , *Holographic Interferometry*: *Principles and Methods*, Wiley – VCH. , 1996.

[17] Middleton, D. , *An Introduction to Statistical Communication Theory*, New York: McGraw – Hill, 1960.

[18] Papoulis, A. , *Probability*, *Random Variables and Stochastic Processes*, New York: McGraw – Hill, 1965.

[19] Huntley, J. M. , "Automated analysis of speckle interferograms." In *Digital Speckle Pattern Interferometry and Related Techniques*, pp. 1 – 18, P. K. Rastogi, (ed.), Wiley and Sons, 2001.

[20] Løberg, O. J. , and G. A. Slettemoen. "Basic Electronic Speckle Pattern Interferometry." *Applied Optics and Optical Engineering*, pp 455 – 504. Shannon, R. , and J. C. Wyant (eds.), Academic Press, 1987.

[21] Sirohi, R. S. , *Speckle Metrology*, Marcel Dekker, 1993.

[22] Takeda, M. , H. Ina, and S. Kobayashi, "Fourier – transform method of fringe – pattern analysis for computer – based topography and interferometry," *Journal of the Optical Society of America*, Vol. 72, No. 1, 1982, pp. 156 – 160.

[23] Roddier, F. , and C. Roddier, "Imaging with a multi – mirror telescope," *Proceeding of the ESO Conference on Optical Telescopes of the Future*, E. Pacini, W. Richter and R. N. Nilson, (eds.), pp 359 – 370, 1978.

[24] Suetmatsu, M. , and M. Takeda, "Wavelength – shift interferometry for distance measurements using the Fourier – transform technique for fringe analysis," *Applied Optics*, Vol. 30, No. 28, 1991, pp. 4046 – 4055.

[25] Takeda, M. , and H. Yamamoto, "Fourier – transform speckle profilometry—three dimensional shape measurements of diffuse objects with large height steps and/or spatially isolated surface," *Applied Optics*, Vol. 33, No. 34, 1994, pp. 7829 – 7837.

[26] Joenathan, C. , B. Franze, P. Haible, and H. J. Tiziani, "Large in – plane displacement measurement in dual – beam speckle interferometry using temporal phase measurement," *Journal of Modern Optics*, Vol. 45, No. 9, 1998, pp. 1975 – 1984.

[27] Joenathan C. , B. Franze, P. Haible, and H. J. Tiziani, "Shape measurement by use of tempo-

ral Fourier transformation in dual – beam illumination speckle interferometry," *Applied Optics*, Vol. 37, No. 16, 1998, pp. 3385 – 3390.

[28] Joenathan C. , B. Franze, P. Haible, and H. J. Tiziani, "Speckle interferometry with temporal phase evaluation for measuring large – object deformation," *Applied Optics*, Vol. 37, No. 13, 1998, pp. 2608 – 2614.

[29] Brigham, E. O. *The Fast Fourier Transform*, Prentice Hall, 1974.

[30] Preater, R. W. T. , and R. C. Swain, "Fourier transform fringe analysis of electronic speckle pattern interferometry fringes from high – speed rotating components," *Optical Engineering*, Vol. 33, No. 4, 1994, pp. 1271 – 1279.

[31] Creath, K. ,"Temporal Phase Measurement Methods." In *Interferogram Analysis: Digital Fringe Pattern Measurement Techniques*, pp. 94 – 140, Robinson, D. W. , and G. T. Reid, (eds.), Institute of Physics Publishing, Bristol, 1993.

[32] Wyant, J. C. , "Interferometric optical metrology: basic principles and new systems," *Laser Focus*, Vol. 18, No. 5, 1982, pp. 65 – 71.

[33] Kreis, T. , *Handbook of Holographic Interferometry: Optical and Digital Methods*, Wiley – VCH, 2005.

[34] Schwider, J. , K. E. Burow, J. Grzanna, R. Spolaszyk, and K. Merkel, "Digital wave – front measuring interferometry – some systematic error sources," *Applied Optics*, Vol. 22, No. 21, 1983, pp. 3421 – 3432.

[35] Carré, P. , "Installation et utilisation du comparateur photoélectrique et interférentiel du Bureau International des Poids et Mesures," *Metrologia*, Vol. 2, 1966, pp. 13 – 23.

[36] Gundlach, A. , J. M. Huntley, B. Manske, and J. Schwider, "Speckle shearing interferometry using a diffractive optical beamsplitter," *Optical Engineering*, Vol. 36, No. 5, 1997, pp. 1488 – 1493.

[37] Ghiglia, D. C. , and M. D. Pritt, *Two – Dimensional Phase Unwrapping*, John Wiley and Sons, 1998.

[38] Shannon, C. E. , "Communication in the Presence of Noise," *Proceedings of the IEEE*, Vol. 86, No. 2, 1998, pp. 447 – 457.

[39] Huntley, J. M. , G. H. Kaufmann, and D. Kerr, "Phase – shifted dynamic speckle pattern interferometry at 1 kHz," *Applied Optics*, Vol. 38, No. 31, 1999, pp. 6556 – 6563.

[40] Huntley, J. M. , and H. O Saldner, "Temporal phase – unwrapping algorithm for automated interferogram analysis," *Applied Optics*, Vol. 32, No. 17, 1993, pp. 3047 – 3052.

[41] Saldner, H. O. , and J. M. Huntley, "Profilometry using temporal phase unwrapping and a spatial light modulator – based fringe projector," *Optical Engineering*, Vol. 36, No. 2, 1997, pp. 610 – 615.

[42] Saldner, H. O. , and J. M. Huntley, "Temporal phase unwrapping: application to surface profiling of discontinuous objects," *Applied Optics*, Vol. 36, No. 13, 1997, pp. 2770 – 2775.

[43] Huntley, J. M,. and J. R. , Buckland, "Characterization of sources of 2π phase discontinuity in speckle interferograms," *Journal of the Optical Society of America*, Vol. 12, No. 9, 1995,

pp. 1990 – 1996.

[44] Buckland, J. R., J. M. Huntley, and S. R. E. Turner, "Unwrapping noisy phase maps by use of a minimum – cost – matching algorithm," *Applied Optics*, Vol. 34, No. 23, 1995, pp. 5100 – 5108.

[45] Ghiglia, D. C., and L. A. Romero, "Robust two – dimensional weighted and unweighted phase unwrapping that uses fast transforms and iterative methods," *Journal of the Optical Society of America A*, Vol. 11, No. 1, 1994, pp. 107 – 117.

[46] Wykes, C., "Use of electronic speckle pattern interferometry (ESPI) in the measurement of static and dynamic surface displacements," *Optical Engineering*, Vol. 21, No. 3, 1982, pp. 400 – 406.

[47] Slettemoen, G. A., "Electronic speckle pattern interferometry based on a speckle reference beam," *Applied Optics*, Vol. 19, No. 4, 1980, pp. 616 – 613.

[48] Joenathan, C., and B. M. Khorana, "Quasi – equal path electronic speckle pattern interferometric system," *Applied Optics*, Vol. 32, No. 29, 1993, pp. 5724 – 5726.

[49] Virdee, M. S., D. C. Williams, J. E. Banyard, and N. S. Nassar, "A simplified system for digital speckle interferometry," *Optics and Lasers Technology*, Vol. 22, No. 5, 1990, pp. 311 – 315.

[50] Joenathan, C., and R. Torroba, "Modified electronic speckle pattern interferometry employing and off – axis reference beam," *Applied Optics*, Vol. 30, No. 10, 1991, pp. 1169 – 1172.

[51] Kato, J., I. Yamaguchi, and P. Qi, "Automatic deformation analysis by a TV speckle interferometer using a laser diode," *Applied Optics*, Vol. 32, No. 1, 1993, pp. 77 – 83.

[52] Wykes, C., and F. Flanagan, "The use of a diode laser in an ESPI system," *Optics and Lasers Technology*, Vol. 19, No. 1, 1987, pp. 37 – 39.

[53] Arizaga, R., H. Rabal, and M. Trivi, "Simultaneous multiple – viewpoint processing in digital speckle pattern interferometry," *Applied Optics*, Vol. 33, No. 20, 1994, pp. 4369 – 4372.

[54] Paoletti, D., G. Schirripa Spagnolo, M. Facchini, and P. Zanetta, "Artwork diagnostics with fiber – optic digital speckle pattern interferometry," *Applied Optics*, Vol. 32, No. 31, 1993, pp. 6236 – 6241.

[55] Leendertz, J. A., "Interferometric displacement measurement on scattering surfaces utilizing speckle effect," *Journal of Physics E: Scientific Instruments*. Vol. 3, No. 3, 1970, pp. 214 – 218.

[56] Viotti, M. R., and G. H. Kaufmann, "Accuracy and sensitivity of a hole drilling and digital speckle pattern interferometry combined technique to measure residual stresses," *Optics and Lasers in Engineering*, Vol. 41, No. 2, 2004, pp 297 – 305.

[57] Viotti, M. R., A. E. Dolinko, G. E. Galizzi, and G. H. Kaufmann, "A portable digital speckle pattern interferometry device to measure residual stresses using the hole drilling technique," *Optics and Lasers in Engineering*, Vol. 44, No. 10, 2006, pp. 1052 – 1066.

[58] Dolinko, A. E., and G. H. Kaufmann, "Measurement of the local displacement field generated by a microindentation using digital speckle pattern interferometry and its application to investigate

coating adhesion," *Optics and Lasers in Engineering*, Vol. 47, No. 5, 2009, pp. 527 – 531.

[59] Martinez, A. , R. Rodriguez – Vera, J. A. Rayas, and H. J. Puga, "Error in the measurement due to the divergence of the object illumination wavefront for in – plane interferometers," *Optics Communications*, Vol. 223, No. 4 – 6, 2003, pp. 239 – 246.

[60] Leendertz, J. A. , and J. N. Butters, "An image – shearing speckle pattern interferometer for measuring bending moments," *Journal of Physics E: Scientific Instruments*, Vol. 6 No. 11, 1973, pp. 1107 – 1110.

[61] Hung, Y. Y. , "Shearography: a novel and practical approach to nondestructive testing," *Journal of Nondestructive Evaluation*, Vol. 8, No. 2, 1989, pp. 55 – 68.

[62] Hung, Y. Y. , and C. E. Taylor, "Speckle – shearing interferometric camera—a tool for measurement of derivatives of surface displacements," *Proceeding of SPIE*, Vol. 41, 1973, pp. 169 – 175.

[63] Waldner, S. , and S. Brem, "Compact shearography system for the measurement of 3D deformation," *Proceeding of SPIE*, Vol. 3745, 1999, pp. 141 – 148.

[64] Wu, S. , X. He, and L. Yang, "Enlarging the angle of view in Michelson – interferometerbased shearography by embedding a 4*f* system," *Applied Optics*, Vol. 50, No. 21, 2011, pp. 3789 – 3794.

[65] Rabal, H. , R. Henao, and R. Torroba, "Digital speckle pattern shearing interferometry using diffraction gratings," *Optics Communications*, Vol. 126, No. 4 – 6, 1996 pp. 191 – 196.

[66] Hung, Y. Y. , and C. Y. Liang, "Image – shearing camera for direct measurement of surface strains," *Applied Optics*, Vol. 18, No. 7, 1979, pp. 1046 – 1051.

[67] Bhaduri, B. , M. P. Kothiyal, and N. K. Mohan, "Curvature measurement using threeaperture digital shearography and fast Fourier transform," *Optics and Lasers in Engineering*, Vol. 45, No. 10, 2007, pp. 1001 – 1004.

[68] Ochoa, N. A. , and A. A. Silva – Moreno, "Fringes demodulation in time – averaged digital shearography using genetic algorithms," *Optics Communications*, Vol. 260, No. 2, 2006, pp. 434 – 437.

[69] Hung, Y. Y. , Y. H. Huang, L. Liu, S. P. Ng, and Y. S. Chen, "Computerized tomography technique for reconstruction of obstructed phase data in shearography," *Applied Optics*, Vol. 47, No. 17, 2008, pp. 3158 – 3167.

[70] Mihaylova, E. , M. Whelan, and V. Toal, "Simple phase – shifting lateral shearing interferometer," *Optics Letters*, Vol. 29, No. 11, 2004, pp. 1264 – 1266.

[71] Falldorf, C. , E. Kolenovic, and W. Osten, "Speckle shearography using a multiband light source," *Optics and Lasers in Engineering*, Vol. 40, No. 5 – 6, 2003, pp. 43 – 52.

[72] Hung, M. Y. Y, Y. S. Chen, S. P. Ng, S. M. Shepard, Y. Hou, and J. R. Lhota, "Review and comparison of shearography and pulsed thermography for adhesive bond evaluation," *Optical Engineering*, Vol. 46, No. 5, 2007, pp. 051007 – 1 – 051007 – 16.

[73] Hung, M. Y. Y, "Role of shearography in nondestructive testing," *Proceeding of SPIE*, Vol. 4537, 2002, pp. 1 – 8.

［74］Kalms, M. K. , W. Osten, W. P. O. Jüptner, W. Bisle, D. Scherling, and G. Tober, "NDT on wide – scale aircraft structures with digital speckle shearography," *Proceeding of SPIE*, Vol. 3824, 1999, pp. 280 – 286.

［75］Osten, W. , M. K. Kalms, W. P. O. Jüptner, G. Tober, W. Bisle, and D. Scherling, "A shearography system for the testing of large – scale aircraft components taking into account non – cooperative surfaces, " *Proceeding of SPIE*, Vol. 4101, 2000, pp. 432 – 438.

［76］Osten, W. , M. K. Kalms, W. P. O. Jüptner, "Some ways to improve the recognition of imperfections in large scale components using shearography" *Proceeding of SPIE*, Vol. 3745, 1999, pp. 244 – 256.

［77］Kaufmann, G. H. , M. R. Viotti, and G. E. Galizzi, "Flaw detection improvement in temporal speckle pattern interferometry using thermal waves," *Journal of Holography and Speckle*, Vol. 1, No. 2, 2004, pp. 80 – 84.

［78］Moore, A. J. , and J. R. Tyrer, "An electronic speckle pattern interferometer for complete in – plane measurement," *Measurement Science and Technology*, Vol. 1, No. 10, 1990, pp. 1024 – 1030.

［79］Moore, A. J. , and J. R. Tyrer, "Two – dimensional strain measurement with ESPI," *Optics and Lasers in Engineering*, Vol. 24, No. 5 – 6, 1996, pp. 381 – 402.

［80］Bowe, B. , S. Martin, V. Toal, A. Langhoff, and M. Whelan, "Dual in – plane electronic speckle pattern interferometry system with electro – optical switching and phase shifting," *Applied Optics*, Vol. 38, No. 1, 1999, pp. 666 – 673.

［81］Facchini, M. , and P. Zanetta, "An electronic speckle interferometry in – plane system applied to the evaluation of mechanical characteristics of masonry," *Measurement Science and Technology*, Vol. 6, No. 9, 1995, pp. 1260 – 1269.

［82］Albertazzi Jr. , A. , M. R. Borges, and C. Kanda. "A radial in – plane interferometer for residual stresses measurement using ESPI," In *Proceedings of SEM IX International Congress on Experimental Mechanics*, 2000, pp. 108 – 111.

［83］Viotti, M. R. , R. Sutério, A. Albertazzi Jr. , and G. H. Kaufmann, "Residual stress measurement using a radial in – plane speckle interferometer and laser annealing: preliminary results," *Optics and Lasers in Engineering*, Vol. 42, No. 1, 2004, pp. 71 – 84.

［84］Viotti, M. R. , A. Albertazzi Jr. , and G. H. Kaufmann, "Measurement of residual stresses using local heating and a radial in – plane speckle interferometer," *Optical Engineering*, Vol. 44 No. 9, 2005, p. 093606.

［85］Rastogi, P. K. , "Digital Speckle Pattern Interferometry and Related Techniques. " In *Digital Speckle Pattern Interferometry and Related Techniques*, pp. 141 – 224, P. K. Rastogi, (ed.), Wiley and Sons, 2001.

［86］O'Shea, D. C. , T. J. Suleski, A. D. Kathman, and D. W. Prather. "Diffractive optics: Design Fabrication and Test," *Tutorial Texts in OE*, TT62. 2003, SPIE.

［87］Viotti, M. R. , A. Albertazzi Jr. , and W. Kapp, "Experimental comparison between a portable DSPI device with diffractive optical element and a hole drilling strain gage combined system,"

Optics and Lasers in Engineering, Vol. 46, No. 11, 2008, pp. 835 – 841.

[88] Viotti, M. R. , W. Kapp, and A. Albertazzi Jr. , "Achromatic digital speckle pattern interferometer with constant radial in – plane sensitivity by using a diffractive optical element," *Applied Optics*, Vol. 48, No. 12, 2009, pp. 2275 – 2281.

[89] Viotti, M. R. , A. Albertazzi Jr. , and W. Kapp, "Mechanical stress measurement by an achromatic optical digital speckle pattern interferometry strain sensor with radial in – plane sensitivity: experimental comparison with electrical strain gauges," *Applied Optics*, Vol. 50, No. 7, 2011, pp. 1014 – 1022.

[90] Viotti, M. R. , and A. Albertazzi Jr. , "Compact sensor combining digital speckle pattern interferometry and the hole – drilling technique to measure nonuniform residual stress fields," *Optical Engineering*, Vol. 52, No. 10, 2013, p. 101905.

[91] Viotti, M. R. , and A. Albertazzi Jr. , "Industrial inspections by speckle interferometry: general requirements and a case study," In *Proceeding of SPIE*, Vol. 7389, 2009, p. 73890G.

[92] Falldorf, C. , "Measuring the complex amplitude of wave fields by means of shear interferometry," *Journal of the Optical Society of America A*, Vol. 28, No. 8, 2011, pp 1636 – 1647.

[93] Falldorf, C. , S. Osten, C. V. Kopylow, and W. Jüptner, "Shearing interferometer based on the birefringent properties of a spatial light modulator," *Optics Letters*, Vol. 34, No. 18, 2009, pp. 2727 – 2729.

[94] Steinchen, W. , and L. Yang, *Digital Shearography: Theory and Application of Digital Speckle Pattern Shearing Interferometry*, SPIE Press, 2003.

[95] Hung, M. Y. Y. , "Nondestructive Testing Using Shearography," In *Recent Advances in Experimental Mechanics. In Honor of Isaac M. Daniel*, pp. 397 – 408, E. E. Gdoutos (ed.), Kluwer Academic Publishers, 2002.

[96] Hung, M. Y. Y. , "Digital shearography and applications" In *Trends in Optical Non – Destructive Testing and Inspection*, pp. 287 – 308, P. K. Rastogi and D. Inaudi (eds.), Elsevier, 2000.

[97] Bergmann, R. B. , and P. Huke, "Advanced methods for optical nondestructive testing," In *Optical imaging and metrology: Advanced Technologies.* pp. 393 – 409, Osten, W. , and N. Reingand (eds.), Wiley – VCH Verlag GmbH & Co. KGaA, 2012.

第 6 章　数字图像相关法

6.1　简　介

　　对材料和结构件在各种外部载荷作用下的表面变形测量是实验固体力学的一项重要任务。测得的位移和应变直接揭示了试验材料或结构的变形行为或机制。此外，结合对所施加的机械载荷或热载荷的了解，可以容易地确定材料的各种机械参量（比如杨氏模量、泊松比、热膨胀系数以及应力强度因子）。此外，这些测得的运动场有助于验证理论预测和有限元（FEM）分析的有效性。

　　在实验力学领域，除了广泛使用的逐点应变仪技术（只能提供计量长度范围内的平均应变读数），还可以使用各种非接触式全场光学方法。这些方法包括干涉测量技术（如全息干涉[1,2]、电子散斑[1]和云纹干涉[3]）和非干涉测量技术（如网格法[4]和数字图像相关法（DIC）[5-7]）。干涉测量技术要求采用相干光源，而且测量作业通常在实验室隔振光学平台上进行。干涉测量技术通过记录变形前后测试物体表面散射、反射和衍射光波的相位差来测量变形。测量结果往往以条纹的形式呈现，因此需要进一步采用条纹处理和相位分析技术。与此相反，非干涉测量技术通过计算机程序直接比较变形前后目标表面图像灰度的变化来测定物体表面变形。因此，这些技术对实验设备和条件的要求没有那么严格。

　　作为非干涉光学技术的代表，数字图像相关法已被广泛接受，并且经常被用作强大且灵活的表面变形测量工具，在实验固体力学领域和其他各种科研和工程领域大放异彩。在过去的 30 年里，围绕这项易于使用且有效的光学技术开展了大量的研究和开发工作。此外，数字图像相关技术的应用领域得到迅速扩展，从常规的金属材料和聚合材料到特殊的复合材料和生物材料，从宏观尺度到微观尺度，从静态载荷和准静态载荷到高速动态载荷，从普通实验室环境到极端高温环境。

　　理论上，数字图像相关法是一种基于数字图像记录和数字图像处理的非接触式、全场且易于实现的光学技术。该技术最初于 20 世纪 80 年代由美国南卡罗来纳大学的一组研究人员开发[8-10]，当时数字图像处理和数值计算仍处于起步阶段。在过去的 30 年中，数字图像处理技术已被广泛研究并得到显著改进，极大地降低了计算复杂度，实现了高精度变形测量，而且扩展了应用范围。例如，使用单台固定相机的二维数字图像相关（2D-DIC）方法，只能用于标称平面物体面内变形的测量。为了获得精确的测量，对试件形变、装载装置和测量系统等方面提出了严格的要求[11,12]。如果测试物体具有弯曲表面，或在装载后发生三维变形，那么二维数字图像相关方法不再适用。为了克服二维数字图像相关方法的这一缺陷，根据双目视觉的原理（更精确地说是立体数字图像相关）开发了三维数字图像相关方法（3D – DIC）[13,14]。三维数字图像相关技术可用于平面和曲面的形貌和变形测量。此外，Bay 和 Smith 等还提出了数字体相关（DVC）方法[15,16]，它是二维数字图像相关法的三维直接延伸。数字体相关法能够通过跟踪物体的数字图像体内的体块运动来提供固态物体的内部变形场。数字体相关法的出现为量化非透明蜂窝固态物体（如松质骨、木头、岩石和蜂窝泡沫）和某些半透明生物组织（如细胞）的内部变形提供了一种新颖的有效工具。通过将计算机生成的散斑图案与数字投影机以及二维数字图像相关技术相结合，开发出散斑投影法[17,18]，用于离面位移和形貌的测量。表6.1 列出了 3 种主要的基于相关的数字图像相关技术及应用。

表6.1　基于关联的数字图像相关技术及应用

数字图像相关技术	所用成像设备	应用
二维数字图像相关	光学成像系统、扫描电子显微镜（SEM）、原子力显微镜（AFM）等	标称平面物体表面的面内变形测量
三维数字图像相关	立体视觉系统、光学立体显微镜等	平面或曲面物体表面的三维变形和形貌测量
数字体相关	X 射线相干断层扫描（x – CT）、激光扫描共聚焦显微镜（LSCM）、微金相显微镜（micro – MRT）等	蜂窝固态物体和生物组织的三维内部变形测量

与上述高灵敏度干涉光学技术相比，数字图像相关技术提供以下几项具有吸引力的特殊优势：

（1）实验装置和试件制备简单。只需要一台固定的电荷耦合元件（CCD）相机（二维数字图像相关）或两台相机（三维数字图像相关）来拍摄试件表面变形前后的数字图像。不需要试件制备（如果试件表面的自然纹理具有随机灰度分布），或者可以简单地通过在试件表面喷涂油漆而制成。

（2）对测量环境要求低。数字图像相关技术不需要激光源。白色光源、自然光或单色光均可用作装载期间的照明。因此，它特别适用于实验室和现场应用。

（3）测量灵敏度和分辨力范围很广。由于数字图像相关方法处理的是数字图像，各种高空间分辨力数字图像采集装置拍摄的数字图像可以直接通过数字图像相关技术处理。例如，可以把二维数字图像相关技术与各种显微镜[19-29]（如光学显微镜、激光扫描共聚焦显微镜（LSCM）、扫描电子显微镜（SEM）和原子力显微镜（AFM））结合起来，实现微尺度至纳米级形变测量。三维数字图像相关技术可以与光学立体显微镜一起使用。同样地，借助二维（或三维）数字图像相关方法，通过分析高速数字图像记录设备拍摄的数字图像动态序列来实现瞬态二维（或三维）变形测量[30-32]。

更重要的是，随着高空间分辨力和高时间分辨力图像采集地设备的不断出现，以及对关联算法的不断改进，预计数字图像相关技术可以很容易地应用到新的领域，解决新的力学问题。因此，公平地说，数字图像相关目前是实验力学领域中最活跃的一种光学测量技术，而且其应用前景日益广泛。

6.2　二维数字图像相关法

使用固定相机的二维数字图像相关法仅限于标称平面物体的面内变形的测量。一般而言，二维数字图像相关法的实现包括以下 3 个连续步骤，即：①进行试件和实验准备；②拍摄平面状试件表面在装载前后的数字图像；③使用计算机程序处理拍摄的图像，以获得位移和应变信息。在本节中，首先介绍试件制备和图像采集问题。然后，讲解基本原理和二维数字图像相关法概念。接着，概述最常用的位移和应变估计算法。最后，演示一个简单的典型二维数字图像相关技术应用，即测定铝制试件的拉伸应变和弹性特性。

6.2.1　试件制备和图像采集

图 6.1 是二维数字图像相关技术所用光学成像设备的典型实验装置的概要示意图。试验试件表面必须具有随机的灰度分布（也称为随机散斑图案），该图案作为变形信息的载体，随着试件表面一起变形。散斑图案可以是试件表面的自然纹理，也可以通过喷涂黑白涂料或通过其他技术人为制成。适当放置相机，使其光轴垂直于标称平面试件表面，把在不同的载荷状态下的平面试件表面成像到相机的传感器平面。

一般地，隐含地使用一个简单的理想针孔相机模型（图 6.1）来描述物体点的坐标与传感器平面对应的图像点坐标之间的数学关系[12]。这意味着所测量的传感器平面位移 (u, v) 与物体平面位移 (U, V) 是线性正比关系：一个简单的线性关系 $u = MU$，$v = MV$，其中 M 表示图像平面中的时间不变常数放大因子。然而，在实际的二维数字图像相关技术应用中，不能简单地认为放大因子 M 在整个图像平面上是恒定不变的，除非满足以下要求：

（1）成像系统是完美的，并且不受任何几何畸变的影响。因此，可以假定放大因子 M 在整个图像平面是恒定不变的。

（2）试件表面必须是平坦的，并且应与相机传感器目标平行放置。物体表面和图像表面应保持在同一平面上，而且在实验过程中不存在任何运动或旋转。这个假设意味着物体距离 Z 和图像距离 L 在装载后不会改变。因此，放大因子 M 可以视作时间不变常数。

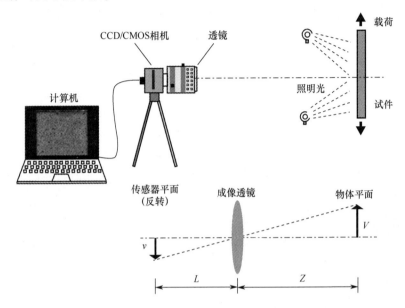

图 6.1　二维数字图像相关法的典型光学图像采集系统以及对应的针孔相机模型

　　然而，研究人员已经令人信服地证明[12]，使用普通成像镜片的普通二维数字图像相关系统所采用的理想针孔成像模型既不完美也不稳定。这意味着放大因子 M 在不同像素位置发生改变，并且在不同的时间也略有变化。原因如下：

　　（1）针孔成像模型是不完美的，因为任何真正的相机镜头，尤其是低成本的镜头，由于镜头的固有像差、加工误差和装配误差，因而不可避免地存在一定程度的镜头畸变[33,34]。其他高分辨力成像系统（包括扫描电子显微镜、激光共聚焦显微镜和原子力显微镜）或多或少存在几何畸变，这也削弱了物理点和成像点之间的理想线性对应关系，并产生额外的位移。由于镜头畸变的不均匀特性，物体表面小幅的面内运动将引起不同幅度的图像运动，如图 6.2（c）所示。近日，文献［12］所做理论分析和实验的结果有力地证实，放大因子 M 取决于几个因素，而且在整幅图像中并非恒定不变。

　　（2）针孔成像模型并不稳定，这是因为在装入试样后，由于试件表面的离面运动，二维数字图像相关系统的物距可能改变[11]，如图 6.2（a）所示。此外，由于自发热以及相机的温度变化，图像距离和物体距离也会变化[35]，如图 6.2（b）所示。物体距离和图像距离的变化改变了成像系统的放大因子 M。在某些情况下，低成本的二维数字图像相关系统的缺陷和不稳定性可能产生成百上千的微应变误差。

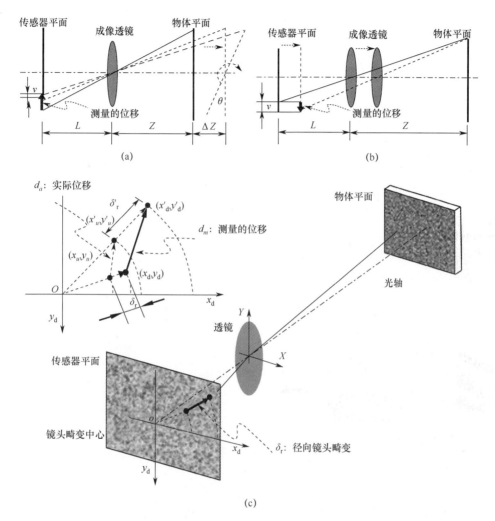

图 6.2　（a）被测物体的离面运动改变成像系统的物体距离 Z，（b）相机的自发热改变了成像系统的成像距离 L 和物体距离 Z，（c）考虑镜头畸变影响的针孔相机模型示意图。这些插图说明了径向镜头畸变对二维数字图像相关系统测得位移矢量的影响

　　因此，为了获得高保真二维数字图像相关测量结果，在实际使用中，强烈建议使用一套采用精心设计的双远心镜头的近乎完美（可忽略镜头畸变）而且非常稳定的（对物体表面和成像平面的离面运动不敏感）光学系统。此外，还可以借助一种有效的误差补偿技术（使用非应变的补偿试件）来消除这些不必要的测量误差[36]。

6.2.2　基本原理和概念

　　在拍摄试件表面变形前后的数字图像之后，数字图像相关法通过比较被测物体表面在不同状态下的数字图像来计算每个感兴趣点的运动。可以使用适当的数值算法来估计全场应变,以进一步辨别图像位移(以像素为单位)。下面介绍二维数字图像相关法涉及的基本原理和概念。

6.2.2.1 基本原理

在二维数字图像相关法的常规实现中,应当首先指定参考图像中的一个感兴趣区域(ROI)。然后进一步将感兴趣区域划分成均匀间隔的虚拟网格,如图 6.3 的左边部分所示。计算虚拟网格中每个点的位移,以获得全场变形。二维数字图像相关法的基本原理是,跟踪(或匹配)在变形前后所拍摄的两幅图像中的相同像素点,如图 6.3 所示。为了计算点 P 的位移,选择参考图像中以点 $P(x_0, y_0)$ 为中心的 $(2M+1) \times (2M+1)$ 像素组成的正方形参考子区(Reference Subset),并用于追踪在变形图像中的对应位置。之所以选择一个正方形的子区(而不是一个独立的像素)进行匹配是因为,子区包含的灰度变化更宽,这将区别于其他子区,因此能够更加唯一、更加准确地从变形图像中识别子区。

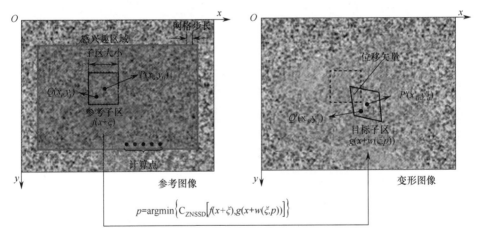

图 6.3 左图为参考图像,图中的黑色方框是用于跟踪中心点运动的子区,网格中的交点表示待计算的点,右图为通过优化关联准则(量化参考正方形子区与目标子区即变形子区之间的相似度)来计算所考虑的点的位移矢量

为了定量评估参考子区和变形子区之间的相似度,必须预先设定一个互相关(CC)准则或差值平方和(SSD)相关准则作为目标函数。通过寻找相关系数分布的峰值位置来完成匹配过程。一旦检测到相关系数极值,就可确定变形子区的位置。计算参考子区中心与目标子区中心位置的差异,就可以得出点 $P(x_0, y_0)$ 处的面内位移矢量,如图 6.3 所示。

6.2.2.2 形函数和位移映射函数

不失一般性,可以假设在变形图像中参考子区的位置和形状都发生改变,如

图6.3所示。然而，根据变形固态物体的变形连续性假设，参考子区中的一组相邻点在目标子区中应该仍然是相邻点。因此，可以根据所谓形函数[37]或位移映射函数[38]，将参考子区中的子区中心 $P(x_0, y_0)$ 周围的点 $Q(x_i, y_j)$ 的坐标映射到目标子区中的点 $Q(x_i', y_j')$ ：

$$\begin{cases} x_i' = x_i + \xi(x_i, y_j) \\ y_j' = y_j + \eta(x_i, y_j) \end{cases} \quad (i,j = -M:M) \tag{6.1}$$

如果在参考子区和变形子区中只存在刚体平移（换言之，子区中所有点的位移是相同的（图6.4（a）），那么可以使用零阶形函数：

$$\begin{cases} \xi_0(x_i, y_j) = u \\ \eta_0(x_i, y_j) = v \end{cases} \tag{6.2}$$

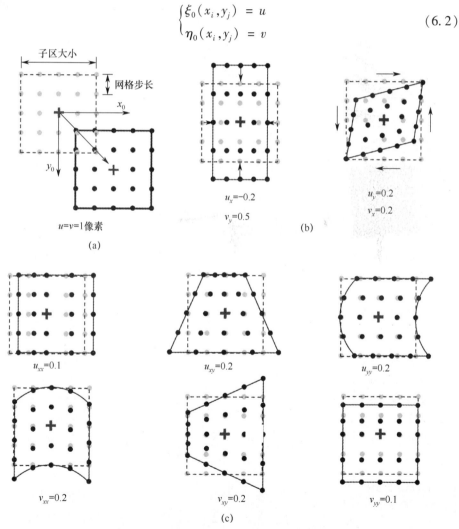

图6.4　示例说明不同位移参数对目标子区形状的影响

（a）零阶形函数；（b）一阶形函数；（c）二阶形函数。

显然，零阶形函数不足以描绘变形子区的形状变化。因此，最常用的是图 6.4 (b)所示一阶形函数，它允许子区平移、旋转、剪切、正应变以及它们的组合：

$$\begin{cases} \xi_1(x_i, y_j) = u + u_x \Delta x + u_y \Delta y \\ \eta_1(x_i, y_j) = v + v_x \Delta x + v_y \Delta y \end{cases} \tag{6.3}$$

此外，由 Lu 等提出的二阶形函数[38]可用来描绘变形子区的更复杂的变形状态：

$$\begin{cases} \xi_2(x_i, y_j) = u + u_x \Delta x + u_y \Delta y + \frac{1}{2} u_{xx} \Delta x^2 + \frac{1}{2} u_{yy} \Delta y^2 + u_{xy} \Delta x \Delta y \\ \eta_2(x_i, y_j) = v + v_x \Delta x + v_y \Delta y + \frac{1}{2} v_{xx} \Delta x^2 + \frac{1}{2} v_{yy} \Delta y^2 + v_{xy} \Delta x \Delta y \end{cases} \tag{6.4}$$

在式 (6.2) ~式 (6.4) 中，$\Delta x = x_i - x_0$，$\Delta y = y_j - y_0$，u、v 是参考子区中心的 x 和 y 方向的位移分量，$P(x_0, y_0)$、u_x、u_y、v_x、v_y 是参考子区的一阶位移梯度，u_{xx}、u_{xy}、u_{yy}、v_{xx}、v_{xy}、v_{yy} 是参考子区的二阶位移梯度。图 6.4 演示了各种变形参量对目标子区最终形状的影响。

6.2.2.3 关联准则

如前所述，为估算参考子区与其变形副本之间的相似度（或差异度），必须定义关联准则（Correlation Criterion），这在数字图像相关法中具有根本的重要性。根据各自的数学定义，常用的关联准则基本上可以划分为 3 类[39]，即互相关（CC）、差值平方和（SSD）以及差值参数平方和（PSSD），如表 6.2。

表 6.2 DIC 中在评估参考子区和变形子区相似度时常用的三种关联准则

性能	CC 准则	SSD 准则	PSSD 准则
对变形子区强度的所有变化敏感	$C_{CC} = \sum f_i g_i$	$C_{SSD} = \sum (f_i - g_i)^2$	
对变形子区强度的位移变化不敏感	$C_{ZCC} = \sum (\bar{f}_i \bar{g}_i)$	$C_{ZSSD} = \sum [\bar{f}_i - \bar{g}_i]^2$	$C_{PSSDb} = \sum (f_i + b - g_i)^2$
对变形子区强度的比例变化不敏感	$C_{NCC} = \dfrac{\sum f_i g_i}{\sqrt{\sum f_i^2 \sum g_i^2}}$	$C_{NSSD} = \sum \left(\dfrac{f_i}{\sqrt{\sum f_i^2}} - \dfrac{g_i}{\sqrt{\sum g_i^2}} \right)^2$	$C_{PSSDa} = \sum (af_i - g_i)^2$
对变形子区的比例和位移变化不敏感	$C_{ZNCC} = \dfrac{\sum \bar{f}_i \bar{g}_i}{\sqrt{\sum \bar{f}_i^2 \sum \bar{g}_i^2}}$	$C_{ZNSSD} = \sum \left(\dfrac{\bar{f}_i}{\sqrt{\sum \bar{f}_i^2}} - \dfrac{\bar{g}_i}{\sqrt{\sum \bar{g}_i^2}} \right)^2$	$C_{PSSDab} = \sum (af_i + b - g_i)^2$

$$\bar{f} = \frac{1}{n} \sum_{i=1}^{n} f_i, \quad \bar{g} = \frac{1}{n} \sum_{i=1}^{n} g_i, \quad \bar{f}_i = f_i - \bar{f}, \quad \bar{g}_i = g_i - \bar{g}$$

式中：n 为子区像素总数。

在实际测量中，目标图像内的局部强度与参考图像内的局部强度可能存在显著的不同。导致在不同的配置中拍摄的图像之间的强度变化的原因可能有多种。应当使用鲁棒的关联准则来适应变形图像的强度变化，否则，强度变化模型的错配可能会导致显著的位移测量误差[39-41]。基于这样的考虑，在表 6.2 的最后一行中列出 3 条鲁棒的关联准则，分别是 ZNCC 准则、ZNSSD 准则以及带有两个未知参量的 PSSD$_{ab}$ 准则，强烈建议在实际应用中运用这些准则，这是因为当目标子区光强发生线性变化时它们保持不变。

乍看起来，这 3 条鲁棒的关联准则的数学公式似乎完全不同。然而，针对变形子区光强的偏移和比例变化，这 3 条关联准则具有相同的性能。近日，Pan[40] 进行了严格的理论分析雄辩地证明，这 3 条关联准则在数学上是等价的。具体地，根据如下公式，ZNCC 准则与 ZNSSD 准则相关联：

$$C_{\mathrm{ZNSSD}} = \sum \left(\frac{\bar{f}_i}{\sqrt{\sum \bar{f}_i^2}} - \frac{\bar{g}_i}{\sqrt{\sum \bar{g}_i^2}} \right)^2 = \sum \left(\frac{\bar{f}_i^2}{\sum \bar{f}_i^2} - s \frac{\bar{f}_i^2 \bar{g}_i^2}{\sqrt{\sum \bar{f}_i^2} \sqrt{\sum \bar{g}_i^2}} + \frac{\bar{g}_i^2}{\sum \bar{g}_i^2} \right)$$

$$= 2 - 2 \frac{\sum \bar{f}_i^2 \bar{g}_i^2}{\sqrt{\sum \bar{f}_i^2} \sqrt{\sum \bar{g}_i^2}} = 2 \left[1 - C_{\mathrm{ZNCC}} \right]$$

$$(6.5)$$

类似地，已经证明 PSSD$_{ab}$ 准则也等同于 ZNNC 准则[39]，它们的数学关系为

$$C_{\mathrm{PSSDab}} = \sum \bar{g}_i^2 \left(1 - C_{\mathrm{ZNCC}}^2 \right) \qquad (6.6)$$

但在实际应用中强烈推荐 ZNSSD 准则，这是因为它可以使用求和表法（Sum – table）高效计算[42]，而且可以很容易运用非线性数值算法进行优化。

练习 6.1

假设为相关分析定义的子区尺寸为 5×5 个像素，下表列出了参考子区的局部灰度 $f(x_i, y_j)$ 和目标子区的局部灰度 $g(x_i, y_j)$。计算两个子区的 ZNCC 系数。

$$f(x_i, y_i) =$$

106	112	104	98	100
91	120	96	68	66
69	102	69	39	39
59	92	57	32	28
61	105	76	47	35

$$g(x_i, y_i) = \begin{vmatrix} 107 & 112 & 104 & 99 & 101 \\ 91 & 120 & 96 & 68 & 66 \\ 68 & 104 & 69 & 38 & 40 \\ 57 & 97 & 57 & 31 & 25 \\ 62 & 103 & 75 & 46 & 35 \end{vmatrix}$$

解：

首先，计算两个子区的平均强度值：

$$\bar{f} = \frac{1}{25} \sum_{i=-2}^{2} \sum_{j=-2}^{2} f(x_i, y_j) = \frac{1}{25}(106 + 112 + \cdots + 47 + 35 = 74.84)$$

$$\bar{g} = \frac{1}{25} \sum_{i=-2}^{2} \sum_{j=-2}^{2} g(x_i, y_j) = \frac{1}{25}(107 + 115 + \cdots + 49 + 38 = 76.44)$$

然后，在减去平均值后，可将两个子区的强度列出如下：

$$\bar{f}(x_i, y_i) = f(x_i, y_i) - \bar{f} = \begin{vmatrix} 30.5600 & 38.5600 & 27.5600 & 22.5600 & 25.5600 \\ 18.5600 & 45.5600 & 22.5600 & -7.4400 & -5.4400 \\ -8.4400 & 27.5600 & -4.4400 & -38.4400 & -33.4400 \\ -19.440 & 20.5600 & -17.4400 & -41.4400 & -51.4400 \\ -14.440 & 29.5600 & -1.4400 & -27.4400 & -38.4400 \end{vmatrix}$$

$$\bar{g}(x_i, y_i) = g(x_i, y_i) - \bar{g} = \begin{vmatrix} 31.1600 & 37.1600 & 29.1600 & 23.1600 & 25.1600 \\ 16.1600 & 45.1600 & 21.1600 & -6.8400 & -8.8400 \\ -5.8400 & 27.1600 & -5.8400 & -35.8400 & -35.8400 \\ -15.8400 & 17.1600 & -17.8400 & -42.8400 & -46.8400 \\ -13.8400 & 30.1600 & 1.1600 & -27.8400 & -39.8400 \end{vmatrix}$$

因此，ZNCC 系数分母中的两项可以计算如下：

$$\sqrt{\sum \bar{f}^2} = \frac{1}{25} \sum_{i=-2}^{2} \sum_{j=-2}^{2} f(x_i, y_j)^2 =$$

$$\frac{1}{25} \left[31.16^2 + 37.16^2 + \cdots + (-27.84)^2 + (-39.84)^2 \right] = 137.7583$$

$$\sqrt{\sum \overline{g}^2} = \frac{1}{25} \sum_{i=-2}^{2} \sum_{j=-2}^{2} \overline{g}(x_i, y_j)^2 =$$

$$\frac{1}{25} \left[30.56^2 + 38.56^2 + \cdots + (-27.44)^2 + (-38.44)^2 \right] = 139.9506$$

最后，可以根据如下公式计算 ZNCC 系数：

$$C_{\text{ZNCC}} = \frac{\sum \overline{f}_i \overline{g}_i}{\sqrt{\sum \overline{f}_i^2 \sum \overline{g}_i^2}} =$$

$$\frac{\sum\limits_{i=-2}^{2} \sum\limits_{j=-2}^{2} \left[\begin{array}{l} 31.16 \times 30.56 + 37.16 \times 38.56 + \cdots \\ + (-27.84 \times -27.44) + (-39.84 \times -38.44) \end{array} \right]}{137.7583 \times 139.9506} = 0.9974$$

6.2.2.4　插值方案

从式（6.1）可以看出，在变形子区中的坐标点 (x_i', y_j') 可以介于多个像素之间（即亚像素位置）。在使用表 6.2 中定义的相关准则来估算参考子区和变形子区之间的相似度之前，必须给出这些位于亚像素位置的点的强度。也就是说，应该采用一种亚像素插值方案。文献中使用的各种亚像素插值方案包括：双线性插值、双三次插值、双三次 B 样条插值、双五次 B 样条插值和双三次样条插值方案。可以在数值计算书籍中找到这些插值方案的详细算法[43]。然而，强烈推荐高次插值方案（例如，双三次样条插值或双五次样条插值）[44]，这是因为与简单的插值方案相比，它们提供更高的配准精度和更好的算法收敛特性。

尽管如此，人们经常使用双三次插值，这是因为它的效率和准确度。在利用广义双三次插值方案[45]时，可以按如下公式来估算亚像素位置的灰度值和一阶灰度梯度：

$$
\begin{cases}
g(\Delta x, \Delta y) = \sum\limits_{m=0}^{3} \sum\limits_{n=0}^{3} \alpha_{mn} (\Delta x)^m (\Delta y)^n \\
g_x(\Delta x, \Delta y) = \sum\limits_{m=1}^{3} \sum\limits_{n=0}^{3} \alpha_{mn} m (\Delta x)^{m-1} (\Delta y)^{n-1} \\
g_y(\Delta x, \Delta y) = \sum\limits_{m=0}^{3} \sum\limits_{n=1}^{3} \alpha_{mn} n (\Delta x)^{m-1} (\Delta y)^{n-1}
\end{cases}
\tag{6.7}
$$

在进行双三次插值时，可以通过以亚像素位置为中心的相邻的 4×4 像素的灰度来确定 16 个未知系数（即式（6.7）中的 α_{00}、α_{01}、$\cdots$、α_{33}），如图 6.5 所示。这里应该强调的是，对于每个插值块，不管特定亚像素在其中的位置，这16 个系数保持不变。出于这个原因，可以采用一种高效的插值系数查表方法，显著地加速数字图像相关的计算效率。

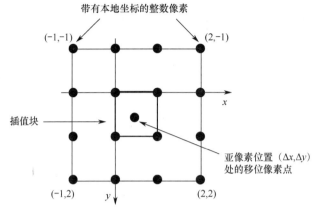

图 6.5 使用周围的 16 个整数像素对子像素位置进行双三次插值示意图

练习 6.2

一个像素被移到 $\Delta x = 0.4$ 像素、$\Delta y = 0.6$ 像素的亚像素位置。下表中列出了相邻 4×4 像素的局部灰度。运用双三次插值方法确定亚像素位置的强度和两个强度梯度。

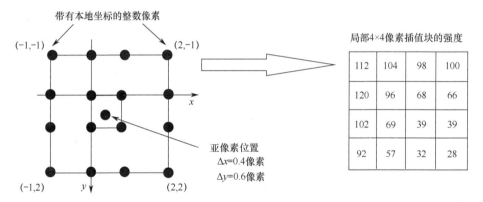

局部4×4像素插值块的强度

112	104	98	100
120	96	68	66
102	69	39	39
92	57	32	28

解：

对于局部插值块中的每个整像素，其灰阶和局部坐标之间的关系为

$$g(\Delta x, \Delta y) = a_{00} + a_{10}\Delta x + a_{20}\Delta x^2 + a_{30}\Delta x^3 + a_{01}\Delta y + a_{11}\Delta x\Delta y$$
$$+ a_{21}\Delta x^2\Delta y + a_{31}\Delta x^3\Delta y + a_{02}\Delta y^2 + a_{12}\Delta x\Delta y^2 + a_{22}\Delta x^2\Delta y^2$$
$$+ a_{32}\Delta x^3\Delta y^2 + a_{03}\Delta y^3 + a_{13}\Delta x\Delta y^3 + a_{23}\Delta x^2\Delta y^3 + a_{33}\Delta x^3\Delta y^3$$

由于局部插值块包含 16 个已知局部坐标的像素，因此可以将这 16 个等式按照矩阵形式记作 $\boldsymbol{G} = \boldsymbol{X}\boldsymbol{A}_{mn}$。即

$$
\begin{pmatrix}
g(-1,-1) \\
g(-1,0) \\
g(-1,1) \\
g(-1,2) \\
g(0,-1) \\
g(0,0) \\
g(0,1) \\
g(0,2) \\
g(1,-1) \\
g(1,0) \\
g(1,1) \\
g(1,2) \\
g(2,-1) \\
g(2,0) \\
g(2,1) \\
g(2,2)
\end{pmatrix}
=
$$

$$
\begin{bmatrix}
1 & -1 & 1 & -1 & -1 & 1 & -1 & 1 & 1 & -1 & 1 & -1 & -1 & 1 & -1 & 1 \\
1 & -1 & 1 & -1 & 0 & 0 & 0 & 0 & 0 & 0 & 0 & 0 & 0 & 0 & 0 & 0 \\
1 & -1 & 1 & -1 & 1 & -1 & 1 & -1 & 1 & -1 & 1 & -1 & 1 & -1 & 1 & -1 \\
1 & -1 & 1 & -1 & 2 & -2 & 2 & -2 & 4 & -4 & 4 & -4 & 8 & -8 & 8 & -8 \\
1 & 0 & 0 & 0 & -1 & 0 & 0 & 0 & 1 & 0 & 0 & 0 & -1 & 0 & 0 & 0 \\
1 & 0 & 0 & 0 & 0 & 0 & 0 & 0 & 0 & 0 & 0 & 0 & 0 & 0 & 0 & 0 \\
1 & 0 & 0 & 0 & 1 & 0 & 0 & 0 & 1 & 0 & 0 & 0 & 1 & 0 & 0 & 0 \\
1 & 0 & 0 & 0 & 2 & 0 & 0 & 0 & 4 & 0 & 0 & 0 & 8 & 0 & 0 & 0 \\
1 & 1 & 1 & 1 & -1 & -1 & -1 & -1 & 1 & 1 & 1 & 1 & -1 & -1 & -1 & -1 \\
1 & 1 & 1 & 1 & 0 & 0 & 0 & 0 & 0 & 0 & 0 & 0 & 0 & 0 & 0 & 0 \\
1 & 1 & 1 & 1 & 1 & 1 & 1 & 1 & 1 & 1 & 1 & 1 & 1 & 1 & 1 & 1 \\
1 & 1 & 1 & 1 & 2 & 2 & 2 & 2 & 4 & 4 & 4 & 4 & 8 & 8 & 8 & 8 \\
1 & 2 & 4 & 8 & -1 & -2 & -4 & -8 & 1 & 2 & 4 & 8 & -1 & -2 & -4 & -8 \\
1 & 2 & 4 & 8 & 0 & 0 & 0 & 0 & 0 & 0 & 0 & 0 & 0 & 0 & 0 & 0 \\
1 & 2 & 4 & 8 & 1 & 2 & 4 & 8 & 1 & 2 & 4 & 8 & 1 & 2 & 4 & 8 \\
1 & 2 & 4 & 8 & 2 & 4 & 8 & 16 & 4 & 8 & 16 & 32 & 8 & 16 & 32 & 64
\end{bmatrix}
\begin{pmatrix}
a_{00} \\
a_{01} \\
a_{02} \\
a_{03} \\
a_{10} \\
a_{11} \\
a_{12} \\
a_{13} \\
a_{20} \\
a_{21} \\
a_{22} \\
a_{23} \\
a_{30} \\
a_{31} \\
a_{32} \\
a_{33}
\end{pmatrix}
$$

　　将每个像素的强度代入这个等式，可以通过方程式 $\boldsymbol{X}^{-1}\boldsymbol{G}=\boldsymbol{A}_{mn}$ 来确定 16 个未知系数。即

$$
A_{mn} = \begin{pmatrix}
96.0000000000000 \\
-31.0000000000000 \\
-2 \\
5 \\
-23.1666666666667 \\
-12.5277777777778 \\
1.33333333333333 \\
1.36111111111111 \\
-9.50000000000000 \\
9 \\
3.25000000000000 \\
-2.25000000000000 \\
5.66666666666667 \\
-1.47222222222222 \\
-1.08333333333333 \\
0.388888888888889
\end{pmatrix}
$$

最后，将 $\Delta x = 0.4$ 像素、$\Delta y = 0.6$ 像素以及已确定的插值系数 a_{mn} 代入式 (6.7)中，分别计算出亚像素强度 $g(\Delta x, \Delta y)$、强度梯度 $g_x(\Delta x, \Delta y)$、$g_y(\Delta x, \Delta y)$ 分别为 $g = 65.9497$、$g_x = -33.3623$、$g_y = -23.4825$。

6.2.3　运用数字图像相关法测量位移场

因为通常通过对获得的位移场进行微分运算来估算应变，所以通常认为位移场测量是数字图像相关法中的一个关键步骤。在文献中，已经开发出来各种位移跟踪算法，包括基于子区的局部方法[46-48]和基于有限元的全局方法[49-51]。然而，牛顿－拉夫逊（NR）算法已被认为是一个经典和标准算法，它最初由布鲁克等[46]提出，随后由其他研究者[47,45]改进。牛顿－拉夫逊算法和其他亚像素配准算法之间的详细比较（例如，峰值寻找算法和基于梯度的算法）显示，牛顿－拉夫逊算法提供了最精确和稳定的测量[48]。本节将详细说明牛顿－拉夫逊算法的基本原理。

6.2.3.1　采用前向加性高斯－牛顿算法测量亚像素位移

如果把参考子区和目标子区之间的相对变形（即，形状变化和旋转）考虑在内，那么关联函数变成关于所需的映射参数向量的非线性函数。例如，如果使用一阶形函数，那么所需的映射参数向量 $\boldsymbol{p} = \left(u, u_x, u_y, v, v_x, v_y\right)^{\mathrm{T}}$。可以通过一定的优化算法求得所需的变形参数。本节描述一种使用被广泛接受的牛顿－拉夫逊算法的前向加性匹配策略。在牛顿 – 拉夫逊算法中，目标子区被 $W(\xi\,;\,\boldsymbol{p})$ 变形，其中，$\boldsymbol{p}$ 表示变形的初始猜值。然后，进一步把一个增量参数向量 $\Delta\boldsymbol{p}$ 应用到变形子区，并与原始的参考子区进行比较来求解 $\Delta\boldsymbol{p}$，其示意图如图 6.6 所示。

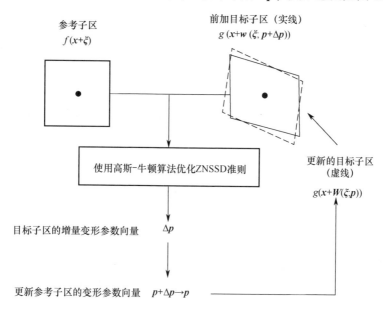

图 6.6　牛顿 – 拉夫逊经典算法的前向匹配策略的示意图

　　具体说来，为了定量评估参考子区与目标子区之间的相似性，并确定所需的变形参数，这里使用了鲁棒的 ZNSSD 准则，并结合使用一个仿射变换扭曲函数。

$$C_{\mathrm{ZNSSD}}(\Delta\boldsymbol{p}) = \sum_{\xi}\left\{ \frac{\left[f(\boldsymbol{x}+\boldsymbol{\xi})-\bar{f}\right]}{\Delta f} - \frac{\left[g(\boldsymbol{x}+\boldsymbol{W}(\boldsymbol{\xi};\boldsymbol{p}+\Delta\boldsymbol{p}))-\bar{g}\right]}{\Delta g} \right\}^2 \quad (6.8)$$

式中：$f(x)$ 和 $g(x)$ 为参考图像和变形图像在 $\boldsymbol{x}=(x,y,1)^{\mathrm{T}}$ 处的灰度；$\bar{f}=1/N\sum_{\xi}$ $f(\boldsymbol{x}+\boldsymbol{\xi}),g=1/N\sum_{\xi}g(\boldsymbol{x}+\boldsymbol{W}(\boldsymbol{\xi};\boldsymbol{p}+\Delta\boldsymbol{p}))$ 为两个子区的平均强度值，其中 N 为子区内总点数，$\Delta f=\sqrt{\sum_{\xi}\left[f(\boldsymbol{x}+\boldsymbol{\xi})-\bar{f}\right]^2}$，$\Delta g=\sqrt{\sum_{\xi}\left[g(\boldsymbol{x}+\boldsymbol{W}(\boldsymbol{\xi};\boldsymbol{p}+\Delta\boldsymbol{p}))-\bar{g}\right]^2}$。$\boldsymbol{\xi}=(\Delta x,\Delta y,1)^{\mathrm{T}}$，为每个子区中像素的本地坐标（注意，为了表示的简洁性，所有图像坐标都采用齐次坐标系表示）。$\boldsymbol{W}(\boldsymbol{\xi};\boldsymbol{p})$ 为扭曲函数，也被称为位移映射函数，它描绘了目标子区相对于参考子区的位置和形状。$\Delta\boldsymbol{p}$ 是目标子区受到变形初始猜值 $\boldsymbol{p}$ 发生变形时，施加到该子区的增量变形向量。

　　在一般情况下，实际的仿射扭曲函数（即，线性位移映射函数）可以实现目标子区的刚体平移、旋转、正常应变、剪切应变以及它们的组合。

$$W(\boldsymbol{\xi};\boldsymbol{p}) = \begin{bmatrix} 1 + u_x & u_y & u \\ v_x & 1 + v_y & v \\ 0 & 0 & 1 \end{bmatrix} \begin{pmatrix} \Delta x \\ \Delta y \\ 1 \end{pmatrix} \quad (6.9)$$

式中: $\boldsymbol{p} = \left(u, u_x, u_y, v, v_x, v_y\right)^{\mathrm{T}}$，为施加到目标子区的预先计算的变形参数向量。应当指出的是，虽然只使用一阶位移映射，但是下面的推导可以容易地扩展到二阶形函数。

为了求得 $\Delta \boldsymbol{p}$，首先进行式 (6.8) 对 $\Delta \boldsymbol{p}$ 的一阶泰勒展开。得到下式:

$$C_{\mathrm{ZNSSD}}(\Delta \boldsymbol{p}) = \sum_{\boldsymbol{\xi}} \left[\frac{f(\boldsymbol{x} + \boldsymbol{\xi}) - \bar{f}}{\Delta f} - \frac{g(\boldsymbol{x} + \boldsymbol{W}(\boldsymbol{\xi};\boldsymbol{p})) + \nabla g \frac{\partial \boldsymbol{W}}{\partial \boldsymbol{p}} \Delta \boldsymbol{p} - \bar{g}}{\Delta g} \right]^2 \quad (6.10)$$

式中: $g(\boldsymbol{x} + \boldsymbol{W}(\boldsymbol{\xi};\boldsymbol{p}))$、$\nabla g = (\partial g(\boldsymbol{x} + \boldsymbol{W}(\boldsymbol{x};\boldsymbol{p}))/\partial x, \partial g(\boldsymbol{x} + \boldsymbol{W}(\boldsymbol{x};\boldsymbol{p}))/\partial y)$ 为目标子区的强度和强度梯度。注意，这些值位于亚像素位置，因此，应该使用亚像素强度插值算法（比如，前节中描述的双立方插值方案）。$\frac{\partial \boldsymbol{W}}{\partial \boldsymbol{p}} = \begin{bmatrix} 1 & \Delta x & \Delta y & 0 & 0 & 0 \\ 0 & 0 & 0 & 1 & \Delta x & \Delta y \end{bmatrix}$ 是扭曲函数的雅可比矩阵。

关于 $\Delta \boldsymbol{p}$ 的 $C_{\mathrm{ZNSSD}}(\Delta \boldsymbol{p})$ 的最小化（即 $\partial C_{\mathrm{ZNSSD}}(\Delta \boldsymbol{p})/\partial(\Delta \boldsymbol{p}) = 0$，得到 $\Delta \boldsymbol{p}$ 的最小二乘解）。

$$\Delta \boldsymbol{p} = -\boldsymbol{H}_{6 \times 6}^{-1} \times \sum_{\boldsymbol{\xi}} \left\{ \left(\nabla g \frac{\partial \boldsymbol{W}}{\partial \boldsymbol{p}} \right)_{6 \times 1}^{\mathrm{T}} \times \left[\frac{\Delta g}{\Delta f} \left(f(\boldsymbol{x} + \boldsymbol{\xi}) - \bar{f} \right) - \right. \right.$$

$$\left. \left. \left(g(\boldsymbol{x} + \boldsymbol{W}(\boldsymbol{\xi};\boldsymbol{p})) - \bar{g} \right) \right] \right\} \quad (6.11)$$

式中: $\boldsymbol{H}$ 为 6×6 海森矩阵，即

$$\boldsymbol{H} = \sum_{\boldsymbol{\xi}} \left[\left(\nabla f \frac{\partial \boldsymbol{W}}{\partial \boldsymbol{p}} \right)^{\mathrm{T}} \times \left(\nabla f \frac{\partial \boldsymbol{W}}{\partial \boldsymbol{p}} \right) \right] \quad (6.12)$$

基于求得的增量参数向量 $\Delta \boldsymbol{p}$，可以根据下式计算目标子区的更新的变形参数向量:

$$\boldsymbol{p} \leftarrow \boldsymbol{p} + \Delta \boldsymbol{p} \quad (6.13)$$

重复式 (6.11)，直到满足预设的收敛条件。在最新结果中[52]，设置收敛条件，以确保增量变形参数的范数变化等于或小于 0.001（即 $\| \Delta \boldsymbol{p} \| = \sqrt{(\Delta u)^2 + (\Delta v)^2} \leqslant 0.001$ 像素，或已经达到最大迭代次数）。

6.2.3.2 牛顿－拉夫逊算法初始化和计算路径

回想一下，感兴趣区域内均匀间隔的像素点就是要进行关联的点，而这些计算点的位移应该通过牛顿－拉夫逊算法来计算。然而，作为一种局部优化算法，

牛顿－拉夫逊算法要求变形的初始猜值充分地接近实际值，以迅速且正确地收敛。否则，该算法可能收敛到不正确的值或根本就不收敛。虽然我们可以分别估算每个点的初始猜值，但是这种方法要么是不切实际的（这是因为它非常耗时），要么就是不可能的（如果变形的图像中出现大幅度的变形或旋转）。

注释 6.1　可靠性导向的位移跟踪策略

最近，有人提出一种鲁棒且普适的可靠性导向的位移跟踪算法[53,54]，用于可靠和高效的图像变形测量。在该方法中，使用 ZNCC 系数来识别计算点的可靠性。关联计算从一个种子点开始，然后通过计算出的 ZNCC 系数进行导向。将首先使用牛顿－拉夫逊算法处理计算点队列中具有最高 ZNCC 系数的那个点的所有邻居。同时，根据变形连续性假设，此点计算出的变形参数将被转移到其邻居。可靠性导向位移跟踪算法的优点有 3 个。首先，计算路径总是沿着最可靠的方向，并且可以完全避开传统的数字图像相关方法可能的误差传播。其次，因为对于待处理点可以预测非常准确的初始猜值，所以在这些点执行牛顿－拉夫逊算法时，在经历最小迭代之后通常会迅速收敛。最后，它普遍适用于区域或变形不连续的图像的变形测量。

6.2.3.2.1　种子点的初始猜值

对于种子点，如果参考子区与变形子区之间的相对变形或旋转相当小，那么很容易通过简单的搜索方案（通过空域或频域实现）来获得种子点初始位移的精确估计。在空域中，可以通过一个精细的搜索例程（在变形图像中的指定范围内逐个像素地执行）来确定目标子区的精确位置。一些方案（如粗到细、嵌套搜索方案[55]和求和表的方法[52]）可以用来加速计算。这些搜索方案产生 1 像素的分辨力。此外，按 Chen 等[56]实现并提倡的方案，还可以在傅里叶域中实现参考子区和变形子区之间的相关性。在傅里叶域中，两个子区之间的相关性计算方法为：通过第一个子区的傅里叶频谱与第二个子区的频谱的复共轭的复数相乘。由于能以非常高的速度实现快速傅里叶变换算法（FFT），因此傅里叶域关联也非常快。然而，由于在傅里叶域方法中隐含假定面内平移，两个子区之间发生较小的应变或旋转都将导致显著的误差。

前面提到的方法在大多数情况下表现良好。但是当参考子区和目标子区之间出现较大的转动或较大的变形时则会出现困难。在这些情况下，参考子区的一些像素超出了变形图像内假定子区的区域。因此，参考子区与假定变形子区之间的相似性将大大降低。从图 6.7（a）中可以看出，如果参考子区和变形子区之间只存在刚体平移，那么可以在相关系数分布中发现单个尖峰。与此相反，当出现 20°相对转动时，在相关分布图中甚至不会有单个尖峰，如图 6.7（b）所示。因此，这将导致整数像素位移搜索失败。

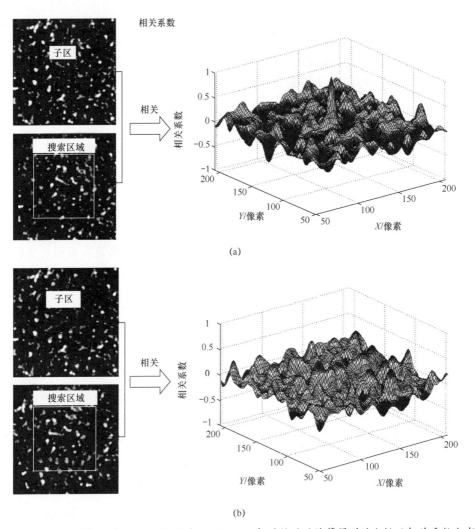

图 6.7　当变形图像受到（a）刚体平移和（b）20°相对转动时计算得到的全场互相关系数分布

　　因此，在这些情况下，为了实现可靠的变形初始猜测需要采用其他技术。例如，为了让牛顿–拉夫逊方法在这些情况下取得可靠的初始猜值，由 Pan 等[57]提出了一种技术。通过在参考子区中心周围手动选择 3 个或更多具有不同特性的点（x_i，y_i）（$i=1$，2，…，n，且 $n \geqslant 3$）以及它们在变形图像中对应的位置（x_i'，y_i'）（$i=1$、2、L、n，且 $n \geqslant 3$）来确定变形的初始猜值。因此，可以使用最小二乘法从它们的坐标对应关系（由一阶形函数描述）来求得初始猜值。此外，也可以使用诸如遗传算法[58]和所谓的 SIFT 鲁棒的特征匹配算法[59]之类的全自动技术来确定首个计算点的初始猜值。

　　6.2.3.2.2　运用可靠性导向转移方案求取剩余计算点初始猜值

　　为了给其余计算点提供准确的初始猜值，本节使用了一个简单而有效的初始猜值转移方案（以计算点的 ZNCC 相关系数为导向）。具体说来，从队列的顶部删除第一个点（它具有最大 ZNCC 系数）。然后，逐个分析它的 4 个（或 8 个）邻近点。如果它是一个有效点而且从未计算过，那么将使用牛顿 – 拉夫逊算法进行计算，以优化它的相关系数和变形参数。注意（如图 6.8 所示），邻居点的初始猜值 $P_{NP}^0 = \left(u_{NP}^0, u_{x\_NP}^0, u_{y\_NP}^0, v_{NP}^0, v_{x\_NP}^0, v_{y\_NP}^0 \right)^T$ 是根据移除点的计算出的变形参数（ $P_{RP} = \left(u_{RP}, u_{x\_RP}, u_{y\_RP}, u_y, v_{RP}, v_{x\_RP}, v_{y\_RP} \right)^T$ ）通过下式计算出的：

$$
\begin{cases}
u_{NP}^0 = u_{RP} + u_{x\_RP} \times \Delta x + u_{y\_RP} \times \Delta y \\
u_{x\_NP}^0 = u_{x\_RP} \\
u_{y\_NP}^0 = u_{y\_RP} \\
v_{NP}^0 = v_{RP} + v_{x\_RP} \times \Delta x + v_{y\_RP} \times \Delta y \\
v_{x\_NP}^0 = v_{x\_RP} \\
v_{y\_NP}^0 = v_{y\_RP}
\end{cases}
\tag{6.14}
$$

式中：Δx、Δy 为相邻点到移除点的距离（图 6.8）。我们应该注意到，由于式（6.14）考虑到局部位移梯度，因而提供非常精确的初始猜值估计。当变形图像涉及大幅度的相对变形或旋转时，牛顿 – 拉夫逊算法（其初始猜值由式（6.14）提供）通常显示出更好的收敛特性，从而导致较高的平均 ZNCC 系数（表明较高的配准精度）和较低的平均迭代次数（表明较高的计算效率）[60]。

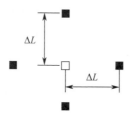

图 6.8　示意图显示，考虑到相邻的计算点之间的距离和位移梯度，初始猜值转移方案
得到改进的结果

□从队列顶部移除计算点，估计的位移向量为 $P_{RP(\text{Removed Point})} = \left(u_{RP},\ u_{x\_RP},\ u_{y\_RP},\ u_y,\ v_{RP},\ v_{x\_RP},\ v_{y\_RP} \right)^T$；

■处理邻居点，可以使用式（6.14）来估计其变形初始猜值 $P_{NP(\text{Neighboring Point})} = \left(u_{NP}^0,\ u_{x\_NP}^0,\ u_{y\_NP}^0,\ v_{NP}^0,\ v_{x\_NP}^0,\ v_{y\_NP}^0 \right)$。

之后，把所有刚刚计算过的点标记为已计算点，并根据其 ZNCC 系数值插入到队列中。重复这里所描述的初始猜值过程，直到队列为空，这意味着所有在感兴趣区域中定义的有效点已经计算，数字图像相关法分析过程结束。

6.2.3.3　RG – NR 算法示例

为了证明可靠性导向的位移跟踪法的有效性和鲁棒性，使用尺寸为 2mm ×

8mm×0.13mm 的狗骨形状铝制试件的试验图像。在实验前，通过在试件表面上喷涂白色和黑色涂料，人工制作散斑图案。在两端将试件牢牢夹住，将相应的图像拍摄为参考图像。之后，在右侧施加水平单轴拉伸载荷，并拍摄变形图像。使用提出的数字图像相关技术来处理图 6.9 所示的图像对，以提取全场位移场。

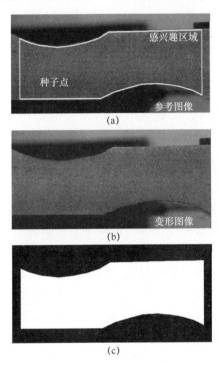

图 6.9 狗骨试件受到水平单轴拉伸载荷时的实验图像

(a) 参考图像；(b) 变形图像；(c) 二值图像显示指定的感兴趣区域内的所有有效点。

由于试件有两个半圆形切口，形状相对复杂，因此使用一个多边形来近似感兴趣区域，如图 6.9（a）所示。图 6.9（c）直观地显示出参照图像中定义的所有的有效点（以白色突出显示），感兴趣区域内的所有像素在相应的二值掩模 M_v 中标记为 1。对于形状不规则的感兴趣区域内的点，采用传统的数字图像相关方法不容易处理，在某些位置容易产生不正确的结果。使用可靠性导向的位移跟踪方法，计算从种子点开始（在图 6.9（a）中，种子点及其周围的子区采用红色绘制），然后通过计算点的 ZNCC 系数进行导向。图 6.10 给出在处理 u - 位移场、v - 位移场和 ZNCC 系数图的最终结果过程中的两个中间阶段。注意，图 6.10 所示的等高线图内的空隙区域表示后面将要计算的点。通过观察图 6.10 底部一行中所示的 ZNCC 系数分布，可以清楚地看出，位移是按照从具有较高 ZNCC 系数的点到具有较低 ZNCC 系数的点的顺序来测定的。形状不规则的感兴趣区域（包含所有边界点）的位移都被正确计算出来。

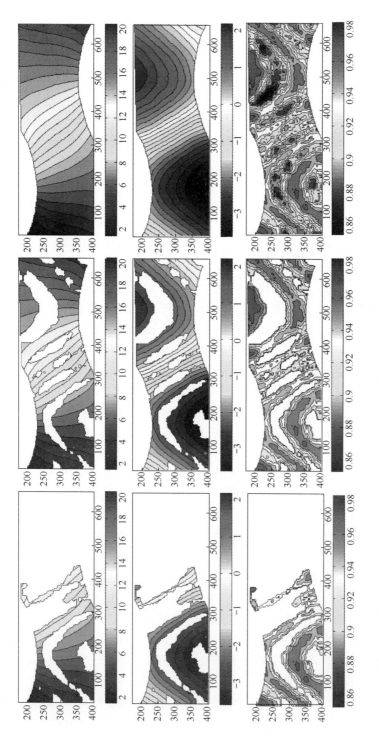

图6.10 使用该方法计算出的u-位移（上），v-位移（中）以及ZNCC系数映射（下）两个中间结果和最终结果。等高线图中的空隙区域表示那些ZNCC系数相对较低的点，后面将要处理这些点。

6.2.4　使用逐点最小二乘法估算应变场

利用位移映射算法，能够以亚像素精度得到全场的位移。然而，在实验固体力学的许多任务中，如材料的力学测试和结构应力分析，全场应变分布是更重要和最想要的结果。这是因为应变与测试样品的许多机械和物理量（如应力状态、弹性模量、泊松比、热膨胀系数）紧密相关。但是，专门针对应变场的可靠估算的研究较少，其中的一个原因是可以使用位移估计算法（例如，牛顿 - 拉夫逊算法）直接计算位移梯度（即应变）的事实。

然而，首先应当提及的是，使用牛顿 - 拉夫逊算法所估计的位移梯度的误差，通常限制它仅适于局部应变大于约 0.010 的场合[46]。此外，尽管在数学理论上应变与位移之间的关系可以描述为一个数值微分过程，但是这个数值微分过程被认为是不稳定和危险的操作，这是因为它可能放大计算得到的位移中所包含的噪声。因此，如果通过直接微分估算得到的包含噪声的位移的方式来计算它们，那么所得的应变是不可信的。例如，如果位移估计的误差估计为 ±0.02 像素，网格步长为 5 像素，那么通过前向差分计算所得应变的误差是 $\Delta\varepsilon = (|\pm0.02|+|\pm0.02|)/5 = 8000\mu\varepsilon$，中央差分为 $\Delta\varepsilon = (|\pm0.02|+|\pm0.02|)/10 = 4000\mu\varepsilon$ [61]。这种程度的误差可能会掩盖测试试件的基本应变信息，而这在大多数情况下是无法接受的。

因此有理由相信，通过首先平滑计算得到的位移场，随后求它们的微分以计算应变，将提升应变估计的准确度。基于这些考虑，有几名研究人员[62-64]提出一种技术，先用有限元方法平滑计算出的位移场，随后求它们的微分以计算应变。另外，分别引入了薄片样条平滑技术和其他 3 个平滑算法[65-68]，以消除位移场中包含的噪声。因为在进行平滑操作之后位移场包含的噪声水平显著下降，所以这些技术大大地增加了所得应变估算的精度。然而，这些平滑技术有两个缺点。首先，非常难以进行最佳的平滑。所得的位移场往往过度平滑或不充分平滑。其次，平滑的位移场中的小幅波动也可能通过数值微分放大。

目前，对于应变场估计，更实用的技术是 Wattrisse 等[69]和 Pan 等[41]使用和提倡的逐点局部最小二乘法拟合技术。为了分析薄扁平钢制试件在拉伸过程中出现的应变局部化现象，Wattrisse 等[69]实现了局部最小二乘法，根据使用数字图像相关方法计算出的离散且包含噪声的位移场来估算应变。为了获得位于计算边界的点的应变，在图像边界进行位移场的连续性延伸。Pan 等[41]也使用了类似的技术，他们使用了更简单且更有效的数据处理过程来计算位于图像边界、孔、裂缝和其他不连续区域的点的应变。

应变估计的局部最小二乘拟合技术的实现可按如下进行解释。如图 6.11 所示，假设要计算一个计算点 (x, y) 的应变。首先，在该点周围选择一个包含数量为 $(2N+1) \times (2N+1)$ 的离散点的正方形窗口（也称为应变计算窗口）。请注意，应变计算窗口的实际大小为 $(2N \times \Delta L)^2$ 个像素，其中 ΔL 表示相邻点之间的网格步长。如果应变计算窗口足够小，那么可以使用双线性函数来近似它内部的局部位移分布。因此，有

$$\begin{cases} u(x+i,y+j) \cong a_0 + a_1 i + a_2 j + a_3 ij \\ v(x+i,y+j) \cong b_0 + b_1 i + b_2 j + b_3 ij \end{cases} \tag{6.15}$$

式中：$i,j = -N \times \Delta L$：$N \times \Delta L$，为应变计算窗口内的本地坐标；u $(x+i,\ y+j)$ 和 v $(x+i,\ y+j)$ 为通过数字图像相关法获得的原始位移；如图 6.11 所示，$a_i = 0$，1，2，3、$b_i = 0$，1，2，3 是待确定的未知多项式系数。可以通过最小化下面这两个目标函数来估计这些未知参数：

$$\begin{cases} \chi^2(a_0,a_1,a_2,a_3) = \sum_{i,j \in W_s} \left[u(x+i,y+j) - \left(a_0 + a_1 i + a_2 j + a_3 ij \right) \right]^2 \\ \chi^2(b_0,b_1,b_2,b_3) = \sum_{i,j \in W_s} \left[u(x+i,y+j) - \left(b_0 + b_1 i + b_2 j + b_3 ij \right) \right]^2 \end{cases} \tag{6.16}$$

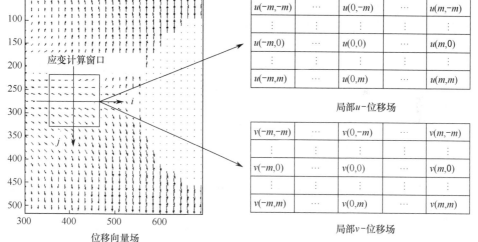

图 6.11　包含用于应变估计的 $(2m+1)$ × $(2m+1)$ 离散位移数据的局部应变计算窗口

有非常重要的一点需要注意的是，对于位于图像边界或不连续性区域附近的点，应变计算窗口包含的点数可能小于 $(2m+1) \times (2m+1)$。但是，根据式（6.16），通过简单忽略局部应变计算窗口内的这些无效点，仍然可以采用最小二乘法拟合来计算应变分量[41]。

一旦获得这些系数，就可以计算在局部子区域中心点处所需的柯西应变或格林应变。例如，可以根据下式计算柯西应变：

$$\varepsilon_x = \frac{\partial u}{\partial x} = a_1, \varepsilon_y = \frac{\partial v}{\partial y} = b_2, \gamma_{xy} = \frac{\partial u}{\partial y} + \frac{\partial v}{\partial x} = a_2 + b_1 \tag{6.17}$$

注释6.2 针对非均匀变形测量的适当应变窗口选取

因为局部拟合过程可以在很大程度上消除随机噪声，所以计算出的应变的精度大大提高。然而，有必要注意的是，为获得合理且准确的全场应变估计，以下两个方面非常重要，应予以考虑。一个是由数字图像相关法得到位移场的准确度，另一个是用于拟合的局部应变计算窗口的大小。对于均匀的变形，首选较大的应变计算窗口。然而，对于非均匀变形，必须小心选择应变计算窗口的适当尺寸，在应变的精度和平滑度之间进行平衡。因为较小的应变计算窗口不能抑制位移的噪声，而较大的应变计算窗口可能会导致应变计算窗口内变形的不合理线性近似。

6.2.5 二维数字图像相关法在应变测量中的应用

作为易于实现且有效的光学技术，二维数字图像相关法已在各种领域得到成功应用，用于标称平面物体的面内表面变形的测量。在本节中，作为一个简单但具代表性的应用实例，二维数字图像相关法被用于测量经受单轴拉伸载荷的铝制试件的面内应变。为了说明二维数字图像相关法的准确性和精确度，将二维数字图像相关法测量的应变与采用应变花（Strain Gauge Rosettes）测量的应变仔细进行比较。图6.12给出了使用分辨力为 1280×1024 像素的 8 位数字 CMOS 摄像头（DH－HV1351UM，中国北京大恒图像有限公司）以及精心设计的商用双侧远心镜头（Xenoplan 1∶5，德国施耐德光学公司）建立的高精度二维数字图像相关系统。在二维数字图像相关系统中使用高品质的远心镜头而不是常见的工业变焦镜头的原因在于，与普通工业镜头相比，高品质的双侧远心镜头可以提供两个明显的优势：①它可以保持恒定放大率，即使物体表面和成像面经受严重的面外运动；②镜头畸变小到可以忽略不计。

图6.13给出了拉伸试件的几何形状。试件样品是一个宽 20mm、厚 4mm 的狗骨铝合金。试件的总长度为 360mm，两个夹具之间的距离为约 280mm。在测试前，在试件的检查区喷涂白色和黑色涂料，以形成适于数字图像相关分析的随机散斑。为了进行比较，分别在随机散斑区域的上方和下方粘贴两个应变花。

拉伸实验在一台常见的万能试验机（WDW－100A，中国山东济南时代试金仪器有限公司）执行。试件的两端被测试机器紧紧夹住。在测试过程中，可移动上部夹持器以 50N/s 的恒定载荷率值拉伸样品。注意，考虑试验机的组装误差，以 1kN 的载荷阶段获取的图像作为参考图像，并且应变计读数已被清除。随后，以 0.5kN 的载荷步长拍摄图像，作为变形图像，同时记录应变花的数据。当测试机的载荷达到 8.5kN，测试暂停，载荷减少到 1kN。由于试验中的最大载荷比试件的屈服载荷小得多，因此可以重复使用试件进行测试。

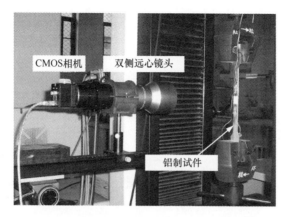

图 6.12 材料测试机器中安装的铝制拉伸试件，
用来比较二维数字图像相关法和应变计测试的应变结果

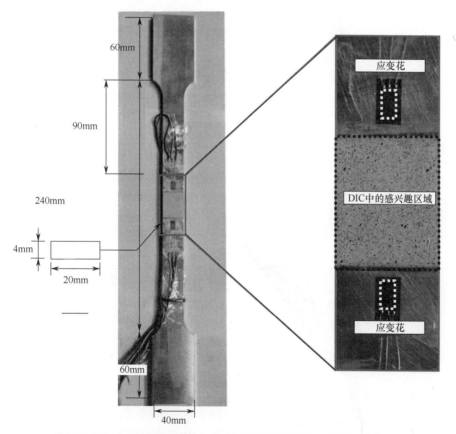

图 6.13 铝制试件的照片。在试件的中间形成随机的散斑图案。
在数字图像相关测量法感兴趣区域的上面和下面粘贴两个矩形的应变花

为使用数字图像相关法进行变形分析，首先选择具有 680 × 530 像素尺寸的计算面积，如图 6.14 所示。然后把该计算区域划分成均匀分布的 68 × 53 的虚拟网格，并且对于网格的每次逐点计算的关联匹配，子区大小选择为 41 × 41 像素。首先使用快速且鲁棒的牛顿－拉夫逊算法来分析图像系列，然后使用逐点最小二乘应变估计方法（应变窗口 21 × 21 点，对应于 200 × 200 像素区域）来局部拟合计算出的位移。最后，将计算出的全场应变的平均值视为结果应变，并与由两个应变花测定的平均应变进行比较分析。

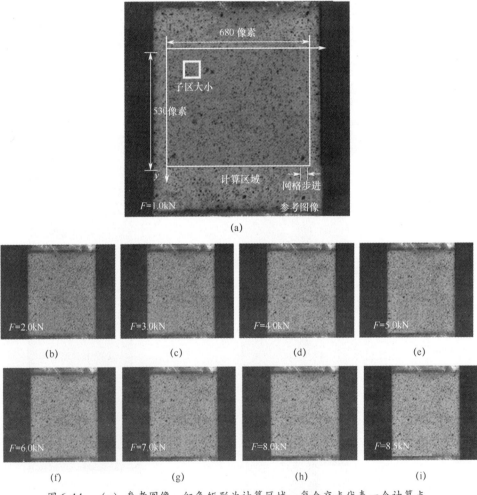

图 6.14　（a）参考图像：红色矩形为计算区域，每个交点代表一个计算点。黄色方框表示子区大小。（b）～（i）为在不同载荷阶段拍摄的变形图像

图 6.15（a）绘制出通过建议的高精度二维数字图像相关系统和应变花在不同载荷阶段测得的 x 和 y 方向的平均应变。值得注意的是，在 1kN 载荷阶段，平均应变为零，这是因为该状态被视为初始状态，应变计读数已被清除。由于使用

施耐德双侧远心镜头，因此各种不利因素带来的潜在应变误差被最小化，二维数字图像相关结果与应变花的测量结果相吻合。也可以看出，由两种不同的技术测定的应变均线性正比于所施加的载荷。然而，由于二维数字图像相关技术易受环境光照变化的影响，数字图像相关法测量的线性度稍逊于应变花测量结果。以应变花测量结果作为基准，将本文提出的高精度二维数字图像相关系统的应变误差绘制出来，如图 6.15（b）所示。轴向应变的平均误差 ε_x 估计为 $-7 \pm 50\mu\varepsilon$，而观察到的横向应变 ε_y 的平均误差为 $1 \pm 21\mu\varepsilon$。

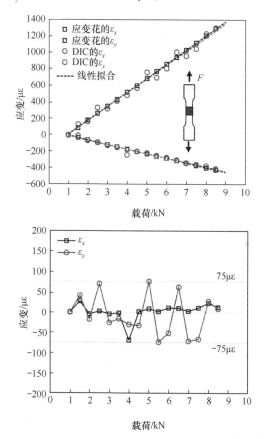

图 6.15 （a）使用应变花和既定二维数字图像相关系统测得的轴向和横向应变与所施加载荷的函数关系，（b）两种技术测得的 ε_x 和 ε_y 值的差异

另外，还进行了弹性模量和泊松比（客观代表机械性能）的测量。表 6.3 总结了既定二维数字图像相关系统和应变花测定的弹性模量和泊松比。通过二维数字图像相关系统测得的弹性模量和泊松比分别估计为 $74.1 \pm 0.62\text{GPa}$ 和 0.348 ± 0.02。应变花两个值分别估计为 $72.6 \pm 0.06\text{GPa}$ 和 0.326 ± 0.01。虽然这两个测量值的平均值非常接近，数字图像相关法测量值的标准偏差误差稍大。

表 6.3　既定二维数字图像相关系统和应变花测定的弹性模量和泊松比

测试序号	弹性模量/GPa		泊松比	
	应变计	二维数字图像相关法	应变计	二维数字图像相关法
1	72.6	73.4	0.326	0.322
2	72.7	74.6	0.327	0.362
3	72.6	74.3	0.326	0.360
平均值	72.6±0.06	74.1±0.62	0.326±0.01	0.348±0.02

6.3　三维数字图像相关法

　　为了克服二维数字图像相关技术的不足，人们开发出使用两台相机的更实用的三维数字图像相关技术，可以用于平面物体和曲面物体的形状和变形测量。虽然在三维数字图像相关法中可以直接使用基于子区匹配算法来确定差异和图像运动，但是为了估算两个摄像头的内参量和外参量（这对最终测量至关重要），需要用到立体视觉标定技术。本节简要说明了三维数字图像相关法的基本原理和执行过程，并演示了三维数字图像相关技术在形状和变形测量中的两种典型应用。

　　回想一下，前 6.2 节中描述的二维数字图像相关技术只能用于标称平面物体的面内变形。因此，对于宏观物体（如结构部件、具有弯曲表面的工业产品）的变形测量而言，先进的三维数字图像相关法是更实用和有效的方法，这是因为它可以用于平面和曲面的三维轮廓和变形测量，并且能够检测出离面位移而不受其影响。此外，为了满足小尺寸物体的形状和变形测量要求，已经在光学立体显微镜[70]以及荧光立体显微系统[71]中实现了三维数字图像相关法，能够对尺寸从数毫米变化到几个厘米的细小物体进行形状和变形测量。值得注意的是，把单个相机与反光镜[72]、双棱镜镜头[73]以及衍射光栅[74,75]组合起来，也可以实现三维数字图像相关测量。单相机三维数字图像相关系统的主要优点在于其成本较低，便于时间分辨测量，这是因为它可避免两台昂贵高速相机之间的软硬件同步。

6.3.1　基本原理和概念

　　三维数字图像相关方法是基于数字图像相关法和双目立体视觉的组合运用。它在保留二维数字图像相关技术非接触式、全场测量优点的同时，还克服了其固有的缺点。与二维数字图像相关法相比，三维数字图像相关法的优点体现在以下两个方面：①三维数字图像相关技术适于平面和曲面物体的形状和变形测量；②三维数字图像相关技术可以测量被测物体位移的所有 3 个分量。因此，可以准确地检测出装载期间少量出现的离面物体运动，而不影响其他两个面内位移分量的精度[11]。

图 6.16 给出了三维数字图像相关方法的基本原理示意图。在图 6.16 中，O_L 和 O_R 分别是左右相机的光学中心。可以观察到，一个物理点 P 在左相机的图像平面成像为点 P_L，在右相机的成像平面中成像为点 P_R。三维数字图像相关技术旨在从图像点 P_1 和 P_2 中精确地恢复点 P 相对于世界坐标系的三维坐标。可以通过广泛应用于计算机视觉的相机标定技术来建立世界坐标系。一般使用具有均匀分布特征（圆点或圆角）的平面标定目标。首先，两台相机同时从不同的角度采集标定目标的图像。然后，借助图像处理技术，检测标定目标图像中这些特征点的位置，并输入到标定模型，以优化每台相机的所需的内参量（包括有效焦距、主点坐标和镜头畸变系数）和内参量（包括相机相对于世界坐标系的三维位置和方位）。在根据三角测量原理来计算三维位置时，将要用到这些标定参量与每个计算点的视差数据。很明显，在变形前后重建的三维坐标之间的差异就是测定点的三维位移矢量。从该过程中可以得出结论，在三维数字图像相关技术的实现中包括两个关键步骤：①相机标定（即，立体视觉传感器标定）；②立体匹配[14]。

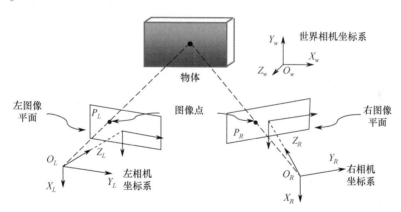

图 6.16 三维数字图像相关系统中运用的双目立体视觉原理示意图

6.3.2 双目立体视觉系统标定法

6.3.2.1 立体视觉系统中的成像模型

相机标定是确定相机的固有参数（例如，有效焦距、主点和镜头畸变系数）和外部参数（包括三维位置和相机相对于世界坐标系的方位）的方法。对于三维数字图像相关技术而言，标定还涉及确定两个相机之间的相对三维位置和方位。由于最终测量的精确度严重依赖于所获得的标定参数，相机标定在三维数字图像相关测量中起着至关重要的作用。

如图 6.16 所示，可以通过理想针孔模型表示三维点 $P(x_w, y_w, z_w)$（以 mm 为单位）到图像平面 (u, v) 的投影（以像素为单位）。三维点 P 和它的图像点

P_1 和 P_r 的关系如下：

$$s\begin{bmatrix} u \\ v \\ 1 \end{bmatrix} = A \begin{bmatrix} R & t \\ 0 & 1 \end{bmatrix} \begin{pmatrix} x_w \\ y_w \\ z_w \\ 1 \end{pmatrix}, \quad A = \begin{bmatrix} \alpha & \gamma & u_0 & 0 \\ 0 & \beta & v_0 & 0 \\ 0 & 0 & 1 & 0 \end{bmatrix} \quad (6.18)$$

式中：s 为任意的比例因子；A 为内部参数；R、t 为外部参数（对于每部相机，3 个表示旋转，3 个表示位移）。在相机内部参数矩阵 A 中，(u_0, v_0) 是主点的坐标，α 和 β 是图像 u 和 v 轴比例因子，γ 描述了两个图像轴的偏度[76]。

由于非线性光学畸变，这个方程不足以实现精确的相机标定。根据文献报告，在畸变函数中，径向分量很可能完全占主导地位，特别是由第一项占主导地位。还发现，任何更加精细的模型不仅无助于提供更高的精度，而且也将导致数值不稳定。出于这个原因，一般使用只考虑前两项的径向畸变函数。

设 (u, v) 是无畸变的像素图像坐标，$(\hat{u}, \tilde{v})$ 是相应的实际观察到的图像坐标。如果考虑到径向变形，那么有：

$$\begin{bmatrix} \bar{u} \\ \bar{v} \end{bmatrix} = \begin{bmatrix} u \\ v \end{bmatrix} + \begin{bmatrix} (u - u_0) \left[k_1 r^2 + k_2 r^4 \right] \\ (v - v_0) \left[k_1 r^2 + k_2 r^4 \right] \end{bmatrix} \quad (6.19)$$

式中：k_1 和 k_2 为径向畸变系数；r 为像点 (u, v) 和主点之间的距离。

虽然可使用广为接受的技术来完成单台相机的标定（例如，Zhang 的方法[76]），但是双目视觉系统的标定需要更多的额外工作[77]。在立体视觉系统中，除了每台相机的内参量，还应该精确地测定两台相机的相对位置和方位。假定一个空间点 P 的三维世界坐标在左右图像中的图像坐标分别由 x_w、x_l 和 x_r 表示。有

$$\begin{cases} x_l = R_l x_w + t_l \\ x_r = R_r x_w + t_r \end{cases} \quad (6.20)$$

根据这两个公式消去 x_w，得

$$x_l = R_l R_r^{-1} x_r + t_l - R_l R_r^{-1} t_r \quad (6.21)$$

设

$$\begin{cases} R_{r2l} = R_l R_r^{-1} \\ t_{r2l} = t_1 - R_l R_r^{-1} t_r \end{cases} \quad (6.22)$$

于是得

$$x_l = R_{r2l} x_r + t_{r2l} \quad (6.23)$$

总之，A_l、A_r、R_{r21}、t_{r21}、$k_{1,l}$、$k_{2,l}$、$k_{1,r}$、$k_{2,r}$ 为双目立体视觉系统需要标定的参数。

6.3.2.2　立体视觉标定

相机标定需要一个三维立体或二维平面标定目标[76-79]，可以使用数字图像处理算法来准确和自动提取其中的三维坐标已知的特征点。图 6.17 给出了用于三维数字图像相关技术几种典型标定模板。

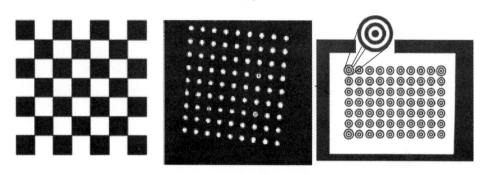

图 6.17　（从左往右）棋盘标定目标、原点标定目标和圆环标定模板

注释6.3　*使用非线性优化算法测定标定参数*

使用 Zhang 的方法[76]，可以针对标定目标的每个位置来测定左右相机的内部参数和外部参数（即，A_l、$R_{l,i}$、$T_{l,i}$ 和 A_r、$R_{r,i}$、$T_{r,i}$）。在拍摄目标图像期间，相机的相对位置和方位是固定的。因此，所有这些参数在理论上应是相同的。然而，由于各种噪声和计算误差，利用每幅标定图像所获得的这些参数并非完全相等。因此，对于两台相机的内部参数以及相对位置和方位的非线性最小二乘优化，可以使用以下目标函数进行全局优化[79]：

$$\sum_{i=1}^{n}\sum_{j=1}^{m_{l,i}}\parallel m_{l,ij}-\widetilde{m}(A_l,k_{1,l},k_{2,l},R_{1,i},t_{1,i},X_{1j})\parallel^2 +$$

$$\sum_{i=1}^{n}\sum_{j=1}^{m_{r,i}}\parallel m_{r,ij}-\widetilde{m}(A_r,k_{1,r},k_{2,r},R_{1,i},t_{1,i},R_{r21},t_{r21},X_{1j})\parallel^2 \tag{6.24}$$

式中：$\widetilde{m}(A_l,k_{1,l},k_{2,l},R_{1,i},t_{1,i},X_{1j})$ 和 $\widetilde{m}(A_r,k_{1,r},k_{2,r},R_{1,i},t_{1,i},R_{r21},t_{r21},X_{1j})$ 为使用非线性成像模型预测的左图像和右图像中第 j 个特征点的图像坐标，$m_{l,ij}$ 和 $m_{r,ij}$ 是利用特征提取技术得到相应的真实图像坐标。可使用列文伯格 – 马奎特（Levenberg – Marquardt）算法优化成本函数来测定标定参数。

6.3.3　立体视觉匹配

立体视觉匹配的目标是精确匹配左右相机拍摄的两幅图像中的相同物理点。这项任务通常被认为是立体视觉测量中最具挑战性的问题，现在通过二维数字图像相关领域采用的行之有效的基于子区匹配算法，可以容易地完成该项任务。

要重建物体采样表面的轮廓，应首先在左侧图像中指定感兴趣区域（ROI），所有的计算点都位于该区域内。然后，使用基于子区的关联算法，在右侧图像中搜索已知图像坐标的这些计算点，以确定其对应的图像坐标，其示意图如图6.18上图所示。随后，这些映射的图像坐标可用于感兴趣区域的轮廓重建。图6.18还指出了三维位移测量的详细过程。在参考图像对的左侧图像中定义感兴趣区域之后，使用相同的基于子区的匹配方法，在其他三幅不同的衍射图像（即，处于基准状态的右侧图像、处于变形状态的左侧图像和右侧图像）内搜索感兴趣区域内的每个测量点。基于视差信息和两台相机的标定参量，查询点 P 的世界坐标在变形前后分别重建为 $P(x_{u0}, y_{u0}, z_{u0})$ 和 $P'(x_{w1}, y_{w1}, z_{w1})$。显然，2 个坐标的差异产生 3 个位移分量（因外部载荷所致）。

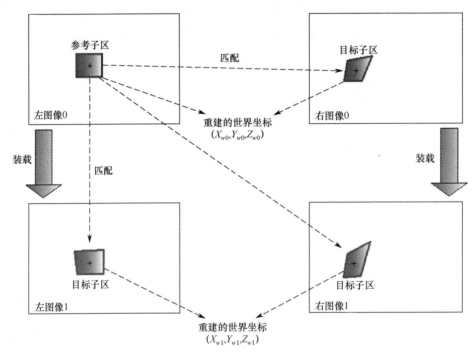

图 6.18　使用基于子区的二维数字图像相关法在剩余图像中
跟踪左图像 0（Left Image 0）中定义的每个计算点的位置

详细的匹配过程总结如下：

（1）把鲁棒 ZNSSD 准则与一个十二参数位移映射函数相结合，定义为目标函数。注意，在立体视觉匹配过程中，二阶形函数提供的结果一般比简单的一阶形函数更好，这是因为它能够逼真地模拟不同相机拍摄的目标子区的更复杂的变形。

（2）随后使用经典（牛顿－拉夫逊）算法和双三次插值方案来优化非线性

ZNSSD 准则，以确定所需的参数。还值得一提的是，可以使用一个简单但鲁棒的可靠性导向的位移跟踪方案[53]来指导牛顿 – 拉夫逊算法的计算路径，通过确保连续测量点之间的精确的初始猜值转移，它大大提高了牛顿 – 拉夫逊算法的计算效率。重复相同的过程以跟踪在变形后拍摄的两个图像感兴趣的考虑点的相应位置。

6.3.4　三维轮廓重建和变形计算

6.3.4.1　三维轮廓重建

根据获得的每台相机的标定参量以及计算出的图像点的视差，可以很容易地采用经典三角测量法来确定试件表面感兴趣区域中各点的三维世界坐标。

$$z_{c1}\begin{bmatrix} u_1 \\ v_1 \\ 1 \end{bmatrix} = \begin{bmatrix} m_{11}^1 & m_{12}^1 & m_{13}^1 & m_{14}^1 \\ m_{21}^1 & m_{22}^1 & m_{23}^1 & m_{24}^1 \\ m_{31}^1 & m_{32}^1 & m_{33}^1 & m_{34}^1 \end{bmatrix}\begin{bmatrix} x_w \\ y_w \\ z_w \\ 1 \end{bmatrix} \tag{6.25}$$

$$z_{c2}\begin{bmatrix} u_2 \\ v_2 \\ 1 \end{bmatrix} = \begin{bmatrix} m_{11}^2 & m_{12}^2 & m_{13}^2 & m_{14}^2 \\ m_{21}^2 & m_{22}^2 & m_{23}^2 & m_{24}^2 \\ m_{31}^2 & m_{32}^2 & m_{33}^2 & m_{34}^2 \end{bmatrix}\begin{bmatrix} x_w \\ y_w \\ z_w \\ 1 \end{bmatrix} \tag{6.26}$$

通过从这些方程中消除 z_{c1}、z_{c2}，可得到如下 4 个线性方程（作为所需世界坐标 (x_w, y_w, z_w) 的函数）。

$$\begin{cases} (u_1 m_{31}^1 - m_{11}^1)x_w + (u_1 m_{32}^1 - m_{12}^1)y_w + (u_1 m_{33}^1 - m_{13}^1)z_w = m_{14}^1 - u_1 m_{34}^1 \\ (v_1 m_{31}^1 - m_{21}^1)x_w + (v_1 m_{32}^1 - m_{22}^1)y_w + (v_1 m_{33}^1 - m_{23}^1)z_w = m_{14}^1 - v_1 m_{34}^1 \\ (u_2 m_{31}^2 - m_{11}^2)x_w + (u_2 m_{32}^2 - m_{12}^2)y_w + (u_2 m_{33}^2 - m_{13}^2)z_w = m_{14}^2 - u_2 m_{34}^2 \\ (v_2 m_{31}^2 - m_{21}^2)x_w + (v_2 m_{32}^2 - m_{22}^2)y_w + (v_2 m_{33}^2 - m_{23}^2)z_w = m_{14}^2 - v_1 m_{34}^2 \end{cases} \tag{6.27}$$

式（6.25）和式（6.26）的几何意义是通过 $o_{c1}p$ 和 $o_{c2}p$ 的空间线。因此，这两条线的交点给出了点 P 的确切世界坐标。然而，很显然，式（6.27）是一个超定函数，因此通常使用线性最小二乘法求解世界坐标 (x_w, y_w, z_w)。通过在其他兴趣点重复相同的过程，可以重建感兴趣区域的三维形状。

6.3.4.2　位移和应变估算

通过跟踪同一物理点在变形前后的坐标，可以确定各点的三维运动。同样地，可以利用上一节中所提出的相同技术，基于所获得的位移场进行应变估算。相对于匹配左侧基准图像和对应的右侧图像，匹配左侧参考图像和右侧变形图像可以提高计算精度。在变形后和变形前减去世界坐标，计算出因外部荷载引起的 3 个位移分量。

应变估计采用逐点局部最小二乘法处理 3 个有噪声且离散的位移分量 $u(x_w, y_w, z_w)$、$v(x_w, y_w, z_w)$ 和 $w(x_w, y_w, z_w)$，其中，x_w、y_w 和 z_w 是坐标。该方法如下所示：

$$\begin{cases} u(x_w, x_w, x_w) = a_0 + a_1 x_w + a_2 y_w + a_3 x_w y_w \\ v(x_w, x_w, x_w) = b_0 + b_1 x_w + b_2 y_w + b_3 x_w y_w \\ w(x_w, x_w, x_w) = c_0 + c_1 x_w + c_2 y_w + c_3 x_w y_w \end{cases} \tag{6.28}$$

可以采用线性最小二乘法来计算这些拟合系数，在此基础上可以相应地估算 6 个应变分量，即 $\partial u/\partial x$、$\partial u/\partial y$、$\partial v/\partial x$、$\partial v/\partial y$、$\partial w/\partial x$、$\partial w/\partial y$。

6.3.5 三维数字图像相关法在形貌和变形测量中的应用

6.3.5.1 使用三维数字图像相关技术测量卫星天线表面轮廓[80]

由北京航天器环境工程研究所（BISCEE）提供的碳纤维复合材料卫星天线是由以环氧树脂为基体缠绕的碳纤维（T–700）制成。图 6.19（a）给出了包含几何信息的试验天线样本示意图，图 6.19（b）是由左侧相机所拍摄的天线表面的图像。应当注意的是，天线表面涂有水彩颜料，以在测试之前产生随机散斑状图案。这里之所以使用水彩颜料，是因为在试验后用水冲洗天线就可方便且完全地消除图案。将样品牢牢地固定到基部，以防止在图像采集期间发生意外的刚体运动。

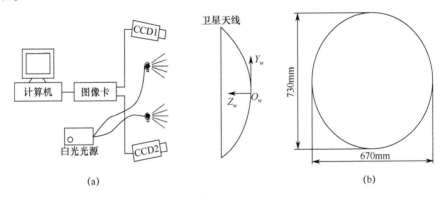

(a) (b)

图 6.19 三维数字图像相关试验装置和测试卫星的示意图

图 6.19 给出了三维数字图像相关试验装置的示意图。使用两台分辨力为 1280×1024 像素、动态范围为 256 级灰度的电荷耦合器件 CCD 相机（1302UM，中国北京大恒图像有限公司）同时从两个方向拍摄试件表面的数字图像。由于天线的直径相当大，使用两个 8mm 焦距成像镜头进行适当的成像。为保证高图像分辨力和高图像质量，相机和镜头均经过调节，使试件填满图像的整个宽度（图 6.19），镜头光圈被设置为最小值，以取得最大的焦深。此外，为更好地成

像，使用光纤冷光源来照亮天线试件表面。

在试验过程中，首先由两台相机在不同方位采集 6 对棋盘标定图案的图像。然后，同时拍摄天线试件表面的两幅图像，随后使用采用 Visual Basic 开发的三维数字图像相关软件进行数字图像处理和分析。

使用上述相机标定技术，可以得到每个相机的内参量，如表 6.4 所列。使用 Zhang 的方法可观察到，对于左相机和右相机重投影误差的标准偏差分别为 0.0936 和 0.1028。使用列文伯格 – 马奎特算法进行全局优化后，所有角度的重投影误差的标准偏差降低到 0.0924。

在表 6.4 中，(u_0, v_0) 为原点的坐标，f_x 和 f_y 分别为 x 和 y 轴上的有效焦距，k_1 和 k_2 分别为成像镜头的一阶和二阶径向畸变系数。也可以根据左右相机的外参量（如表 6.5 所列）来获得左侧相机到右侧相机的相对方向和位置。

表 6.4　左右相机的内参量

内部参数	(u_0, v_0)	f_x（像素）	f_y（像素）	k_1	k_2
左相机	(599.56, 478.13)	1600.65	1597.49	− 0.08866	0.176398
右相机	(675.44, 451.81)	1586.03	1587.11	− 0.10054	0.165968

表 6.5　左右相机之间的相对位置和方位

$\alpha/$（°）	$\beta/$（°）	$\gamma/$（°）	t_x/mm	t_y/mm	t_z/mm
− 1.266	− 22.944	− 1.123	344.399	− 9.759	61.513

图 6.20 给出了由左右相机拍摄的天线表面图像。为了获得全场的测量结果，绘制一个多边形来近似出天线的边缘，并在多边形内部选取均匀分布的点（间隔步长大小）作为计算点。为了保证可靠的立体匹配，参考子区内的所有像素（以当前计算点为中心）也应该位于多边形内。在关联计算过程中，子区大小设为 41×41 像素，步长（两个相邻处理点之间的距离）设为 5 像素。图 6.21 给出了使用前面描述的立体匹配算法获得的 x 和 y 方向视差。

使用表 6.4 和表 6.5 给出的标定数据以及图 6.21 中所示的视差数据，可以确定和重建卫星天线的表面轮廓，结果如图 6.22 所示。图 6.22（a）是卫星天线表面的二维等高线图，其中等高线的小幅波动表明不可避免的噪声影响。图 6.22（b）表示卫星天线表面的三维等高线图（Topographic Plot），它提供了更直观的外观。测量结果表明，该碳纤维复合材料卫星天线的表面遵循抛物线函数，这很好地符合了最初的设计。

为了验证测量精度，将所获得的表面轮廓与使用商业三维坐标测量机（CMM）（IOTA 1203，中国北京中国航空工业集团公司航空精密工程研究所）测得的结果进行比较。三维坐标测量机使用接触式探针来检测物体表面点的三维坐标，测量精度可达 $5\mu m$。图 6.23 给出了比较结果。应该注意的是，为了说明的

(a)   (b)

图 6.20   (a) 左相机和（b）右相机拍摄的卫星天线表面图像

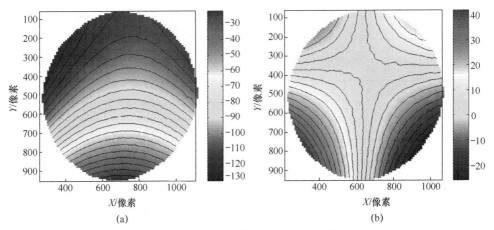

(a)   (b)

图 6.21　左右图像之间的视差映射

（a）x 方向；（b）y 方向（单位：像素）。

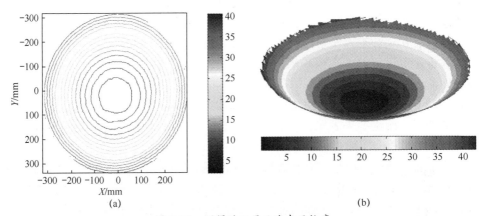

(a)   (b)

图 6.22　测得的卫星天线表面轮廓

（a）二维等高线图；（b）三维等高线图（单位：mm）。

清晰性，图中仅绘出沿水平中心线的表面轮廓。从图 6.8 中可以看出，这两个轮廓吻合良好，最大误差小于 0.8mm。从该图中也可注意到，由三维坐标测量机测得的信息要比由三维数字图像相关测定稍低。这可以通过以下事实来解释：三维坐标测量机的接触式探头通过一定量的力（在本试验中为 0.1N）接触试件表面，这导致轮廓检测结果稍低。

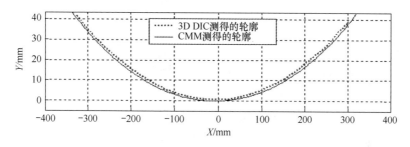

图 6.23　3D – DIC 技术和三维坐标测量机测得的轮廓比较

6.3.5.2　使用主动成像三维数字图像相关技术测量高温应变[81]

　　现有的三维数字图像相关系统通常使用白色光源或自然光照亮测试样品表面，然后通过两台配备普通成像镜头的电荷耦合器件（CCD）或互补金属氧化物半导体（CMOS）相机被动地采集反射光。这种常规的光学成像系统可以接收相机敏感波长范围内的所有光。作为一种基于图像的光学测量技术，所记录散斑的对比度在三维数字图像相关测量中具有重要影响。因此，为了保证测量的精确度，在实验过程中应保持照度和环境光的稳定。虽然使用鲁棒的关联准则（例如，ZNSSD 准则）可以很好地补偿照明光的照度线性变化，照明源和环境光的大幅度不均匀变化将导致所拍摄的图像出现相应的非线性光强变化甚至饱和，从而导致三维数字图像相关测量中出现较大的误差，甚至导致测量失败。

　　在实验室中，可以容易地满足对稳定的照明和环境光的要求。然而，在一些罕见的测量环境中（如非实验室测量或高温环境），这种要求是很难满足，甚至是不可能满足的。在前面提及的恶劣或极端环境中实施三维数字图像相关技术的主要挑战在于，如何获得图像对比度恒定的高品质的数字图像以及防止出现散斑图案的去相关效应。为了获得长时间或宽温度范围的图像对比度恒定的高质量的图像，必须将环境光变化以及炽热物体的热辐射对所拍摄图像造成的影响最小化。基于这样的考虑，结合单色光照明和带通滤波成像技术，建立一套鲁棒的主动成像三维数字图像相关系统。图 6.24（a）是已建立的主动成像三维数字图像相关系统的照片，它包含一个自行开发的单色光源，两个光学带通滤波器被紧紧地安装两个定焦镜头的正前方，两台空间分辨力为 1392 × 1040 像素、256 级灰度的数字 CCD 相机（MV – VS141FM，中国西安尉氏影像有限公司）。

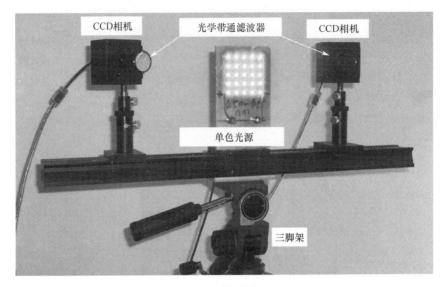

(a)

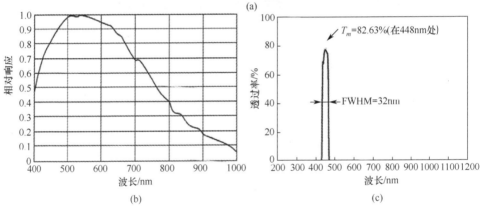

(b)   (c)

图 6.24   （a）自行搭建的主动成像三维数字图像相关系统的照片，（b）CCD 相机的量子效率
曲线，（c）安装在成像镜头前的带通滤波器的传输效率

图 6.24（b）为使用的 CCD 相机的量子效率。相机对波长为 400nm ~
1000nm 范围内的光敏感，而 CCD 相机对 400 ~ 750nm 范围内发射的光的量子效
率超过 50%。很清楚，环境光或该带通范围内通过炽热物体发射的热辐射会影
响所拍摄的图像的亮度。在已建立的主动成像的三维数字图像相关系统中，采用
一个自制的单色蓝光 LED 光源（发射波长为 450 ~ 455nm）来照亮测试物体的表
面，以提供均匀稳定的照明，如图 6.24（a）所示。在这两个成像镜头的正前方
安装两个光学带通滤波器（中心波长为 450 ± 2nm，半峰全宽（FWHM）值约为
32nm）。图 6.24（c）给出了带通滤波器的传输效率曲线。光学带通滤波器的功
能是允许所有的主动照明单色光进入相机传感器，并切断所有波长小于 428nm 或

大于 470nm 的光。如图 6.24（c）所示，对于以 450～455nm 波长发射的主动照明单色光，带通滤波器表现出非常高的传输效率（超过 80%）。然而，对于带通范围以外的波长的光，带通滤波器的传输效率非常低（接近零）。因为过滤器的带通范围内的环境光或自辐射光只有非常有限的成分可以通过滤波器，所以与主动照明单色光相比，非预期的环境光对所拍摄图像的强度的贡献可以忽略。后面还会说明，即使环境照明的能量被故意改变或炽热的测试对象发射耀眼光芒，采用本文的主动成像三维数字图像相关方法获取的图像依然具有恒定的图像对比度。因此，使用三维数字图像相关技术，有可能对在实验室环境之外或极端高温环境下的目标进行高精确度和高保真度的形状和变形测量，因此，三维数字图像相关技术的应用范围大大延伸。

　　为测量高温环境下的三维变形，使用 2mm 厚的铬 - 镍弯板奥氏体不锈钢样品（材料型号为 No 1Cr18Ni9Ti）。为了确保使用三维数字图像相关技术测量的可靠性和精确性，在样品表面涂上能够耐受 1700℃ 高温的白色散斑颗粒，形成适合于数字图像相关应用的人工随机散斑图案。将试件垂直放置在试件台上，距离用于加热试件的石英灯红外线加热装置前方约 200mm，如图 6.25（a）所示。在该

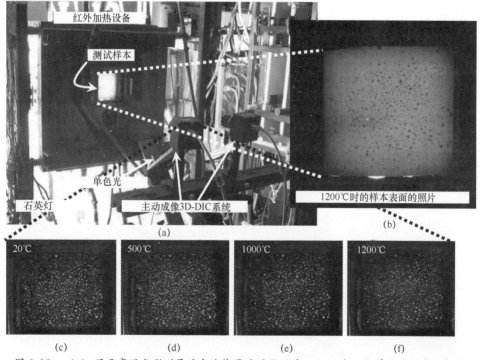

图 6.25　（a）用于高温变形测量的实验装置的原位照片，（b）由一台普通的数字照相机拍摄的 1200℃ 试件表面照片，（c）～（f）在温度分别为 20℃、500℃、1000℃ 和 1200℃ 时由左相机拍摄的表面图像

试验中，首先，把试件加热到20℃，使用主动成像三维数字图像相关系统拍摄试件表面的图像对，将其作为参考图像。然后，以100℃温度增量持续地将试件从100℃加热至1200℃。当达到预设温度时，在15s的停留时间之后拍摄图像对。总共拍摄12幅变形图像对。图6.25（c）～（f）给出了在温度分别为20℃、500℃、1000℃和1200℃时由左相机拍摄的4幅图像。图6.25（b）给出由一台普通的彩色数字相机拍摄的1200℃试件表面照片。图6.26给出在1200℃所得的x方向、y方向和z方向的位移场。面内旋转已被删除。

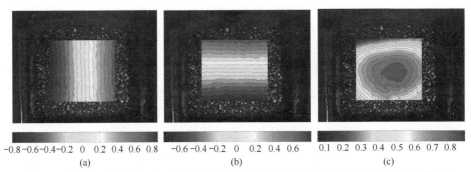

图6.26　去除面内刚体运动之后由主动成像三维数字图像相关系统测量的在1200℃下

试件的热变形

（a）u-位移；（b）v-位移；（c）w-位移（单位：mm）。

图6.27绘制检测到的x方向和y方向的热膨胀，该值几乎随着温度的增加而线性增加。将测得的热应变与理想的热应变（按《中国航空材料手册》计算）进行比较。图6.27证实了本书提出的主动成像三维数字图像相关系统用于高温应变测量的精度。

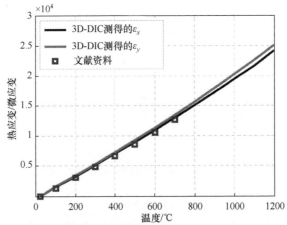

图6.27　主动成像三维数字图像相关系统测得的热应变与

二维数字图像相关系统测得的文献数据比较

6.4　结论和后续工作

这一章阐述了用于表面变形测量技术的简单且实用的二维和三维数字图像相关技术的基本原理和实现步骤。此外还展示了这些技术的代表性应用，以证明其有效性和实用性。随着高精度、易于实现的立体视觉标定技术的发展和普及，考虑到三维数字图像相关技术更高的精度和更广泛的适用性，很显然，对宏观物体和结构的变形测量而言，三维数字图像相关技术将获得越来越广泛的应用。然而，对于不同的时间和空间尺度的标称平面物体的面内变形测量，二维数字图像相关技术仍然算是一种简单、更具成本效益而实用的工具。特别是观察和定量测量缩小尺寸的微观尺度变形，二维数字图像相关技术与高空间分辨力成像设备（尤其是扫描式电子显微镜和原子力显微镜）相结合仍是最有效和不可替代的工具。

在过去的 30 年中，数字图像相关技术得到了许多研究人员不断的改进，逐渐演变为实验力学领域最著名和最流行的工具。多家公司开发的界面友好、功能强大、效率较高的商用数字图像相关系统纷纷上市。然而，开发用于全自动、实时、高精度测量的智能数字图像相关技术的终极目标尚未实现。为此，还需要克服的一些重要的挑战包括，各种计算参数的自动化、自适应、最佳化选取（尤其是适当的子区大小、位移跟踪的位移映射函数以及用于应变场估计的最佳应变计算窗口）和立体视觉系统的全自动、高精度标定。

参考文献

[1] Rastogi, P. K. *Photomechanics (Topics in Applied Physics)*, Springer Verlag, 2000.

[2] Schnars U., Jueptner W. *Digital holography*. Springer, 2005.

[3] Post, D., Ifju, P., Han, B. T. *High Sensitivity Moiré*. Springer, New York, 1994.

[4] Sirkis, J. S., Lim, T. J. Displacement and strain – measurement with automated grid methods. *Exp. Mech.* 1991, 31 (4): 382 – 388.

[5] Sutton, M. A., Orteu, J. J., Schreier, H. W. *Image correlation for shape, motion and deformation measurements*. Springer, 2009.

[6] Pan, B., Qian K. M., Xie H. M., Asundi A. Two – dimensional Digital Image Correlation for In – plane Displacement and Strain Measurement: A Review. *Measurement Science and Technology*. 2009, 20: 062001.

[7] Pan, B., Recent Progress in Digital Image Correlation. *Exp. Mech.* 2011, 51, 1223 – 1235.

[8] Peters, W. H., Ranson, W. F. Digital Imaging Techniques in Experimental Stress Analysis. *Opt. Eng.* 1981, 21: 427 – 431.

[9] Peters, W. H., Ranson, W. F., Sutton, M. A., et al. Application of digital correlation meth-

ods to rigid body mechancis. *Opt. Eng.* 1983, 22 (6): 738 – 742.

[10] Chu, T. C., Ranson, W. F., Sutton, M. A., et al. Applications of digital – image – correlation techniques to experimental mechanics. *Exp. Mech.* 1985. 25 (3): 232 – 244.

[11] Sutton, M. A., Yan, J. H., Tiwari, V., Schreier, W. H., Orteu, J. J. The effect of out – of – plane motion on 2D and 3D digital image correlation measurements. *Opt. Lasers Eng.* 2008, 46: 746 – 757.

[12] Pan, B., Yu, L. P., Wu, D. F. High – accuracy 2D digital image correlation measurements with bilateral telecentric lens: error analysis and experimental verification. *Exp Mech.* 2013, 53 (9): 1719 – 1733.

[13] Luo, P. F., Chao, Y. J., Sutton, M. A., et al. Accurate measurement of three – dimensional displacement in deformable bodies using computer vision. *Exp. Mech.* 1993, 33 (2): 123 – 132.

[14] Garcia, D., Orteu, J. J., Penazzi, L. A combined temporal tracking and stereo – correlation technique for accurate measurement of 3D displacements: application to sheet metal forming. *Journal of Materials Processing Technology*, 2002, 125: 736 – 742.

[15] Bay, B. K., Smith, T. S., Fyhrie, D. P., et al. Digital volume correlation: Three – dimensional strain mapping using X – ray tomography. *Exp. Mech.* 1999, 39 (3): 217 – 226.

[16] Bay, B. K. Methods and applications of digital volume correlation. *J. Strain Anal. Eng. Des.*, 2008, 43 (8): 745 – 760.

[17] Helm, J. D., McNeil, S. R., Sutton, M. A. Improved three – dimensional image correlation for surface displacement measurement. *Opt. Eng.* 1996, 35 (7): 1911 – 1920.

[18] Pan, B., Xie, H. M., Gao, J. X., Asundi, A. Improved Speckle Projection Profilometry for Out – of – plane Shape Measurement. *Applied Optics*, 2008, 47 (29): 5527 – 5533.

[19] Sun, Z. L., Lyons, J. S., McNeill, S. R. Measuring microscopic deformations with digita limage correlation. *Opt. Lasers Eng.* 1997; 27: 409 – 428.

[20] Zhang, D. S., Luo, M., Arola, D. D. Displacement/strain measurements using an optical mi croscope and digital image correlation. *Opt. Eng.* 2006, 45 (3): 033605.

[21] Berfield, T. A., Patel, H. K., Shimmin, R. G., Braun, P. V., Lambros, J., Sottos, N. R. Fluorescent image correlation for nanoscale deformation measurements. *Small* 2006; 2: 631 – 635.

[22] Sabate, N., Vogel, D., Gollhardt, A., et al. Measurement of residual stresses in microma – chined structures in a microregion. *Applied Physics Letters*, 2006, 88 (7), Art. No. 071910.

[23] Kang, J., Jain, M., Wilkinson, D. S., et al. Microscopic strain mapping using scanning electron microscopy topography image correlation at large strain. *Journal of Strain Analysis for Engineering Design*, 2005, 40 (6): 559 – 570.

[24] Wang, H., Xie, H., Ju, Y., et al. Error analysis of digital speckle correlation method under scanning electron microscope. *Exp. Tech.* 2006, 30 (2): 42 – 45.

[25] Sutton, M. A., Li, N., Garcia, D., et al. Metrology in a scanning electron microscope: theoretical developments and experimental validation. *Meas. Sci. Technol.* 2006, 17 (10): 2613 – 2622.

［26］Chasiotis, I. , Knauss, W. G. A New Microtensile Tester for the Study of MEMS Materials with the aid of Atomic Force Microscopy. *Exp. Mech.* 2002, 42（1）: 51 – 57.

［27］Knauss, W. G. , Chasiotis, I. , Huang, Y. Mechanical Measurements at the Micron and Nanometer Scales. *Mechanics of Materials*, 2003, 35（3 – 6）: 217 – 231.

［28］Chang, S. , Wang, C. S. , Xiong, C. Y. , et al. Nanoscale in – plane displacement evaluation by AFM scanning and digital image correlation processing. *Nanotechnology* 2005, 16 （4）: 344 – 349.

［29］Li, X. D. , Xu, W. J. , Sutton, M. A. , et al. Nanoscale deformation and cracking studies of advanced metal evaporated magnetic tapes using atomic force microscopy and digital image correlation techniques. *Meas. Sci. Technol.* 2006, 22（7）: 835 – 844.

［30］Siebert, T. , Becker, T. , Spiltthof, K. , et al. High – speed digital image correlation: error estimations and applications. *Opt. Eng.* 2007, 46（5）: 051004.

［31］Tiwari, V. , Sutton, M. A. , McNeill, S. R. Assessment of high speed imaging systems for 2D and 3D deformation measurements: Methodology development and validation. *Exp. Mech.* 2007, 47（4）: 561 – 579.

［32］Pankow, M. , et al. , Three – dimensional digital image correlation technique using singl ehigh – speed camera for measuring large out – of – plane displacements at high framing rates. *Appl. Opt.* 2010.

［33］Yoneyama, S. , Kikuta, H. , Kitagawa, A. , Kitamura, K. Lens distortion correction for digital image correlation by measuring rigid body displacement. 2006, *Opt Eng.* 45（2）: 023602.

［34］Pan, B. , Yu, L. P. , Wu, D. F. , Tang, L. Q. Systematic errors in two – dimensional digital image correlation due to lens distortion. *Opt Lasers Eng.* 2013, 51（2）: 140 – 147.

［35］Ma, S. P. , Pang, J. Z. , Ma, Q. W. The systematic error in digital image correlation induced by self – heating of a digital camera. *Meas Sci Technol.* 2011, 23: 025403.

［36］Pan, B. , Yu, L. P. , Wu, D. F. High – accuracy 2D digital image correlation measurements with low – cost imaging lenses: implementation of a generalized compensation method. *Measurement Science & Technology*, 2014, 25（2）: 025001.

［37］Schreier, H. W. , Sutton, M. A. Systematic Errors in Digital Image Correlation Due to Undermatched Subset Shape Functions. *Exp. Mech.* 2002, 42（3）: 303 – 310.

［38］Lu, H. , Cary, P. D. Deformation Measurement by Digital Image Correlation: Implementation of a Second – order Displacement Gradient. *Exp. Mech.* 2000, 40（4）: 393 – 400.

［39］Pan, B. , Xie, H. M. , Wang, Z. Y. Equivalence of Digital Image Correlation Criteria for Pattern Matching. *Appl Opt.* 2010, 49（28）: 5501 – 5509.

［40］Tong, W. An evaluation of digital image correlation criteria for strain mapping applications. *Strain*, 2005, 41（4）: 167 – 175.

［41］Pan, B. , Asundi, A. , Xie, H. M. , Gao, J. X. Digital Image Correlation using Iterative Least Squares and Pointwise Least Squares for Displacement Field and Strain Field Measurements. *Optics and Lasers in Engineering.* 2009, 47（7 – 8）: 865 – 874.

［42］Huang, J. Y. , Zhu, T. , Pan, X. Y. , Qin, L. , Peng, X. L. , Xiong, C. Y. , Fang, J. A high efficiency digital image correlation method based on a fast recursive scheme. *Meas. Sc. Technol.* 2010, 21, 035101.

[43] Press, W. H. , *C + + Numerical algorithms*. Beijing : Publishing House of Electronics Industry, 2003.

[44] Schreier, H. W. , Braasch, J. R. , and Sutton, M. A. Systematic errors in digital image correlation caused by intensity interpolation. *Opt Eng.* 2000; 39 (11): 2915 – 2921.

[45] Pan, B. , Li, K. A fast digital image correlation method for deformation measurement. *Optics and Lasers in Engineering.* 2011; 49 (7): 841 – 847.

[46] Bruck, H. A, McNeil, S. R. , Sutton, M. A. , Peters, W. H. Digital Image Correlation Using Newton – Raphson Method of Partial Differential Correction. *Exp. Mech.* 1989, 29 (3): 261 – 267.

[47] Vendroux, G. , Knauss, W. G. Submicron Deformation Field Measurements: Part2. Improved Digital Image Correlation. *Exp. Mech.* 1998, 38 (2): 86 – 92.

[48] Pan, B. , Xie, H. M. , Xu, B. Q. , Dai, F. L. Performance of Sub – pixel Registration Algorithms in Digital Image Correlation. *Measurement Science and Technology*, 2006, 17 (6): 1615 – 1621.

[49] Sun, Y. , Pang, J. H. L. , Wong, C. K. , et al. Finite element formulation for a digital image correlation method. *Applied optics*, 2005, 44 (34): 7357 – 7363.

[50] Besnard, G. , Hild, F. , Roux, S. "Finite – element" displacement fields analysis from digital images: application to Portevin – Le Chatelier bands. *Experimental Mechanics*, 2006, 46 (6): 789 – 803.

[51] Ma, S. , Zhao, Z. , Wang, X. Mesh – based digital image correlation method using higher order isoparametric elements. *The Journal of Strain Analysis for Engineering Design*, 2012, 47 (3): 163 – 175.

[52] Pan, B. An evaluation of convergence criteria for digital image correlation using inverse compositional Gauss – Newton algorithm. *Strain*, 2014, 50 (1): 48 – 56.

[53] Pan, B. Reliability – guided digital image correlation for image deformation measurement. *Appl Opt* 2009; 48 (28): 1535 – 1542.

[54] Pan, B. , Wang, Z. Y. , Lu, Z. X. Genuine full – field deformation measurement of an object with complex shape using reliability – guided digital image correlation. *Opt Express* 2010; 18 (2): 1011 – 1023.

[55] Zhang, Z. F. , Kang, Y. L. , Wang, H. W. , et al. A novel coarse – fine search scheme for digital image correlation method. *Measurement*, 2006, 39 (8): 710 – 718.

[56] Chen, D. J. , Chiang, F. P. , Tan, Y. S. , Don, H. S. Digital speckle – displacement measurement using a complex spectrum method. *Appl Opt* 1993; 32 (11): 1839 – 1849.

[57] Pan, B. , Xie, H. M. Digital Image Correlation Method with Differential Evolution. *Journal of Optoelectronics & Laser.* 2007, 18 (1): 100 – 103. (in Chinese)

[58] Zhang, J. Q. , Zeng, P. , Lei, L. P. , Ma, Y. Initial guess by improved population – based intelligent algorithms for large inter – frame deformation measurement using digital image correla-

tion. *Optics and Lasers in Engineering*. 2012, 50 (3): 473 – 490.

[59] Zhou, Y. H., Pan, B., Chen, Y. Q. Large deformation measurement using digital image correlation: a full automatic approach." *Applied Optics*, 2012, 51 (31): 7674 – 7683.

[60] Zhou, Y. H., Chen, Y. Q. Propagation function for accurate initialization and efficiency enhancement of digital image correlation. *Optics and Lasers in Engineering*. 2012, 50 (12): 1789 – 1797.

[61] Pan, B., Xie, H. M., Guo, Z. Q., Hua, T. Full – field Strain Measurement using a Two dimensional Savitzky – Golay Digital Differentiator in Digital Image Correlation. *Optical Engineering*, 2007, 46 (3): 033601. 2.

[62] Sutton, M. A., Turner, J. L., Bruck, H. A., Chao, T. A. Full – field Representation of Discretely Sampled Surface Deformation for Displacement and Strain Analysis. *Exp. Mech.* 1991; 31 (2): 168 – 177.

[63] Meng, L. B., Jin, G. C., Yao, X. F. Application of iteration and finite element smoothing technique for displacement and strain measurement of digital speckle correlation. *Opt. Lasers Eng.* 2007; 45: 57 – 63.

[64] Yoneyama, S. Smoothing Measured Displacements and Computing Strains Utilising Finite Element Method. *Strain* 2011; 47: 258 – 266.

[65] Tong, W. Detection of plastic deformation patterns in a binary aluminum alloy. *Exp. Mech.* 1997; 37 (4): 452 – 459.

[66] Wang, C. C. B., Deng, J. M., Ateshian, G. A., et al. An automated approach for direct measurement of two – dimensional strain distributions within articular cartilage under unconfined compression. *J. Biomech. Eng – T ASME* 2002; 124 (5): 557 – 567.

[67] Xiang, G. F., Zhang, Q. C., Liu, H. W., et al. Time – resolved deformation measurements of the Portevin – Le Chatelier bands. *Scripta Materialia*, 2007, 56 (8): 721 – 724.

[68] Han, Y. G., Kim, D. W., Kwon, H. J. Application of digital image cross – correlation and smoothing function to the diagnosis of breast cancer. *J. Mech. Behav. Biomed.* 2012; 14: 7 – 18.

[69] Wattrisse, B. C., Muracciole, A., Nemoz – Gaillard, J. M. Analysis of strain localization during tensile tests by digital image correlation. *Exp. Mech.* 2001, 41 (1): 29 – 39.

[70] Schreier, H. W., Garcia, D., Sutton, M. A. Advances in light microscope stereo vision. *Exp. Mech.* 2004; 44: 278 – 288.

[71] Hu, Z. X., Luo, H. Y., Du, Y. J., Lu, H. B. Fluorescent stereo microscopy for 3D surface profilometry and deformation mapping. *Opt. Express*, 2013, 20, 11808 – 11818.

[72] Pankow, M., Justusson, B., Waas, A. M. Three – dimensional Digital Image Correlation Technique Using Single High – speed Camera for Measuring Large Out – of – plane Displacements at High Framing Rates. *Applied Optics*, 2010, 49 (17): 3418 – 3427.

[73] Genovese, K., Casaletto L., Rayas, J. A., Flores, V., Martinez, A. Stereo – Digital Image Correlation (DIC) measurements with a single camera using a biprism. *Optics and Lasers in Engineering*. 2013, 51 (3): 279 – 285.

[74] Xia, S., Gdoutou, A., Ravichandran, G. Diffraction Assisted Image Correlation: A Novel-

Method for Measuring Three – Dimensional Deformation using Two – Dimensional Digital Image Correlation. *Experimental Mechanics*, 2013: 1 – 11.

[75] Pan, B. , Wang, Q. Single – camera microscopic stereo digital image correlation using a diffraction grating. *Optics Express*, 2013: 21, 25056 – 25068.

[76] Zhang, Z. Y. A flexible new technique for camera calibration. *IEEE Transactions on Pattern Analysis and Machine Intelligence*, 2000, 22 (11): 1330 – 1334.

[77] Xue, T. , Wu, B. , Zhu, J. G. , et al. Complete calibration of a structure – uniform stereovision sensor with free – position planar pattern. *Sensors and Actuators A – Physical*, 2007, 135 (1): 185 – 191.

[78] Vo, M. , Wang, Z. Y. , Luu, L. , Ma, J. Advanced geometric camera calibration for machine vision. *Optical Engineering*, 2011, 50 (11): 110503.

[79] Zhang, H. , Zhang, L. Y. , Chen, J. , Zhao, Z. P. Field Calibration of Binocular Stereo System Based on Planar Template and Free Snapping. *Acta Aeronautica & Astronautica Sinica*, 2007, 28 (3): 695 – 701 (In Chinese).

[80] Pan, B. , Xie, H. M. , Yang, L. H. , Wang, Z. Y. Accurate measurement of satellite antennasurface using 3D digital image correlation technique. *Strain*, 2009, 45, 194 – 200.

[81] Pan, B. , Wu, D. F. , Yu, L. P. Optimization of a three – dimensional digital image correlation system for deformation measurement in extreme environments. *Applied Optics*, 2012, 51, (19): 4409 – 4419.

第7章　数字条纹投影轮廓测量

7.1　简　介

从历史上看，条纹投影轮廓测量本质上基于为干涉测量技术而开发的数据处理方法。然而，与干涉测量依赖于信息的光程差提供的信息不同，条纹投影轮廓测量利用三角测量原理。在早期的研究工作中，往往利用光栅生成投影图案，当投影的图案稍微散焦时，图案的光强表现出正弦分布。近年来，使用数字条纹投影方法，它属于一系列被称为结构化光投影[1,2]的三角测量方法。该方法的采用在很大程度上归因于数字设备（诸如数字投影仪和电荷耦合器件相机）的出现，这些设备使得人们可以投射和拍摄各种各样的图案。作为三角测量法的一个分支，数字条纹投影[3]在很多方面具备独特优势。

本章将介绍数字条纹投影轮廓测量技术的原理和发展。首先描述使用条纹投影的动机和三角测量的基本原理。之后讨论运用数字条纹投影方法进行形状测量。本章还有一些带有解的练习题。

7.2　方法的原理

数字条纹投影轮廓测量本质上基于三角测量原理，对得到的条纹图案进行量化相位估算。随后针对标准结果进行相位值标定，从而得出物体的实际轮廓。

7.2.1　三角测量法

还记得看到投射到平整表面（例如，教室墙壁或电影院屏幕）上的垂直线吗？也许记得这条线在表面上保持平直。还记得看到这样一条被投射到弯曲表面上的线吗？也许不记得了，但只要做一个简单的实验就可以看到：把数字投影机连接到电脑，在屏幕上显示一张带有垂直线的图像，将投影机指向一个不平整的表面，走几步以远离投影机，同时观察投射的线。看到了什么？最有可能的是，将再也看不到一条直线。它可能是一条沿着表面曲率的曲线，或者如果表面有明显的间断，那么它也可能是一条虚线。现在，走到投影机的后面，调整观察方向，使视角沿着投射光束的方向。你看到了什么？现在这条线是直的。

我们刚刚亲身体验了三角测量原理。如果投影方向与观察方向之间有一定角度，那么直线就会被弯曲，角度越大，曲率越大。使用光学理论术语来说，深度灵敏度随着三角测量角度增大而增大。因此，三角测量原理可应用于深度的测定，这不是可在二维图像上直接测量的一个量。

除了确实观察到曲线的这个事实之外，究竟如何才能定量测量深度信息？考虑以下实验：在两个预定位置上对一个平坦的参考面进行成像：平面 1（z_1）和平面 2（z_2），在两个面之间大致中央的位置上放置一个弯曲的物体。将一条直线投射到这个平坦的参考面和物体上。图 7.1（a）给出了这条直线在这三个面上的投影，图 7.1（b）给出了相机拍摄的图像。该线在面 1 和面 2 中的 x 坐标分别是 x_1 和 x_2。由于物体表面弯曲，投射到物体上的线是弯曲的，它的坐标 x_o 随 y 而变化。

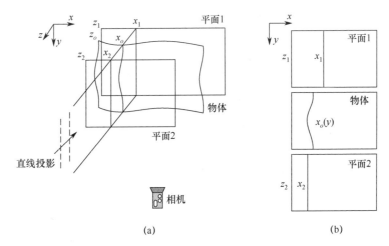

(a) (b)

图 7.1　（a）将垂直线投射到位于位置 z_1 和 z_2 的参考面和位于 z_o 的物体上，（b）该线条在平面 1 和平面 2 上始终是直的，但在物体上看上去是弯曲的

我们关注的是找出物体上的某个点的深度，或更准确地说，投影线上该点的 z 坐标。不难看出，这类点的 z 坐标与 x_o、x_1、x_2、z_1 和 z_2 相关：

$$\frac{z_o - z_1}{z_2 - z_1} = \frac{x_o - x_1}{x_2 - x_1} \tag{7.1}$$

因为 $z_2 - z_1$ 是已知的，并且可以从图像中确定 x_1、x_2 和 x_o，因此可由下式计算该点的深度：

$$z_o - z_1 = \frac{x_o - x_1}{x_2 - x_1}(z_2 - z_1) \tag{7.2}$$

要计算这条线上其他点的深度，只需要利用各点的坐标 $x_o(y)$。随后，可以得到这条线的深度信息。这样就基于投影线的 x 坐标完成了深度信息的定量测量。你可能有个疑惑，在这个试验中，深度测量的精度取决于线条测量方法的准确度。

7.2.2　条纹投影

在前面的实验中产生的问题是：如何获取物体的全场深度图？简单的答案是：通过在物体的不同位置投射许多线条来扫描整个物体表面，并计算每行的深度，从而重建全场深度图。

练习 7.1

使用数字投影仪，给出两种在物体上投射线条图案的方法。

解：

第一种方法是，生成一系列图像，每幅图像都有一条线。每幅图像上的线均与下一幅图像上的线保持一定的距离。然后将这些图像投射到测试物体上。第二种方法是在物体上投射一个线图像。然后多次移动该物体，每次拍摄图像。随后将拍摄的图像进行组合，以形成线图案。

该方法被称为线扫描（Line - scan）法，已广泛用于许多实际应用。然而，它有一定的局限性，例如扫描持续时间和采样间隙（两条投影线之间的间隙）。如果在某些应用中这些缺点可能会导致严重的问题，那么必须找到替代的解决方案。图 7.2（a）给出的一个方案可解决其中的一些问题。它并不是一次投影一条线，而是一次性投射两条具有合理间距的线。由于存在间距，如图 7.2（b）所示，因此可以容易地辨别这两条线。随后，可以从一组图像中获得两条线的轮廓。其结果是，在双线投影中，获得全场深度图所需的扫描时间减少 1/2。为进一步减少时间，可以增加一次性投射的线条数量，但是这可能会导致新的问题。

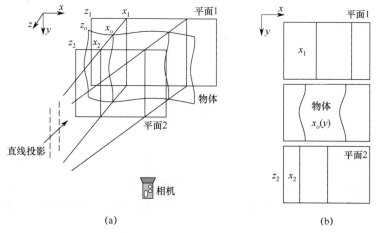

图 7.2　（a）同时投射两条垂直线，（b）投影线被记录到每幅图像中

随着线条数量的增加，线条之间的间距随之减小，图像中的线条变得越来越难以辨别，特别是在表面轮廓急剧变化的区域。如果某条线的顺序被错误识别，将引入较大的误差。

对于这些问题，一个有见地的解决办法是投射正弦条纹图案，如图 7.3 所示。条纹图案具有正弦变化的光强分布，因此采用线检测方式来定位 x 坐标的方法不再适用。相反，采用一种相位检测方法。在以前的方法中，坐标 x_1、x_2 和 x_0 对应于投影线在 3 幅图像中的 x 坐标。现在，它们对应于具有相似相位的点的 x 坐标。其余为获得深度信息的计算是相似的。

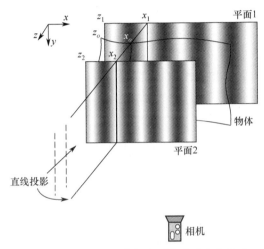

图 7.3 将正弦波图案投射到参考面和物体面

使用条纹图案的优点是：①只需一幅图像就可以提供整个表面的信息，因此不再需要进行扫描；②不再存在两条投影线的间隙问题，这是因为表面上的每一点都被采样；③可以通过多种方法（在 7.2.3 节讨论）准确地检测每个点的相位值的级数；④精度与相位测量精度有关，而这要比线检测方法的精度高得多。

练习 7.2

在测量物体轮廓时，请解释何时采用水平或垂直条纹图案。

解：

如果投影仪和相机的光学中心都位于一个水平面，那么应该使用垂直条纹图案。在这种情况下，水平条纹图案无法检测深度变化。另一方面，如果它们位于垂直面，那么应该使用水平条纹图案。一般而言，为了实现最高的灵敏度，条纹图案的方向应该垂直于在两个中心所在的平面。

7.2.3　相位估算

在条纹投影法中，非常重要的是要为条纹图案的每个像素获得正确的相位。这分两个步骤进行：包裹相位提取和相位展开。前者的重点是从一个或一个以上条纹图案中检索包裹在 2π（即在 $[-\pi, \pi]$ 的范围内）的相位值。后者关注的是从包裹在 2π 的值中恢复连续相位分布。有许多相位提取和相位展开方法。在下面的章节中，我们将介绍几个特别有用的方法。

7.2.3.1　傅里叶变换

如 7.2.2 节所提到的，条纹图案的空间强度在相位前进方向上（如图 7.3 的 x 方向）是正弦分布。强度分布可以表示为

$$I(x,y) = a(x,y) + b(x,y)\cos\theta(x,y) \tag{7.3}$$

式中：I 为所记录的强度；a 和 b 分别为背景强度和调制强度；θ 为相位值。在式（7.3）中，可以使用正弦或余弦函数。本章后面将一直使用余弦函数。相位值 θ 是一个近周期函数，其主频率为 f_0（被称为载频），信息与轮廓相关。使用欧拉公式可以把式（7.3）改写为

$$I = a + \frac{be^{j\theta}}{2} + \frac{be^{-j\theta}}{2} \tag{7.4}$$

式中：j 为 $\sqrt{-1}$（注意，为了简化，省略函数表示法 (x,y)）。对投射在试件上的条纹图案（图 7.4（a））进行傅里叶变换，得到 3 个光谱集中的区域[4,5]，如图 7.4（b）所示。这 3 个集中区域对应于式（7.4）的三项。区域之间的距离为 f_0。

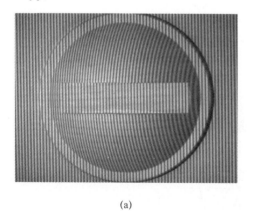
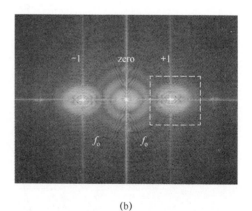

(a)　　　　　　　　　　　　　　　　(b)

图 7.4　（a）投射到试件上的条纹图案。（b）图（a）中的条纹图案的傅里叶变换光谱。光谱集中区域为 0 阶、 -1 和 +1 频率分量

为了检索相位值 θ，可以使用 -1 或 +1 频率分量。首先，如图 7.4（b）表

示，选择 -1 或 $+1$ 分量，区外的傅里叶变换的实部和虚部被设定为零。然后，对修改后的数据进行傅里叶逆变换，得到单个频率分量，如下所示：

$$c = \frac{be^{j\theta}}{2} = \frac{b}{2}(\cos\theta + j\sin\theta) \tag{7.5}$$

在 [4，5] 中，在进行傅里叶逆变换之前应用光谱移位，这相当于去除载波相位分量。这一过程将在 7.2.4 节中讨论。最后，使用下式计算相位值 θ：

$$\theta = \arctan\frac{\mathrm{Im}(c)}{\mathrm{Re}(c)} \tag{7.6}$$

式中：Re 和 Im 分别为复数的实部和虚部；θ 的值在 2π 范围内测定。在一般情况下，要使用傅里叶变换方法来获得 θ 的值，只需要一个条纹图案。

7.2.3.2　相移法

相移法[6]要求输入至少 3 幅相移条纹图案，这是因为正弦强度分布有 3 个未知数 a、b 和 θ（参见式（7.3））。要产生一幅相移条纹图案非常简单：通过改变条纹图案的初始相位（图 7.5）并按顺序投射到物体上即可。

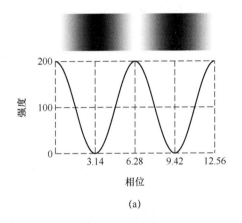

(a)

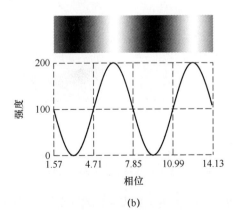

(b)

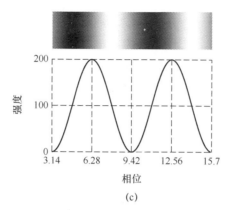

(c)

图 7.5　三幅 90°相移条纹图案

　　有重要的一点需要注意，相移是指一个特定像素由于相位改变而不是条纹图案的空间移位而造成强度变化，尽管后者是一个可见的结果。相移算法应用于像素点的相移强度，而不是条纹图案的空间部分，尽管后者也是正弦分布的。

　　条纹图案中的一个像素的强度（经过 n 次相移）可表示为

$$I_i = a + b\cos(\theta + \delta_i) \tag{7.7}$$

式中：$i \in [1, n]$；δ_i 为在每个步骤中引入的已知相移。如果 $n = 3$，那么可测定未知量 a、b 和 θ。如果 $n > 3$，那么可以使用最小二乘误差来求得这些未知量。I_i 改写为

$$I_i = a + b\cos\theta\cos\delta_i - b\sin\theta\sin\delta_i \tag{7.8}$$

设 $B = b\cos\theta$ 且 $C = -b\sin\theta$。误差函数定义为

$$E(a, B, C) = \sum_{i=1}^{n} (I_i - a - B\cos\delta_i - C\sin\delta_i)^2 \tag{7.9}$$

　　取 E 相对于 a、B 和 C 的偏导数，所得表达式等于零，求解 B 和 C，然后可以从下面的等式得到 θ 在 2π 范围内的值：

$$\theta = \arctan\frac{-C}{B} \tag{7.10}$$

练习 7.3

以矩阵形式表示 $\partial E/\partial a = 0$、$\partial E/\partial B = 0$ 和 $\partial E/\partial C = 0$，$a$、$B$ 和 C 作为矢量中的未知量。

解：

矩阵为

$$\partial E/\partial a = -2\sum_{i=1}^{n} (I_i - a - B\cos\delta_i - C\sin\delta_i) = 0$$

$$\partial E/\partial B = -2\sum_{i=1}^{n}(I_i - a - B\cos\delta_i - C\sin\delta_i)\cos\delta_i = 0$$

$$\partial E/\partial C = -2\sum_{i=1}^{n}(I_i - a - B\cos\delta_i - C\sin\delta_i)\sin\delta_i = 0$$

$$\sum_{i=1}^{n}\begin{bmatrix}1 & \cos\delta_i & \sin\delta_i \\ \cos\delta_i & \cos^2\delta_i & \sin\delta_i\cos\delta_i \\ \sin\delta_i & \sin\delta_i\cos\delta_i & \sin^2\delta_i\end{bmatrix}\begin{bmatrix}a \\ B \\ C\end{bmatrix} = \sum_{i=1}^{n}\begin{bmatrix}I_i \\ I_i\cos\delta_i \\ I_i\sin\delta_i\end{bmatrix}$$

7.2.3.3 空域相位展开

在获得包裹相位图之后，下一步是展开相位值，以恢复没有 2π 跳的连续相位分布。简单的一维相位展开（图7.6）涉及从左到右扫描包裹相位图，并在每个位置的相位值加上或减去 2π 的整数倍，以获得实际表面轮廓对应的连续曲线（图7.6（b））。

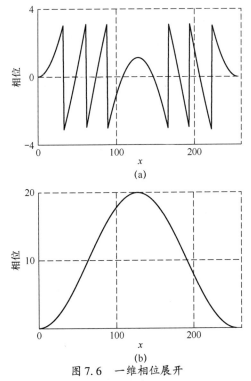

图 7.6 一维相位展开

（a）包裹相位图；（b）展开的相位轮廓。

二维相位展开变得复杂得多，这是因为存在许多可能的展开路径（相反，一维展开只有唯一的一条路径）。在二维相位展开中，对于每一步，展开路径都可能从 x 轴方向变成 y 轴方向，反之亦然，并且根据所选择的路径，结果会有所不同。例如，如果在所选路径的早期遇到一个噪声区，那么误差将被转入到后续像素中。因此，误差会积累。然而，如果直到接近路径的末端时才遇到噪声区，那么误差将仅限于该区，而不会影响其他像素。在文献［7］中就空间相位展开算法以及如何生成一条获得可接受结果的良好路径进行了详细讨论。

注释 7.1　*质量导向的相位展开*

对于相位展开，一个特别有效的方法称为质量导向的相位展开（Quality - guided Phase Unwrapping）。它依靠质量图来确定展开路径。在每一步中，在处理当前像素后，下一个要处理的像素由传播边界上具有最高质量的像素来确定。这种方法确保展开路径在移动到更可能遇到误差的低质量区域之前快速移动到更高质量的区域。该方法对于相位条纹来说是有效的，其中条纹对比度（调制强度与背景强度之比：b/a）是一种精确的质量指标。调制强度和背景强度均可以从相移算法获得。低条纹对比度通常是由光束无法到达的暗区造成的，从而导致较低的信噪比以及不准确的结果。质量导向的相位展开算法将在最后阶段处理这些低条纹对比度区，以减少误差积累。

练习 7.4

给定 ψ 为展开的相位值，请说明如何获得相应的包裹相位值。

解：

设 ψ 为展开的相位值，它对应的包裹相位值是 $\theta = \arctan\ (\sin\psi/\cos\psi)$。通过检查 $\sin\psi$ 和 $\cos\psi$ 的符号，可以确定 θ 的值位于 2π 范围内。

7.2.3.4　时域相位展开

虽然空间相位展开速度很快，而且只需要一幅包裹相位图，但它也有一定的局限性。例如，如果物体轮廓比较复杂，那么空间相位展开经常产生不理想的结果。如果视场中包含多个轮廓断开或高度不同的物体，那么空域方法未必能产生预期的结果。

空域相位展开依据像素的相邻像素来确定其相位值，时域相位展开则与此不同，它单独处理每个像素[8]。该方法依靠像素的不同计算的相位值来确定其实际的相位值。多频条纹投影[9,10]就是这样的技术，它采用时域相位展开。图 7.7（a）给出 4 个频率级别的条纹图案，这从最低频率 L1 到最高频率 L4。如果条纹图案是相移，并随后投射到平坦的面上，那么包裹相位图类似于图 7.7（b）中所示。在相位展开之前，每级的相位数据缩放 2^{n-i} 倍，其中 n 为级别总数，i 为相位图的级别序号。图 7.7（c）给出了部分这样的缩放的相位数据。

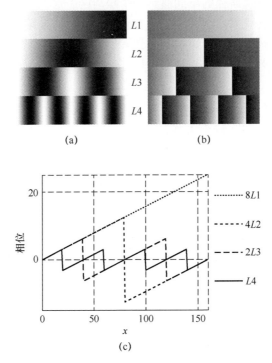

图 7.7　（a）4 个频率 L1 到 L4 的条纹图案，（b）图（a）中条纹图案对应的包裹相位图，
（c）图（b）中部分按照不同系数缩放的包裹相位图

对于相位展开，从级别 L4 相位值中加上或减去 2π 的适当倍数。使用其他级别的相位数据来确定要使用的适当倍数。这个过程涉及比较 L4 中的像素相位值 $\theta_4(x,y)$ 与 L3 中对应的像素相位值 $\theta_3(x,y)$，并按照以下步骤进行：①如果 $|\theta_4(x,y) - \theta_3(x,y)| \in [-\pi, \pi]$，那么 $\theta_4(x,y)$ 保持不变；②如果 $\theta_4(x,y) - \theta_3(x,y) > \pi$，那么从 $\theta_4(x,y)$ 中减去 2π；③如果 $\theta_4(x,y) - \theta_3(x,y) < -\pi$，那么 $\theta_4(x,y)$ 加上 2π。

然后，将修订的相位值 $\theta_4'(x,y)$ 与 L2 中其对应的像素相位值 $\theta_2(x,y)$ 进行比较。再次执行与上述类似的过程。然而，条件阈值为 -2π 和 2π，而不是 π。如果遇到条件②或条件③，那么从 $\theta_4'(x,y)$ 减去或加上 4π 值，以获得另一个修订的相位值 $\theta_4''(x,y)$，然后将其与 L1 中对应的像素的相位值 $\theta_1(x,y)$ 进行比较。条件阈值再次加倍，再次应用相同的过程，即从 $\theta_4''(x,y)$ 中减去或加上所得的 2π 倍数。与空域相位展开不同，时域相位展开不需要与任何相邻像素的值进行比较。

注意，在上述相位展开的过程中，展开的相位图始终包含条纹的最高频率。其原因是，条纹频率越高，展开过程对表面轮廓变化的灵敏度越高。

注释 7.2　绝对相位

虽然多频条纹投影方法所依赖的包裹相位图要比空间相位展开多得多，但是它有一个明显的优势：只要 $L1$ 中的条纹图案没有变化，展开的相位图就不会包含随机相位偏移。这样获得的相位值可以称作绝对相位，因为它是由 $L1$ 中的条纹图案而不是由相位展开过程确定的。空间相位展开中存在随机偏移，偏移与起始象素的相位相关，而且对于不同的实验，偏移值可能会发生变化。偏移值会影响整个相位图，并且在关注绝对相位的场合，多频条纹投影方法是最适合的。

练习 7.5

在使用多频条纹投影技术时，如果从一级到下一级条纹频率没有增加 1 倍而是增加 3 ~ 4 倍，那么时域相位展开方法是否仍然有效？必须相应地做出什么改变？

解：

时域相位展开过程仍然是有效的。要做出的改变是：相位值相乘的系数不是 2^{n-i}，而应该使用系数 3^{n-i}（3 倍）或 4^{n-i}（4 倍），其中 n 为级别总数，i 为级别序号。图 7.8 给出了投射到电插头试件上的条纹频率 4 倍增加的例子。

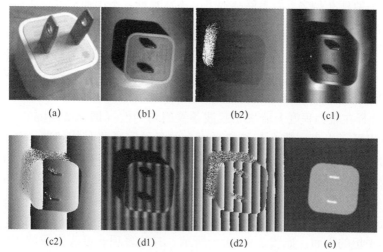

(a)　　　　　(b1)　　　　　(b2)　　　　　(c1)

(c2)　　　　　(d1)　　　　　(d2)　　　　　(e)

图 7.8　通过多频条纹投影法对表面轮廓剧烈不连续的电插头试件进行测量，
从一级到下一级频率增量为 4 倍

（a）电插头试件；等级 $L1$ 的（b1）条纹图案和（b2）包裹相位图；等级 $L2$ 的（c1）条纹图案和（c2）包裹相位图；等级 $L3$ 的（d1）的条纹图案和（d2）包裹相位图；（e）消除载波相位分量的展开相位图。

7.2.4 相位标定

根据应用的不同，条纹投影系统的标定可能会变化。如果需要相位与高度的关系，那么可以测量高度已知的物体，并通过从展开相位图中消除载波相位分量来获得相位与高度系数。如果目标是物体三维重建，那么需要完整的三维标定。在下面的章节中说明3种方法，涵盖各种目的的优良技术。

7.2.4.1 载波相位消除

载波条纹是由条纹投影产生的条纹图案。载波条纹变形（导致条纹相位变化）将提供物体的表面轮廓信息。因为它是相位变化，而不是所关注的载波条纹的原始相位，因此，应该把后者从展开相位图中消除[11]。一种方便的消除载波相位分量的方法是由下式给出的二维多项式函数来确定该分量[12]：

$$\theta_p(x,y) = \begin{aligned} & a_{0,0} + a_{0,1}x + \cdots + a_{0,n}x^n \\ & a_{1,0} + a_{1,1}xy + \cdots \\ & + \cdots \\ & a_{n-1,0}y^{n-1} + a_{n-1,1}xy^{n-1} \\ & a_{n,0}y^n \end{aligned} \tag{7.11}$$

式中：n 为多项式的阶数；$a_{j,i}$ 为未知系数，而 i 和 j 分别为 x 和 y 的幂。基于最小二乘技术估计 $\theta_p(x,y)$ 的系数。为求取未知系数，采用如下所示误差函数：

$$E(a_{0,0}, \cdots, a_{0,n}, \cdots, a_{n,0}) = \sum_{(x,y) \in U} \left[\theta_p(x,y) - \theta_e(x,y) \right]^2 \tag{7.12}$$

式中：U 为包含载波相位的区域；θ_e 为实验获得的展开相位的值。为使误差最小化，与各个系数对应的 E 的各个偏导 $a_{j,i}$ 均被设置为0。这将产生 $(n+1)(n+2)/2$ 个线性方程组，从其中可以得到未知数。

n 的选择在很大程度上取决于载波条纹的均匀性（即条纹间隔）。如果在投影系统发出平行光束，那么在参考平面上的条纹间隔将是均匀的。在这种情况下，使用一阶多项式函数（$n=1$）就能准确地估计载波相位分量。如果投射会聚或发散的光束，就需要高阶多项式。必须借助于四阶或更高阶多项式的情况非常罕见。图7.9给出了消除载波相位的效果。由于投影条纹并不是完全平行的，一阶多项式函数将不能够准确地估计载波相位分量，任何剩余的残余载波相位将扭曲原本平坦的平面，如图7.9（b）所示。二阶多项式可改进载波相位消除处理效果，如图7.9（c）的平坦平面所示。

在消除载波相位分量之后，得到相位与高度的线性关系，可以测量已知高度的步长。两个连续的步骤之间的实际步长高度和相位差之比由该系数表示。

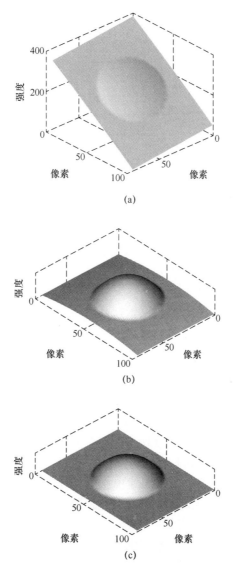

图 7.9　（a）展开相位图，其中包含一个隆起和一个载波相位分量，（b）消除通过一阶
多项式函数估算的载波相位分量，（c）消除采用二阶多项式函数估算的载波相位分量

7.2.4.2　多参考平面标定

投射在物体上的条纹图案的强度随着物体的距离而发生变化。尽管全局强度
变化不会严重影响所得的相位值，但是它确实会在一定程度上降低测量精度。其
他因素（诸如透镜失真和对焦）在不同的距离也有不同的效果。为了有效地处
理这些影响，可以采用多参考平面标定。最简单的版本是图 7.3 给出的双平面装
置方法。

一个更有效的版本是，在几个轴向距离处（沿 z 轴）测量参考平面，每个增量距离保持相当小。然后在各个位置记录展开相位图（无相位消除）。在这里，记录绝对相位，不同距离的像素相位值直接指示相位变化。

在计算物体的展开相位值之后，将每个像素相位（θ_0）与参考平面中的对应像素相比较。得到最近两个参考平面（相位 θ_1 和 θ_2），而每个像素位置（沿 z 轴）是根据 $(\theta_0 - \theta_1)/(\theta_0 - \theta_2)$ 的比值在两个基准位置的基础上通过插值得到。对于在物体上所有的点，重复该过程，以获得整个表面轮廓。该方法确保只有最适合的（最近的）参考相位值被用于计算物体的表面轮廓。强度变化、镜头畸变、对焦等因素已经全部考虑在内。因此，测量结果在很大程度上不受它们的影响。

7.2.4.3 三维标定

完整的三维标定将建立二维图像和三维全局坐标之间的关系。已经提出了各种标定方法（主要依靠计算机视觉领域发展的技术)[13,14]。其中的一个关键步骤是获得所用相机的成像参数。相机成像参数由一个 3×4 矩阵表示，它包含诸如焦距和其他基于全局坐标的参数。

相机成像参量的实际标定超出了本章的范畴。但要说的是，该矩阵是二维图像点和三维全局点之间的桥梁[15]。标定方程由下式给出：

$$[\lambda x_i, \lambda y_i, \lambda]^{\mathrm{T}} = M[x_w, y_w, z_w, 1]^{\mathrm{T}} \tag{7.13}$$

式中：M 为一个 3×4 矩阵；(x_i, y_i) 为一个图像点；(x_w, y_w, z_w) 为一个全局点；λ 为比例因子；T 表示转置。该方程式基于齐次坐标系，以符合计算机视觉领域的惯例：二维或三维点由三维或四维向量表示。向量的最后一个元素为比例因子。

标定包括标定相机成像参量并使用前述方法建立相位与高度的关系。在测量过程中，首先检索物体表面的一个点 z_w，然后根据式（7.13）计算相应的坐标 x_w、y_w 和缩放因子 λ。注意，二维图像中点的坐标 (x_i, y_i) 与矩阵 M 是已知的量。然后以类似的方式得到表面上的其他点，随后确定整个三维轮廓。

7.3 方法的应用

为了实际演示上述原则，这里检查了若干物体。同时还给出了用到的各种数据处理方法。

7.3.1 线扫描和条纹投影

采用线扫描方法和 4 步、90°相移条纹投影技术来估算面具形式的物体。图 7.10 给出了试验装置。图 7.11（a）给出了通过投影线扫描整个面具表面获得的行扫描图像。边缘检测算法检索每一行的 x 坐标（亚像素精度），使用式（7.2）来计算面具上各点的深度。图 7.11（b）给出了检索到的面具表面轮廓。在测量中只使用了 150 幅线，面具出现了扭曲。在线扫描技术中，这是一个典型的结果，因为表面通常欠采样。要检索未失真的表面轮廓，需要进行插值。

图 7.10　试验装置

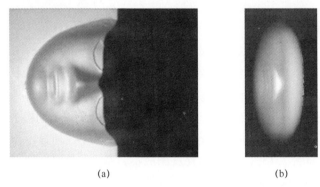

(a)   (b)

图 7.11　（a）面具的线扫描图像，（b）根据 150 幅线扫描图像检索得到的面具表面轮廓

图 7.12 显示了条纹投影技术评估的面具。数据处理包括通过相移提取包裹相位、相位展开、定位远近参考平面相位相等的点以及基于式（7.2）计算各点的高度。相位提取的精度一般要比边缘检测的精度高一个数量级。因此可以得到更准确的结果。采样大小依赖于相机的分辨力，并且没有必要进行插值。因此，要获得全场表面测量结果，条纹投影法优于线扫描法。

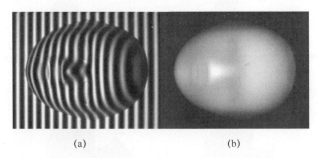

(a)   (b)

图 7.12　（a）投射到面具上的条纹图案，（b）采用条纹投影方法获得的面具表面轮廓

7.3.2 质量导向的相位展开

图 7.13 给出了投影在鱼模型上的条纹图案，它用来说明质量引导的相位展开的原理。在相位展开过程中，把条纹的对比度作为质量指示。可以看出，鱼模型的尾端区域被阴影覆盖。它们对应于对比度图中的暗像素，展开相位图中的相位值急剧变化，这表明结果是错误的。这是由于不良的信噪比造成的。然而，错误仅出现在尾端，这意味着它们在展开过程的最后阶段被展开。

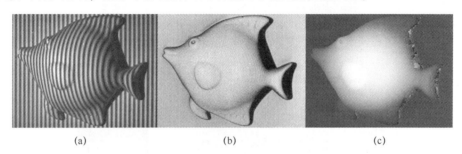

(a)   (b)   (c)

图 7.13   （a）投影到鱼模型上的条纹图案，（b）条纹对比度图，亮度指示较好的对比度，
（c）移除载波相位的展开相位图

从图 7.13（a）中可知，阴影区域是不规则的。展开过程中如何避开阴影直到处理的最后阶段？要回答这个问题，要参考图 7.14 所示的展开顺序。展开过程从图 7.14（a）开始，并进行至图 7.14（e），优先处理显示出高质量（高强度）的区域。如图 7.13（b）的对比度图所示，基准平面质量较高，因此它将得到优先处理，而鱼模型边界的质量相对较低，因此将在稍后阶段进行处理。模型的身体区域在图 7.14（f）~7.14（i）所示阶段处理，处理路径从模型边界的下部进入。质量最低的区域被留下直到处理的最后阶段。

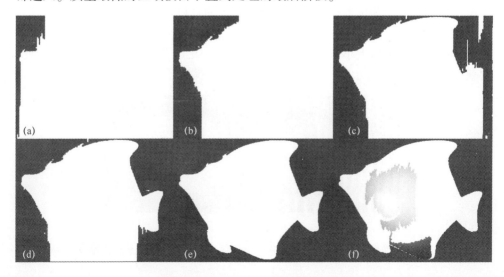

(a)   (b)   (c)

(d)   (e)   (f)

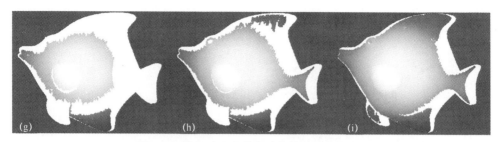

图 7.14 条纹对比度导向的鱼模型的展开过程

7.3.3 多频条纹投影

当涉及到估算非常不规则表面（如龙壁标本，如图 7.15）时，空域相位展开就不合适。在这种情况下，采用多频条纹投影技术来估算表面轮廓。对于每种频率，采用 8 步、45°相移技术来提取包裹相位图。采用多频展开算法从包裹相位图获得展开的相位图。正如 7.2.3.4 节所提到的，在最高频率级别的包裹相位值中减去或加上 2π 倍数的相位值，倍数由较低频率级别的相应包裹相位值来确定。

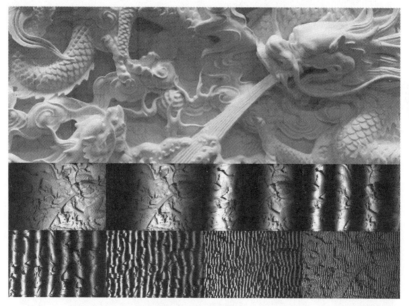

图 7.15 上图（第一行）为龙壁（图片来源：S. Dritsas，SUTD，授权重印）。
下图（第二和第三行）为投影到龙壁上的多频条纹图案

图 7.16 给出了质量导向相位展开和多频相位展开之间的比较。由条纹对比度导向的前一种方法的结果中包含许多错误区域，如图 7.16（b）中箭头所示。错误难以消除，这是因为它们比较普遍。使用多频展开（图 7.16（c））的结果也包含错误，但主要位于低对比度区域（由箭头所示）。因为多频展开不依赖于空间信息，

所以不存在错误累积的问题。使用条纹对比度图，低对比度的相位值由周围的高质量相位数据替代，得到过滤的无噪声展开相位图，如图 7.16（d）所示。

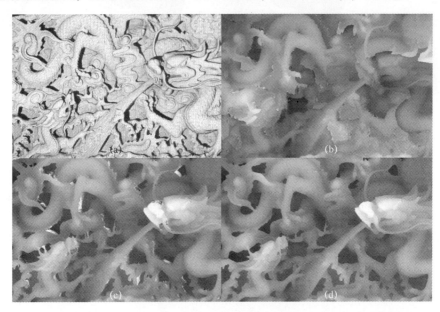

图 7.16　（a）最高频率的条纹对比度图，采用（b）质量导向和（c）多频展开技术
得到的展开相位图（消除了载波相位），（d）图（c）的过滤的展开相位图

图 7.17 显示了龙壁试件的三维重建。可以看出，借助于数字设备和数据处理算法，多频条纹投影技术能够对大部分细节取得效果极佳的成像结果。

图 7.17　龙壁试件的三维重建

7.3.4　载波相位消除

载波相位消除法通常用于深度上存在小幅变化的表面（如硬币表面）的轮廓估算，如图 7.18 所示。由于深度范围较小，可以忽略较大深度范围造成的图像失真。在这种情况下，数据处理得以简化，只需检索相位和高度之间的关系，而且与前面提到的更复杂的标定系统相比，消除载波相位分量还提供一个方便的快捷途径。

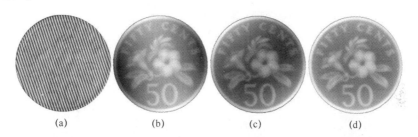

図 7.18　（a）投射到硬币试件上的条纹图案。在消除载波相位分量后的硬币试件表面轮廓：
使用（b）一阶（c）二阶与变量 x 和 y 无关的多项式函数以及
（d）二阶依赖变量 x 和 y 的多项式函数

在硬币试件上的条纹图案（图 7.18（a））不平行于 x 轴或 y 轴，因此在相位移除时，需要式（7.11）所给出的 x 和 y 相关变量多项式函数。虽然条纹间隔似乎是均匀的，但是在使用一阶多项式消除载波相位后，依然可以观察到图 7.18（b）中的残余载波相位和图 7.18（a）中的表面变形。如果采用图 7.18（c）中的独立于 x 和 y 变量的二阶多项式，那么仍然可以观察到表面的一些剩余载波相位和失真（图 7.19（b））。但是如果使用依赖于 x 和 y 变量的二阶多项式，那么结果显示无失真的表面轮廓（图 7.18（d）和 7.19（c））。

図 7.19　（a）图 7.18（b）放大的三维表面，（b）图 7.18（c）放大的三维表面，
（c）图 7.18（d）放大的三维表面

7.3.5　360°条纹投影

条纹投影也可以用来评估 360°物体表面[16]，如图 7.20 所示。在测量过程包

括以下步骤：①相机和条纹投影的标定；②旋转的测试物体轴的标定；③使用旋转台对整个物体表面进行成像；④将拍摄的图像变换到共同的全局坐标；⑤合成图像，创建一个360°的表面轮廓。整合一个线性移动台，在z方向上引入准确的移位，同时整合一个旋转台，用来旋转试件物体。

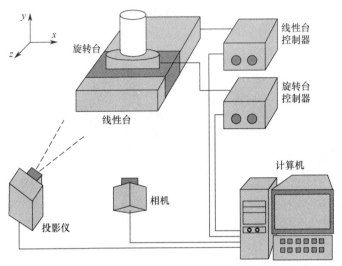

图 7.20　360°条纹投影系统

图 7.21 给出了在几个视角对两个试件物体进行成像。在每个视角，采用多频条纹投影方法来拍摄表面图像。然后使用拍摄的图像组合成一个360°的表面轮廓。

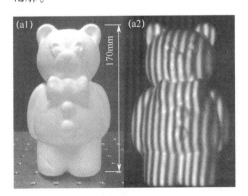 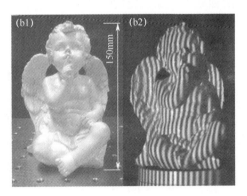

图 7.21　试件物体

（a1）熊试件模型；（a2）投影到模型上的条纹图案；（b1）天使试件模型；
（b2）投影到模型上的条纹图案。

图 7.22（a）给出以30°间隔拍摄的熊模型的云图。为清晰起见，未捕获的所有补丁图像都包括在内。以30°间隔拍摄的所有图像都变换到一个公共坐标系

中，然后使用某种表面重建算法来生成模型的表面网格。由于模型顶端部分对于成像系统是不可见的，因此没有可进行重建的数据，如图 7.22（b）所示。另外，由于模型上臂存在阴影而引入相位误差，如图 7.22（c）所示。同时，由于非正弦条纹分布，而在表面上产生了错误的纵向条纹。近年来，这种由非正弦条纹引起的相位误差已经成为热门的研究主题[17]。

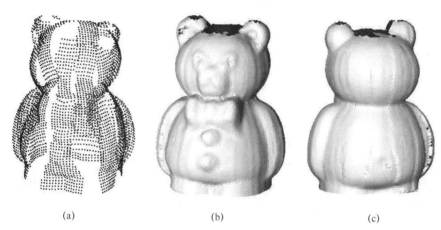

(a)　　　　　　　　　　(b)　　　　　　　　　　(c)

图 7.22　（a）以 30°间隔重建的熊试件模型的云图，（b）试件模型的重建（前视角），
（c）试件模型的重建（后视角）

图 7.23 显示了天使测试模型的重建图像。这个相对复杂的轮廓暴露了重建中的许多问题。其结果是，可以观察到模型上的零星错误斑点（暗点）。由于物体上存在阴影或空隙，成像系统不可检测到这些区域。然而，对于那些相对光滑而且成像系统可见的区域，都能够以良好的精度重建。

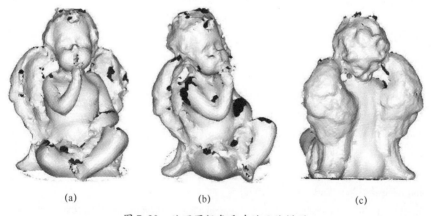

(a)　　　　　　　　　　(b)　　　　　　　　　　(c)

图 7.23　从不同视角重建的天使模型

案例研究表明，尽管条纹投影主要用于在特定观测方向进行三维测量，但是通过整合辅助技术，实现了 360°三维重建。

7.4 结 论

历经 30 多年的研究和开发，条纹投影轮廓测量领域出现了许多鼓舞人心的构想、技术突破和创新应用。最近几年，由于数字设备变得唾手可得，条纹投影轮廓测量已经成为最广泛使用的数字测量方法之一。同时，光干涉和计算机视觉领域的数据处理技术的发展也促进了条纹投影轮廓测量技术的进步。

到目前为止，许多基于条纹投影的技术已经达到一定的成熟度。然而，这一领域仍然面临各种挑战，吸引着研究人员投入大量时间和精力。例如，条纹图案的非正弦分布引入相位测量误差。消除这种误差能够显著地提升测量的精度。虽然人们已经提出了多种解决方法，但是对于最好方法仍然没有达成共识。这方面的研究将需要进一步投入大量的工作。

本章讨论了数字条纹投影轮廓测量技术遇到的主要挑战。介绍了相位估算（包括傅里叶变换、相移、相位展开和相位标定）的各种方法。对于各种测试物体轮廓的估算，这些方法已经证明是有效的和精确的手段。

参考文献

[1] Chen, F., Brown, G. M., and Song, M., "Overview of Three – Dimensional Shape Measurement Using Optical Methods," *Optical Engineering*, Vol. 39, No. 1, 2000, pp. 10 – 22.

[2] Geng, J., "Structured – Light 3D Surface Imaging: A Tutorial," *Advances in Optics and Photonics*, Vol. 3, 2011, pp. 128 – 160.

[3] Gorthi, S. S., and Rastogi, P., "Fringe Projection Techniques: Whither We Are?" *Optics and Lasers in Engineering*, Vol. 48, No. 2, 2010, pp. 133 – 140.

[4] Takeda, M., Ina, H. and Kobayashi, S., "Fourier – Transform Method of Fringe – Pattern Analysis for Computer – Based Topography and Interferometry," *Journal of Optical Society of America A*, Vol. 72, No. 1, 1982, pp. 156 – 160.

[5] Takeda, M., and Mutoh, K., "Fourier Transform Profilometry for the Automatic Measurement of 3 – D Object Shapes," *Applied Optics*, Vol. 22, No. 24, 1983, pp. 3977 – 3982.

[6] Morgan, C. J., "Least – Squares Estimation in Phase – Measurement Interferometry," *Optics Letters*, Vol. 7, No. 8, 1982, pp. 368 – 370.

[7] Ghiglia, D. C., and M. D. Pritt, *Two – Dimensional Phase Unwrapping: Theory, Algorithms, and Software*, New York: Wiley, 1998.

[8] Huntley, J. M., and Saldner, H., "Temporal Phase – Unwrapping Algorithm for Automated Interferogram Analysis," *Applied Optics*, Vol. 32, No. 17, 1993, pp. 3047 – 3052.

[9] Zhao, H., Chen, W., and Tan, Y., "Phase – Unwrapping Algorithm for the Measurement of Three – Dimensional Object Shapes," *Applied Optics*, Vol. 33, No. 20, 1994, pp.

4497 – 4500.

[10] Wang, Z. , Du, H. , Park, S. , and Xie, H. , "Three – Dimensional Shape Measurement with a Fast and Accurate Approach," *Applied Optics*, Vol. 48, No. 6, 2009, pp. 1052 – 1061.

[11] Chen, L. , and Quan, C. , "Fringe Projection Profilometry with Nonparallel Illumination: A Least – Squares Approach," *Optics Letters*, Vol. 30, No. 16, 2005, pp. 2101 – 2103.

[12] Chen, L. , and Tay, C. J. , "Carrier Phase Component Removal: A Generalized Least – Squares Approach," *Journal of Optical Society of America A*, Vol. 23, No. 2, 2006, pp. 435 – 443.

[13] Zhang, S. , and Huang, P. S. , "Novel Method for Structured Light System Calibration," *Optical Engineering*, Vol. 45, No. 8, 2006, pp. 083601.

[14] Zhang, S. , "Recent Progresses on Real – Time 3D Shape Measurement Using Digital Fringe Projection Techniques," *Optics and Lasers in Engineering*, Vol. 48, 2010, pp. 149 – 158.

[15] Hartley, R. , and A. Zisserman, *Multiple View Geometry in Computer Vision*, Cambridge, UK: Cambridge University Press, 2000.

[16] Dai, M. , Chen, L. , Yang, F. , and He, X. , "Calibration of Revolution Axis for 360 deg Surface Measurement," *Applied Optics*, Vol. 52, No. 22, 2013, pp. 5440 – 5448.

[17] Wang, Z. , Nguyen, D. A. , and Barnes, J. C. , "Some Practical Considerations in Fringe Projection Profilometry," *Optics and Lasers in Engineering*, Vol. 48, 2010, pp. 218 – 225.

第8章　数字光弹

8.1　简　介

光弹属于常见的路径干涉仪类别，而且对相干的要求并不严格。因此，光弹获得了更广泛的认可，成为应力场可视化和量化的优秀工具，同时成为应力分析的教具。虽然布儒斯特在1816年发现了临时双折射（光弹所基于的物理学原理）现象，但是直到20世纪30年代通过英国的科克尔（Coker）和菲隆（Filon）两人的工作，该技术才得以普及。对于各种设计问题，光弹提供了直接的定量信息，而且对于现象学理解，光弹一直处于最前沿，已解决的问题包括：裂纹尖端应力场建模对多参数的需求、与应力波传播相关的各种问题、裂纹力波的相互作用等。

现代光弹不再将基本数据看作是条纹图案，而是作为强度数据。在发展的初期阶段，使用数码相机代替人眼，然后使用数字硬件来模仿传统的数据增强方法，如条纹乘法和条纹细化以提高精度。虽然这种发展简化了人力，并且在某些应用中非常有用，但是只有相移技术的发展才使得全场自动化光弹成为可能。此外，研究人员已经开发出一些使用颜色信息进行定量分析的创新技术。有关各种方法的详细描述可在文献［1-3］中找到。在本章中，为简便起见，仅介绍经过时间检验并广泛使用的技术。

8.2　光弹基础

在光弹中，对于已知的入射偏振光，一般分析其出射光，以获取应力和应变信息。由于模型或涂层表现出的双折射现象，构成了各种光弹条纹变体[4]。

8.2.1　双折射

结晶介质具有光学各向异性，其特征是单束入射光产生两束折射光，即寻常光"o"和非寻常光"e"。寻常折射光和非寻常折射光是平面偏振光，它们的偏振平面彼此垂直。非寻常折射光在适当的情况下可违反斯涅尔定律。当入射光垂直于光轴，寻常光和非寻常光沿着相同的方向通过，但是速度不同。光弹利用这一点来构成和解释条纹图案。

8.2.2 延迟片

考虑厚度为 h 的晶片。设入射光为单一波长的平面偏振光，通常如图 8.1 (a) 所示。设延迟片的偏振轴与水平方向的角度为 θ 和 $\theta + \pi/2$。由于入射光线垂直于光轴（偏振轴），两束折射光（即普通折射光和特别折射光）沿着相同的方向行进，但速度不同（v_1 和 v_2）。这两束光线从晶体板出射后出现一个净相位差 δ。由于这两束光在晶体内的传播速度不同，它们通过延迟片需要花费的时间分别是 h/v_1 和 h/v_2（单位为 s）。这个时间差导致了相位差。设光的频率为 f，则

$$\delta = 2\pi f \left(\frac{h}{v_1} - \frac{h}{v_2} \right) = 2\pi h \frac{c}{\lambda} \left(\frac{1}{v_1} - \frac{1}{v_2} \right)$$

$$= \frac{2\pi h}{\lambda}(n_1 - n_2) \tag{8.1}$$

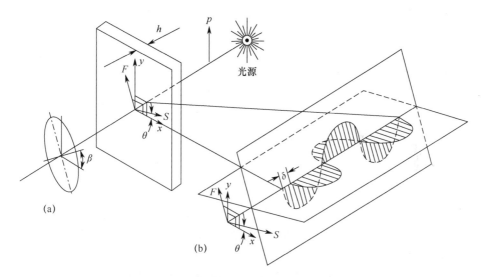

图 8.1 （a）线偏振光入射到延迟器，（b）在延迟器内，两束平面偏振光（其偏振面与延迟器的快轴和慢轴重合）以不同的速度行进（提供者：文献 [1]）

出射光一般是椭圆偏振光。如果晶片厚度合适以产生 $\pi/2$ 弧度的相位差，那么这是一个 1/4 波片（$\lambda/4$）；而如果相位差是 π 弧度，那么这是一个半波片。如果相位差为 2π，就得到一个全波片，入射光保持不变。波片或延迟片有两个偏振轴，其中的一个被标记为快轴（F），另一个为慢轴（S）。借助波片，线偏振光可以变成圆偏振光或椭圆偏振光。

8.2.3 应力-光学定律

某些非晶体透明材料（特别是一些聚合物塑料）在正常条件下光学各向同

性，但在承压时出现双折射。在保持载荷时这种效果通常仍然存在，而当除去载荷后几乎瞬间消失，或在某个时间间隔后消失，这取决于材料和加载条件。这是光弹所基于的物理学特性。

光弹模型就像是延迟片，在诱导应力场支配的模型中不同点具有不同的延迟片特性。考虑一个由高聚物构成的经受平面应力状态的透明模型。某点的应力状态可由以下参数表示：主应力 σ_1、σ_2 以及它们相对于一套轴的方向 θ。n_1 和 n_2 表示对应于这两个方向的振动折射率。以下麦克斯韦公式，就主应力差而言，相对相位差可表示为[1]

$$\delta = \frac{2\pi h}{\lambda}(n_1 - n_2) = \frac{2\pi h}{\lambda}C(\sigma_1 - \sigma_2) \tag{8.2}$$

式中：C 为相对应力 – 光学系数，通常认为该系数对于特定材料是恒定不变的。然而，各种研究已经表明，这种系数取决于波长，应当小心使用。式（8.2）可以按条纹级数 N 改写为

$$N = \frac{\delta}{2\pi} = h\frac{C}{\lambda}(\sigma_1 - \sigma_2) \tag{8.3}$$

对该式进行变形后为

$$\sigma_1 - \sigma_2 = \frac{NF_\sigma}{h} \tag{8.4}$$

其中

$$F_\sigma = \frac{\lambda}{C} \tag{8.5}$$

这称为材料应力条纹值，单位是牛/毫米/条纹（N/mm/fringe）。式（8.4）称为应力 – 光学定律，因为它将应力信息与光学测量关联起来。主应力被标记出来，使得在代数上 σ_1 总是大于 σ_2。鉴于此，式（8.4）的左手系（L. H. S）始终为正。因此，在光弹中条纹级数 N 始终为正。

如果条纹级数和材料应力条纹值已知，就可以得到主应力差。式（8.5）表明 F_σ 对波长的依赖关系。式（8.4）隐含地指出，F_σ 与 $(\sigma_1 - \sigma_2)$ 是线性相关的。然而，在更高的压力水平，这种关系是非线性的，应当小心使用式（8.4）。

8.2.4　传统光弹的光学装置

平面偏光镜可能是最简单的光学装置（图 8.2（a））。假设光源是单色光源。对径受压圆盘放在视野中。模型上的入射光是平面偏振光。当它通过该模型时，根据主应力差的大小与主应力方向指向，偏振态逐点变化。如果研究出射光的偏振态，就可获得关于应力场的信息。这很容易通过在 0°处引入偏振片来实现，它被称为检偏片（Analyzer），这是因为它可分析出射光的偏振态。如果不存在模型，就没有光在检偏片后传输，该光学装置被称为暗场（Dark Field）平面偏光

镜。圆偏光镜是另一种常用的光学装置，其中入射到模型的是圆偏振光。在偏振片后 45°/135°处放置一个 1/4 波片，有助于获得圆偏振光。模型后的元件是放在模型前面元件的补充，且有助于分析出射光的偏振态。这里给出的基本光学装置用于暗场，而如果把检偏片放在 90°处，那么会观察到，在没有模型的情况下检偏片将整个光透射出去，这样的装置被称为亮场（Bright Field）圆偏光镜。虽然可以通过光学元件的不同相对方位来实现亮场和暗场[1,2]，但是通常只有其中 1/4 波片交叉放置的那些装置是首选的，这是因为 1/4 波片的失配而使误差减少。

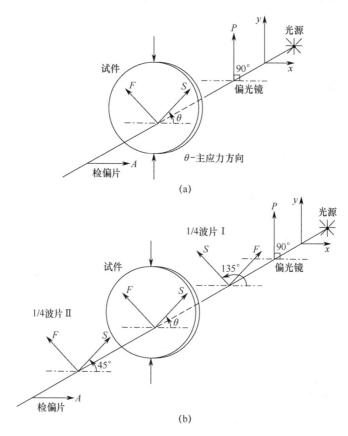

图 8.2　传统光弹使用的光学装置
（a）平面偏光镜；（b）圆偏光镜。

8.3　琼斯运算

一般而言，偏光镜的光学元件会引入旋转和相位差。在琼斯运算中，这些基本操作被表示为矩阵。如果参考轴被旋转一个任意角度 θ，那么使用旋转矩阵来计算矢量的各个分量。它由下式给出：

$$\begin{bmatrix} \cos\theta & \sin\theta \\ -\sin\theta & \cos\theta \end{bmatrix} \tag{8.6}$$

对于构造旋转矩阵来说，测量角度的通常惯例依然有效，并且如果按照逆时针方向进行测量，那么它的角度为正。

双折射介质沿其轴线方向在振动部件之间引入相对相位差 δ。使用复数表示法，对入射光进行如下矩阵运算，可以得到出射光[1]：

$$\begin{Bmatrix} u' \\ v' \end{Bmatrix} = \mathfrak{R} \begin{bmatrix} e^{-i\delta/2} & 0 \\ 0 & e^{i\delta/2} \end{bmatrix} \begin{Bmatrix} a_1 e^{i\alpha_1} \\ a_2 e^{i\alpha_2} \end{Bmatrix} e^{i\omega t} \tag{8.7}$$

式 (8.7) 右侧的第一个矩阵被称为相位差矩阵。既然清晰了解到我们只处理实部，通常忽略符号 $\mathfrak{R}$。但应注意的是，在这种表示法中，u' 轴被认为是慢轴。

由于通用偏光镜的许多元件均可视为延迟器，因此最好得到延迟器的矩阵表示。设延迟器的慢轴与 x 轴的夹角为 θ，延迟器引入的总体相对相位差为 δ。为了跟踪光通过延迟器时的变换过程，入射光在进入延迟器时必须被旋转一个角度 θ，然后引入 δ 的相对相位差，最后相对于原始参考轴表示出射光。这些操作采用如下矩阵形式表示：

$$\begin{bmatrix} \cos\theta & -\sin\theta \\ \sin\theta & \cos\theta \end{bmatrix} \begin{bmatrix} e^{-i\delta/2} & 0 \\ 0 & e^{-i\delta/2} \end{bmatrix} \begin{bmatrix} \cos\theta & \sin\theta \\ -\sin\theta & \cos\theta \end{bmatrix} \tag{8.8}$$

计算式 (8.8) 中各矩阵的积得出如下矩阵：

$$\begin{bmatrix} \cos\dfrac{\delta}{2} - i\sin\dfrac{\delta}{2}\cos2\theta & -i\sin\dfrac{\delta}{2}\sin2\theta \\ -i\sin\dfrac{\delta}{2}\sin2\theta & \cos\dfrac{\delta}{2} + i\sin\dfrac{\delta}{2}\cos2\theta \end{bmatrix} \tag{8.9}$$

式 (8.9) 是快速书写延迟片琼斯矩阵的非常有用的方法。如果相位差和方向（慢轴与 x 轴的夹角）的值已知，就可得到一个非常简单的矩阵用于计算。

练习 8.1

图 8.2 (b) 给出了传统的圆偏振镜中使用的 1/4 波片。请给出它们的琼斯矩阵。

解：

从图 8.2 (b) 中可以看出，第一个 1/4 波片和第 1/4 波片的角度 θ（慢轴的方向）分别是 135° 和 45°。通过 1/4 波板引入的相位差是 $\pi/2$。将这些值代入式 (8.9)，可得到 1/4 波片 I 的矩阵如下：

$$\begin{bmatrix} \cos\dfrac{\pi}{4} - i\sin\dfrac{\pi}{4}\cos\dfrac{3\pi}{2} & -i\sin\dfrac{\pi}{4}\sin\dfrac{3\pi}{2} \\ -i\sin\dfrac{\pi}{4}\sin\dfrac{3\pi}{2} & \cos\dfrac{\pi}{4} + i\sin\dfrac{\pi}{4}\cos\dfrac{3\pi}{2} \end{bmatrix} = \begin{bmatrix} \dfrac{1}{\sqrt{2}} & i\dfrac{1}{\sqrt{2}} \\ i\dfrac{1}{\sqrt{2}} & \dfrac{1}{\sqrt{2}} \end{bmatrix} = \dfrac{1}{\sqrt{2}}\begin{bmatrix} 1 & i \\ i & 1 \end{bmatrix}$$

类似地，1/4 波片 II 的琼斯矩阵如下：

$$\begin{bmatrix} \cos\dfrac{\pi}{4} - i\sin\dfrac{\pi}{4}\cos\dfrac{\pi}{2} & -i\sin\dfrac{\pi}{4}\sin\dfrac{\pi}{2} \\ -i\sin\dfrac{\pi}{4}\sin\dfrac{\pi}{2} & \cos\dfrac{\pi}{4} + i\sin\dfrac{\pi}{4}\cos\dfrac{\pi}{2} \end{bmatrix} = \begin{bmatrix} \dfrac{1}{\sqrt{2}} & -i\dfrac{1}{\sqrt{2}} \\ -i\dfrac{1}{\sqrt{2}} & \dfrac{1}{\sqrt{2}} \end{bmatrix} = \dfrac{1}{\sqrt{2}}\begin{bmatrix} 1 & -i \\ -i & 1 \end{bmatrix}$$

8.3.1　运用琼斯运算进行平面偏光镜分析

使用琼斯运算，可得光矢量沿检偏片轴方向和垂直于检偏片轴（或平面偏光镜装置）方向的分量如下：

$$\begin{Bmatrix} E_x \\ E_y \end{Bmatrix} = \begin{bmatrix} \cos\dfrac{\delta}{2} - i\sin\dfrac{\delta}{2}\cos2\theta & -i\sin\dfrac{\delta}{2}\sin2\theta \\ -i\sin\dfrac{\delta}{2}\sin2\theta & \cos\dfrac{\delta}{2} + i\sin\dfrac{\delta}{2}\cos2\theta \end{bmatrix}\begin{Bmatrix} 0 \\ 1 \end{Bmatrix}ke^{i\omega t} \qquad (8.10)$$

式中：$ke^{i\omega t}$ 为入射光矢量；E_x 和 E_y 分别为光矢量沿检偏片轴方向和垂直于检偏片轴方向的分量。在式（8.10）中，偏振器被表示为一个矢量，而模型被表示为延迟器。透射光的强度是乘积 $E_x E_x^*$，其中 E_x^* 表示 E_x 的复共轭，透射光的强度为

$$I_p = I_a \sin^2\dfrac{\delta}{2}\sin^2 2\theta \qquad (8.11)$$

8.4　传统光弹中的条纹轮廓

式（8.11）是主应力差值（δ）及其方位（θ）大小的函数。如果相位差 δ（与主应力差（$\sigma_1 - \sigma_2$）有关）诸如导致的相对相位差值为 $2m\pi$（m 为 0，1，2，…），其中 m 是一个整数，那么来自模型的出射光的强度为零。因为应力具有连续性，所以可以观察到满足此条件的一系列点形成清晰的轮廓，而相应的条纹场被称为等色线（Isochromatic）。在传统光弹中，只有暗场是有效的，并且等色条纹计数为 0，1，2，…

如果使用白光作为光源，那么术语等色线是比较合适的。前面曾经指出，波片是与波长相关的。因此，当白光入射到模型，在任何点只有一个波长被切断。鉴于此，可观察到，在整个场中，白光失去被消的颜色。Iso 表示恒定不变，而 Chroma 指颜色。因此，等色线表示恒定颜色的轮廓。

　　还存在另一种可能性，即偏振片轴与兴趣点处的主应力方向之一相重合，光的强度为零。在这种情况下，消光不依赖于波长，甚至可以在白光下观察到暗条纹。这些被称为等倾线（Isoclinic），表示倾斜度恒定的轮廓。等倾线通常采用它们所表示的角度进行编号，如0°、10°、15°等。一条等倾线上所有点的主应力方向恒定不变。因此，在平面偏光镜中，它有两组彼此重叠的轮廓，即等色线和等倾线（图8.3（a））。

　　对于圆偏光镜，暗场（I_d）和亮场（I_l）中透射光的强度如下[1]：

$$I_d = I_a \sin^2 \frac{\delta}{2}; I_l = I_a \cos^2 \frac{\delta}{2} \tag{8.12}$$

　　但应当注意，对于暗场和亮场，强度方程独立于θ，因此消光条件仅仅是δ的函数。因此，只能看到等色线。这是分离等倾线和等色线的一个显著成果。

　　在暗场装置中，当$\delta = 2m\pi$（m为0，1，2，…）时强度为零，条纹对应于0，1，2，…（图8.3（b））。在亮场装置中，当$\delta = (2m+1)\pi$时强度为零，即相位差为半个波长的奇数倍。条纹对应于0.5、1.5、2.5等（图8.3（c））。

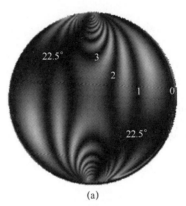

(a)

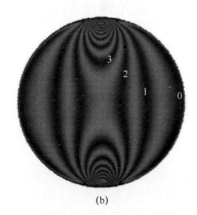

(b)

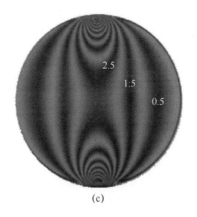

(c)

图 8.3 传统光弹中对径受压圆盘问题的条纹图案
(a) 平面偏光镜；(b) 暗场圆偏光镜；(c) 亮场圆偏光镜。

8.5 模型材料标定

材料应力条纹值的测定被称为光弹性材料标定。模型材料的应力－条纹值随时间变化，而且不同批次也会有变化。因此，测试时有必要标定所有片和浇铸。标定工作在简单的试件上进行，其封闭形式的应力场的解是已知的。虽然简单拉伸应力场和纯梁弯曲应力场都是已知的，但标定的首选是使用对径受压圆盘。这是因为，试件比较紧凑，易于加工，并且容易装载。圆盘中任意点的主应力差（$\sigma_1 - \sigma_2$）可以表示为[1]

$$(\sigma_1 - \sigma_2) = \frac{4PR}{\pi h} \frac{R^2 - (x^2 + y^2)}{(x^2 + y^2 + R^2)^2 - 4y^2 R^2} \tag{8.13}$$

在传统方法中，只测量圆盘中心处的条纹级数。对于此数据，使用式（8.13）和式（8.4），按如下公式求取材料应力条纹值：

$$F_\sigma = \frac{8P}{\pi D N} \tag{8.14}$$

在求取材料应力条纹值时，精度必须至少达到两到三位小数，因为它是联系光学信息与应力的唯一参数。首先增加负载，然后逐步减少。在负载 P 和条纹级数 N 之间绘制一张图。然后，绘制一条通过这些点的最佳拟合直线（图形化的最小二乘法），并将该直线的斜率代入式（8.14）中的 P/N，以求解材料应力条纹值。

注释 8.1 对径受压圆盘应力场
对径受压圆盘中任何一点的应力场表示如下：

$$\begin{Bmatrix} \sigma_x \\ \sigma_y \\ \sigma_z \end{Bmatrix} = -\frac{2P}{\pi h} \begin{Bmatrix} \dfrac{(R-y)x^2}{r_1^4} + \dfrac{(R+y)x^2}{r_2^4} - \dfrac{1}{D} \\ \dfrac{(R-y)x^3}{r_1^4} + \dfrac{(R+y)x^3}{r_2^4} - \dfrac{1}{D} \\ \dfrac{(R+y)x}{r_2^4} - \dfrac{(R-y)x}{r_1^4} \end{Bmatrix}$$

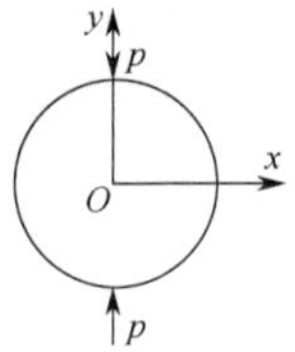

其中

$$r_1^2 = x^2 + (R-y)^2$$
$$r_2^2 = x^2 + (R+y)^2$$

这些方程采用笛卡儿坐标系，以圆盘中心为原点。R 表示盘的半径，D 表示其直径，h 为盘的厚度，P 为沿其垂直直径线施加的压缩载荷。

练习 8.2

下表给出了直径 60mm 的对径受压圆盘的中心处在装载和卸载阶段的条纹级数值。对于 400N 的载荷，该表仅给出在执行塔迪补偿法过程中移动到圆盘中心的条纹级数。在装载阶段，一个较高的条纹级数移到圆盘的中心，相应的检偏片角度 β_1 为 108°，而对于同一载荷的卸载阶段，检偏片旋转方向是这样的：较低的条纹级数移到感兴趣点，相应的检偏片角度 β_2 点为 81°。根据这些数据，用最小二乘法确定光弹模型的材料应力条纹值。

载荷/N	条纹级数 N	
	装载	卸载
100	0.35	0.36
200	0.72	0.72
300	1.06	1.1
400	2	1
500	1.79	1.82
600	2.14	2.2

解：

如果检偏片的旋转角度为 β，则按照塔迪补偿法（注释 8.2），求得分数级条纹级数为 $\delta_N = \pm |\beta|/180°$。在装载阶段，因为较高的条纹级数已经移到该点，必须确定 δ_N 的符号为负，而对于卸载阶段，由于较低的条纹级数已经移动，必须

确定其符号为正。这样就可以求得总的条纹级数如下：

$$N_{\text{loading}} = 2 - \frac{108}{180} = 1.4$$

$$N_{\text{loading}} = 1 + \frac{81}{180} = 1.45$$

有启发性地注意到，$\beta_1 + \beta_2 \approx 180°$。取每种载荷下的条纹级数作为装载和卸载阶段的平均测量值。除了把式（8.4）应用到每种负载然后取平均值，还可以通过绘制条纹级数和载荷之间的曲线图进行图形化的最小二乘法分析。最小二乘法直线的斜率给出 P/N 的最佳值（276.1）。因此，可确定材料应力条纹值为

$$F_{\sigma} = \frac{8 \times 276.1}{\pi \times 60} = 11.72\text{N/mm/fringe}$$

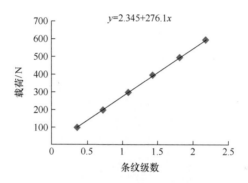

在数字光弹中，由于可以很容易通过模型获得条纹数据（相关细节可在本章后面找到），因此使用应力场中的大量数据点是首选的标定方法。理想的情况是最终结果几乎与应力场中数据点的选择无关。为了实现这一目标，通常把最小二乘法与随机采样过程相结合。在分析过程中残留双折射也值得考虑。设以条纹级数表示的残留双折射为 x 和 y 的线性函数如下[1]：

$$N_r(x,y) = Ax + By + C \tag{8.15}$$

通过以下方程在最小二乘法意义下求得材料应力条纹值：

$$[b]^{\text{T}}[b]\{u\} = [b]^{\text{T}}\{N\} \tag{8.16}$$

其中

$$[b] = \begin{bmatrix} S_1 & x_1 & y_1 & 1 \\ S_2 & x_2 & y_2 & 1 \\ \vdots & \vdots & \vdots & \vdots \\ S_M & x_M & y_M & 1 \end{bmatrix}, \{u\} = \begin{Bmatrix} 1/F_{\sigma} \\ A \\ B \\ C \end{Bmatrix} \{N\} = \begin{Bmatrix} N_1 \\ N_2 \\ \vdots \\ N_M \end{Bmatrix} \tag{8.17}$$

和

$$S(x,y) = \frac{4PR}{\pi} \frac{R^2 - (x^2 + y^2)}{(x^2 + y^2 + R^2)^2 - 4y^2R^2} \tag{8.18}$$

　　使用标准高斯消元法过程，可以很容易求得未知系数向量 $\{u\}$。而根据实验数据来构建式（8.16）也非常简单，因此该方法已得到广泛的接受。

　　最小二乘技术本身不保证其结果在物理上是可接受的。只有理论上重建的条纹图案与实验获得的条纹图案一致，参数值的评估才算完成[1]。

8.6　数字条纹倍增技术

　　条纹倍增技术使用数字图像处理（DIP）硬件作为无纸化相机。通过亮场图像和暗场图像的简单数字减影，就可以产生两个数量级的条纹倍增。在这样的情况下一个得到：

$$g(x,y) \approx I_a \cos\delta \qquad (8.19)$$

　　在式（8.19）中，当 $\delta = (2n+1)\,\pi/2$ 将发生消光。所得到的图像被称为混合图像（Mixed Image），条纹级数 $N = 0.25$，0.75，1.25，…图8.4给出了三径受压圆盘问题得到的条纹倍增效果。

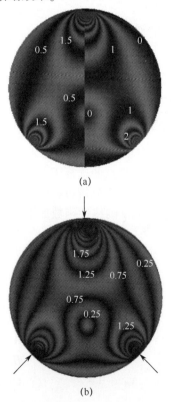

(a)

(b)

图8.4　通过亮场图像和暗场图像的图像减影实现条纹倍增

（a）亮场图像（左边）和暗场图像（右边）；（b）混合图像。

8.7　数字条纹细化技术

最简单的条纹细化方法是，把条纹图案视为二值图像（Binary Image），然后通过腐蚀过程来确定条纹中心线[5]。然而，中心线一般可能不是实际的条纹骨架。这是因为只有那些光透射强度为零的点真正描绘了一个条纹。由于试验的困难，很难通过仅仅收集强度为零的那些点来提取条纹骨架。识别给定图像中的条纹区域可极大简化条纹细化技术的开发。由于光弹图像具有较高的对比度，因此通过简单的全局二值化（Thresholding）操作就可以识别条纹区域。阈值的选择取决于具体的问题。

图 8.5 显示了三径受压圆盘不同阈值的条纹区域。如果二值化操作让低于阈值的光强变化得以保留，那么它被称为半二值化处理（Semithresholding）。图 8.5（d)给出了经过半二值化处理过的图像。

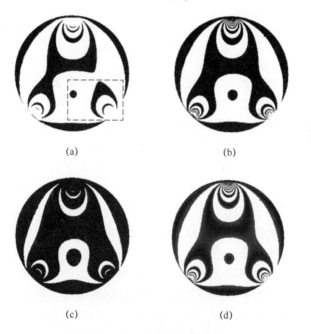

(a)　　　　　　　　　　　　　　(b)

(c)　　　　　　　　　　　　　　(d)

图 8.5　采用不同阈值识别的条纹区域

(a) 60；(b) 80；(c) 110；(d) 与 (b) 相同，但经过半二值化处理。

在基于二值的条纹细化算法中，从左到右、从右到左、从上到下和从下到上依次扫描经过二值化处理后得到的二值图像，以消除形成条纹带的边界像素。在每次扫描期间，对于所有灰度值低于阈值的像素（条纹上的一个点），考虑使用一个 3×3 像素掩模来消除边界像素（图 8.6（a)）。

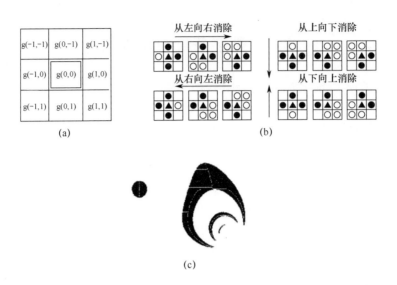

图 8.6 (a) 3×3 像素掩模，(b) 从左到右、从右到左、从上到下以及从下到上扫描图像
所需的消除条件的图形表示。在该图中，实心圆是条纹像素，圆圈是非条纹像素，
实心三角形是被考虑消除的像素

鉴于这是一个逐步细化的过程，这种方法在本质上是迭代的。但应注意的是，在宽条纹中，中心线可能不是实际的条纹位置。图 8.6（c）给出了叠加在原始图像上的条纹骨架，这是图 8.5（a）识别的三径受压圆盘部分进行 10 次迭代后获得的结果。在条纹较厚区域识别出假性骨架。

在各种基于强度的条纹细化算法中，由拉梅什和普拉莫德提出的算法[6]是最快的，而且确保条纹骨架的宽度为一个像素[7]。这包含两个步骤：第一步是边缘检测，随后是识别最小强度。由于光弹条纹具有较高的对比度，经过简单的全局二值化处理就可帮助找出条纹区域。一旦识别出条纹区域，就扫描图像，找出构成条纹骨架的具有最小强度的点。考虑到各种条纹曲率，人们提出一个独特的逻辑运算符过程，从 4 个扫描方向扫描边缘检测出的图像，以确定最小强度点。该方案如图 8.7 所示。图 8.8 总结了不同扫描获得的骨架。可以看出，在每次扫描时，当扫描方向与条纹相切时，信息就会丢失，而且还会产生噪声。这些都取决于扫描方向，而通过多次正交扫描和逻辑运算符有助于获得平滑的条纹骨架。可能已经注意到，多次正交扫描的或（OR）运算消除了条纹骨架中的缺口，而最终的与（AND）运算消除噪声。这种算法已正确将左边的圆形斑点的条纹骨架（图 8.8（e））识别为一个点，而基于二值算法并未发现它（图 8.6（c））。

如果可用的条纹图案质量较差，那么基于二值的算法就可派上用场。然而，如果条纹图案是由数码相机拍摄的清晰图像，那么基于强度的方法将提供最佳结果。对于断裂参数/接触应力参数的评估，将条纹细化技术与条纹倍增技术结合起来是非常有用的做法[2]。

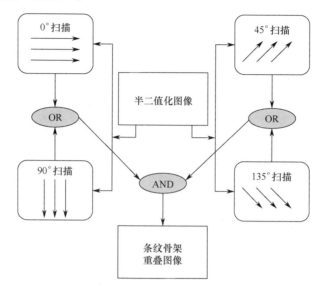

图 8.7　拉梅什和普拉莫德提出的全局条纹细化算法

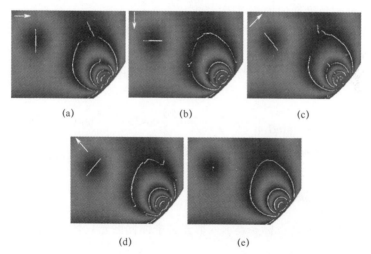

(a)　　　　　　　　(b)　　　　　　　　(c)

(d)　　　　　　　　(e)

图 8.8　从各个扫描方向获得的图 8.5 (a) 中方框部分的条纹骨架

(a) 0°扫描；(b) 90°扫描；(c) 45°扫描；(d) 135°扫描；(e) 在应用逻辑运算符之后，
叠加到原始图像上的最终条纹骨架。

8.8　光弹中的相移技术

随着价格合理、高品质的数字图像采集系统的出现，光条纹图案的处理模式
发生了转变。已经开始将光强信息用于提取相位信息，而这需要拍摄若干幅具有

已知相移的图像。相移技术（PST）已被广泛应用于许多经典的干涉测量技术[8]。在最典型的干涉仪中，两个干涉光束的路径长度是不同且独立的。一般情况下，可通过改变其中任一个光束的光路长度，从而引入相位差。通常按照已知的步骤改变参考光束的相位。但是光弹性属于一个特殊的类别，这两个光束不能被分开处理，而是总在一起传播。在其他干涉测量技术中，往往使用一个外部的反射镜来引入相移，但这个方法不能应用在这里。在实践中，这两个光束之间的相位变化是通过适当旋转偏光镜的光学元件来实现的。

传统光弹关注的是，借助非常简单的光学装置，在平面偏光镜中提供了暗场，在圆偏光镜中同时提供亮场和暗场。然而，如果把光学元件放在任意位置，就有可能极其灵活地利用强度信息，从而提出新的数据减少方法。为了解光弹中的相移方法，有必要研究光学元件任意方向透射光的强度。

8.8.1　通用平面偏光镜和圆偏光镜透射光强度

在随后的讨论中，δ 用于表示由模型引入的相位差（弧度量纲），θ 是模型的慢轴相对于水平轴的方向（感兴趣点处的主应力方向之一），$ke^{i\omega t}$ 是入射光矢量，而 E_β 和 $E_{\beta+\pi/2}$ 分别表示光矢量平行于检偏片轴的分量和垂直于检偏片轴的分量。各种光学元件的角度取向均相对于 x 轴。

在图 8.9（a）中，将光弹性试件放在平面偏光镜中，而按照任意角度 α 和 β 放置分别偏振器和检偏片。

使用琼斯运算，可得到光矢量平行于检偏片轴和垂直于检偏片轴的分量，即[1,9]

$$\begin{Bmatrix} E_\beta \\ E_{\beta+\pi/2} \end{Bmatrix} = \begin{bmatrix} \cos\beta & \sin\beta \\ -\sin\beta & \cos\beta \end{bmatrix} \begin{bmatrix} \cos\dfrac{\delta}{2} - i\sin\dfrac{\delta}{2}\cos2\theta & -i\sin\dfrac{\delta}{2}\sin2\theta \\ -i\sin\dfrac{\delta}{2}\sin2\theta & \cos\dfrac{\delta}{2} + i\sin\dfrac{\delta}{2}\cos2\theta \end{bmatrix} \tag{8.20}$$

$$\times \begin{Bmatrix} \cos\alpha \\ \sin\alpha \end{Bmatrix} ke^{i\omega t}$$

透射光的强度 I_p（下标 p 表示入射光为平面偏振光）计算公式如下：

$$I_p = I_a \left[\cos^2\frac{\delta}{2}\cos^2(\beta-\alpha) + \sin^2\frac{\delta}{2}\cos^2(\beta+\alpha-2\theta) \right] \tag{8.21}$$

式中：I_a 为入射光矢量的幅度和比例常数。值得注意的是，当模型的慢轴方向从 θ 变为 $\theta+\pi/2$ 时，式（8.21）保持不变。换句话说，θ 可以表示在兴趣点处的主应力或次应力的方向。

如果 $\alpha = \beta + \pi/2$，那么式（8.21）可简化为

$$I_p = I_a \left[\sin^2\frac{\delta}{2}\sin^2 2(\theta-\beta) \right] \tag{8.22}$$

式 (8.22) 表示偏振片 – 检偏片组合的交叉位置透射光的强度。

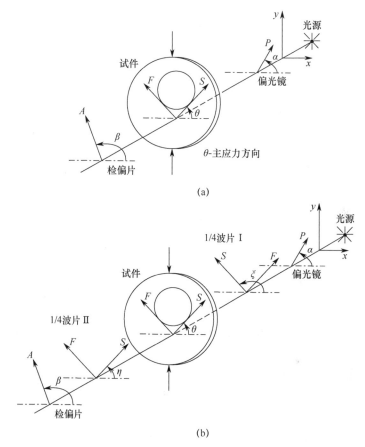

图 8.9 (a) 平面偏光镜, (b) 圆偏光镜的通用装置

在大多数使用圆偏光镜的数据采集算法中, 只有第二个 1/4 波片和检偏片被分别放置在任意位置 η 和 β (图 8.9 (b))。偏振片以 90°放置, 第一个 1/4 波片以 $\xi = 135°$ 或 45°之一放置。使用琼斯运算, 可求得平行于检偏片轴线和垂直于检偏片轴光矢量的分量 $(\xi = 135°)$ [1,4]:

$$\left\{\begin{array}{c} E_\beta \\ E_{\beta+\pi/2} \end{array}\right\} = \frac{1}{2} \begin{bmatrix} \cos\beta & \sin\beta \\ -\sin\beta & \cos\beta \end{bmatrix} \begin{bmatrix} 1 - i\cos2\eta & -i\sin2\eta \\ -i\sin2\eta & 1 + i\cos2\eta \end{bmatrix} \times$$

$$\begin{bmatrix} \cos\dfrac{\delta}{2} - i\sin\dfrac{\delta}{2}\cos2\theta & -i\sin\dfrac{\delta}{2}\sin2\theta \\ -i\sin\dfrac{\delta}{2}\sin2\theta & \cos\dfrac{\delta}{2} + i\sin\dfrac{\delta}{2}\cos2\theta \end{bmatrix} \begin{bmatrix} 1 & i \\ i & 1 \end{bmatrix} \left\{\begin{array}{c} 0 \\ 1 \end{array}\right\} ke^{i\omega t} \qquad (8.23)$$

偏振片放置在 90°且 1/4 波片放置在 $\xi = 135°$ 的组合产生一个左旋圆偏振光。I_ℓ 表示透射光的强度, 则强度公式为

$$I_\ell = \frac{I_a}{2} + \frac{I_a}{2}\left[\sin 2(\beta - \eta)\cos\delta - \sin 2(\theta - \eta)\cos 2(\beta - \eta)\sin\delta\right] \quad (8.24)$$

式中：I_a 为光矢量的幅度和比例常数。如果在图 8.9（b）中，模型的快轴放置在 θ（即，慢轴放置在 $\theta + \pi/2$），则透射光的强度为

$$I_\ell = \frac{I_a}{2} + \frac{I_a}{2}\left[\sin 2(\beta - \eta)\cos\delta + \sin 2(\theta - \eta)\cos 2(\beta - \eta)\sin\delta\right] \quad (8.25)$$

与平面偏光镜的通用结构不同，研究式（8.24）和式（8.25）可知，当模型后的光学元件被放置在任意方位时，透射光的强度取决于模型的快轴或慢轴的方位。由于无法事先得知模型的快轴或慢轴，这导致分数级相位差 δ 符号的模糊性。因此，考虑到这个原因，基于强度测量的自动化技术需要特别注意。

许多研究者已经明确向强度表达式中添加一项 I_b 来表示杂散光/背景照明。鉴于光学不均匀性和光源和扩散器的非均匀特性，数量 I_a 和 I_b 是空间坐标（即，$I_a(X, Y)$ 和 $I_b(X, Y)$）的函数。在明确了解这一点之后，下文中将这些表示为 I_a 和 I_b。

8.8.2 相移技术发展简史

光弹性相移的概念最早是由 Hecker 和 Morche[10] 在 1986 年提出的。他们拍摄了 5 幅相移图像并展示使用圆偏光镜装置测定全域等色参数的可能性。Patterson 和 Wang[11] 扩展了 Hecker 和 Morche[10] 的工作，并提出了六步相移法测定等倾和等色参数的方法，这为数字光弹提供了新动力。他们是第一批在模型域同时获得等倾和等差参数的人。拉梅什和甘纳巴迪[9] 于 1996 年对 Patterson 和 Wang 的六步移相法[11] 进行琼斯运算分析，简化了透射光强度公式的计算。这种方法开辟了方便探索新型光学装置的可能性。1998 年，阿卓瓦拉席特（Ajovalasit）等[12] 提出了对基本六步相移算法微小但很重要的修改，明智地同时使用左右旋圆偏振光入射到模型上。他们的研究表明，这样的改动降低了 1/4 波片失配对测量结果准确性的影响（假设两个 1/4 波片都具有均匀和相同的失配误差）。在现实中，失配误差在全场中是不均匀的，而且这种变化对于另一块 1/4 波片也是不一样的。这些都会影响实验拍摄图像的最终结果。虽然研究人员已经提出几种不同的相移算法[1]，但是其中许多算法最终的透射光强度表达式都是相似的。拉梅什在 2000 年[1] 报道，可以使用多个光学装置，并全面地展示这些装置来实现流行的六步相移法。他通过结合使用交叉的 1/4 波片（尽可能将 1/4 波片失配导致的误差最小化），进一步改进了由阿卓瓦拉席特等[12] 提出的六步相移法。大约 2002 年，研究人员意识到，尽管等倾估计在传统光弹中比较简单，但是它在数字光弹中却相当复杂。为了解决这个问题，Barone 等和拉姆吉与拉梅什[3] 提出了复合六步相移法。

拉姆吉和拉梅什在 2008 年提出十步相移法[13,14]。该方法巧妙地把 Brown 和 Sullivan[15] 的四步等倾数据估计方法与基于圆偏光镜的六步等色数据估计方法

（见表 8.1）组合起来。光学装置都经过精心挑选，以尽量减少 1/4 波片失配误差的影响。如果希望准确地同时估计等倾线和等色线[3,16]，那么这就是标准方法。有关发展历史的详细讨论，请参阅文献 [1，2]。

8.8.3　利用强度信息估计光弹性参量

模型中每个点的未知参量共有 4 个，即 I_a、I_b、δ、θ。理论上，只需 4 个光学装置应足以估计这些参量。然而，过去 30 年的研究已经公认，要准确估计所需参量，需要表 8.1 中的 10 幅图片。这将在下面的章节中变得清晰。图 8.10 给出了对径受压圆环（外径 = 80mm，内径 = 40mm）问题的 10 幅相移图像。径向载荷为 504N，试件厚度为 6mm，材料应力条纹值为 11.54N/mm/条纹。

表 8.1　十步相移法的光学装置

α	ξ	η	β	强度公式
$\pi/2$	—	—	0	$I_1 = I_b + I_a \sin^2\dfrac{\delta}{2}\sin^2 2\theta$
$5\pi/8$	—	—	$\pi/8$	$I_2 = I_b + \dfrac{I_a}{2}\sin^2\dfrac{\delta}{2}(1 - \sin 4\theta)$
$3\pi/4$	—	—	$\pi/4$	$I_3 = I_b + I_a \sin^2\dfrac{\delta}{2}\cos^2 2\theta$
$7\pi/8$	—	—	$3\pi/8$	$I_4 = I_b + \dfrac{I_a}{2}\sin^2\dfrac{\delta}{2}(1 + \sin 4\theta)$
$\pi/2$	$3\pi/4$	$\pi/4$	$\pi/2$	$I_5 = I_b + \dfrac{I_a}{2}(1 + \cos\delta)$
$\pi/2$	$3\pi/4$	$\pi/4$	0	$I_6 = I_b + \dfrac{I_a}{2}(1 - \cos\delta)$
$\pi/2$	$3\pi/4$	0	0	$I_7 = I_b + \dfrac{I_a}{2}(1 - \sin 2\theta\sin\delta)$
$\pi/2$	$3\pi/4$	$\pi/4$	$\pi/4$	$I_8 = I_b + \dfrac{I_a}{2}(1 + \cos 2\theta\sin\delta)$
$\pi/2$	$\pi/4$	0	0	$I_9 = I_b + \dfrac{I_a}{2}(1 + \sin 2\theta\sin\delta)$
$\pi/2$	$\pi/4$	$3\pi/4$	$\pi/2$	$I_{10} = I_b + \dfrac{I_a}{2}(1 - \cos 2\theta\sin\delta)$

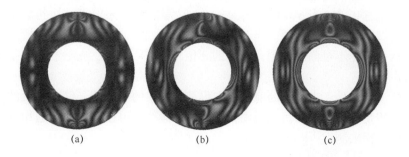

(a)　　　　　　(b)　　　　　　(c)

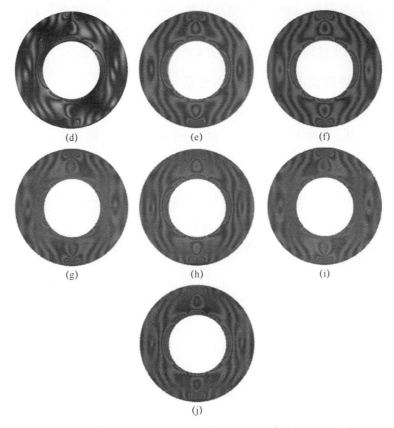

图 8.10　对径受压圆环的十步相移图像（图片来自于文献［2］）

使用表 8.1 中的前 4 个方程，求得等倾参数如下：

$$\theta_c = \frac{1}{4}\tan^{-1}\left(\frac{I_4 - I_2}{I_3 - I_1}\right) = \frac{1}{4}\tan^{-1}\left(\frac{I_a\sin^2\dfrac{\delta}{2}\sin4\theta}{I_a\sin^2\dfrac{\delta}{2}\cos4\theta}\right) \quad \left(\text{当}\sin^2\frac{\delta}{2}\neq0\right) \quad (8.26)$$

式中：下标 c 为这个方程以及后续方程中反三角函数的主值。式（8.26）也给出了强度差的数学表达式，这有助于可视化参数估计方面的某些问题。本章讨论的一些关键方程均采用这种方式来表示方程。式（8.26）只有在 $\sin^2(\delta/2)\neq0$ 时才有效。这意味着，当 $\delta=0$，2π，4π，…时等倾参数未定义。换句话说，等倾轮廓在该域中并不是连续的。当 δ 不完全等于 0、2π 或 4π 等但非常接近这些值时，虽然 θ_c 并非不可测定，但是测定的 θ_c 值将变得不可靠，在绘制等倾条纹时表现为噪声。

　　需要注意的是，表 8.1 的前 4 个方程是在交叉的平面偏光镜中拍摄的，而后面 6 个方程是在通用的圆偏光镜中拍摄的。等倾线还可以通过使用通用圆偏光镜中拍摄的方程来测定[1,2]：

$$\theta_c = \frac{1}{2}\tan^{-1}\left(\frac{I_9 - I_7}{I_8 - I_{10}}\right) = \frac{1}{2}\tan^{-1}\left(\frac{I_a\sin\delta\sin2\theta}{I_a\sin\delta\cos2\theta}\right) \quad \left(\text{当}\sin\delta \neq 0\right) (8.27)$$

式（8.27）显示，等倾值在 $\delta = 0$、π、2π、3π…这些点是不可测定的。同样，等倾轮廓在该域中是不连续的。根据表 8.1 中的最后 6 个方程，可以采用两种不同的方式求得等色线[1,11]：

$$\delta_c = \arctan\left(\frac{I_8 - I_{10}}{(I_5 - I_6)\cos2\theta_c}\right) \quad \left(\text{当}\cos2\theta_c \neq 0\right) \qquad (8.28)$$

$$\delta_c = \arctan\left(\frac{I_9 - I_7}{(I_5 - I_6)\sin2\theta_c}\right) \quad \left(\text{当}\sin2\theta_c \neq 0\right) \qquad (8.29)$$

研究式（8.28）和式（8.29）发现，相位差（等色条纹级数）的评估与 θ（等倾值）的评估是相通的。此外，在式（8.28）和式（8.29）中，当 $\cos2\theta_c$ 或 $\sin2\theta_c$ 较小时，δ_c 具有较低的调制区。在这些区中，强度差（$I_8 - I_{10}$）或（$I_9 - I_7$）也将较小。δ_c 的估计将涉及两个较小的离散数的比值，因此在这样的区中将存在相当大的误差。这个问题由基罗加和基罗加冈萨雷斯 – 卡诺解决[17]，他们建议采用如下的强度处理形式：

$$\delta_c = \arctan\left(\frac{(I_9 - I_7)\sin2\theta_c + (I_8 - I_{10})\cos2\theta_c}{(I_5 - I_6)}\right) = \text{atctan}\left(\frac{I_a\sin\delta}{I_a\cos\delta}\right) (8.30)$$

虽然简单，但拉梅什在 2000 年曾指出它是一项重大的进展[1]，过了一些时间之后研究人员才意识到它的优势。

但应注意的是，式（8.26）、式（8.27）和式（8.30）涉及反三角函数运算，因此有多重解，而这会妨碍在域中正确估算 δ 和 θ。为了估算反三角函数，如果只知道比率的值，那么可以使用 atan 函数，它的返回值范围是 $-\pi/2 \sim \pi/2$。然而，如果分子和分母可以独立估算（包括符号），然后 atan2 函数就适于估算，其返回值的范围是 $-\pi \sim \pi$。式（8.26）和式（8.30）适合使用 atan2 函数，而对于式（8.27），只能使用 atan 函数。尽管如此，式（8.26）（使用 atan2）和式（8.27）（使用 atan）计算得到的 θ_c 范围是 $-\pi/4 \sim \pi/4$。而物理学上，θ 的范围是 $-\pi/2 \sim \pi/2$。对于 δ_c 使用 atan2 函数求得的值范围是 $-\pi \sim \pi$。对于进一步处理，最好在 $0 \sim 2\pi$ 的范围内表示 δ_c。

8.8.4　数字光弹的复杂性

必须区分在光弹技术和其他干涉测量技术中所记录的信息的性质。在大多数技术中，强度信息与某个单一物理信息有关。例如，在全息技术中，可以得到面外位移信息，而在莫尔法中，在单次实验中只记录 u 或 v 位移之一。另一方面，在光弹中，强度信息同时受到主应力差（δ）和主应力方位（θ）的影响。这会对等色线和等倾线的估计产生不同的影响，为精确估计这些参数，需要妥善处理这些影响。

传统光弹使用的光学装置对模型的快慢轴的方位是不敏感的,这些轴与感兴趣点处的主应力方向有关,而这些方向并非事先已知。这使得传统光弹的数据解释非常简单。模型的轴影响数据解释的唯一情况是在感兴趣点处应用塔迪补偿法。仅凭检偏片记录的旋转值(这样感兴趣点处的强度是零)无法确定分数级相位差的符号。观察者通常会留意,当检偏片顺时针或逆时针旋转时,哪些条纹级数移动到感兴趣点处,从而消除上述不确定性。如果较高的条纹级数移动,那么符号为负;而如果较低的条纹级数移动,那么符号为正。这是非常重要的信息,在传统光弹中,对于用户分析的所有点,用户都要记录该信息。数字光弹所面临的挑战之一是,在尽量减少人工干预的情况下为域中的每个点找出带有正确符号的分数级条纹级数。

注释 8. 2   塔迪补偿法

补偿技术基本上是一项需要逐点处理的技术。其基本原理是,通过外部方式,由模型提供的相位差经过补偿,使得条纹通过感兴趣点处。相加或相减的附加相位差称为分数级相位差。使用检偏片作为补偿器的方法称为塔迪补偿法。塔迪补偿法是一种相当有用的技术,能够以很高的精确度测量条纹级数。它的步骤如下:

(1) 最初,使用平面偏光镜来测定兴趣点处的主应力方向。

(2) 然后形成一个圆形偏光镜,这样该偏振器被放在等倾角处,所有其他的光学装置也被适当地放置。在此阶段,如果光学元件经过正确对准,那么与传统的装置相比,在等色场中应该没有差别。

(3) 仅仅旋转检偏片,直到有一个条纹通过了兴趣点处。假设旋转角为 β。

(4) 如果以角度为单位来测量 β,那么求得分数级条纹级数 δ_N 为

$$\delta_N = \pm \frac{|\beta|}{180°}$$

不同于全条纹级数 N,分数级条纹级数是有符号的。符号约定并非取决于 β 的符号,而是由问题的物理学决定。如果低级条纹级数移动到感兴趣点,那么分数级条纹级数 δ_N 符号为正,反之亦然。

在传统光弹中,光学装置通常基于背景场进行放置。在大多数研究中,光学元件的相对方位更重要,而它们的绝对方位不是那么重要。然而,在数字光弹中,光学元件的绝对方位却发挥显著的作用。因此,必须尽一切努力正确对准偏光镜,使得用于强度方程理论发展的装置与用于强度试验记录的装置之间存在一一对应的关系[1,2]。对于开发合适的数字光弹相位展开算法,这非常重要,它有助于得到全局条纹级数。

由于用于参数估计的基本方程是反三角函数，因此，如 8.8.3 节指出，它们具有多重解。在寻找正确解时需要特别注意。如果处理不当，它可能导致在等倾估计中出现某些不一致情况（Inconsistencies），也可能在等差相位图中形成歧义区域（Ambiguous Zones）。

8.8.5　等倾线估计

在 8.8.3 节中曾指出，可以通过处理平面偏光镜装置拍摄的前 4 幅图像或独立使用表 8.1 中的最后 6 个方程（由通用的圆偏光镜装置拍摄）来估计等倾线。在进一步继续之前，人们应该清楚这两个方程中的哪一个被用于等倾线的准确估计。为了便于这种比较，最好是在域中采用 10° 步进的等高线来绘制等倾线。这可以通过下面的代码来完成[2]：

$$\text{If}(((-2.5 + \theta) < \theta < (2.5 + \theta))\ g_b(x,y) = 0 \text{ else } g_b(x,y) = 255 \quad (8.31)$$

式中：$\theta = -80°$、$-70°$、$\cdots$、$0°$、$10°$、$20°$、$\cdots$

等高线图在本质上是二值的，并且就像在传统的光弹书籍中看到的那样，等高线图就像一组等倾轮廓。图 8.11 显示了按式（8.26）和式（8.27）以 10° 为步进，在对径受压圆环的理论模拟相移图像和实验拍摄相移图像上绘制的等倾线。对于实验拍摄的图像，由式（8.26）获得的曲线图更接近等倾线的理论曲线图（图 8.11（e））。Ajovalasit 算法使用基于圆偏光镜的六步相移法，虽然它对于理论相移图像效果很好，但是当把它应用于实验拍摄的相移图像时，它却严重失效（图 8.11（d））。Ajovalasit 指出，对于左右旋圆偏振光来说，1/4 波片的误差是不同的。如果用 ε 表示左旋圆偏振光的误差，ε' 表示右旋圆偏振光的误差，则[12]

$$\theta_c = \frac{1}{2}\arctan\left(\frac{\sin2\theta(\cos\varepsilon' + \cos\varepsilon)\sin\delta + (\cos^2 2\theta + \sin^2 2\theta\cos\delta)(\sin\varepsilon' - \sin\varepsilon)}{\cos2\theta(\cos\varepsilon' + \cos\varepsilon)\sin\delta - (1 - \cos\delta)\sin2\theta\cos2\theta(\sin\varepsilon' - \sin\varepsilon)}\right)$$

$$(8.32)$$

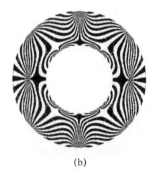

(a)　　　　　　　　　　(b)　　　　　　　　　　(c)

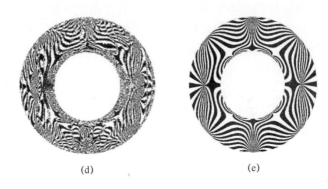

(d)　　　　　　　　　　(e)

图 8.11　对径受压圆环问题的 10°步进等倾线

（a）和（b）为理论模拟的相移图像，其中（a）采用式（8.26）；（b）采用式（8.27）；（c）和（d）为实验拍摄的图像，其中（c）采用式（8.26）；（d）采用式（8.27）；（e）为理论值（改编自文献［18］）。

　　式（8.32）说明，由于 1/4 波片失配而导致显著的误差。另外，获取该式的前提是，失配误差在场中是均匀的，而这与实际情况不符。误差会随着点的不同而变化，而这又会让实验估计变得更加复杂。因此，圆偏光镜并不太适用于估计等倾线[18]。

　　由于等倾线在等色条纹级数处没有定义，因此在图 8.11（a）中可观察到间隙。在图 8.11（c）中观察到打结现象。为了与图 8.11（e）比较，理想的做法是进一步改进图 8.10，这将在 8.8.10 节中讨论。

8.8.6　光弹中的相位图

　　相位图是相位信息的灰度曲线。在光弹中，可以为等倾线（θ）和等色线（δ）绘制相位图。等倾值的物理范围是 $-\pi/2 \sim +\pi/2$。等倾的灰度 θ 曲线可以通过以下定义得到[2]：

$$g(x,y) = \mathrm{INT}\left[\frac{255}{\pi}\left(\theta + \frac{\pi}{2}\right)\right] = \mathrm{INT}[R] \qquad (8.33)$$

式中：$g(x, y)$ 为点（x, y）处的灰度值；INT［R］为最接近 R 的整数。采用这种表示法，$\theta = -\pi/2$ 将绘制为黑色，$\theta = \pi/2$ 绘制为白色，其被称为展开相位图（Unwrapped Phasemap）。如果对式（8.26）中计算出的主等倾值（θ_c，其范围为 $-\pi/4 \sim +\pi/4$）采用相同的绘图方案，就会在模型域中看到特定区域，而不是灰度值的平滑变化（图 8.12（c））。其原因和性质将在 8.8.7 节讨论。

　　求得的分数级相位差值的范围是 $-\pi \leqslant \delta_c \leqslant \pi$。为求取包裹相位图，必须首先在 $0 \sim 2\pi$ 的范围内表示分数级相位差。然后将其转换成位于 0 和 255 之间的灰度来进行图形绘制。零分数级相位差对应于漆黑色，而 2π 分数级相位差对应于纯白色（即 255）。使用以下关系绘制相位图[1]：

$$\delta_p = \begin{cases} \delta_c & (\delta_c > 0) \\ 2\pi + \delta_c & (\delta_c \leqslant 0) \end{cases}$$

$$g(x,y) = \frac{255}{2\pi}\delta_p$$

(8.34)

为获得全局条纹级数，必须对包裹相位进行适当的展开。

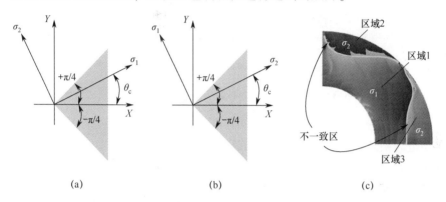

图 8.12　θ 的主值可以表示（a）σ_1 方向或（b）σ_2 方向，
（c）1/4 对径受压圆环的包裹等倾相位图曲线（来源于文献 [2]）

8.8.7　包裹相位图中的不一致区和歧义区

分数级相位差的计算首先需要等倾角估计。但应注意的是，θ_c 的主值位于 $-\pi/4 \leqslant \theta_c \leqslant \pi/4$ 范围内。因为无法事先知道主应力方向，所以对于 θ_c 是否对应于 σ_1 或 σ_2 在域中的方向存在不一致。图 8.12（a）和（b）给出了示意图。

图 8.12（c）表示 1/4 对径受压圆环的包裹等倾线的灰度级图。仔细观察该图，除了可以观察到等色骨架，还会发现 3 个区域。这些等色骨架其实都是噪声，这是因为式（8.26）在等色条纹处未定义。在该图中，在区 1 中 θ 值对应于最大主应力，在区 2 和区 3 中 θ 值对应于最小主应力。之所以能够识别出这些区域对应于特定的主应力，是因为手头上的问题有理论解。如果只想找出主要主应力在该域的方位，那么区域 2、3 可列为不一致区（Inconsistent Zones）。也可以表示最小主应力在整个域的方位，如果这样做的话，那么区 1 就变成不一致区域。虽然不一致区域是以相对角度来标记的，但最重要的是，对于主应力之一，要在模型域中一致地获得在范围 $-\pi/2 \leqslant \theta \leqslant \pi/2$ 内的等倾值。这一过程被称为等倾相位图展开，这将在 8.8.9 节讨论。

如果 θ_c 的主值被用于式（8.30）中来获取 δ_c，并且如果包裹相位使用式（8.35）所绘制，那么可以得到等色相位图，如图 8.13（a）所示。在图 8.12（c）和图 8.13（a）中，不同区域的边界具有惊人的相似性。等倾相位图中被标为不一致区的区域在等色相位图中也被标为歧义区（Ambiguous Zones）。

这种相互依存关系首先由拉梅什指出[1]。

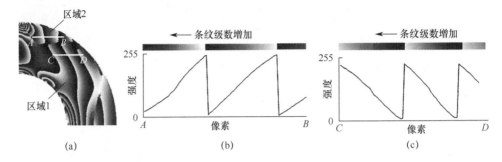

图 8.13 （a）带有歧义区的包裹等色相位图，（b）分数级条纹级数沿着 AB 线的变化，
（c）分数级条纹级数沿着 CD 线的变化

与全局条纹级数总是正数不同的是，分数级条纹级数是有符号的。在执行塔迪补偿法时，用户在每一个点处记录附加的启发式信息，为分数级相位差指定一个符号。图 8.13（b）和（c）给出了区域 1 和区域 2 中分数级条纹级数沿着两条线的变化情况，在这两条线中，全局条纹级数均是从右向左递增。歧义区的分数级相位差的符号与其他区相反。参照式（8.34），如果分数级相位差为负，那么出于绘制相位图的目的，它被加上 2π。这实质上提供了分数级相位差的补偿值。鉴于此，正常区和歧义区的梯度是相反的。对于等色展开，等色相位图必须不含歧义区[19]。在这一点上，歧义区与不一致区相似，也是一个相对的概念。

8.8.8 展开技术

对于等倾相位图，展开是指在域中一致地获得 σ_1 或 σ_2 的方向；而对于等色相位图，展开是指向分数级相位差值加上适当的整数值，以获得连续的条纹级数数据。两个焦点问题是，如何避免误差传播以及如何处理带有切口的复杂几何形状。

相位展开基本算法的选择影响其对误差传播的灵敏度。最简单的相位展开方法是从种子点开始，水平扫描图像、垂直扫描图像，或明智地使用这些扫描方式。如果不遇到噪声点、几何不连续或者材料不连续问题，那么该算法可以很好地工作。

另一种方法是通过某种质量度量来引导展开的路径。在质量导引的相位展开方法中，根据相位图中像素的质量进行分级，其中"1"表示最高质量，"0"表示最低质量。因此，在质量图中，黑色区域表示低质量的区域，白色区域表示高质量的区域，灰色区域表示中等质量的区域。展开过程从最高质量的像素开始，然后向质量最低的像素推进，从而保证最佳结果。这是一种计算密集型算法，在文献中报道了几种质量度量方法。其中，相位导数方差被推荐用于光弹[20,21]。

相位导数方差算法计算像素劣度的公式如下：

$$\frac{\sqrt{\sum (\Delta^x_{i,j} - \bar{\Delta}^x_{m,n})^2} + \sqrt{\sum (\Delta^y_{i,j} - \bar{\Delta}^y_{m,n})^2}}{k^2} \tag{8.35}$$

式中：对于每个求和式，索引 (i, j) 的范围包括每个中心像素 (m, n) 的 $k \times k$ 个相邻像素；$\Delta^x_{i,j}$ 和 $\Delta^y_{i,j}$ 为相位的偏导数（即，包裹相位差）。项 $\bar{\Delta}^x_{m,n}$ 和 $\bar{\Delta}^y_{m,n}$ 是这些偏导数在 $k \times k$ 窗口中的平均值。式（8.35）是在 x 和 y 方向上的偏导数方差的一个根均方测量。方差的值为负表示高质量。由于积分路径是由质量决定的，因此理论上，采用这种方法时累积误差最小化。

带有切口的复杂模型边界的相位展开本身就是一个挑战。简单连接的模型一般很容易处理。对于多重连接体，人们可以选择域定界（Domain Delimiting）或边界掩模（Boundary Masking）的方法。在域定界方法中，通过把多重连接模型划分成一组单连通域进行展开。马杜和拉梅什[22]提出一种展开带有切口的复杂几何形状的方法。使用边界提取技术来获得定界所需的边界坐标信息。在边界掩模方法中，使用一幅二值图像来识别图像区域，然后将该图像区域存储为单独的图像，该方法可以处理任意几何形状。质量导引的相位展开算法与边界掩模方法结合起来，将是一种用户友好的相位展开策略。

8.8.9　等倾线展开技术

为了消除包裹相位图中的不一致区（图 8.12（c）），算法首先应确定这些区的边界。从 8.8.7 节的讨论中可以看出，不一致区的边界有一个特征，即 π/2-跳。但是，这并非需要解决的唯一的一个问题。各向同性点和 π-跳的存在使得等倾相位图的展开异常复杂。所有等倾线在某个各向同性点处汇合，而 π-跳则是等倾值从某个各向同性点开始的 180°骤升[2]。为清晰的理解，在理论模拟的等倾相位展开图中把这些点都标出来了（图 8.14）。在复杂的光弹性模型中，许多各向同性点（π-跳）可存在于等倾相位图中。

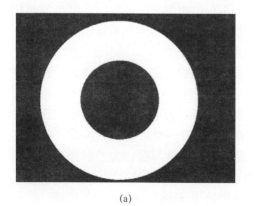

(a)

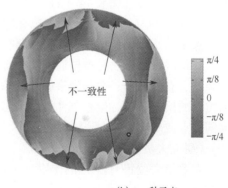

(b) ○ – 种子点

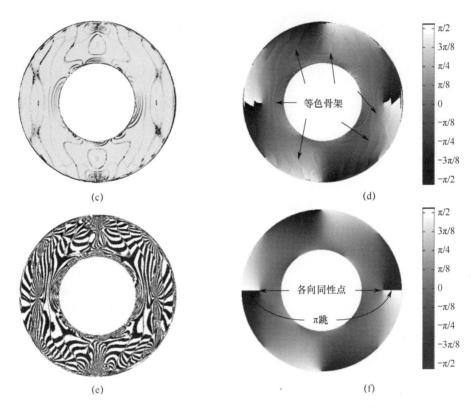

图 8.14　展开径向受压圆环问题的等倾相位图所涉及的步骤

(a) 边界掩模；(b) 包裹等倾（不一致区和种子点标记）；(c) 相位导数方差质量图；(d) 展开由
相位导数方差算法得到的等倾相位图；(e) 等倾线的二值图（式 (8.31)）；(f) 使用解析解法
得到展开的等倾相位图（提供者：文献 [2]）。

　　拉姆吉和拉梅什[14]提出了一种自适应质量导引的相位展开（AQGPU）算法
来展开等倾线，该算法能够适应各向同性点以及 π-跳的存在。使用边界掩模图
像来识别模型域（图 8.14（a））。图 8.14（b）给出带有不一致区的包裹等倾相
位图。图 8.14（c）给出使用相位导数方差式 (8.35) 得到的质量图。选中一个
种子点来初始化相位展开，而积分路径由质量图决定。

　　相位展开的做法是根据适当的检查条件对当前像素的直接邻接像素（例如左
侧像素、右侧像素、底部像素和顶部像素位置）进行检查。表 8.2 给出了两个像
素位置的检查条件。检查条件能够自主处理在展开过程中等倾相位图中出现的各
向同性点或 π-跳。为了识别不一致区和 π-跳，需要一个可变的 θ 偏差（theta_
tol）。研究人员发现 theta_tol 的值取 π/3 足以应对各种问题。为了解释这些条件
对于左侧像素位置（LP）的作用，在表 8.2 中，检查条件被分别标记为 1a、2a、
3a 和 4a。条件（1a 和 3a）在展开过程中分别处理 π-跳和各向同性点问题。这些
条件确保等倾值位于范围 $-\pi/2 < \theta < +\pi/2$ 内，使得在 π 跳的接口处它正好反

向（从 $-\pi/2$ 至 $+\pi/2$，反之亦然）。条件（2a 和 4a）分别根据相邻像素的梯度的符号来处理 $\pi/2$-跳（表示不一致区）。以这种方式继续进行，对整个模型域在单个步骤中完成展开，而没有任何进一步的人为干预。

表 8.2　AQGPU 算法基于等倾展开的像素位置检查条件

序号	像素位置	检查条件
1	左侧像素（LP）	$\mathrm{abs}(\theta_{i,j} - \theta_{i-1,j}) > \mathrm{theta\_tol}$, then $\theta_{i-1,j} = \begin{cases} \theta_{i-1,j} + \dfrac{\pi}{2}\theta_{i,j} \leqslant \dfrac{-\pi}{2} \,\&\, \theta_{i-1,j} \leqslant 0 \,\&\, (\theta_{i-1,j} - \theta_{i,j}) > \mathrm{theta\_tol}\,(1a) \\ \theta_{i-1,j} - \dfrac{\pi}{2}\theta_{i,j} > \dfrac{-\pi}{2} \,\&\, (\theta_{i-1,j} - \theta_{i,j}) > \mathrm{theta\_tol}\,(2a) \end{cases}$ $\theta_{i-1,j} = \begin{cases} \theta_{i-1,j} - \dfrac{\pi}{2}\theta_{i,j} > \dfrac{\pi}{2} \,\&\, \theta_{i-1,j} \geqslant 0 \,\&\, (\theta_{i-1,j} - \theta_{i,j}) < -\mathrm{theta\_tol}\,(3a) \\ \theta_{i-1,j} + \dfrac{\pi}{2}\theta_{i,j} < \dfrac{\pi}{2} \,\&\, (\theta_{i-1,j} - \theta_{i,j}) < -\mathrm{theta\_tol}\,(4a) \end{cases}$
2	右侧像素（RP）	$\mathrm{abs}(\theta_{i,j} - \theta_{i+1,j}) > \mathrm{theta\_tol}$, then $\theta_{i+1,j} = \begin{cases} \theta_{i+1,j} + \dfrac{\pi}{2}\theta_{i,j} \leqslant \dfrac{-\pi}{2} \,\&\, \theta_{i+1,j} \leqslant 0 \,\&\, (\theta_{i+1,j} - \theta_{i,j}) > \mathrm{theta\_tol} \\ \theta_{i+1,j} - \dfrac{\pi}{2}\theta_{i,j} > \dfrac{-\pi}{2} \,\&\, (\theta_{i+1,j} - \theta_{i,j}) > \mathrm{theta\_tol} \end{cases}$ $\theta_{i+1,j} = \begin{cases} \theta_{i+1,j} - \dfrac{\pi}{2}\theta_{i,j} > \dfrac{\pi}{2} \,\&\, \theta_{i+1,j} \geqslant 0 \,\&\, (\theta_{i+1,j} - \theta_{i,j}) < -\mathrm{theta\_tol} \\ \theta_{i+1,j} + \dfrac{\pi}{2}\theta_{i,j} < \dfrac{\pi}{2} \,\&\, (\theta_{i+1,j} - \theta_{i,j}) < -\mathrm{theta\_tol} \end{cases}$

等倾相位图的等色骨架假象（图 8.14（d））其实是噪声，在将等倾数据用于应力分离研究时，等倾数据的平滑是强制性的。当查看等倾线的二值表示时（图 8.14（e）），这种噪声是显而易见的。

练习 8.3

下表给出了在对径受压圆盘（直径 = 60mm，厚度 = 6mm，载荷 = 574N，Fsigma = 10.9N/mm/条纹，对应于表 8.1 中的光学装置）中的两点处所观测到的强度。测定这些感兴趣点的主应力方向。还讨论 θ 在展开中的作用，以及 atan、atan2 在计算中的作用。将实验结果与理论结果进行比较并评论（下表）。

坐标 (x, y) /mm	I_1	I_2	I_3	I_4	I_5	I_6	I_7	I_8	I_9	I_{10}
0, 0	27	61	101	60	88	67	84	117	82	44
-10.53, 25.7	116	42	60	106	66	93	70	93	71	49

解：

对于点 1，由于使用平面偏光镜，可以使用式（8.26）求得 θ_c：

$$\theta_c = \frac{1}{4} \arctan\left(\frac{I_4 - I_2}{I_3 - I_1}\right) = \frac{1}{4} \arctan\left(\frac{60 - 61}{101 - 27}\right)$$

可以使用 atan 函数（θ_{c1}）或 atan2 函数（θ_{c2}）来求取 θ 值：

$$\theta_{c1} = \frac{1}{4} \arctan(-0.0135) = -0.19^\circ$$

$$\theta_{c2} = \frac{1}{4} \arctan\left(\frac{-7}{74}\right) = -0.19^\circ$$

由于反正切函数的价值位于第四象限，因此对于该点使用 atan 还是 atan2 函数并没有任何区别。

而基于圆偏光镜，可以按式（8.27）求取 θ 值：

$$\theta_c = \frac{1}{2} \arctan\left(\frac{I_9 - I_7}{I_8 - I_{10}}\right) = \frac{1}{2} \arctan\left(\frac{82 - 84}{117 - 44}\right)$$

使用 atan 和 atan2 函数求得的值如下：

$$\theta_{c1} = \frac{1}{2} \arctan(-0.0274) = -0.785^\circ$$

$$\theta_{c1} = \frac{1}{2} \arctan\left(\frac{-2}{73}\right) = -0.785^\circ$$

在圆盘中心，理论上的等倾值是零。然而，对于平面偏光镜和圆偏光镜估计 θ 得到的都是很小的负值，这可能是由于模型相对于光学系统的小偏差造成的。

对于这两个点，使用注释 8.1 中的公式来测定主应力的理论值及其相关的方向，归纳如下表。

坐标 (x, y) /mm	σ_1/MPa	σ_2/MPa	θ_1/ (°)	θ_2/ (°)
0, 0	1.02	-3.05	0	90
-10.53, 25.7	0.041	-1.092	-57.07	32.93

对于点 2，由于来自平面偏光镜装置，因此：

$$\theta_c = \frac{1}{4} \arctan\left(\frac{106 - 42}{60 - 116}\right)$$

使用 atan 和 atan2 函数计算得到 θ 值如下：

$$\theta_{c1} = \frac{1}{4} \arctan(-1.143) = -12.2^\circ;$$

$$\theta_{c2} = \frac{1}{4} \arctan\left(\frac{64}{-56}\right) = 32.8^\circ$$

这次求得的值是不同的，反正切函数的值位于第二象限。这仅由 atan2 函数正确评估。由于它被除以 4，因此 θ 在于第一象限。

对于圆偏光镜，使用 atan 和 atan2 函数求取的值如下：

$$\theta_{c1} = \frac{1}{2}\arctan(0.023) = -0.651°$$

$$\theta_{c1} = \frac{1}{2}\arctan\left(\frac{1}{44}\right) = -0.651°$$

这些值与理论值大不相同。前面已经指出，来自圆偏光镜的结果是不可靠的，这里再次确认了这一点。

从平面偏光镜得到的 θ_{c2} 值与 θ_2（即主应力的方位 σ_2）一致。对于相位差的测定，关键是展开 θ，使得它在整个域中始终表示主应力方向之一。因此，θ_{c2} 必须加上或减去 $\pi/2$。如果加上 $\pi/2$，那么得到 $\theta > \pi/2$，但是 θ 必须位于范围 $-\pi/2 < \theta < \pi/2$ 之内，因此，最好的做法是减去 $\pi/2$，它给出 $\theta_{unwrapped} = -57.2°$。这非常接近理论值。

虽然在这个例子中，对点 2 相位展开的讨论是基于理论计算，但在一般情况下，表 8.2 给出的条件能够有条不紊地处理。或者，如果使用式（8.33）画出 $\theta_{phasemap}$，那么通过肉眼观察一个点是否位于不一致区就可以很容易判断该点是否需要展开。

这个问题的解支持使用 atan2 函数以及式（8.26）来计算 θ。

8.8.10　等倾线的平滑技术

在数学上，等倾值在等色骨架上未定义。等倾轮廓具有不连续性，并且随着载荷的增加，这种不连续性的数量也随之增加。这是等倾参数估计误差的主要来源。

8.8.10.1　鲁棒离群平滑

在本节中，忽略位于趋势外的数据点，通过最小二乘法分析进行局部曲线拟合[14]。这个平滑过程之所以被冠以"局部"，是因为每个平滑值都是根据跨度所规定的相邻数据点所测定的。跨度限定了每个数据点的平滑计算中要包括的相邻点的窗口。跨度越大，平滑曲线越能更好地跟随趋势。

位于趋势之外的数据点被忽略，这由加权处理完成。根据中值绝对偏差（MAD）的统计参数来计算权重，其范围介于 $0 \sim 1$ 之间。权重接近 1 的是那些局部位于趋势外的数据点，而权重接近 0 的是那些严格跟随趋势的数据点。算法适当地选择那些接近零的数据点进行局部最小二乘法曲线拟合。这里的一个重要因素是跨度的选择以及最小二乘曲线拟合多项式的阶数。问题不同，其值有所变化，但通常较长的跨度比较好。

8.8.10.2　等倾线自适应平滑算法

π-跳和各向同性点的存在确实影响平滑，而且对于复杂的问题，可以有许多这种情况，因此最好有一个自主处理方法。引入如表 8.3 的检查条件，对于 π-跳则分割线段，而对于各向同性点则排除该点[23]。然后使用鲁棒离群法来减少等倾轮廓的不连续性。使用可变的 theta_tol 来识别 π-跳，而为了平滑，其取值在 80°～175°之间变化。

图 8.15 给出了使用鲁棒离群算法得到的平滑等倾相位图。可以清楚地发现，在这里看不到等色条纹假象。沿水平方向使用跨度为 40 个像素和线性多项式进行最小二乘曲线拟合。为了实现垂直方向的平滑，取 30 个像素的跨度已经足够。

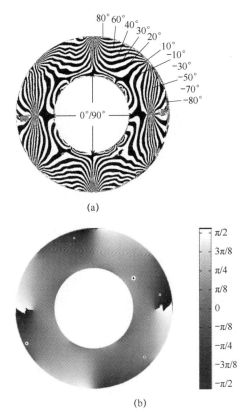

(a)

(b)

图 8.15　对径受压圆环问题的平滑等倾线图

（a）采用自适应平滑算法得到的十步二值图；（b）灰度图（图片来自于文献［2］）。

8.8.11　等色线的展开

在等色相位图展开中，应该适当把整数值加到分数级条纹级数。至关重要的是，包裹等色相位图不存在歧义区。拉姆吉和拉梅什已经证明[13,14]，如果在式（8.30）中使用展开的等倾值（平滑值仍然更好），就可以得到没有歧义区的相位图（图 8.16（a））。令人感到意外的是，虽然等倾线的一致性方面已显著影响到等色数据的估计，但是等倾线中存在的噪声并没有影响到它[1]。在相位图中，对分数级条纹级数值的变化稍加留意就会发现，它沿着全局条纹级数增加的方向增加。这样的观察结果极大地简化了相位展开算法。如果精确地对准光学元件（即1/4波片的慢轴），如图8.9（b）所示，就会得到这样的结果。有趣的是注意到，相位图类似于暗场图像（图8.10（f））。这是一种检查偏光镜是否正确对齐的间接方法。

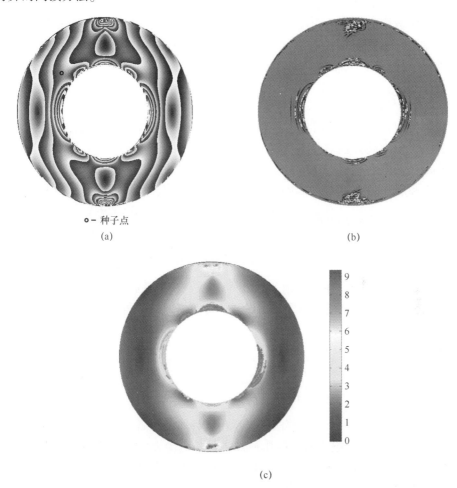

图8.16　（a）使用式（8.30）中的展开的等倾值得到的分数级相位差包裹相位；（b）使用相位导数方差得到的质量图；（c）展开相位的 Matlab 图（图片来自于文献［2］）

必须选择合适的种子点，以给出该点的全局条纹级数。实际上，由于相位图对比度较高，通常很容易选取整数条纹点，用户必须确定其中的一个点，并提供通过辅助装置测定的对应的整数条纹级数。展开过程从种子点开始，并基于质量图进一步推进。相邻像素的梯度的符号决定了是加上整数值还是减去整数值。如果符号为正，则减去整数值（k）；否则，加上该值。识别整数加或减法的转变点是一个关键步骤，它是通过一个阈值来选择，而且通常取值为123。检查条件给定如下：

$$W(\delta_{i,j}) = \begin{cases} \delta_{i,j} - k & \Delta\delta_{i,j} > 123 \\ \delta_{i,j} + k & \Delta\delta_{i,j} < -123 \end{cases} \quad (8.36)$$

式中：$\delta_{i,j}$ 为像素位置 (i,j) 对应的分数级条纹值；W 为展开操作符；$\Delta\delta_{i,j}$ 为分数级条纹级数梯度。等色相位图展开使用的是 8.8.9 节讨论的 AQGPU 算法的稍作修改版本，以适应式（8.36）所给条件。图 8.16（c）给出了质量图，图 8.16（d）给出了 Matlab 中绘制的展开相位。

8.8.12　十步法小结

正如拉姆吉和拉梅什所提出的那样，十步法的一个关键方面是在分数级相位差的计算中使用展开的 θ 值。为了得到高质量的 θ 值，建议使用平面偏光镜方法。Yao-Ting 等[24]曾在 2012 年采用解析方法支持这一想法。对于式（8.30），在包含 δ 和展开的 θ 的表达式项中，代入强度差的值，变形后的方程如下：

$$\delta_c = \arctan\left(\frac{I_b\sin2\theta\sin\delta\sin2\theta_c + I_b\cos2\theta\sin\delta\cos2\theta_c}{I_b\cos\delta}\right) \quad (8.37)$$

$$\delta_c = \arctan\left(\frac{\sin\delta}{\cos\delta}(\sin2\theta\sin2\theta_c + \cos2\theta\cos2\theta_c)\right) \quad (8.38)$$

式（8.38）表明，如果使用 θ_c 或 $\theta_c + \pi/2$（二者都是可能的解），那么相位差的主值是不同的。但是，如果使用展开的等倾值，就会得到一个唯一的分数级相位差。

$$\begin{aligned}\delta_c &= \arctan\left(\frac{\sin\delta}{\cos\delta}(\sin2\theta\sin2\theta + \cos2\theta\cos2\theta)\right) \\ &= \arctan\left(\frac{\sin\delta}{\cos\delta}\right)\end{aligned} \quad (8.39)$$

在各种相移法中，十步相移法已显示出它针对各种各样的问题获得高精度光弹性参数的能力[2,3]。报道的其他几种方法都是这个方法的子集。最后 6 种装置对应于六步相移技术[1,11,12]。对于动态的问题，研究人员希望尽可能减少图像的数量，并提出了四步法。在这些方法中，由 Ajovalasit 等提出的方法是最好的方案之一[3]，并且它是十步法图像中的 5~8。

8.9　彩色图像处理技术

在各种实验技术中，光弹具有的一个独特优势在于提供彩色条纹数据。颜色代码用于识别条纹梯度方向并大致指定全局条纹级数，这已经在传统光弹法中得以应用。在数字光弹中，彩色图像处理系统基本上用作图像采集装置。RGB 模型的使用相当普遍，在这个模型中，图像被看作是红、绿、蓝 3 张图像平面的叠加。

8.9.1　各种偏光镜装置的白光透射光强

大多数使用彩色图像处理硬件进行数据采集的系统都使用白色光作为照明源。彩色相机并非对所有波长具有平坦响应，并且其光谱响应 $F(\lambda)$ 是波长的函数。此外，光源的每种波长对应的光幅度可能也不一样，而且对于不同的照明源也是不同的。除了这些效果，有可能必须包括一个函数 $T(\lambda)$，即所有光学元件的传输行为的总和，它是形成特定偏光镜装置的波长的函数。最后，鉴于光谱由多种颜色组成，所感知光强将是光谱中的每种波长对应的各个光强的累积。对于平面偏光镜，在暗场装置中，设其与检偏片的角度为 β，则可修改式（8.22）以包括下面这些方面[1,25]：

$$I_p = I_b + \left[\frac{1}{(\lambda_2 - \lambda_1)} \int_{\lambda_1}^{\lambda_2} T(\lambda) F(\lambda) I_a(\lambda) \sin^2 \frac{\delta(\lambda)}{2} d\lambda \right] \sin^2 2(\theta - \beta) \quad (8.40)$$

式中：I_b 为整个彩色光谱的总的背景光强，分母中的因子 $(\lambda_2 - \lambda_1)$ 为归一化因子[1,25]，使得光强范围在 0 ~ 1 之间，从暗场变化到亮场装置。在通常情况下，可能希望相对于参考波长 λ_{ref} 表示相位差 $\delta(\lambda)$。

$$\delta(\lambda) = \frac{\delta_{ref} F_{\sigma_{ref}}}{F_\sigma(\lambda)} = \frac{2\pi N_{ref} F_{\sigma_{ref}}}{F_\sigma(\lambda)} \quad (8.41)$$

在大多数研究中，均假定 $T(\lambda)$ 为一致的。在式（8.40）中代入式（8.41），得

$$I_p = I_b + \left[\frac{1}{(\lambda_2 - \lambda_1)} \int_{\lambda_1}^{\lambda_2} F(\lambda) I_a(\lambda) \sin^2 \frac{\pi N_{ref} F_{\sigma_{ref}}}{F_\sigma(\lambda)} d\lambda \right] \sin^2 2(\theta - \beta) \quad (8.42)$$

式中：N_{ref} 为参考波长对应的全局条纹级数。

圆偏光镜通常采用针对特定波长的 1/4 波片构造而成。当使用白色光时，1/4 波片不再能为所有波长提供 $\pi/2$ 的相移，一般会像延迟器。如果该 1/4 波片匹配的参考波长（比方说）是 λ_{ref}，那么对于所有其他波长 (λ)，其引入的误差为

$$\varepsilon = \frac{\pi}{2} \left(\frac{\lambda}{\lambda_{ref}} - 1 \right) \quad (8.43)$$

将 1/4 波片视为相位差为 $(\pi/2 + \varepsilon)$ 的延迟器，对于特定波长，暗场圆偏光镜（带有交叉的 1/4 波片）的透射光的强度为

$$I_d(\lambda) = I_a(\lambda) \sin^2 \left(\frac{\pi N_{ref} F_{\sigma_{ref}}}{F_\sigma(\lambda)} \right) [1 - \cos^2 2\theta \sin^2 \varepsilon] \quad (8.44)$$

对于白光的完整光谱（包括背景光强），式（8.44）修改为

$$I_d = I_b + \frac{1}{(\lambda_2 - \lambda_1)} \int_{\lambda_1}^{\lambda_2} F(\lambda) I_a(\lambda) \sin^2 \left(\frac{\pi N_{ref} F_{\sigma_{ref}}}{F_\sigma(\lambda)} \right) \left[1 - \cos^2 2\theta \sin^2 \varepsilon \right] d\lambda \quad (8.45)$$

尽管在本节介绍的光强公式显得相当复杂，但是在将它们用于实际应用时，使用明智的近似值。一个最简单的办法是把每个图像平面近似为单色图像进行图像处理。拉梅什和德希穆克[26]提出了使用由彩色 CCD 照相机所拍摄的彩色图像的绿色平面进行相移。虽然只是近似，该方法却都能为给定问题给出等倾线和等色线。

8.9.2 TFP、RTFP 和窗口搜索方法

式（8.42）和式（8.45）表明，在对输出图像的 RGB 强度变化进行数学建模时需要精确考虑各种因素，例如 1/4 波片误差、应力-光学系数的分散、相机的光谱响应、光源的光谱成分和偏光镜部件的透射响应[25]。准确估计所有这些参数非常困难。然而，对于每个数据点，可以采取数字方式提取 3 个图像平面 R、G 和 B 的相关灰度值。根据已知的条纹级数变种（如四点弯曲梁），有可能为 R、G 和 B 值的每一种组合关联一个全局条纹级数。因此，在实践中，通常遵循一种基于校正表（Calibration Table）的方法来求出全局条纹级数。无法通过此方法得到等倾值。然而，对于现有的一大类问题，等色线本身产生的丰富数据可作进一步分析。

数字记录的 RGB 值对条纹梯度或条纹密度敏感。通过使用一种合并校准表把条纹级数梯度变化计算在内[27]，该表由对应于 0 ~ 1（低梯度）、0 ~ 2（中间梯度）和 0 ~ 3（高梯度）三个不同的校准表合并而制成，这些表是使用相同的校准试件在不同的载荷条件下获得。

该技术有时候也被称为 3 条纹光弹（TFP，若超过 3 条纹级数颜色则往往合并）[27]或 RGB 光弹（RGBP，运用 R、G 和 B 平面的信息进行条纹估计[25]）。在对任意测试数据点应用 TFP/RGBP 技术的过程中，通过将数据点的 R、G 和 B 值与校准表中的值进行比较以得到条纹级数。最直接的方法是为校准表中的每一行 i 计算最小二乘误差项（e_i），并使用以下等式找出使 e_i 达到最小值的条纹级数[27]：

$$e_i = \sqrt{(R - R_i)^2 + (B - B_i)^2 + (G - G_i)^2} \tag{8.46}$$

使用下面的方程可以把得到的条纹级数数据转换成灰度值：

$$g(x,y) = \text{INT}\left[\frac{255}{N_{\max}} \times f(x,y)\right] = \text{INT}[R] \tag{8.47}$$

式中：函数 $f(x,y)$ 为点 (x,y) 处的条纹级数；$N_{\max}$ 为校准表的最大条纹级数（在大多数情况下是 3）；$g(x,y)$ 为点 (x,y) 处的灰度值；INT $[R]$ 为 R 最接近的整数。

虽然使用校准表的最小二乘误差法实现起来非常简单，但是模型域中由于颜色重复导致有几个位置容易出错[28]。它导致在一些地方的条纹级数（N）估计错误，并失去 N 的空间连续性。图 8.17（a）给出所拍摄的对径受压圆盘等色线

的彩色图像，图 8.17（b）给出由式（8.46）计算的全局条纹级数的灰度表示，并使用式（8.47）作图。鉴于颜色重复，可以在图 8.17（b）观察到几个轮廓，而不是灰度值的平滑变化。

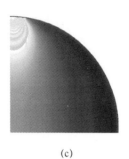

（a）　　　　　　　　　　（b）　　　　　　　　　　（c）

图 8.17　（a）1/4 对径受压圆盘的暗场等色线，（b）使用 TFP 计算的
全局条纹级数的图形表示，（c）RTFP 求得的条纹级数平滑变化

这个问题被马杜和拉梅什[28]通过改进 TFP（RTFP）方法成功解决，该方法使用下式计算误差 e_i，即

$$e_i = \sqrt{(R - R_i)^2 + (B - B_i)^2 + (G - G_i)^2 + (N_p - N)^2 K^2} \qquad (8.48)$$

式中：附加项 N_p 为相邻已解析像素的条纹级数；N 为校准表当前检查点的条纹级数。为改进结果，参数 K 采用交互方式确定，其值介于 20～200 之间[2]。图 8.17（c）表示使用 RTFP 得到的灰度值的平滑变化。将邻近的多个相邻已解决像素的平均值作为式（8.48）中的 N_p，将进一步提高精度。

还可以通过窗口搜索方法解决条纹级数的连续性问题[29]。在此，仅搜索校正表中以已解析像素为中心的小窗口，从而确保条纹级数的空间连续性。建议基于条纹级数窗口与合并校准表结合起来解决条纹梯度问题，给出如下：

$$e_i = \sqrt{(R - R_i)^2 + (B - B_i)^2 + (G - G_i)^2}; \\ N(i) \in \left[N_p - \Delta N, N_p + \Delta N \right] \qquad (8.49)$$

式中：ΔN 为按条纹级数定义的搜索窗口，它通常取值为 0.4[30]。

练习 8.4

一个直径为 60mm、厚度为 6mm 的圆盘受到 492N 的径向压力（图 8.17（a））。必须采用 TFP 技术来测定点 A（坐标为（7.19, 16.65））的全局条纹。点 A 处的 RGB 值分别是 157、71 和 35。此外，还求出点 A 旁边的点 B（坐标为（7.07, 16.65））的条纹级数，其 RGB 值分别是 156、63 和 38。将求得的结果与理论值进行验证。材料应力条纹值为 12.16N/mm/条纹。如果需要的话，可以使用 RTFP 来改进求得的结果。使用一段选定数据给出的校准表，作为计算的基础。

S. No.	R	G	B	N
1	17	19	11	0.00
2	68	94	54	0.30
3	105	95	28	0.71
4	33	37	46	1.01
5	57	121	50	1.30
6	135	74	23	1.70
7	132	64	27	1.73
8	55	31	48	2.00
9	22	111	19	2.29
10	134	52	41	2.75
11	50	76	21	3.00

解：

起初，对于这两个点，使用式（8.46）找出误差"e"。把最小误差项对应的条纹级数指定给该点。下图给出了这两个点的误差项的变化。

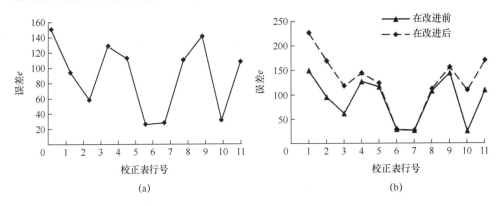

(a)   (b)

校正表所有行在改进前后的误差"e"的曲线图，图（a）和图（b）分别是点 A 和点 B 的曲线图。

从该图中可以看出，对于点 A，误差项在第 6 行时达到最小值，相应的条纹级数是 1.70。对于 B 点，误差项在第 10 行达到最小值，TFP 指定的条纹级数为 2.75，这是不可能的值。

参见图 8.17（b），点 A 是无噪声区，而点 B 所在区噪声较多，因此需要在点 B 应用 RTFP。在式（8.48）中，点 A 的条纹级数被取为 N_p，K 取值 100，重新绘制误差曲线图，测定点 B 的最小条纹级数为 1.73。

理论上，对于点 A 和点 B，使用式（8.13）和式（8.4）求得的条纹级数为 1.72 和 1.74。两相比较，结果不错。

8.9.3　颜色适应

在校准过程和测试过程中，校准试件和应用试件之间色调的变化以及照明条件之间的差异会导致错误的条纹级数评估[31]。利用颜色适应，同一张校准表经过适当修改后可以用于各种试件和不同的照明条件。要做到这一点，有一个简单的方法，即首先评估校准试件和应用试件的色调。为了做到这一点，最初得到零负载情况下校准试件和应用试件所对应的亮场图像的 RGB 的变化。设校准试件的值是 R_{zc}、G_{zc} 和 B_{zc}，应用试件的值是 R_{ze}、G_{ze} 和 B_{ze}。校正表经过修订以修改每种颜色的 RGB 强度如下[5]：

$$R_{mi} = \frac{R_{ze}}{R_{zc}} R_{ci}; G_{mi} = \frac{G_{ze}}{G_{zc}} G_{ci}; B_{mi} = \frac{B_{ze}}{B_{zc}} B_{ci} \tag{8.50}$$

式中：R_{mi}、G_{mi} 和 B_{mi} 为修改后的校准表第 i 行的 RGB 值；R_{ci}、G_{ci} 和 B_{ci} 为原始校准表第 i 行的 RGB 值。每一行的条纹级数 N 在对等表中没有修改。在使用应力冻结切片时，由于卸载切片可能无法使用，因此这种方法可能不适用。如果使用双点颜色适应法就可以解决这个问题。在此方法中，使用应用暗场图像的最大和最小 RGB 强度（$R_{ImageMax}$、$R_{ImageMin}$、$G_{ImageMax}$、$G_{ImageMin}$、$B_{ImageMax}$、$B_{ImageMin}$）和校准表的最大和最小 RGB 强度（$R_{TableMax}$、$R_{TableMin}$、$G_{TableMax}$、$G_{TableMin}$、$B_{TableMax}$、$B_{TableMin}$）从原来的校准表（R_{ci}、G_{ci}、B_{ci}）中查找修改的校正表（R_{mi}、G_{mi}、B_{mi}），如下[32]：

$$R_{mi} = \frac{R_{ImageMax} - R_{ImageMin}}{R_{TableMax} - R_{TableMin}} (R_{ci} - R_{TableMin}) + R_{ImageMin}$$

$$G_{mi} = \frac{G_{ImageMax} - G_{ImageMin}}{G_{TableMax} - G_{TableMin}} (G_{ci} - G_{TableMin}) + G_{ImageMin} \tag{8.51}$$

$$B_{mi} = \frac{B_{ImageMax} - B_{ImageMin}}{B_{TableMax} - B_{TableMin}} (B_{ci} - B_{TableMin}) + B_{ImageMin}$$

练习 8.5

TFP 的校正表可用于环氧材料。为了减轻加工应力，由环氧树脂材料制作的模型进行适当的退火循环，以稍微改变模型的色调。空载情况下，校准试件和模型试件的 RGB 值分别是：$R_{zc} = 146$、$G_{zc} = 135$、$B_{zc} = 94$ 和 $R_{ze} = 183$、$G_{ze} = 165$、$B_{ze} = 119$。校正表的一行 RGB 值分别是 129、59 和 29。在执行单点颜色适应法后测定修改后的值。

解:

按式（8.50）求得修改后的灰度值：

$$R_{mi} = \frac{R_{ze}}{R_{zc}}R_{ci} = \frac{183}{146} \times 129 = 161.69$$

$$G_{mi} = \frac{G_{ze}}{G_{zc}}G_{ci} = \frac{165}{135} \times 59 = 72.11$$

$$B_{mi} = \frac{B_{ze}}{B_{zc}}B_{ci} = \frac{119}{94} \times 29 = 36.71$$

分数级灰度值用于计算最小二乘误差。

图 8.18 给出了在存在环境光照的情况下使用二点颜色适应方案的鲁棒性。直接使用两点颜色适应方案获得全局条纹级数的更好的灰度变化表示（图 8.18(e)），并由 RTFP（图 8.18（f））进一步提高，它与十步相移技术评估的全局条纹级数（图 8.18（b））具有有了可比性。

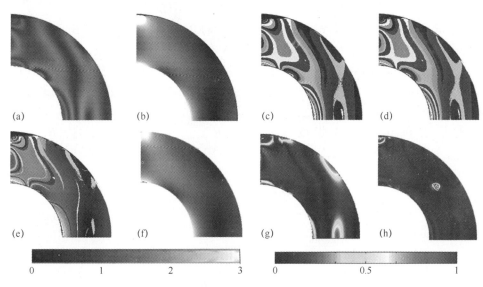

图 8.18　存在环境光的 1/4 径向受压圆环

（a）暗场等色线；（b）通过十步相移法评估的全局条纹级数；（c）TFP 无颜色适应；（d）TFP 单点颜色适应；（e）TFP 两点颜色适应；（f）两点颜色适应后 RTFP，在评估条纹级数时，与存在环境照明的十步相移法结果比较的全场误差；（g）RTFP 无颜色适应；（h）RTFP 评估两点颜色适应（改编自文献 [32]）。

8.9.4　阵面推进扫描法

在解决工业问题时的一个最大挑战是如何处理复杂的几何形状（图 8.19(a)），这需要开发一种灵活的扫描过程。另一个问题是如何将模型的边界整合到算法中，这很容易通过使用图像域掩模实现。

(a)

(b)

图 8.19　（a）一个复杂的简单连接的应力冻结切片的暗场图像，

（b）图像域掩模（来源于文献 [30]）。

　　图像域掩模的生成过程如下：仔细选择试件的边界，为边界内的所有像素指定值 255，而为落入边界之外的所有像素指定值 0（图 8.19（b））。准确的图像域掩模生成非常重要，这是因为如果把一些背景像素包含在掩模内，那么可能导致最终结果中出现错误的区域。

　　阵面推进扫描法（Advancing Front Scanning Method）[30] 采用逐步推进方式，每一步都解析出一个像素，在以该像素为中心的 3×3 窗口内与其相邻的已解析像素数目最大。首先，使用最小二乘法（式（8.46）），在模型域内计算条纹级数。虽然使用最小二乘法获得的结果在一些区中可能是错误的，但是可以识别正确解析条纹级数的若干区。然后通过交互方式在正确解析的区内选择一个或多个种子点。使用围绕所选种子点的 3×3 窗口来推进扫描。由于 3×3 窗口中与已解析种子点相邻的所有 8 个像素都只有一个已解析的相邻像素，因此这 8 个像素中的任何一个都可解析。通常选择 3×3 窗口中左上角的像素进行解析。对于在随后步骤中解析的每个像素，扩展列表 unresolved_pixel_list，使其包含所有与全体已解析像素相邻接的未解析像素。为了管理扫描过程，还建立另一个列表 surrounding_resolved_pixel_count，用来存储图像域掩模内以给定像素为中心的

3×3窗口中已解析像素的数目。在每一步中，扫描过程使用列表 surrounding_resolved_pixel_count 在列表 unresolved_pixel_list 中搜索相邻的已解析像素数目最大的像素。然后用式（8.48）或式（8.49）来解析该像素。继续进行图像域扫描，直到 unresolved_pixel_list 为空。

阵面推进扫描法的工作原理与带有邻接条件的基于 8 路队列的泛洪填充（Flood Fill）方法非常相似。也可以类比于试件成形模具的填充过程，熔融的金属液体通过种子点进入并填充模具。阵面推进扫描法和泛洪填充法之间的主要区别是，泛洪填充法只取队列中的第一个像素进行解析，而阵面推进扫描法搜索具有最多已解析邻居的像素。

对于图 8.19（a）所示试件，在 3 个不同的位置使用单种子点的阵面推进类扫描法，获得的条纹级数如图 8.20 所示。尽管阵面推进扫描算法能够在整个图像域掩模中评估条纹级数，但是可以清楚地观察到斑点，对于所有 3 个单种子点，条纹级数在空间上不连续（图 8.20（b）~（d））。与仅采用一个种子点相比，采用多个种子点来解析图 8.19（a）中的复杂形状试件可能相对容易。

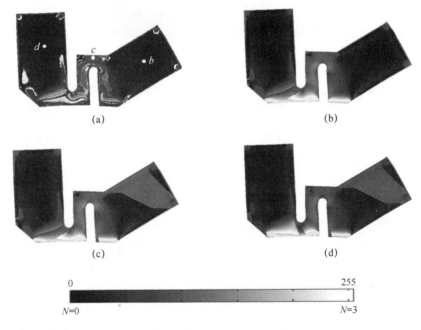

图 8.20　使用单种子点带有窗口搜索方法的阵面推进扫描法来评估复杂试件的条纹级数。图（a）中给出不同的种子点位置 b、c 和 d，图（b）~（d）给出了相应标记位置的解决方案（来源于文献 [30]）。

阵面推进扫描算法的简单结构使得能够容易结合多个种子点。阵面推进扫描的模具填充类比可以针对多个种子点扩展，使用多个浇口把熔融金属浇注到模具中。算法的工作原理是相同的，不同的是，多个种子点中的每一个都独立处理，直到图像域掩模内所有未解析像素得到解析为止。

但应注意的是，种子点只不过是一些已经正确测定条纹级数的点，而且它们的作用类似于用来解析模型域条纹场的参考点。基于邻居结果来解析每个种子点的周边域。因此，每个种子点的作用类似于晶体生长点。为了捕捉局部变化，如果在应力集中或高条纹梯度区附近存在已解析区域，那么选择它们作为可能的种子点。

在精心挑选多个种子点（图 8.21（a））后，整个复杂的域完成解析，不存在条纹级数间断情况的区域（图 8.21（e）和（f））。在中间的几幅图（图 8.21（b）~（d））中可以看到，种子点就像晶体生长中心，其直接邻居都已解析。

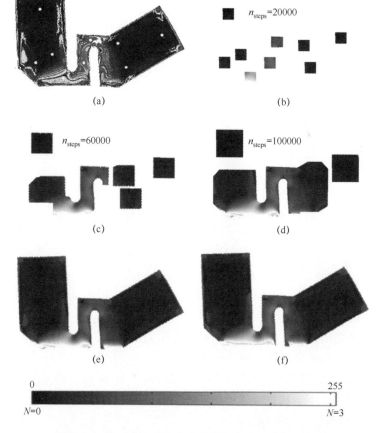

图 8.21　使用多个种子点来估计复杂试件的条纹级数

（a）位于最小二乘误差法解的位置上的种子点；（b）~（d）中间步骤，每步解析 40000 像素；使用（e）窗口搜索方法以及（f）RTFP 得到最终解（改编自文献［30］）。

如果使用离散频谱荧光光源，那么也可以解析 3 以上的条纹级数[29]。

8.10　数字反射光弹

反射光弹用于分析不透明原型，它是透射光弹分析技术的延伸。在原型上粘上一个薄的临时的双折射涂层，在接合处有一个反光底衬。适当装载原型，并使用反射偏光镜来收集光学信息。通过接合处的表面变形而引入涂层的双折射，这可以用来表示应变发展的光弹性现象。应变-光学定律如下：

$$\varepsilon_1^c - \varepsilon_2^c = \frac{NF_\varepsilon}{2h_c} \tag{8.52}$$

式中：F_ε 为应变-光学系数；（$\varepsilon_1^c - \varepsilon_2^c$）给出涂层中的主应变差。

可实现的光学响应比透射光弹的可能响应低一个数量级。因此，有必要使用白光进行反射光弹分析，而且随着彩色图像处理技术的发展，数字反射光弹已成为现实。最初的目标之一是获得全场的等倾和等色信息。这可以通过下面讨论的五步法来实现。

8.10.1　五步法[33]

我们曾经在 8.9 节展示了如何通过处理在传统的暗场圆偏光镜中拍摄的单色图片来获得等色线数据。在反射光弹中可以对同样的方法进行扩展，用于等差条纹的估计。另外，在 8.8.5 节中了解到，对于等倾线估计，最好采用基于平面偏光镜的方法，以 22.5° 的步长拍摄 4 条等倾线，可有助于在场中查找数据。这里并非使用单色光源来拍摄等倾线，而是使用白光作为光源进行拍摄。为了实现高保真，最好使用 3CCD 彩色相机拍摄偏振步进图像。等倾角度由下式测定[34]：

$$\theta = \frac{1}{4}\arctan\left(\frac{(I_{4,R} + I_{4,G} + I_{4,B}) - (I_{2,R} + I_{2,G} + I_{2,B})}{(I_{3,R} + I_{3,G} + I_{3,B}) - (I_{1,R} + I_{1,G} + I_{1,B})}\right) \tag{8.53}$$

式中：$I_{i,j}$（$i = 1 \sim 4$；$j = R$、G、B）对应于表 8.1 中的前 4 个检偏片位置的 R、G 和 B 平面的像素灰度。

在工业环境中挑战性的问题之一是装配应力造成的。接下来讨论使用五步法来评估由于组装凸缘联接而发展的应力。

由铝材料制作的两个圆片（内径为 35mm，外径为 100mm，节圆直径为 75mm 处有直径为 8.4mm 的 4 个孔，厚度为 7mm）被组装起来以模拟使用 4 个 M8 艾伦螺栓和螺母的凸缘联接。

由市售聚碳酸酯片（PS-1A，美国 Measurements Group 制造）制成的厚度为 3.07mm 的光弹涂层经过加工并粘贴到凸缘的一侧，使用环氧硬化剂的混合物作为黏合材料。图 8.22 给出已组装好且在铝板的一侧粘有反射涂层的凸缘联接。

使用机械扭力扳手施加 14.7N・m 的均匀扭矩。仅取联接的右半部分进行分析。将反射涂层发展的应变场拍摄下来，五步图像如图 8.23（a）～（e）所示。将双点颜色适应法与 RTFP 法结合起来，使用离群平滑法进行平滑，图 8.23（f）给出全局条纹级数的灰度表示。图 8.23（f）以彩图形式给出平滑的等色线。等倾值由式（8.53）计算并通过使用在 8.8.9 节和 8.8.10 节提到的方法展开并平滑，如图 8.23 中的二值曲线所示。

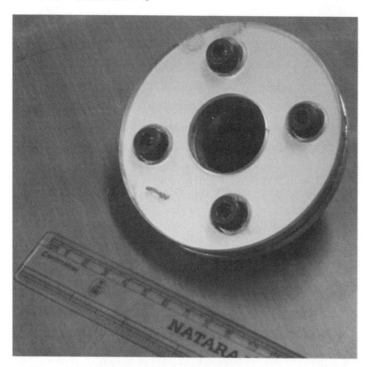

图 8.22　粘有反射涂层的凸缘联接

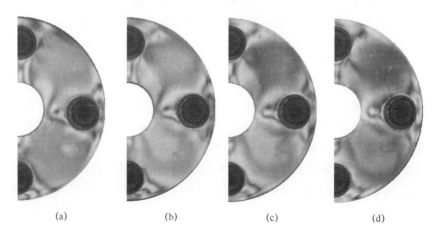

(a)　　　　　　(b)　　　　　　(c)　　　　　　(d)

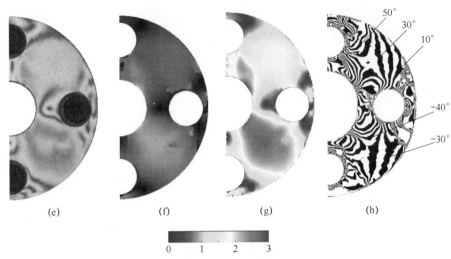

图 8.23　凸缘联接，通过实验获得的暗场

(a) 0°等倾线；(b) 22.5°等倾线；(c) 45°等倾线；(d) 67.5°等倾线；(e) 等色线；
(f) 在两点颜色适应后 RTFP；(g) 平滑等色线的彩色图；(h) 以二值曲线形式显示的平滑等倾线。

8.11　一些应用

8.11.1　RTFP 在估计瞬态热应力强度因子中的作用

　　现今使用的大多数工程部件（如电子封装、双金属恒温器以及燃气涡轮机叶片）都是由不同的热物理特性和机械特性的材料黏合在一起的。这类双材料的一个主要问题是构成材料的热膨胀系数不匹配，除了机械装载所致应力，其还产生热应力。双材料系统边缘加热物理现象背后的知识至关重要，这是因为在若干工程应用中，组件在不同温度下彼此相互接触，并通过表面的热传导被加热或冷却。在本节中研究了带有对称接合边缘裂纹的边缘加热 PSM - 1（聚碳酸酯，美国测量集团公司）-铝双材料试件在 50℃下的瞬态热分析[35]。但应注意的是，之所以选择 PSM - 1 作为光热弹性材料，是因为其材料性质在 -10 ~ 55℃ 之间保持恒定。表 8.4 给出了相关的力学特性。PSM - 1 的膨胀系数比铝大约高 6 倍，同时其热传导率和强性模量要比铝低几个数量级。对于应力强度因子（SIF）的测定，记录等色条纹级数信息即可。由于所研究的问题随时间缓慢变化，使用十步相移法是不可行的，并且，由于重点仅在于记录等色数据，因此 TFP 是理想的选择。

表 8.4　材料力学特性

序号	特性	单位	PSM – 1	铝
1	密度 ρ	g/ml	1.17	2.823
2	膨胀系数 α	/°C	146×10^{-6}	22.7×10^{-6}
3	热传导率 k	W/m/K	0.365	142
4	比热容 C_p	J/g/°C	1.1052	0.963
5	弹性模量 E	GPa	2.39	71
6	泊松比 ν	—	0.38	0.33
7	材料应力条纹值 F_σ	N/mm/条纹	7	—

　　温度受控的加热板将温度保持在 50℃，迅速将双材料试件的铝部分的底面（室温保持在 28℃）置于其上（图 8.24（a））。我们关注的是直至达到热平衡的瞬态现象。使用分辨力为 752×576 像素的彩色 3CCD 相机（索尼 XC – 003P）和白色光源，每 15s 依次自动拍摄彩色暗场等色线。瞬态现象被拍摄约 12min（图 8.24）。

　　一旦把试件放在热板上，通过表面传导，铝被从底面加热，并且由于高导热性，它的温度非常迅速地变得相当均匀（表 8.4）。尽管铝的膨胀系数比 PSM – 1 低，但是铝被加热到相对比 PSM – 1 更高的温度，并且膨胀得更多，从而导致裂缝打开。因为 PSM – 1 的热导率是很低的，只有当热量流经铝后它才缓慢膨胀。由于膨胀系数较高，即使在聚碳酸酯部发生的较小的温度上升，也会导致它大幅膨胀，并且沿着粘合处方向，应力的幅度开始减少并达到稳定状态。从实验开始约 12min 后，试件的温度场和热应力接近达到稳定状态。

　　数据提取和分析按照 6min 的时间步长进行讨论（图 8.24（d））。使用颜色适应法，随后结合 RTFP，就可以提取全场条纹数据。为了展示，并未使用式（8.47），而是使用全场条纹级数数据生成由亮场、暗场和混合域条纹（以 0.25 步长的条纹）组成的复合场（Composite Field），这样就有足够数量的条纹可供 SIF 研究的数据提取使用（图 8.25（a））。

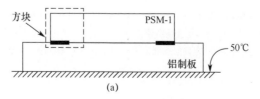

(a)

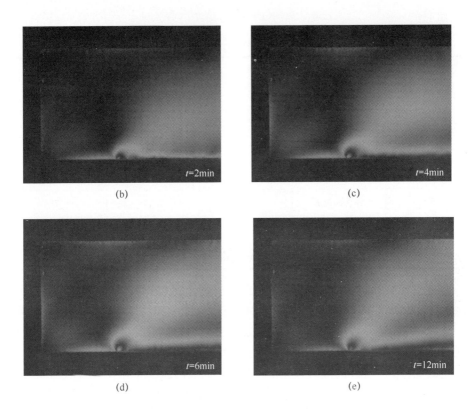

图 8.24 聚碳酸酯-铝双材料试件被放置到 50℃ 的热板上

（a）示意图；（b）~（e）拍摄到图（a）中方块的瞬态暗场等色线（来源于文献 [35]）。

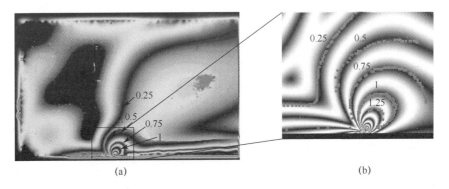

图 8.25 在 $t = 6$min 之后放在 50℃ 热板上的双材料试件的全局条纹级数估计

（a）在进行数据平滑后生成的复合场图像；（b）根据（a）中方框放大部分的 6 模式 I 和
6 模式 II 参数解反馈的数据点理论重建的条纹图案（改编自文献 [35]）。

最小二乘法用于按迭代方式评估支配应力场的多参数[36]。为了容易实现收敛，研究人员已经提出[36]，需要收集条纹级数和相应的位置坐标，这样在绘图时可用它们来捕获条纹场的基本几何特征。用于 SIF 评估（通常表示为径向距离 r 与裂纹长度之比）的区域通常位于范围 $0.05 < R/A < 0.65$ 之内，但根据时间步长的不同，它略有不同。以 1° 的间隔扫描复合场图像，只选择那些更接近 $(N \pm 0.02)$ 条纹级数 0.25、0.5、0.75 等且位于范围 $0.06 < R/A < 0.59$（对于该时间步长）的点（共有 336 个数据点）进行 SIF 评估。自动化数据采集软件有一个交互模块用于去掉离群值。一个六参数解很好地匹配了条纹场（图 8.25（b））。根据六参数解，K_{I} 和 K_{II} 的值分别是 0.064MPa$\sqrt{\mathrm{m}}$ 和 0.036MPa$\sqrt{\mathrm{m}}$。应力强度因子随时间的变化被绘制成图 8.26 中的曲线图，它清楚地表明，开口模式占据主导。K_{I} 和 K_{II} 的峰值分别在经过约 7min 和 2min45s 后出现。

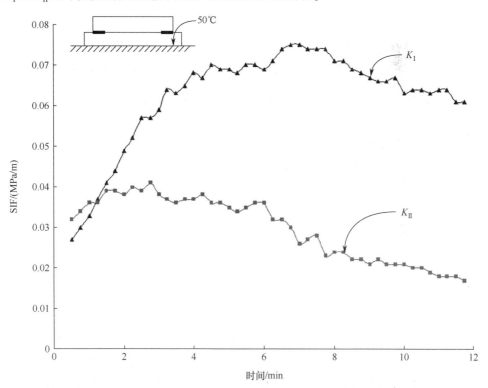

图 8.26　双材料试件（铝底面维持在 50℃）的应力强度
因子随时间的变化图示（来源于文献 [35]）

　　这个例子说明了数字光弹的实用性，特别是运用 RTFP 如此高效地处理瞬态问题。

8.11.2　数字光弹在玻璃残余应力测量中的作用

　　由于玻璃属于双折射材料，因此光弹已被广泛用于测量在玻璃制品的残余应力。因为玻璃是弱双折射，所以残余相位差通常较低。重要的一类问题是玻璃片中残余应力的测定，另一个最根本的问题是为了结果量化，玻璃本身的标定。在传统光弹中，材料应力条纹值（F_σ，N/mm/条纹）广泛用于定量测量光弹行为，但是在玻璃文献中往往会使用光弹常数 C（TPa^{-1}），按式（8.5），它与 F_σ 有关。对于大多数玻璃而言，C 值的范围是 2 ~ 4TPa^{-1}。如何精确测量如此细小的数值是一项具有挑战性的工作。有趣的是要注意，将载波条纹与条纹细化技术结合起来，可以为这类问题提供高质量的结果。

　　拉梅什等[37]已经演示结合载波条纹和条纹细化技术来标定玻璃。矩形玻璃梁受到四点弯曲，等色线如图 8.27（a）所示。放置一个条纹线性变化的载体，使得载体和玻璃的主应力方向彼此垂直。由载体和玻璃梁叠加而获得的复合条纹如图 8.27（b）所示。

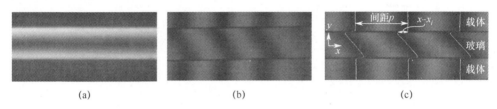

图 8.27　（a）玻璃梁承受 47N 载荷，（b）通过叠加载体而获得的彩色复合条纹，（c）通过全局条纹细化算法细化的复合条纹，各种特性已被标记出来（改编自文献［37］）

　　可以通过使用下式测量复合条纹的水平偏差得到玻璃中的相位差[37]：

$$\delta_g(y) = \left| \frac{x - x_i}{p} \right| \tag{8.54}$$

式中：$(x - x_i)$ 为条纹在纵坐标 y（图 8.27（c））的偏差；p 为载体的螺距。逐步增加玻璃梁的载荷并拍摄图像，从中提取条纹骨架。图 8.27（c）给出了利用全局条纹细化算法（8.7 节）对拍摄的 47N 载荷图像进行分析所提取的条纹骨架。使用式（8.54）对沿高度方向的大量点进行计算而得相位差。由于玻璃梁受到纯弯曲，因此应力线性变化，条纹在高度方向呈线性变化。一旦沿着梁的高度方向测得几个数据点的条纹级数，就可以绘制条纹级数与梁的中性轴距离的曲线。令 S_1 是特定载荷数据最小二乘直线的斜率。针对几种载荷重复该实验。对于每种载荷，计算斜率 S_1。接下来，绘制斜率与相应载荷之间的曲线。当在梁弹性极限内装载梁时，斜率 S_1 和相应载荷之间的曲线应该是一条直线。采用最小二乘法来绘制这个曲线图，其斜率（S_2）用于获得 C 值：

$$C = \frac{2S_2 \lambda I_{zz}}{at} \tag{8.55}$$

式中：λ 为光的波长；I_{zz} 为梁截面的转动惯量；a 为力臂；t 为玻璃梁的厚度。拉梅什等[37]已经通过标定 LB2000 玻璃材料演示这一技术，并且报道其 C 值为 2.79TPa^{-1}，不确定度为 0.026。

在玻璃片中，由于在制造过程中它的不同区域之间的热梯度而引入残余应力。玻璃片的残余应力通常可以分为两种，即厚度应力和膜应力。在玻璃片的所有应力中最突出的是厚度应力，已知其值取决于冷却过程和玻璃片的尺寸。适当放置玻璃片，使光穿过其厚度，可以容易在透射偏光镜中看到厚度应力（图 8.28（a））。厚度应力沿厚度方向的变化与表面的压缩以及中心区域的拉伸实际上是类似的。有趣的是，当放置一个线性载体时，可以观察到复合条纹为抛物线（图 8.28（b））。中间平面的拉伸应力约为表面压缩幅度的 1/2。表面附近的压缩应力增大玻璃的弯曲强度，而中间平面的拉伸影响碎裂特性。应力分量 σ_z 和 σ_y 构成厚度应力，对于较大的玻璃片，通常假定它们相等。

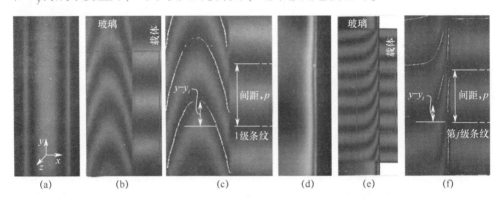

图 8.28 （a）玻璃片厚度应力的暗场等色线，（b）与载波条纹叠加的厚度应力，（c）使用全局条纹细化算法提取的条纹骨架矩形部分的放大图，（d）钢化玻璃板边缘应力的暗场等色线，（e）与载波条纹叠加的边缘应力，（f）与 c 相同，但表示（e）

玻璃片中的膜应力是由某些冷却条件引起的，即在玻璃板平面方向存在热梯度。它们通常存在于回火玻璃中，而在退火玻璃中并不存在，这是因为冷却过程很慢。在玻璃片边缘的膜应力被称为边缘应力，这是由于与玻璃片的中央部相比，边缘迅速冷却而造成的。在性质上，它们一般受压，因此从实际考虑，它的测量非常重要。在传统的圆偏光镜中可以看到玻璃边缘应力（图 8.28（c））。当放置线性载体时，可以看出条纹的偏差（图 8.28（d））。因为边缘为自由表面，σ_y 应力分量就是边缘应力。

对于定量测量，方法很简单：只要找出条纹骨架并测量在两种情况下的垂直偏差[38,39]（图 8.28（c）和（f））。

$$\delta^g(x) = \frac{|y - y_i|}{p} \tag{8.56}$$

式中：p 为载体的螺距；$y - y_i$ 给出载体中的偏差。玻璃片厚度应力的变化如图 8.29（a）所示。图 8.29（b）给出靠近钢化玻璃边缘的应力的变化，由于玻璃板边缘经过研磨，通过把该曲线外推到玻璃片的边缘而获得边缘应力。钢化玻璃片边缘应力测量为 $-88\mathrm{MPa}$。

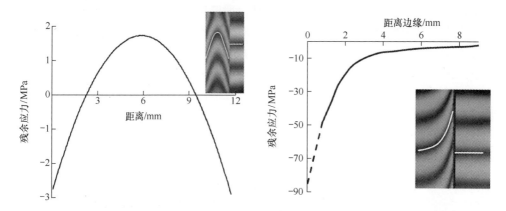

图 8.29　（a）图 8.28（b）中所示玻璃片的厚度应力曲线，
（b）图 8.28（d）所示钢化玻璃片边缘附近的应力变化

8.12　结　论

在这一章中，首先介绍了光弹所利用的基本光学原理，然后讨论了最新发展，包括早期使用数字硬件实现传统光弹自动化，以及包括移相法和彩色图像处理技术在内完全自动化的方法。系统阐述了通过移相技术准确评估光弹参数的十步法的作用。已经证明，所有其他相移数字光弹方法均属于该方法的子集。通过对 TFP 和 RGB 光弹的讨论，让我们了解到使用单幅照片并利用颜色信息来评估等色条纹的优雅性。

对于应力场评估，最具挑战性的是由装配应力或残余应力导致的问题。这些问题的数值模拟是相当困难的，而实验分析可以有助于为进一步的参数研究开发一个合适的数值模型。通过凸缘联轴器（由于装配应力）条纹场的例子，演示如何使用反射光弹法并运用五步法来解决工业问题。讨论了数字光弹估计在玻璃板残余应力的作用，并指出，载波条纹与条纹细化的结合仍然具有一定作用。通过将诸如 RTFP 与各种数字光弹技术（用于数据采集的彩色适应法、用于数据提取的条纹绘图法以及用于评估应力强度因子的过确定性最小二乘法）进行正确组合来完成对裂纹附近发展的瞬态应力场的估算。

在 60 年代中期到 80 年代之间，由于有限元数值方法发展所产生的喜悦，光弹在解决工业问题的应用方面遇到暂时的挫折。本章清楚地说明，计算机硬件和低成本的图像采集技术的发展如何显著影响光弹的方法。随着数字光弹的不断改进，研究人员已经成功研制出更新的、雅致的光弹设备。快速原型技术的进步已经对光弹模型制作产生显著的影响。有了这些发展，光弹现在相对于数值方法相当具有竞争力，并在各种行业中得到越来越广泛的应用。

对于本章插图的彩色版本，请访问 www. artechhouse. com/static/Downloads/RastogiColorFigs. zip。

问 题

（1）什么是图像二值化？通常用来确定阈值的不同标准有哪些？半二值化是什么意思，它用在什么场合？

（2）在暗场、亮场和混合场中给出裂纹附近的等色线。根据暗场和亮场图像，在混合场图像中标出条纹。

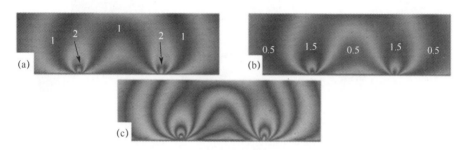

（3）为什么条纹细化后条纹定级仍然有重要作用，甚至在开发出像相移干涉这类的完全自动化过程之后？

（4）简要论述全局条纹细化算法涉及的各个步骤。噪声源是什么？逻辑运算符如何有助于删除它们？

（5）编写一个软件程序根据对径受压圆盘单张照片评估材料的应力条纹值。图 8.3 所示圆盘对应的负载为 665N。盘的直径为 60mm，厚度为 6mm。使用自己编写的软件来确定材料应力条纹值。

（6）什么影响光学方法中数据采集的模式转变和处理数据？通过它与塔迪补偿方法的比较解释光弹中的相移技术。

（7）简述十步法的成因。

（8）圆偏光镜由各种光学装置的元件构成。使用琼斯运算来确定哪些装置对应于亮场和暗场。

α	ξ	η	β
$\pi/2$	$3\pi/4$	0	$\pi/4$
$\pi/2$	$3\pi/4$	0	$3\pi/4$
$\pi/2$	$3\pi/4$	$\pi/4$	$\pi/2$
$\pi/2$	$3\pi/4$	$\pi/4$	0

（9）在十步法中如何计算分数级相位差和等倾角？讨论直接从三角方程获得的这些值的范围。

（10）如何理解等色相位图中的歧义区域和等倾相位图中的不一致区域？它们是相互关联的吗？确定歧义区域的标准是什么？确定尖括号的歧义区和不一致区。

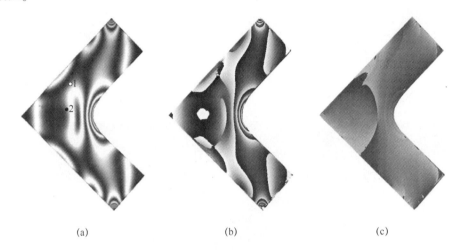

对径受压尖括号

（a）暗场等色图；（b）包裹等色相位图；（c）包裹等倾相位图。

（11）等色相位图数据和等倾相位图数据的相位展开过程中存在什么差异？

（12）使用练习8.3给出的强度数据，确定两个点处的全局条纹级数，并将它们与理论计算结果进行比较。

（13）下表总结了受压尖括号（对应于表8.1中的光学装置）问题中两个点（问题（10）中标记"a"）观察到的强度数据。通过十步法确定这些点处的主应力方向和全局条纹级数。

点	I_1	I_2	I_3	I_4	I_5	I_6	I_7	I_8	I_9	I_{10}
1	114	49	69	151	107	85	162	109	52	112
2	46	95	48	112	114	115	131	165	95	60

（14）简要解释各种质量测量方法，其中哪些质量测量理想地适于处理光学弹性法图像？

（15）研究人员可以在展开等倾相位图的灰度表示中观察到等色线的微弱外观。它们是什么？它是可取的呢？

（16）是否有必要校准数字偏光镜？如有必要，怎么做？哪方面的数据处理是关键的？

（17）使用窗口搜索方法来解决练习问题 8.4。生成校准表，步长为 0.005，条纹级数范围 0～3，RGB 值使用 15 阶多项式。

$$I = p_{15} \cdot N^{15} + p_{14} \cdot N^{14} + p_{13} \cdot N^{13} + p_{12} \cdot N^{12} + p_{11} \cdot N^{11} + p_{10} \cdot N^{10} + p_9 \cdot N^9 +$$

$$p_8 \cdot N^8 + p_7 \cdot N^7 + p_6 \cdot N^6 + p_5 \cdot N^5 + p_4 \cdot N^4 + p_3 \cdot N^3 + p_2 \cdot N^2 + p_1 \cdot N^1 + p_0$$

下表总结了多项式的系数。

系数	p_{15}	p_{14}	p_{13}	p_{12}	p_{11}	p_{10}	p_9	p_8
R	4.51	−93.28	887.96	−5171.42	20527.28	−58092.12	118522.22	−172751.78
G	−0.89	−28.91	774.90	−7353.55	38452.61	−125523.21	268321.20	−380866.23
B	13.59	−209.17	1034.11	919.15	−34314.61	184656.03	−545892.74	1026549.17

系数	p_7	p_6	p_5	p_4	p_3	p_2	p_1	p_0
R	176693.72	−125638.93	63627.58	−23347.60	4549.28	312.81	−12.85	17.03
G	357921.74	−222666.28	95243.31	−29025.50	3826.54	975.56	−33.98	19.20
B	−1274991.36	1044410.98	−550973.37	181165.69	−36906.91	4780.88	−208.94	12.79

（18）环氧树脂材料的校准表中的最大和最小的 R、G、B 值分别为 169、200、105 和 22、25、18。由环氧树脂材料制成的模型经受应力冷冻并在此过程中，材料的色调发生了变化。应力冻结试件的最大和最小的 R、G、B 值分别为 168、16681 和 1720、12。它提出使用相同的可用校准表，并且已知校准表中的一个 R、G、B 条目为 25、48 和 53。使用双点颜色适应法来确定修改的 R、G、B 值。

参考文献

［1］ Ramesh, K. *Digital Photoelasticity*: *Advanced Techniques and Applications*, 2000 （Springer-Verlag, Berlin, Heidelberg）.

［2］ Ramesh, K. *e-book on Experimental Stress Analysis*, 2009, （IIT Madras） http: //apm. iitm. ac. in/smlab/kramesh/book_5. htm.

［3］ Ramesh, K., Kasimayan, T., and Neeti Simon, B. Digital photoelasticity—A comprehensive review, *J. Strain analysis for Engng. Design*, 2011, 46 （1）, 245 –266.

［4］ Ramesh, K. *Photoelasticity*, in Sharpe, W. N. （ed.）, *Springer Handbook of Experimental Solid Mechanics*, pp. 701 –742, 2008, （Springer, NY）.

［5］ Chen, T. Y., and Taylor, C. E. Computerised fringe analysis in photomechanics, *Experimental*

Mechanics, 1989, 29 (3), 323 – 329.

[6] Ramesh, K., and Pramod, B. R. Digital image processing of fringe patterns in photomechanics, *Opt. Engineering*, 1992, 31 (7), 1487 – 1498.

[7] Ramesh, K., and Singh R. K. Comparative performance evaluation of various fringe thinning algorithms in photomechanics. *Electronic Imaging*, 1995, 4 (1), 71 – 83.

[8] Sharpe, W. N. (ed.) *Springer Handbook of Experimental Solid Mechanics*, 2008 (Springer, NY).

[9] Ramesh, K., and Ganapathy, V. Phase-shifting methodologies in photoelastic analysis—the application of Jones calculus. *J. Strain analysis for Engng. Design*, 1996, 31 (6), 423 – 432.

[10] Hecker, F. W., and Morche, B. Computer-aided measurement of relative retardations in plane photoelasticity. In: Wieringa, H. (ed.) Experimental stress analysis, 1986, pp. 535 – 542 (Martinus Nijhoff, Dordrecht, The Netherlands).

[11] Patterson, E. A., and Wang, Z. F. Towards full field automated photoelastic analysis of complex components. *Strain*, 1991, 27 (2), 49 – 56.

[12] Ajovalasit, A., Barone, S., and Petrucci G. A method for reducing the influence of the quarterwave plate error in phase-shifting photoelasticity. *J. Strain Analysis for Engng. Design*, 1998, 33 (3), 207 – 216.

[13] Ramji, M., and Ramesh, K. Whole-field evaluation of stress components in digital photoelasticity—issues, implementation and application. *Optics and Lasers in Engng.*, 2008, 46 (3), 257 – 271.

[14] Ramji, M., and Ramesh, K. Adaptive quality guided phase unwrapping algorithm for whole-field digital photoelastic parameter estimation. *Strain*, 2010, 46 (2), 184 – 194.

[15] Brown, G. M., and Sullivan, J. L. The computer-aided holophotoelastic method. *Experimental Mechanics*, 1990, 30 (2), 135 – 144.

[16] Ramji, M., Prasath, R. G. R., and Ramesh, K. A generic error simulation in digital photoelasticity by Jones calculus. *J. of Aerospace Sciences & technologies*, 2009, 61 (4), 475 – 481.

[17] Quiroga, J. A. and González-Cano, A. Phase measuring algorithm for extraction of isochromatics of photoelastic fringe patterns. *Applied Optics*, 1997, 36 (32), 8397 – 8402.

[18] Ramji, M., Gadre, V. Y., and Ramesh K. Comparative study of evaluation of primary isoclinic data by various spatial domain methods in digital photoelasticity. *J. Strain Analysis for Engng. Design*, 2006, 45 (5), 333 – 348.

[19] Prasad, V. S., Madhu, K. R., and Ramesh, K. Towards effective phase unwrapping in digital photoelasticity. *Optics and Lasers in Engng.*, 2004, 42 (4), 421 – 436.

[20] Siegmann, P., Backman, D., and Patterson, E. A. A robust approach to demodulating and unwrapping phase-stepped photoelastic data. *Experimental Mechanics*, 2005, 45 (3), 278 – 289.

[21] Ramji, M., Nithila, E., Devvrath, K., and Ramesh, K. Assessment of autonomous phase unwrapping methodologies in digital photoelasticity. *Sādhanā*, 2008, 33 (1), 27 – 44.

[22] Madhu, K. R., and Ramesh, K. New boundary information encoding for effective phase unwrapping of specimens with cut outs. *Strain*, 2007, 43 (1), 54 – 57.

[23] Kasimayan, T., and Ramesh, K. Adaptive smoothing for isoclinic parameter evaluation in digital photoelasticity, *Strain*, 2011, e371 – e375.

[24] Yao-Ting, Zhang, Huang, Min-Jui, Liang, Hua-Rong, and Lao, Fu-You. Branch cutting algorithm for unwrapping photoelastic phase map with isotropic point. *Optics and Lasers in Engineering*, 2012, 50, 619 – 631.

[25] Ajovalasit, A., Barone, S., and Petrucci, G. Towards RGB photoelasticity: full-field automated photoelasticity in white light. *Experimental Mechanics*, 1995, 35 (3), 193 – 200.

[26] Ramesh, K., and Deshmukh, S. S. Automation of white light photoelasticity by phaseshifting technique using colour image processing hardware. *Optics and Lasers in Engng.*, 1997, 28 (1), 47 – 60.

[27] Ramesh, K., and Deshmukh, S. S. Three fringe photoelasticity—use of colour image processing hardware to automate ordering of isochromatics, *Strain*, 1996, 32 (3), 79 – 86.

[28] Madhu, K. R., and Ramesh, K. Noise removal in three fringe photoelasticity by adaptive colour difference estimation. *Optics and Lasers in Engng.*, 2007, 45 (1), 175 – 182.

[29] Ajovalasit, A., Petrucci G., and Scafidi, M. RGB photoelasticity: Review and improvements, *Strain*, 2010, 46 (2), 137 – 147.

[30] Kale, S., and Ramesh, K. Advancing front scanning approach for three-fringe photoelasticity, *Optics and Lasers in Engng.*, 2013, 51, 592 – 599.

[31] Madhu, K. R., Prasath, R. G. R., and Ramesh, K. Colour adaptation in three fringe photoelasticity. *Experimental Mechanics*, 2007, 47 (2), 271 – 276.

[32] Neethi Simon, B., Kasimayan, T., and Ramesh, K. The influence of ambient illumination on colour adaptation in three fringe photoelasticity, *Optics and Lasers in Engng.* 2011, 49, 258 – 264.

[33] Kasimayan, T., and Ramesh, K. Digital reflection photoelasticity using conventional reflection polariscope. *Experimental Techniques*, 2010, 34 (5) 45 – 51.

[34] Petrucci, G. Full-field automatic evaluation of an isoclinic parameter in white light. *Experimental Mechanics*, 1997, 37 (4), 420 – 426.

[35] Neethi Simon, B., Prasath, R. G. R., and Ramesh, K. Transient thermal SIFs of bi-material interface cracks using RTFP. *J. of Strain Analysis for Engng. Design*, 2009, 44 (6), 427 – 438.

[36] Ravichandran, M., and Ramesh, K. Evaluation of stress field parameters for an interface crack in a bimaterial by digital photoelasticity. *J. of Strain Analysis for Engng. Design*, 2005, 40 (4), 327 – 343.

[37] Ramesh, K., Vivek, R., Tarkes Dora, P., and Dipayan Sanyal, A simple approach to photoelastic calibration of glass using digital photoelasticity, *Journal of non-crystalline solids*, 2013, 378, 7 – 14.

[38] Ajovalasit A, Petrucci G, and Scafidi M. Photoelastic Analysis of Edge Residual Stresses in Glass by Automated Test Fringes Methods, *Experimental Mechanics*, 2011, 10 (7).

[39] Vivek, R., and Ramesh, K. Residual Stress Analysis of Commercial Float Glass using Digital Photoelasticity. *International Journal of Applied Glass Science*, 2014. doi: 10. 11/ijag. 12106.

第 9 章　数字粒子图像测速技术

9.1　数字粒子图像测速技术原理简介

　　基于激光的流体速度测量技术可大致分为点测量技术和场测量技术。前者的例子是激光多普勒测速仪（LDA）[1]，后者的例子是激光散斑测速（LSV）[2]。前者使用光电检测器来测量某点已知位移的发生时间，而后者采用成像技术来测量在已知时间段内发生的位移场。在本章中我们将只关注属于后一类的测量技术，即数字粒子图像测速（DPIV）。

　　大体而言，粒子图像测速（PIV）有时也称为"粒子图像位移测速"（PIDV），它在历史上衍生自激光散斑测速技术，通过多次记录标记物在流体中的三维位置，可用于估算瞬态三分量三维（3C – 3D）速度场。粒子图像测速与传统的粒子跟踪方法之间存在着微妙的区别：后者存在着复杂性问题，它必须识别并跟踪流场中的单个粒子；而在粒子图像测速技术中，因为使用有限三维查询体（Interrogation Volume，IV）或测量体的数字处理方法来确定流中三分量三维速度分量，所以只涉及信号处理，而不需要追踪单个粒子。本章中所使用的信号概念以及它与粒子图像测速的关系值得详细加以阐述。按最普遍的形式，可把信号理解为三维强度场（表示标记物在流体中的三维位置）的瞬时记录。

　　与大多数光场和点速度测量技术一样，粒子图像测速技术的基石即速度的基本定义是，以局部速度估计 u 到达，即

$$u(x,t) = \lim_{\delta t \to 0} \frac{\delta x(x,t)}{\delta t} \tag{9.1}$$

式中：δx 为在时间 t 位于以 x 为中心的有限查询体内的标记物粒子在很短的时间段 δt 发生的平均位移。在粒子图像测速技术中，式（9.1）实现的背后原理非常简单：流体由微小的示踪粒子（也称为"标记粒子"，它们严格地跟随着流体运动）布撒而成，使用一个强大的光源（通常采用高能脉冲激光器）照射该流体，通过光片（对于三维来说是光体）中示踪粒子散射光的数字成像，将信号以三维粒子位置的形式记录在数字记录介质中（即，一个或多个电子光阵列检测器，通常采用 CCD 或 CMOS 阵列）。然后，根据连续的查询体内粒子三维位置（即信号）记录来估算三维位移以及三分量速度。由于在粒子图像测速的记录阶段使用一个或多个电子光阵列探测器，而后又使用数字计算技术完成数据的处理，因

此，该方法现在称为"数字粒子图像测速"（Digital Particle Image Velocimetry，DPIV）。数字粒子图像测速起源于文献［3－5］的工作。

数字粒子图像测速技术可以实现的测量包括：二维平面两个速度分量（2C-2D）、二维平面三个速度分量（3C-2D）、三维体积三个速度分量（3C-3D），它们的实验装置的复杂性和实验数据的数字粒子图像测速后处理以及在维度测量的能力梯次增加。本章的重点不是原始粒子位置数据（即信号）的实验采集，其中包括可以用于获得二分量二维数字粒子图像测速数据的二维成像技术[4,6,7]、用于获取三分量二维数字粒子图像测速数据的立体成像技术[8-10]、全息成像技术[11-14]、可以用于获得三分量三维数字粒子图像测速数据（甚至全息成像或层析成像应用中三维信号的重建）的层析成像技术[15-18]。相反，本章发展了一个通用的三分量三维数字粒子图像测速分析理论框架，其研究起点是原始粒子位置数据的瞬态三维强度分布形式的信号。注意，三分量二维数字粒子图像测速和二分量二维数字粒子图像测速是通用三分量三维数字粒子图像测速分析的弱化情形。

注释9.1 先进数字粒子图像测速分析技术

本章未涉及诸如先进数字粒子图像测速技术（能够克服某些由于流体力学现象涡度和应变率导致的限制）这类话题，这是因为它们不符合本章的介绍性质。此外实验方面的内容（例如数字粒子图像测速的照明、图像采集、示踪粒子的选择等方面）也不在本章的讨论范围之内。如果读者想要深入了解所有这些方面的内容，可以参考文献［19－21］。

9.2 预备知识：流体运动

我们的数字粒子图像测速研究首先从流体动力学和运动学的一些重要的基本要点开始。一般认为，在连续性假设下，均匀密度流体的牛顿运动受纳维-斯托克斯（Navier-Stokes）和连续性方程支配，其采用笛卡儿（Cartesian）张量符号可表示为

$$\frac{\partial u_i}{\partial t} + u_j \frac{\partial u_i}{\partial x_j} = -\frac{1}{p}\frac{\partial p}{\partial x_i} + v\frac{\partial^2 u_i}{\partial x_j \partial x_j} \tag{9.2}$$

$$\frac{\partial u_i}{\partial x_i} = 0 \tag{9.3}$$

式中：u_i为在x_i坐标方向的速度；ρ为流体的密度；p为压力；ν为运动黏度。如果假定均匀密度不可压缩的纳维－斯托克斯方程的解在所有点都是正规的，那么根据文献［22］，在流体场中的任意点 O 处，可以使用泰勒级数根据空间坐标x_j

（x_j 的原点位于 O）来展开速度 u_i。按照张量表示法，点 x 处的速度表示为

$$u_i(x) = u_i(O) + \frac{\partial u_i}{\partial x_j}x_j + \frac{1}{2}\frac{\partial^2 u_i}{\partial x_j \partial x_k}x_j x_k + \cdots \tag{9.4}$$

注意，虽然式（9.4）没有明确指出，但是速度确实是随时间变化的，并且假定如此，除非另有说明。展开式的第一项表示 O 处的速度，展开式的后续项中的 u_i 空间导数在 O 处计算。在非定常流中，第一项和 u_i 的空间导数是时间的函数。可以认为泰勒级数的截断阶数表示任意点 O 附近的局部速度场的建模度。模型能否很好表示局部速度场取决于局部流结构。同时，应用该模型的域的大小也取决于局部流结构。这两句话在数字粒子图像测速中有着直接的体现，这是因为域的大小与测量体（即查询体）的三维尺寸有关。因此，作为由式（9.4）描述的查询体内固有的流体粒子运动的结果，示踪粒子的运动也取决于查询体的大小。式（9.4）清楚地说明，在很短的时间间隔 δt，查询体内以 O 为中心的示踪粒子的位移 $\delta x_i(x)$ 由下式给出：

$$\delta x_i(x) = u_i(x)\delta t = u_i(O)\delta t + \delta t\frac{\partial u_i}{\partial x_j}x_j + \delta t\frac{1}{2}\frac{\partial^2 u_i}{\partial x_j \partial x_k}x_j x_k + \cdots \tag{9.5}$$

如果查询体内的速度是均匀的（也就是说，速度梯度张量 VGT 为零），那么查询体内所有的点的位移都相同，查询体中心（即 O）处的速度为

$$\delta x_i(x) = u_i(x)\delta t = u_i(O)\delta t \tag{9.6}$$

虽然式（9.6）没有描述任何科学或实际关注的物理流，但是这通常是数字粒子图像测速和粒子图像测速的工作假设，参照式（9.5），因此它只是一个近似值，而且只有满足以下条件才是一个很好的近似：

$$\frac{\left|\dfrac{\partial u_i}{\partial x_j}x_j\right|}{|u_i(O)|} \ll 1, \frac{\left|\dfrac{1}{2}\dfrac{\partial^2 u_i}{\partial x_j \partial x_k}x_j x_k\right|}{|u_i(O)|} \ll 1, 2, \cdots \tag{9.7}$$

在实践中，领头阶项（Leading Order Term）占主导地位，因此，式（9.7）给出的第一个假设是式（9.6）成为良好的近似且良好的数字粒子图像测速理论所必须满足的唯一条件。式（9.7）表明，如果速度梯度张量各分量的值很小而且如果 IV 的尺寸很小（因为它决定式（9.4）、式（9.5）和式（9.7）中 x_j 的大小），那么可以满足这个条件。

如果定义查询体的线性尺寸为 l_{IV}，那么 $|x_j| \leqslant l_{IV}/2$，而式（9.6）成为良好的数字粒子图像测速工作原理必须满足的假设因此变为

$$\frac{l_{IV}\left|\dfrac{\partial u_i}{\partial x_j}\right|}{2|u_i(O)|} \ll 1 \tag{9.8}$$

在以下单次曝光查询体对（数字粒子图像测速的核心）的三维互相关性数学分析中，对于速度梯度张量分量的大小没有做出任何假设（除非另有说明），

但在式（9.5）的形式中，将假定有可能对局部速度（或更适当的说法是，位移场）进行描述。

练习 9.1

对于线性尺寸为 1mm 和平均流速动态范围为 1 ~ 10m/s 的查询体，为满足粒子图像测速的基本假设所允许的最大速度梯度大小是什么？

解：

重新排列式（9.8）得

$$\left| \frac{\partial u_i}{\partial x_j} \right| \ll \frac{2 \left| u_i(O) \right|}{l_{\text{IV}}}$$

对于最小速度 1m/s 需要：

$$\left| \frac{\partial u_i}{\partial x_j} \right| \ll \frac{2 \times 1}{10^{-3}} = 2 \times 10^3 1/\text{s}$$

对于最大速度 10m/s 需要：

$$\left| \frac{\partial u_i}{\partial x_j} \right| \ll \frac{2 \times 10}{10^{-3}} = 2 \times 10^4 1/\text{s}$$

读者应注意的是，虽然本节中流体运动学的基本要点以及数字粒子图像测速的关联都是基于牛顿流体的限制情形，但是只要考虑到数字粒子图像测速这一章中提及的分析并将数字粒子图像测速应用于非牛顿流体的测量，这并不构成限制。非牛顿流体受柯西动量方程（与适当的本构方程补充）的支配。牛顿流体本构方程的特殊情形引出纳维 – 斯托克斯方程（式（9.2））。因此，以上给出的讨论和分析还适用于非牛顿流体。

9.3 单次曝光查询体对的三维互相关数字粒子图像测速的数学分析

下面开始进行数字粒子图像测速的数学描述和分析，首先说明数字粒子图像测速的目的以及可用于数字粒子图像测速分析的数据的详细规范。数字粒子图像测速的目的可简单地表述为，希望立即确定某一个查询体（以通用三维流场中任何位置 O 为中心）内的 $u(O)$，并且能够对所关注的流体场内任意数目的查询体（相邻查询体的中心之间存在理想的空间分隔 Δx_s）同样迅速地完成确定过程。数字粒子图像测速分析的可用数据是两个信号，每个信号均由三维强度场（对应到从关注的流体场内提取的关注的查询体内的示踪粒子的位置和尺寸信息）组成。

对于所有后续的分析，除非另有说明，我们都将假定它们完全跟随流场（即，流体与示踪粒子之间的滑动速度为零）。此外，这两个信号的时间间隔是已知时隙 δt。这两个信号的空间间隔也可以是已知的有限距离 Δx_0，这就使得在时间上间隔 δt 的各个查询体中心在空间上也不重合。查询体在空间和时间上的分隔是先进数字粒子图像测速方法（如多重网格数字粒子图像测速[6]）的基础。然而，除非另作说明，否则我们的分析均假定 $\Delta x_0 = 0$。

9.3.1　数字粒子图像测速信号

如上所述，数字粒子图像测速分析中的信号包含两个分量，这些分量本身被称为信号，它们在时间上被分隔开，时隙为 δt。每个信号表示查询体内的示踪粒子在相应时间的位置和大小。假定关注的三维流场中的每个示踪粒子均可以通过如下函数形式的强度分布来表示：

$$I_i(x,t;d_i) = f(x - x_i(t);d_i) \tag{9.9}$$

式（9.9）中下标 i 是指在所关注的流体体积中的任意第 i 个粒子，在时间 t 其质心位置是 $x_i(t)$。假设粒子在本质上为球体，由其直径 d_i 表征。式（9.9）的右手侧的三维函数形式适用于流体体积之内的所有粒子。现在，可以将关注的流体体积中所有 N 个粒子的三维强度分布表示如下：

$$I(x,t) = \sum_{i=1}^{N} I_i(x,t;d_i) = \sum_{i=1}^{N} f(x - x_i(t);d_i) \tag{9.10}$$

图 9.1 显示了这些关系在鞍点附近的平面流的二维情形下的示例。图 9.1（a）表示 $I(x,t)$ 的二维示踪粒子图像，图 9.1（b）表示经历时间 δt 后粒子由于流体运动产生位移所对应的示踪粒子图像 $I(x, t+\delta t)$。图 9.1（c）表示 $I(x,t)$ 和 $I(x, t+\delta t)$ 两者的叠加，通过图像中描绘的流动模式，该图现在还显示出流体的运动。

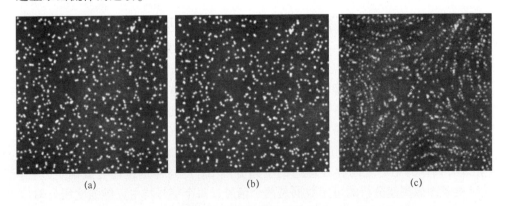

(a)　　　　　　　　　(b)　　　　　　　　　(c)

图 9.1　二维示踪粒子场示例

（a）在时间 t 记录；（b）在时间 $t+\delta t$ 记录；（c）是显示流体运动的叠加场。

假定查询体是线性长度为 l_{IV} 的立方体域①。为获得查询体内的强度分布，需要定义一个在 $I(x,t)$ 上运行的采样函数来提取采样信号。首先，定义采样函数：

$$\Pi(x) = \begin{cases} 1, |x_k| \leqslant \dfrac{l_{IV}}{2} \\ 0, |x_k| > \dfrac{l_{IV}}{2} \end{cases} \tag{9.11}$$

因此，使用下面的关系，通过提取中心位于 x_{sm} 的查询体可求得在时间 t 处的第 j 个信号（对应于关注的流体域内的第 j 个查询体）：

$$S_1(x,t) = I(x,t) \times \Pi(x - x_{sm}) \tag{9.12}$$

如果我们假设式（9.9）所给出的描述粒子 i 强度分布的三维函数形式是一个空间范围远小于 l_{IV} 的紧致函数，那么式（9.12）的作用是提取驻留在以 x_{sm} 为中心由式（9.11）定义的域内的粒子强度。我们将假定这些粒子已被清晰识别并且数字 N_{sm} 满足条件 $N_{sm} \leqslant N$，那么信号 $S_1(x,t)$ 可以写为

$$S_1(x,t) = \sum_{i=1}^{N_{sm}} I_i(x,t;d_i) = \sum_{i=1}^{N_{sm}} f(x - x_i(t);d_i) \tag{9.13}$$

请注意，一般来说，式（9.13）并不精确，而且为使等式成立，右侧有一个误差项。只有粒子强度分布的函数描述具备紧致性，才有可能会导致一个基本零误差项并因此适用式（9.13）。一般说来，这需要分析具体情况，以确定式（9.13）是否有效。我们将假设这个关系有效所需的所有必要条件都满足。

为了继续进行分析，假定由于式（9.4）精确描述的速度场而导致位于任意第 j 个查询体内的 N_{sj} 个粒子发生移动，而且在关注的时间段 δt 内：①速度的空间分布不随时间变化，这样应用式（9.5）造成的误差是可忽略的；②在时间段 δt 期间，粒子始终位于第 j 个查询体所定义的空间域中。这样，就可以将 $t + \delta t$ 时刻的信号的数学描述写为

$$S_1(x,t+\delta t) = \sum_{i=1}^{N_{sm}} I_i(x,t+\delta t;d_i) = \sum_{i=1}^{N_{sm}} f(x - (x_i(t) + \delta x(x_i(t)));d_i) \tag{9.14}$$

图 9.2 中的典型二分量二维数字粒子图像测速图像（演示一个流从左到右流经钝前缘平板）实例说明了这个过程。图 9.2（a）表示两幅单次曝光图像，这些示踪粒子的图像记录被叠加起来以渲染流体运动。图 9.2（b）表示位于任意采样点 x_{sm} 的采样函数，它采用白色（值为 1）和黑色（值为 0）表示查询体域。把图 9.2（a）的图像与图 9.2（b）中所示的采样函数相乘，得到两个数字粒子图像测速信号样品 $S_1(x,t)$ 和 $S_2(x,t+\delta t)$，图 9.2（c）给出了叠加图，放大之后如图 9.2（d）所示。注意，三分量三维的过程与这个二分量二维示例类似。

---

① 注意，还可以使用诸如方形、球体等的其他域。

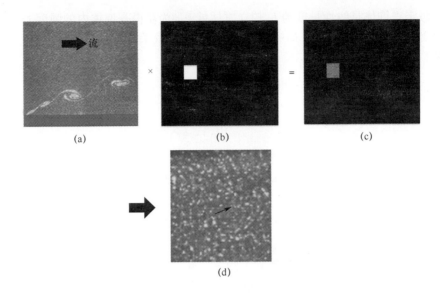

图9.2　二分量二维数字粒子图像测速中的信号采样过程说明

(a) 一个典型流在两个时刻记录的粒子叠加图像（即它表示 $I(x, t) + I(x, t + \delta t)$）；（b）表示式（9.11）
所给二维采样函数，其中心位于特定的 x_{sm}；（c）表示式（9.12）所示过程应用于 $I(x, t)$ 和
$I(x, t + \delta t)$ 并叠加；（d）给出这个过程输出的最终叠加的查询体的放大视图以及这个
查询体内的期望二分量二维速度。注意，在实践中，这两个信号场不会叠加，
这里只是为了帮助说明才这样做。

不失一般性，为与9.2节开发的流体运动学保持一致，坐标系的原点可以转化为 O_j 表示的任意第 j 个查询体的原点。因此，从现在开始，除非另有说明，均假定从第 j 个查询体的质心（即 O）来测量 x、$x_i(t)$、$\delta x(x_i(t)) \equiv \delta x_i(t)$。

9.3.1.1　数字粒子图像测速信号的数字特性

现在介绍一些已在9.3.1节中描述过的数字粒子图像测速分析中使用的信号的实际方面。下面将通过与二分量二维数字粒子图像测速关系的演示进行介绍。但是所有方面同样适用于一般的三分量三维数字粒子图像测速情形。在二分量二维数字粒子图像测速中，信号表示示踪粒子的散射光强图，因此，它表示的是粒子投影到记录介质上的平面图像。现在，数字粒子图像测速的记录介质是二维的电荷耦合器件（CCD）阵列或互补金属氧化物半导体（CMOS）阵列。这两种电子数字记录装置都是由一个 $N \times M$ 小型的尺寸有限的检测器阵列构成，这些检测器累积一定时间内投射到元件上的光强，然后将收集到的电子信号量子化为一个整数，范围通常是 8 位（0，…，255）、10 位（0，…，1023），最多 16 位（0，…，65535），最常见阵列的位数是具有 8、12 或 14 位动态范围。

光学成像方案可以看作是从物理空间到记录阵列的映射过程。就二分量二维粒子图像测速来说，就是尺寸 $H \times L$ 的平面矩形区域映射到 $N \times M$ 的小探测器阵列，这些探测器通常被称为像素（Pixel），其有效物理光累积面积为 $h \times l$（如，典型的阵列是 1200×1200 像素，像素尺寸为 $7.4\mu m \times 7.4\mu m$，信号动态范围为 14 位）。

影响每个像素信号质量的因素有许多，其中最突出的因素是布朗电子运动噪声以及检测器对成像光波长的光电转换效率。这些因素因记录设备的不同而不同，从业者需要知道这些因素以及它们可能对信号造成不利的影响。

在本节中，我们将集中在两个关键的一般性因素，即空间分辨力和量子化。空间分辨力非常重要，这是因为分辨力越高，就可以记录图像的更多细节和特征。在对固定物理面积成像时，提高空间分辨力的唯一途径是增大 $N \times M$ 数字阵列的尺寸。从光学角度来看，可以光学分辨的最小特征存在极限。该极限被称为光学系统的衍射极限[23]，这通常用衍射受限光斑尺寸表示。如果该衍射受限光斑尺寸显著大于记录阵列上像素之间的间距，那么光学成像元件（例如，透镜）就具有无效放大（或空放大），这意味着，无论如何提高记录数组大小，提高光学倍率（例如以减小数值孔径为代价换取较大焦距的镜头）并不能提升空间分辨力。大多数粒子图像测速成像是衍射受限的。

为了说明空间分辨力、量子化及其关系的作用，我们将考虑一个被记录下来的高斯强度分布的横截面理想强度分布，它是球形粒子的散射光的良好近似。设粒子的有效直径为 d，其中 $d = 6\sigma$，σ 通常称作高斯函数的标准偏差（控制其宽度），那么由下式给出笛卡儿坐标系中粒子的归一化强度：

$$I(x,y) = e^{\frac{18(x^2+y^2)}{d^2}} \tag{9.15}$$

$r = \sqrt{x^2 + y^2}/d$ 内的累积强度为总强度的 99.7%。表 9.1 给出了相对于粒子直径 d 的可分辨有效半径（假设对于两个不同的数字化等级和有效粒子直径 d 的两个不同定义，两种量化的最大强度均相同）。该表的结果表明，如果粒子的光散射导致高斯强度分布的结果，那么使用 8 位强度量化（最大强度与量化范围进行适当匹配）足以记录正确大小的粒子图像，它包含 99.7% 的散射光强度和粒子区域。

表 9.1　典型强度动态范围数字化和不同粒子模型的粒子尺寸分辨能力限制

粒子模型	强度动态范围数字化	
	8 位	12 位
$d = 6\sigma, I(x,y) = e^{-\frac{18(x^2+y^2)}{d^2}}$	$r/d \leqslant 0.555$	$r/d \leqslant 0.785$
$d = 2\sigma, I(x,y) = e^{-\frac{2(x^2+y^2)}{d^2}}$	$r/d \leqslant 1.665$	$r/d \leqslant 2.355$

图 9.3 也显示出这种效应，它给出了在不同的空间分辨力下采用 8 位和 16 位的强度量化获得的粒子的一维归一化横截面强度分布。图中同时还给出了高斯强度分布，以便于进行比较。所有情况均表明，采用 8 位数字化可以分辨粒子图像的有效直径。虽然最低的空间分辨力也给出了这种理想的情况的正确数字化强度，但是只有从图 9.3（c）以后观察到良好的高斯函数表示。我们还注意到，

随着空间分辨力的增大，与 16 位量化相比，8 位量化开始显示出它的局限性，无法测量较小水平的强度分布。

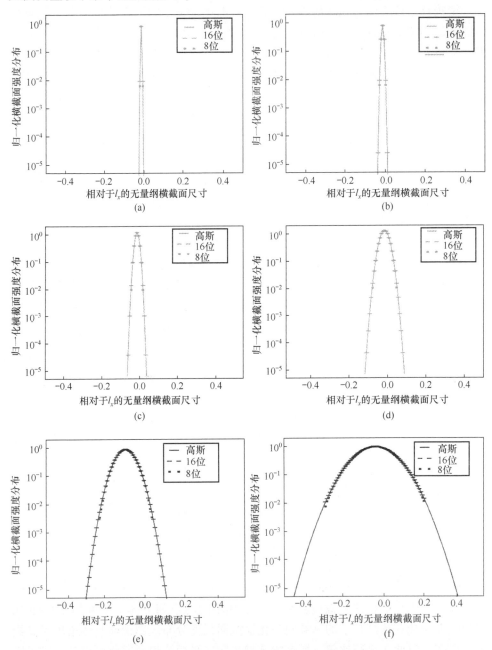

图 9.3　使用 8 位和 16 位强度量化不同尺寸的粒子和不同空间
分辨力的归一化强度横截面强度分布（注意 $l_x = 64$ 像素）

仅对于图 9.3（e）和（f）的情况，采用较低的 8 位量化的负面效果才值得关注，最终对于较小的粒子尺寸的测量，只有采用 16 位量化才表示正确的粒子尺寸。但是这两个情况代表极高的空间分辨力，在实践中通常从未达到或使用。此外，对于这些极高的空间分辨力，上述讨论的衍射极限将最有可能有用武之地。还必须强调，基于上面提到的理由，迄今为止在绝大多数实际的数字粒子图像测速测量中，粒子边缘的这些极低强度水平的测量在粒子强度记录中只占据着微不足道的部分。

练习 9.2

对于二分量二维粒子图像测速，假设粒子强度分布由二维高斯分布表示，其有效直径等于 6 个标准偏差。如果成像所用传感器采用 10 位强度动态范围数字化，那么可以分辨多少粒子？假设整个数字范围均可用于表示数字图像中的粒子强度分布。

解：

如果 $d = 6\sigma$，那么按极坐标形式高斯粒子强度分布表示为

$$I(r) = e^{-\frac{18(r^2)}{d^2}}$$

对于 10 位数字化，传感器可以分辨的离散强度级别的数目是 $2^{10} = 1024$。不失一般性，我们假定最大强度为 1，因此，可分辨的最小等级为 $I_{min} = 1/1024 = 9.766 \times 10^{-4}$。在利用下式计算的半径处可以发现此强度：

$$\frac{r}{d} = \sqrt{\frac{\ln(I_{min})}{-18}} = \sqrt{\frac{\ln(1/1024)}{-18}} = 0.621$$

既然有可能分辨峰值强度的径向距离为 $0.621d$，那么实际上所有粒子强度分布均可分辨。

9.3.2　单次曝光查询体对的三维互相关数字粒子图像测速分析

构成单次曝光查询体对的两个分量分别是式（9.13）和式（9.14）给出的 $S_1(x, t)$ 和 $S_2(x, t + \delta t)$。$S_1(x, t)$ 和 $S_2(x, t + \delta t)$ 之间的互相关函数如下：

$$R_{12}(\eta) = \int_{IV} S_1(x,t) S_2(x + \eta, t + \delta t)\,dx \qquad (9.16)$$

利用相关定理[24]，互谱 $G_{12}(f_x)$ 可表示为 $R_{12}(\eta)$ 的三维傅里叶变换：

$$\begin{aligned}
G_{12}(f_x) &= \mathcal{F}[R_{12}(\eta)] \\
&= \mathcal{F}[S_1(x,t)]^* \mathcal{F}[S_2(x,t+\delta t)]
\end{aligned} \qquad (9.17)$$

式中：$\mathcal{F}[g]$ 为 g 的傅里叶变换；$*$ 表示复共轭。相反，互谱与互相关函数通过以下逆傅里叶变换相关：

$$R_{12}(\eta) = \mathcal{F}^{-1}[G_{12}(f_x)] \tag{9.18}$$

本章用到的傅里叶变换对的定义遵循文献 [23, 24] 所用的定义。现在定义粒子 i 的三维强度函数描述的傅里叶变换如下：

$$\hat{I}_i(f_x) = \mathcal{F}[I_i(x,t;d_i)] = \mathcal{F}[f(x,t;d_i)] \tag{9.19}$$

该式让我们可以使用移位定理[23]将 $S_1(x, t)$ 的傅里叶变换写为

$$\mathcal{F}[S_1(x,t)] = \sum_{i=1}^{N_{sm}} \mathcal{F}[f(x - x_i(t);d_i)]$$

$$= \sum_{i=1}^{N_{sm}} \hat{I}_i(f_x)\exp[-i2\pi f_x \cdot x_i(t)] \tag{9.20}$$

$S_2(x, t + \delta t)$ 对应的傅里叶变换写为

$$\mathcal{F}[S_2(x,t+\delta t)] = \sum_{i=1}^{N_{sm}} \mathcal{F}[f(x - (x_i(t) + \delta x_i(x_i(t)));d_i)]$$

$$= \sum_{i=1}^{N_{sm}} \hat{I}_i(f_x)\exp[-i2\pi f_x \cdot \{x_i(t) + \delta x(x_i(t))\}] \tag{9.21}$$

式 (9.17) 所给出的互谱 $G_{12}(f_x)$ 现在可以使用式 (9.20) 和式 (9.21) 重写为如下形式：

$$G_{12}(f_x) = \left(\sum_{i=1}^{N_{sm}} \hat{I}_i^*(f_x)\exp[i2\pi f_x \cdot x_i(t)]\right)$$

$$\times \left(\sum_{i=1}^{N_{sm}} \hat{I}_i(f_x)\exp[-i2\pi f_x \cdot \{x_i(t) + \delta x(x_i(t))\}]\right) \tag{9.22}$$

将求和式的积展开，可得到三维互谱 $G_{12}(f_x)$ 的如下关系：

$$G_{12}(f_x) = \left(\sum_{i=1}^{N_{sm}} \hat{I}_i^*(f_x)\hat{I}_i(f_x)\exp[-i2\pi f_x \cdot \delta x(x_i(t))]\right)$$

$$+ \sum_{\substack{i=1,j=1 \\ i \neq j}}^{N_{sm}} \mathcal{F}^{-1}[\hat{I}_i^*(f_x)\hat{I}_j(f_x)\exp[-i2\pi f_x \cdot \{x_j(t) - x_i(t) + \delta x(x_j(t))\}]] \tag{9.23}$$

取式 (9.23) 的逆傅里叶变换得到互相关函数：

$$R_{12}(\eta) = \sum_{i=1}^{N_{sm}} \mathcal{F}^{-1}[\hat{I}_i^*(f_x)\hat{I}_i(f_x)\exp[-i2\pi f_x \cdot \delta x(x_i(t))]]$$

$$+ \sum_{\substack{i=1,j=1 \\ i \neq j}}^{N_{sm}} \mathcal{F}^{-1}[\hat{I}_i^*(f_x)\hat{I}_j(f_x)\exp[-i2\pi f_x \cdot \{x_j(t) - x_i(t) + \delta x(x_j(t))\}]] \tag{9.24}$$

定义如下的三维粒子强度相关函数：

$$\begin{cases} R_{ii}(\eta) \equiv \mathcal{F}^{-1}\left[\hat{I}_i^*(f_x)\hat{I}_i(f_x)\right] \\ R_{ij}(\eta) \equiv \mathcal{F}^{-1}\left[\hat{I}_i^*(f_x)\hat{I}_j(f_x)\right] \end{cases} \quad (9.25)$$

式中：$R_{ii}(\eta)$ 可理解为第 i 个粒子与自身都位于查询体内相同位置时，它与自己强度的相关性，而 $R_{ij}(\eta)$ 表示当第 i 个粒子与第 j 个粒子都位于查询体内相同位置时，二者强度之间的相关性，在应用移位定理后，使得我们能够写出式（9.24）的一个简化形式：

$$\begin{aligned} R_{12}(\eta) &= \sum_{i=1}^{N_{sm}} R_{ii}(\eta - \delta x(x_i(t))) \\ &+ \sum_{\substack{i=1,j=1 \\ i\neq j}}^{N_{sm}} R_{ij}(\eta - \{x_j(t) - x_i(t) + \delta x(x_j(t))\}) \end{aligned} \quad (9.26)$$

由式（9.26）给出的结果表示两个单次曝光查询体（包含 N_{sm} 个粒子，而且由于查询体内的流体流动，这些粒子已发生位移）之间的数字互相关函数的一般性数学描述。注意，这里不对位移 $\delta x(x_i(t))$ 的空间分布做出任何假设，这是因为每个单个粒子在时间间隔 δt 期间的流体流速已由式（9.26）推导得出（该式指向这一结果的相当普遍性）。

练习9.3

在二分量二维粒子图像测速中，粒子强度分布可以由一个有效直径等于 6 个标准偏差的二维高斯分布表示。请计算 $R_{ii}(\eta)$。比较描述粒子强度分布的函数与描述 $R_{ii}(\eta)$ 的函数的宽度，可以得出什么结论？

解：

如果 $d = 6\sigma$，那么按照笛卡儿坐标形式，高斯粒子强度分布表示为

$$I(x,y) = e^{-\frac{18(x^2+y^2)}{d^2}}$$

它的傅里叶变换表示如下：

$$\hat{I}(f_x) = \mathcal{F}[I(x,y)] = \frac{d^2}{36}e^{\frac{-d^2}{72}((2\pi f_x)^2 + (2\pi f_y)^2)}$$

由于 $R_{ii}(\eta)$ 可表示为

$$R_{ii}(\eta) \equiv \mathcal{F}^{-1}\left[\hat{I}_i^*(f_x)\hat{I}_i(f_x)\right]$$

因此可得

$$R_{ii}(\eta) \equiv \frac{d^2}{72}e^{-\frac{9(x^2+y^2)}{d^2}}$$

最后这个表达式可改写为

$$R_{ii}(\eta) \equiv \frac{d^2}{72}e^{-\frac{18(x^2+y^2)}{(\sqrt{d^2})^2}}$$

这意味着，粒子的强度分布相关函数 $R_{ii}(\eta)$ 的直径要比粒子强度分布的直径更大，这个具体的示例中，前者直径为后者的 $\sqrt{2}$ 倍大。

通过式（9.26）右侧的两个求和项可以看出来，该式给出的互相关由两个部分组成：①第一个求和项构成所有单个粒子强度的自相关函数的叠加，其中自相关函数原点（即，其峰值位置）被移到 η 空间中对应于特定粒子的位移 δx $(x_i(t))$ 的位置；②第二个求和项是第一个查询体内的所有单个粒子与第二个查询体内的其他粒子（除自身外）的所有可能的互相关函数叠加的结果，但是在这种情况下，每个互相关函数的峰值均位于 η 空间中的某个位置，该位置取决于互相关涉及的两个粒子的位置以及第二个查询体中识别的粒子的位移。因此，第一个求和项（自相关函数的叠加）贡献了查询体内所有粒子的平均位移，而第二个求和项（互相关函数的叠加）贡献了噪声并降低数字粒子图像测速测量的信噪比。事实证明，将式（9.26）的第一个求和项定义为一个无噪声互相关函数[21,25]是一种比较有用的做法[21,25]：

$$R_{12}^s(\eta) = \sum_{i=1}^{N_{sm}} R_{ii}(\eta - \delta x(x_i(t))) \tag{9.27}$$

这是因为它包含了所有我们正在寻找的关于测量的信息。如果查询体内的流体以恒定速度移动或满足式（9.7），那么 $\delta x(x_i(t)) \approx \delta x$，这对所有示踪粒子而言均相同。$\delta x$ 除以两次查询体采集的时间间隔 δt，得到流体位置 O 在时间 t 时的流体速度测量 $u(O, t)$ 为

$$u(O,t) \approx \frac{\delta x}{\delta t} \tag{9.28}$$

图9.4 给出了一个典型的二分量二维数字粒子图像测速。图9.4（a）和（b）分别代表在时间 t 和 $t+\delta t$ 的二维图像信号 $S_1(x, t)$ 和 $S_2(x, t+\delta t)$，图9.4（c）是相应的互相关函数 $R_{12}(\eta)$。在这个例子中，图9.4（c）中位于（0.25，0.07）附近非常明亮的白色区域对应于无噪声互相关函数 $R_{12}^s(\eta)$ 对 $R_{12}(\eta)$ 的贡献，而分布在互分布相关函数内的较暗的灰色区域对应于式（9.26）第二项求和中的噪声。

参照这个例子，我们注意到，相对于开始时刻 t 图9.4（a）中的示踪粒子数目，在时间 $t+\delta t$ 图9.4（b）中的示踪粒子的数目较少。这是因为在给定的流速和时间 δt 条件下，某些示踪粒子离开了固定查询体域。这种效应导致对无噪声互相关函数 $R_{12}^s(\eta)$ 的贡献减少，而对式（9.26）的噪声项的贡献增加。当然在 t 和 $t+\delta t$ 之间也同样可能存在粒子进入查询体的逆效应，但实际上更可能是，这两种可能性在实验中同时出现，这导致在无噪声互相关函数 $R_{12}^s(\eta)$ 对式（9.26）中噪声项的贡献水平减轻，因此，导致数字粒子图像测速测定的信噪比水平的降低。这可能会导致不正确的检测无噪声互相关函数 $R_{12}^s(\eta)$ 对 $R_{12}(\eta)$ 的贡献，因此，增

加了错误的数字粒子图像测速测量的可能性。一种减少这种可能性的方法是，设计实验使示踪粒子移动不要超过 l_{IV} 的一小部分。这将在 9.4 节中进一步讨论。

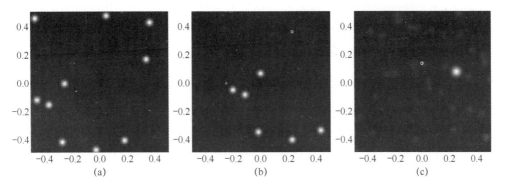

图 9.4　查询体内均匀位移场 $\delta x_i(x_i(t)) = (0.25, 0.07)$，图（a）和（b）分别是在时间 t 和 $t + \delta t$ 采集的典型的示踪粒子二维图像，图（c）是两幅图像之间的最终二维互相关函数

图 9.5 给出了对于图 9.4 所示的类似信号的理论计算的互相关函数与直接从图 9.4（a）和（b）所示的两幅查询体图像的二分量二维数字粒子图像测速给出的信号计算出的互相关函数之间的比较。注意，用于产生图 9.5 和图 9.4 的结果的实际查询体图像之间的差别在于，在图 9.4 中垂直运动是向上的，而对于图 9.5 则是向下。图 9.5 的结果显示，由于关于示踪粒子单个信号的所有细节均是已知的，因此图 9.5（a）给出的理论计算的互相关函数比图 9.5（b）中所示的互相关函数（直接从由类似于图 9.4（a）和（b）的图像强度表示的最终信号计算而来）具有更高的信噪比。后者是在实践中所使用的数字粒子图像测速分析方法。数学上，这过程被表示为

$$R_{12}(\eta) = \mathcal{F}^{-1}\left[\mathcal{F}\left[S_1(x,t)\right]^* \mathcal{F}\left[S_2(x,t+\delta t)\right]\right] \tag{9.29}$$

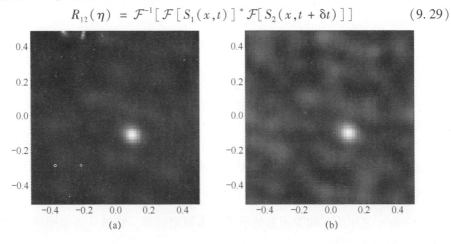

图 9.5　图 9.4 所示示范数据的互相关函数，（a）使用已知粒子信息并应用式（9.26）计算而来，而（b）通过计算图 9.4（a）和（b）中的两个信号的互相关而得到的结果

在实践中，整个处理是由式（9.29）描述，其中利用 FFT 来计算离散傅里叶变换而得到 $\Im[\;]$ 及其逆。注意，在式（9.29）中，不需要假定对 $S_1(x,t)$ 和 $S_2(x,t+\delta t)$ 时间产生的单个示踪粒子信号有具体的了解。之所以图 9.5（b）信噪比明显较低是因为，在信号采集时段 δt 期间某些示踪粒子离开查询体域，因此，存在缺乏信号配对的情况。

9.3.3 数字互相关函数中的查询体期望速度确定

首先考虑已知第 j 个查询体内的 N_{sj} 个粒子的速度（以及 δt 期间的位移）的情况。然后，可以为查询体定义多个预期速度，下式给出了最简单的算术平均值：

$$\bar{u}(O,t) = \frac{1}{N_s}\sum_{i=1}^{N_{sj}}u(x_i,t) = \frac{1}{\delta t N_{sj}}\sum_{i=1}^{N_{sj}}\delta x(x_i(t)) \qquad (9.30)$$

还可以来计算另一种期望速度，即，查询体质心处的加权平均值：

$$\tilde{u}(O,t) = \frac{\sum_{i=1}^{N_{sj}}W_i u(x_i,t)}{\sum_{i=1}^{N_{sj}}W_i} = \frac{\sum_{i=1}^{N_{sj}}W_i\delta x(x_i(t))}{\delta t\sum_{i=1}^{N_{sj}}W_i} \qquad (9.31)$$

其中，权重取决于速度测量位置的距离（即，示踪粒子位置 x_i 到查询体原点 O 的距离）。文献中给出了许多不同的方法。在这里，我们采取行之有效的自适应高斯窗（AGW）加权算法[26]，其中，要记住 x_i 是测量到 O 的距离，权重由下式给出：

$$W_i = \exp\left(\frac{-|x_i|^2}{H^2}\right) \qquad (9.32)$$

在这种情况下，已发现最佳 H 值是 $H = 1.24\Delta_P$ 的阶，其中 Δ_P 是粒子之间的平均距离。应当指出的是：①加权系数的总和实际上为 1；②式（9.31）也被用作插值器，因此，可以认为 $\tilde{u}(O,t)$ 的值是查询体内的粒子速度在该查询体质心处的插值。

数字粒子图像测速的下一步骤是从互相关函数来确定速度。这是对时间间隔 δt 获取的两个信号进行信号分析的结果（如 9.3.2 节所述）。其出发点是由式（9.26）或式（9.29）给出的两个信号之间的互相关函数。首先，注意到一些要点：

① 由 $R_{12}(\eta)$ 中的独立变量 η 定义的空间表示在时间段 δt 内流体粒子位移的可能范围（即，$u(O,t)\delta t \in \eta$）。

② 式（9.26）中的 $R_{ii}(\eta - \delta x(x_i(t)))$ 提供样品流体粒子位移（或除以 δt 得到速度）在查询体（即测量体）内由步骤 1 给定的流体位移空间内的位置。

③ $R_{ij}\left(\eta - \{x_j(t) - x_i(t) + \delta x(x_j(t))\}\right)$ 是用来计算两个信号 $S_1(x,t)$ 和 $S_2(x,t+\delta t)$ 之间的互相关函数的形式的未预期结果，它被认为是噪声，但实际上是与信号相关的[27]。

下面继续通过使用文献[27]解析推导出的结果根据三维互相关函数来确

定流体粒子的位移（及其速度），即，式（9.27）给出的三维无噪声互相关函数 $R_{12}^s(\eta)$ 与三分量流体位移（或位移除以 δt 得到速度）的联合概率密度函数（JPDF）相关。$p_{\delta x}(\eta)$ 表示三分量流体位移的 JPDF，利用文献［27］推导出如下结果：

$$
\begin{aligned}
p_{\delta x}(\eta) &= \lim_{N_s \to 100} \frac{R_{12}^s(\eta)}{N_s} \\
&= \lim_{N_s \to 100} \frac{\sum_{i=1}^{N_{sm}} R_{ii}(\eta - \delta x(x_i(t)))}{N_s}
\end{aligned}
\tag{9.33}
$$

因此，形式上，查询体内的平均流体粒子速度计算过程是，取相对于每个流体粒子位移的 JPDF 的正交速度分量的零阶矩，然后结果除以 δt，即

$$
\bar{u}_i(O,t) = \frac{1}{\delta t} \int_{-\infty}^{\infty} \eta_i p_{\delta x}(\eta) \mathrm{d}\eta_i
\tag{9.34}
$$

式中的下标用于表示流体速度的向量分量。即 $\bar{u}_i(O,t)$ 表示在查询体的中心（由位置矢量 O 表示）在 x_i 方向上的流体速度，而 $\eta_i = \delta x_i$ 为流体粒子在查询体内的位移。值得注意的是，可以采用与此描述类似的方式和文献［27］中讨论的方法导出流体速度的高阶矩。

下面讨论三分量流体位移的联合概率密度函数与三维互相关函数之间的关系，但我们想要的不是查询体内的平均速度，而是希望测量查询体内最有可能的流体速度。这是由 $R_{12}^s(\eta)$ 最大值的位置给出：

$$
\hat{u}(O,t) = \frac{\operatorname{argmax}_\eta R_{12}^s(\eta)}{\delta t} = \frac{\operatorname{argmax}_\eta \left(\sum_{i=1}^{N_{sm}} R_{ii}(\eta - \delta x(x_i(t))) \right)}{\delta t}
\tag{9.35}
$$

通常，示踪粒子的信号可以采用高斯函数表示来实现相当好的建模（这会导致 $R_{ii}(\eta)$ 函数是高斯函数），在这里可以得

$$
\bar{u}_i(O,t) = \hat{u}(O,t)
\tag{9.36}
$$

这意味着，由式（9.34）或式（9.36）给出的任一方法可以用来推导查询体内流体的速度（假定可用无噪声互相关函数）。其他的粒子信号模型（如狄拉克函数）也会得出同样的结论。然而，我们现在必须退一步并接受现实，事实上在实验中，我们有两个信号 $S_1(x,\ t)$ 和 $S_2(x,\ t+\delta t)$，并且之前没有示踪粒子以及导致这两个信号的示踪粒子运动的详细知识。两个信号 $S_1(x,\ t)$ 和 $S_2(x,\ t+\delta t)$ 的互相关分析得到了互相关函数 $R_{12}(\eta)$，其如式（9.26）所示，不仅包含无噪声 $R_{12}^s(\eta)$，而且还有一个相关的噪声项，我们将用 $R_{12}^n(\eta)$ 表示，并且由下式给出：

$$
R_{12}^n(\eta) = \sum_{\substack{i=1,j=1 \\ i \neq j}}^{N_{sm}} R_{ij}\left(\eta - \left\{ x_j(t) - x_i(t) + \delta x\left(x_j(t) \right) \right\} \right)
\tag{9.37}
$$

因此，

$$R_{12}(\eta) = R_{12}^{s}(\eta) + R_{12}^{n}(\eta) \qquad (9.38)$$

$R_{12}^{n}(\eta)$ 在通过求取 $R_{12}(\eta)$ 的矩以确定速度或通过利用式（9.34）和式（9.35）给定的程序在流体位移平面 η 中寻找 $R_{12}(\eta)$ 最大值位置的最大似然速度估计的过程中引入了误差。

练习 9.4

测量确定互相关函数 $R_{12}(\eta)$ 的信噪比，即确定最大峰值（表示查询体内粒子最大似然速度）与次大峰值（由非相关粒子位移导致）的比值。这个比值又被称为峰值对峰值比（PPR）。证明这个比值小于或等于查询体内粒子的数目。

解：

前面曾经提到过，粒子强度分布可以由一个高斯函数很好地表示，该函数具有紧致性，其空间范围的有效直径为 d。粒子强度分布的这个函数描述的互相关函数 $R_{ii}(\eta)$ 也具有紧致性质，因为它也是一个高斯函数，这比粒子强度分布函数大 $\sqrt{2}$。如果粒子的运动满足查询体内匀速运动的假设，那么查询体内的最大值（假设有在查询体中单分散的粒子总数为 M）由下式给出：

$$R_{12\max} = \underset{\eta}{\mathrm{argmax}} \left(\sum_{i=1}^{M} R_{ii}(\eta - \delta x(x_i(t))) \right) = M \underset{\eta}{\mathrm{argmax}} (R_{ii}(\eta))$$

$R_{12}(\eta)$ 的次大值与式（9.26）的第二个求和项有关。这个求和式中的每一项都可能影响到 $R_{12}(\eta)$ 的次大值。但是，查询体内粒子的位置具有均匀概率，由于这一事实以及 $R_{ii}(\eta)$ 的紧致性质（对于单分散粒子，这等于函数 $R_{ii}(\eta)$），这意味着次大值由下式给出：

$$R_{12\max2} = \underset{\eta}{\mathrm{argmax}}(R_{ii}(\eta))$$

因此，$R_{12}(\eta)$ 的最大值与 $R_{12}(\eta)$ 的次大值的比值如下：

$$\mathrm{PPR} = \frac{R_{12\max}}{R_{12\max2}} = \frac{M \underset{\eta}{\mathrm{argmax}}(R_{ii}(\eta))}{\underset{\eta}{\mathrm{argmax}}(R_{ii}(\eta))} = M$$

由于噪声和非相关粒子的重叠影响，上述方程中的主导项可能更大，因此一般而言

$$\mathrm{PPR} \leqslant M$$

也就是说，PPR 小于或等于查询体内粒子数目。

在实践中，使用两步分析过程，一旦计算得到 $R_{12}(\eta)$：

（1）使用式（9.34）或式（9.35）求得查询体内流体粒子位移估计；

（2）然后将步骤（1）的估计值应用于 $R_{12}(\eta)$ 最大值位置附近相邻 η 空间的局部区域的函数描述的假定模型，以提高寻找该位置的精度。

通过假定模型可计算 $R_{12}(\eta)$ 最大值位置的精度（记住，这个位置表示查询体内最大似然速度）高度依赖于用来表示 $R_{12}(\eta)$ 最大值的形状的模型的质量。典型地，基于已讨论的原因，假定使用高斯函数模型。该模型是在最小二乘法的意义上使用，并允许待确定的流体位移（以及流体速度）优于离散空间分辨能力，因此使用术语亚像素分辨力来表示精度的提升[6]。

图9.6演示了对于二分量二维数字粒子图像测速情形（表示 $\delta x(O, t)=(3.2, -8.3)$ 的均匀流动模型的情形）计算互相关函数最大值位置的过程。图9.6（a）和（b）所示两幅信号图像的时间间隔为 δt。图9.6（c）是使用式（9.27）直接从已知粒子速度及其特征计算出的无噪声互相关函数，式（9.27）使用刚刚描述的互相关函数最大值位置的寻找方法，求出一个估计值 $\overline{\delta x}(O, t)=(3.193, -8.320)$。图9.6（d）给出使用式（9.26）直接从已知粒子速度及其特征计算出的理论计算互相关函数，计算它的最大值位置，产生一个估计值 $\overline{\delta x}(O, t)=(3.193, -8.318)$。图9.6（d）表示在实践中根据图9.6（a）和（b）所示信号使用式（9.29）计算 $R_{12}(\eta)$ 的方法。经计算它的最大值位置的估计 $\overline{\delta x}(O, t)=(3.193, -8.319)$。

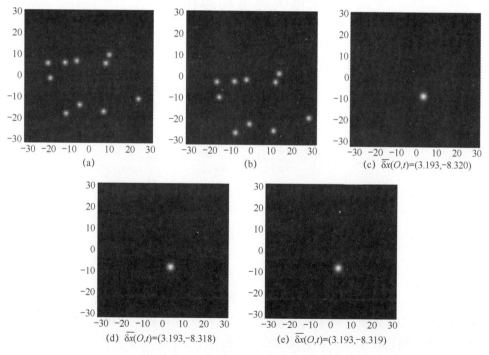

图9.6 二分量二维数字粒子图像测速图像示例

（a）在时间 t 的图像；（b）在时间 $t+\delta t$ 的图像，直径为 $d=5$ 像素的粒子的位移 $\delta x(O, t)=(3.2, -8.3)$；

（c）无噪声互相关函数 $R_{12}^t(\eta)$；（d）根据粒子的位置及其特征的知识在理论上计算的互相关函数 $R_{12}(\eta)$；

（e）从（a）和（b）所示信号信息计算出的互相关函数。

这些基于该理想模型问题的结果的相对误差约为 0.22%，这很好地落在了互相关数字粒子图像测速实验不确定度以内[6]。位移的理论测量结果与采用信号信息计算的结果之间不存在显著的统计学差异。这个非常低的不确定性使用的是电脑生成的理想信号信息（参见图 9.6（a）和（b））意味着，如果仔细进行数字粒子图像测速实验，可以相当实现精确的、实验不确定性低的数字粒子图像测速测量。

注释 9.2 数字粒子图像测速的实验性成像变种

有一系列不同的实验成像变种，其使用依赖于所寻求的测量。二维成像用于获取二分量二维数字粒子图像测速数据[4,6,7]，立体成像用于获取三分量二维数字粒子图像测速数据[8-10]，全息成像[11-14]或断层成像[15-18]用于获取三分量三维数字粒子图像测速的数据。

9.4 通过共置不同尺寸查询体互相关数字粒子图像测速来增大速度动态范围

任何测量仪器的一个重要特征是它的测量范围，因为我们所关注的是测量长度，并且在这里，我们希望指定最大长度与最小长度（可以使用 9.3.3 节中所述的方法从互相关函数确定）的比值。因此，首先定义速度动态范围（VDR），它等于位移动态范围（DDR），这是因为在数字粒子图像测速中，我们按照在 9.2 节中讨论测量查询体内的位移，如下：

$$\text{VDR} \equiv \frac{|u|_{\max}}{|u|_{\min}} = \frac{|\delta x|_{\max}}{|\delta x|_{\min}} = \text{DDR} \tag{9.39}$$

在共置查询体的情况下，理论上 $|\delta x|_{\max} = l_x/2$，其中 l_x 是查询体的特征长度。然而，在实践中取 $|\delta x|_{\max} = l_x/4$，以尽量减少粒子对的损失（在 δt 时间内部分粒子移出查询体），它允许过度粒子位移[28]。这可以推广到下式所规定的条件：

$$|\delta x|_{\max} = K l_x，当 K \in (0.2, 0.35) 时 \tag{9.40}$$

$|\delta x|_{\min}$（即可以发现的最小位移）取决于数据的质量以及用来根据互相关函数确定速度或位移的算法。对于使用蒙特卡罗模拟法计算机生成的粒子图像，文献[6]发现，使用在 9.3.3 节中描述的方法的最小可分辨数字粒子图像测速位移为 0.1 像素（px）①，不确定性为 0.06 像素，置信水平为 95%。文献中也有其他使

---

① 像素是一个等同于成像传感器的一个离散的检测器单元的无量纲数。如果给定单元的大小并考虑光学放大，那么它可以转换成一个物理尺寸。

用类似方法的研究，但对于我们讨论的目的而言，这个最小可分辨数字粒子图像测速位移已可用，将被认为是以像素为单位的最小可分辨数字粒子图像测速位移。在所有随后的讨论中无量纲长度均以像素为单位（例如，l_x 以像素的形式给出）。因此，可得

$$\text{VDR} = \text{DDR} = 10Kl_x \tag{9.41}$$

为针对二分量二维数字粒子图像测速来演示该式，这里使用 $K = 0.25$，典型查询体尺寸为 $l_x = 16$ 像素、32 像素、64 像素的结果分别是 $VDR = 40$、80、160。前两个结果对于流体速度场的测量来说属于非常低的动态范围，尤其是在测量比较感兴趣的湍流速度场时。增大速度动态范围的明显方法是增加 l_x（即，增大查询体）。然而，由于速度梯度[21]，这有可能带来非期望的影响，并且由于扩大测量体而增加平均或过滤效果。

为此，为在提高速度动态范围的同时还通过保持查询体的小尺寸，以保持良好的空间分辨能力，已经开发了使用自适应查询体和多网格方法的先进数字粒子图像测速分析方法[6]。这些方法的分析超出本章的范围，这里将不做呈现，有兴趣的读者可参考文献 [6] 和有关此主题的随后研究工作。

然而，我们在这里将考虑的是对两个采样时间之间的不相等尺寸的查询体的分析①以及如何在保持采样体积有效尺寸较小的同时增大速度动态范围。将要提出的对分析的修改也避免了在无噪声互相关函数中由于图像对信息丢失而造成的有用信号的损失（如图 9.4 中所示）。

下面首先从如下两个查询体开始：

$$\text{IV}(t) < \text{IV}(t + \delta t) \tag{9.42}$$

式中：$\text{IV}(t + \delta t)$ 象征来自于所有对 $\text{IV}(t)$ 的信号做出贡献的示踪粒子的信号。如 9.3.1 节，N_{sm} 表示 $\text{IV}(t)$ 内含有个体示踪粒子的数目，所有对来自 $\text{IV}(t + \delta t)$ 信号做出贡献的示踪粒子总数为 $N_{S2} \equiv N_{sm} + N_{sn}$，其中 N_{sn} 是 $\text{IV}(t + \delta t)$ 未与 $\text{IV}(t)$ 示踪粒子配对的示踪粒子的数目。象征地，两个信号 $S_1(x, t)$ 和 $S_2(x, t + \delta t)$ 分别与两个采样体 $\text{IV}(t)$ 和 $\text{IV}(t + \delta t)$ 有关，在数学上可以表示为

$$
\begin{aligned}
S_1(x,t) &= \sum_{i=1}^{N_{sm}} I_i(x,t;d_i) \\
&= \sum_{i=1}^{N_{sm}} f(x - x_i(t);d_i) \\
S_1(x,t+\delta t) &= \sum_{i=1}^{N_{s2}=N_{sm}+N_{sn}} I_i(x,t+\delta t;d_i) \\
&= \sum_{i=1}^{N_{s2}=N_{sm}+N_{sn}} f\big[x - (x_i(t) + \delta x(x_i(t));d_i)\big]
\end{aligned}
\tag{9.43}
$$

---

① 注意，这里 IV 也用来以符号化形式表示查询体的尺寸。

继续 9.3.2 节给出的分析，但是把式（9.16）中的信号替换成式（9.43）给定的信号，得出互相关函数：

$$R_{12}(\eta) = \sum_{i=1}^{N_{sm}} R_{ii}\left(\eta - \delta x(x_i(t))\right)$$

$$+ \sum_{i=1}^{N_{sm}} \sum_{\substack{i=1, \\ j \neq i, j \in N_{sm}}}^{N_{sm}+N_{sn}} R_{ij}\left(\eta - \{x_j(t) - x_i(t) + \delta x(x_j(t))\}\right) \qquad (9.44)$$

设 l_{x_1} 是 $IV(t)$ 的特征长度，l_{x_2} 是 $IV(t+\delta t)$ 的特征长度，$l_{x_1} < l_{x_2}$，这个互相关函数现在允许的最大位移的测量在理论上是 $|\delta x|_{max} = l_{x_2}/2 > l_{x_1}/2$，因此，导致 VDR 被提高到：

$$VDR = DDR = 10Kl_{x_2} > 10Kl_{x_1} \qquad (9.45)$$

这个增大后的速度动态范围对应的采样体尺寸是较小的 $IV(t)$（即 l_{x_1}）。

仍然由式（9.27）给出的无噪声互相关函数可认定为式（9.44）的第一个求和项，其包含关于 $IV(t)$ 内流体的速度的信息。式（9.44）的第二个求和项是噪声项，类似于前面给出的式（9.26）的第二个求和项，但有可能增加噪声贡献。根据互相关函数求取速度的计算过程与之前完全相同，并遵循 9.3.3 节提出的分析。

使用分别对应于 $d=2$ 像素（图 9.7）和 $d=5$ 像素（图 9.8）的粒子信号的两个二分量二维实例来演示这种通过共置不同尺寸的查询体互相关数字粒子图像测速来增大速度动态范围的方法。在这两个例子中，都假设均匀流体 $\delta x(O, t) = (19.84, -10.56)$。如果使用大小相等的 $IV(t)$，那么这个位移最低要求二维查询体的 $l_x = 64$ 像素，这是因为如果使用二维查询体的 $l_x = 32$ 像素，那么可以测量的理论最大位移 $|\delta x_i(O, t)|_{max} = 0.5l_x = 16$ 像素。然而，在实践中已经指出，由于查询体粒子对的损失，这个最大值的典型值为 $|\delta x_i(O,t)|_{max} = 0.2l_x = 6.4$ 像素。$l_x = 32$ 像素的二维查询体可以测量的最大位移当然小于图 9.7 和图 9.8 中待测量的 $\delta x(O, t) = (19.84, -10.56)$ 的均匀位移。

图 9.7（a）和（c）和图 9.8（a）和（c）所示信号数据的大小不等的查询体互相关数字粒子图像测速所对应的查询体的特征如下，该查询体以所示域的原点为中心，尺寸为 64 像素。$IV(t)$ 的大小 $l_{x_1} = 32$ 像素，如图 9.7（a）及（b）和图 9.8（a）和（b）的红色方块表示所示。图 9.7（b）和图 9.8（b）仅给出互相关分析中对信号 $S_1(x, t)$ 有贡献的粒子信号，而图 9.7（c）和图 9.8（c）给出在互相关分析中对信号 $S_2(x, t+\delta t)$ 有贡献的粒子信号，它们对应于 $IV(t+\delta t)$，其 $l_{x_2} = 64$ 像素。图 9.7（d）和图 9.8（d）给出相应的无噪声互相关函数 $R_{12}'(\eta)$，跟预期的一样，这表明互相关函数对于 $d=2$ 像素的情况（前者）比 $d=5$ 像素的情况（后者）更窄。这个简单例子的误差（需要注意的是这在统计学上并不显著）对于图 9.8（d）所示的 $d=5$ 像素的情况稍大，但仍小于测量

值的 0.6%。把这种误差用作最小可分辨位移，这个示例基于 $l_{x_2}=64$ 像素，但其有效查询体的 $l_{x_1}=32$ 像素，无噪声互相关函数的 VDR 阶 = 170，VDR 理论极限 = 246。这表明，对于本例，使用大小不等查询体数字粒子图像测速使得理论 VDR 增大为原来的 3 倍。

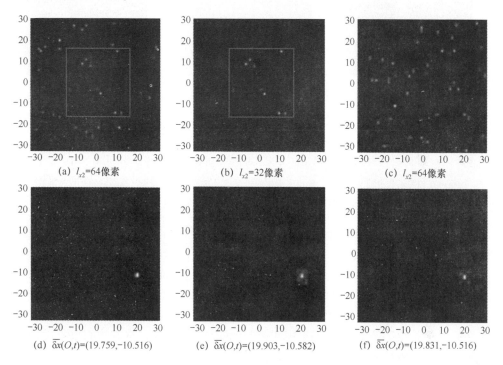

图 9.7　二分量二维数字粒子图像测速图像示例

（a）和（b）在时间 t 采集；（c）在时间 $t+\delta t$ 产生位移 $\delta x(O,t)=(19.84,-10.56)$ 后采集，粒子直径 $d=2$ 像素，IV(t) 的 $l_{x_1}=32$ 像素，在图（a）中显示为方框，并在图（b）中被提取出来；（d）给出了无噪声互相关函数 $R_{12}^s(\eta)$；（e）给出了根据粒子位置及其特征知识理论计算得到的互相关函数 $R_{12}(\eta)$；（f）给出了根据图（b）和图（c）所示信号信息计算得到的互相关函数。

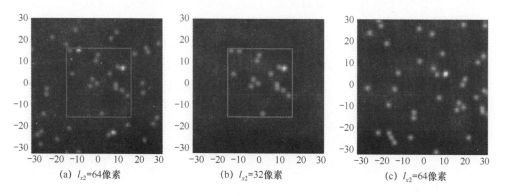

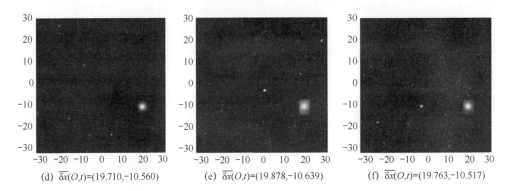

(d) $\overline{\delta x}(O,t)$=(19.710,-10.560)   (e) $\overline{\delta x}(O,t)$=(19.878,-10.639)   (f) $\overline{\delta x}(O,t)$=(19.763,-10.517)

图 9.8   二分量二维数字粒子图像测速图像示例

（a）和（b）在时间 t 采集；（c）在时间 $t+\delta t$ 产生位移 $\delta x(O,t)=(19.84,-10.56)$ 后采集，粒子直径 $d=5$ 像素，$\text{IV}(t)$ 的 $l_{x_1}=32$ 像素，在图（a）中显示为方框，并在图（b）中被提取出来；（d）给出了无噪声互相关函数 $R'_{12}(\eta)$；（e）给出了根据粒子位置及其特征知识理论计算得到的互相关函数 $R_{12}(\eta)$；（f）给出了根据图（b）和图（c）所示信号信息计算得到的互相关函数。

图 9.7（e）和图 9.8（e）给出了基于粒子的位置及其特征的知识理论计算得到的互相关函数 $R_{12}(\eta)$。图 9.7（f）和 9.8（f）分别给出了根据图 9.7 和图 9.8 的（b）及（c）中所示信号样本计算出的互相关函数。两幅图都清楚地显示出由于未配对相关而引入的噪声。尽管如此，对于这些特定的理想化的示例，这两种情况下的误差与使用无噪声互相关函数测量的误差具有相同的阶，在先前建立的互相关数字粒子图像测速不确定性范围内[6]。然而，本方法的重要优势是对于较小查询体尺寸增大了速度动态范围。

注释 9.3   提高数字粒子图像测速的速度动态范围和空间分辨能力

在过去 20 年中已开发了一系列的先进技术来提高数字粒子图像测速的速度动态范围和空间分辨能力。最显著的是多重网格数字粒子图像测速（Multigrid DPIV）技术[6,29,30]，它们在提高速度动态范围和空间分辨能力的同时降低了实验的不确定性。粒子图像变形（Particle Image Distortion）方法克服查询体内速度梯度的不利影响[31,32]，超分辨力粒子图像测速（Super-resolution PIV）将数字粒子图像测速作为一种预处理器与粒子跟踪测速（PTV）结合[33,34]，以测量示踪粒子在高速示踪粒子布撒流中的速度。许多这些技术如今已用于开源和商业粒子图像测速软件分析计算机程序。

参考文献

［1］Durst, F., Melling, A., and Whitelaw, J. H., *Principles and Practice of Laser-Doppler Anemometry*, London：Academic Press, 1981.

［2］Dudderar, T. D., Meynart, R., and Simpkins, P. G., "Full-Field Laser Metrology for Fluid Velocity Measurement," *Optics and Lasers in Engineering*, Vol. 9, 1988, pp. 163 – 199.

［3］Cho, Y. -C., "Digital Image Velocimetry," *Applied Optics*, Vol. 28, No. 4, 1989, pp. 740 – 748.

［4］Willert, C. E., and Gharib, M., "Digital Particle Image Velocimetry," *Experiments in Fluids*, Vol. 10, 1991, pp. 181 – 193.

［5］Keane, R. D., and Adrian, R. J., "Theory of Cross-Correlation Analysis of PIV Images," *Applied Scientific Research*, Vol. 49, 1992, pp. 191 – 215.

［6］Soria, J., "An Investigation of the Near Wake of a Circular Cylinder Using a Video-Based Digital Cross-Correlation Particle Image Velocimetry Technique," *Experimental Thermal and Fluid Science*, *Vol.* 12, 1996, pp. 221 – 233.

［7］Silva, C. M., Gnanamanickam, E. P., Atkinson, C., Buchmann, N. A., Hutchins, N., Soria, J., and Marusic, I., "High Spatial Range Velocity Measurements in a High Reynolds Number Turbulent Boundary Layer," *Physics of Fluids*, Vol. 26, No. 2, 2014, p. 025117.

［8］Willert, C., "Stereoscopic Digital Particle Image Velocimetry for Application in Wind Tunnel Flows," *Measurement Science & Technology*, Vol. 8, No. 12, 1997, pp. 1465 – 1479.

［9］Parker, K., von Ellenrieder, K. D., and Soria, J., "Using stereo multigrid DPIV (SMDPIV) measurements to investigate the vertical skeleton behind a finite-span flapping wing," *Experiments in Fluids*, Vol. 39, No. 2, 2005, pp. 281 – 298.

［10］Herpin, S., Wong, C., Stanislas, M., and Soria, J., "Stereoscopic PIV Measurements Of A Turbulent Boundary Layer with a Large Spatial Dynamic Range," *Experiments in Fluids*, Vol. 45, 2008, pp. 745 – 763.

［11］Barnhart, D. H., Adrian, R. J., and Papen, G. C., "Phase-Conjugate Holographic System for High Resolution Particle Image Velocimetry," Applied Optics, Vol. 33, No. 30, 1994, pp. 7159 – 7170.

［12］Lozano, A., Kostas, J. and Soria, J., "Use of Holography in Particle Image Velocimetry Measurements of a Swirling Flow," *Experiments in Fluids*, Vol. 27, 1999, pp. 251 – 261.

［13］Palero, V., Arroyo, M. P., and Soria, J., "Digital Holography for Micro-Droplet Diagnostics," *Experiments in Fluids*, Vol. 43, No. 2, 2007, pp. 185 – 195.

［14］Sheng, J., Malkiel, J., and Katz, J., "Using Digital Holographic Microscopy for Simultaneous Measurements of 3D Near Wall Velocity and Wall Shear Stress in a Turbulent Boundary Layer," *Experiments in Fluids*, Vol. 45, 2008, pp. 1023 – 1035.

[15] Elsinga, G. E., Scarano, F., Wieneke, B., and van Oudheusden, B. W., "Tomographic Particle Image Velocimetry," *Experiments in Fluids*, Vol. 41, No. 6, 2006, pp. 933 – 947.

[16] Atkinson, C., and Soria, J., "An Efficient Simultaneous Reconstruction Technique for Tomographic Particle Image Velocimetry," *Experiments in Fluids*, Vol. 47, 2009, pp. 553 – 568.

[17] Atkinson, C. Coudert, S., Foucaut, J. -M., Stanislas, M., and Soria, J., "The Accuracy of Tomographic Particle Image Velocimetry for Measurements of a Turbulent Boundary Layer," *Experiments in Fluids*, Vol. 50, No. 4, 2011, pp. 1031 – 1056.

[18] Buchmann, N. A., Atkinson, C., Jeremy, M. C., and Soria, J., "Tomographic Particle Image Velocimetry Investigation of the Flow in a Modeled Human Carotid Artery Bifurcation," *Experiments in Fluids*, Vol. 50, No. 4, 2011, pp. 1131 – 1151.

[19] Adrian, R., "Particle-Imaging techniques for experimental fluid mechanics," *Annual Review of Fluid Mechanics*, Vol. 23, 1991, pp. 261 – 304.

[20] Raffel, M., Willert, C., Wereley, S., and Kompenhans, J., *Particle Image Velocimetry*, Berlin: Springer Verlag, 2007.

[21] Soria, J., "Particle Image Velocimetry—Application to Turbulence Studies," in *World Scientific Lecture Notes in Complex Systems*: Volume 4, Lecture Notes on Turbulence and Coherent Structures in Fluids, Plasmas and Nonlinear Media, World Scientific Publishers, 2006.

[22] Perry, A. E., and Chong, M. S., "A Description of Eddying Motions and Flow Patterns Using Critical-Point Concepts," *Annual Review of Fluid Mechanics*, Vol. 19, 1987, pp. 125 – 155.

[23] Goodman, J. W., *Introduction to Fourier Optics*, Second Edition, McGraw-Hill, 2006.

[24] Bracewell, R. N., *The Fourier Transform and its Applications*, Third Edition, McGraw-Hill, 2005.

[25] Mitchell, D., Honnery, D., and Soria, J., "Particle Relaxation and Its Influence on the Particle Image Velocimetry Cross-Correlation Function," *Experiments in Fluids*, Vol. 51, No. 4, 2011, pp. 933 – 947.

[26] Agüí, J. C. and Jiménez, J., "On the Performance of Particle Tracking," *Journal of Fluid Mechanics*, Vol. 185 (-1), 1987, pp. 447 – 468.

[27] Soria, J., and Willert, C., "On Measuring the Joint Probability Density Function of Three-Dimensional Velocity Components in Turbulent Flows," *Measurement Science and Technology*, Vol. 23, No. 6, 2012, pp. 5301.

[28] Keane, R. D., and Adrian, R. J., "Optimization of Particle Image Velocimeters. I. Double Pulsed Systems," *Measurement Science and Technology*, Vol. 1, No. 11, 1990, pp. 1202 – 1215.

[29] Soria, J., "Multigrid Approach to Cross-Correlation Digital PIV and HPIV Analysis," In Proceedings of the 13th Australasian Fluid Mechanics Conference, 1998, pp. 381 – 384.

[30] Soria, J., Cater, J., and Kostas, J., "High Resolution Multigrid Cross-Correlation Digital PIV Measurements of a Turbulent Starting Jet Using Half Frame Image Shift Film Recording," *Optics & Laser Technology*, Vol. 31, No. 1, February 1999, pp. 3 – 12.

［31］ Huang, H. T. , Fiedler, H. E. , and Wang, J. J. , "Limitation and Improvement of PIV," *Experiments in Fluids*, Vol. 15-15, No. 4-5, September 1993, pp. 263 – 273.

［32］ Scarano, F. , and Riethmuller, M. L. , "Advances in Iterative Multigrid PIV Image Processing," *Experiments in Fluids*, Vol. 29, No. 7, December 2000, pp. S051 – S060.

［33］ Keane, R. D. , and Adrian, R. J. , "Prospects for Super-Resolution with Particle Image Velocimetry," SPIE' s 1993 International Symposium on Optics, Imaging, and Instrumentation, Vol. 2005, December 1993, pp. 283 – 293.

［34］ Keane, R. D. , Adrian, R. J. , and Zhang, Y. , "Super-Resolution Particle Imaging Velocimetry," *Measurement Science and Technology*, Vol. 6, 1995, pp. 754 – 768.

第 10 章　光纤传感器

10.1　简　介

　　本章讨论的主题与前面的内容有所不同，这里将探索数字技术在光纤传感器领域中的应用。但它们总体上非常相似，即虽然光纤传感器所基于的物理学原理非常精妙，但是要想有效实现它们，则需要大量运用数字技术。对于这些数字技术的讨论，有一个重要的告诫，即这些数字技术往往是成功运行传感器系统的关键，而且在许多（也许是大多数）案例中，那些了解这一创造性步骤的研究人员都不愿意透漏太多细节，当然这是可以理解的。因此，尽管本章非常详尽地论述了处理流程的目标，但是具体的实现细节往往是推测出来的。

　　光纤传感器问世接近半个世纪，而且这些传感器所基于的大部分物理学原理在进入数字化时代之前已经广为人知。光纤传感器的基本思想非常简单，如图 10.1所示。其目的是采用某种方式调制输出光的强度、光谱成分、偏振或相位，使其与感兴趣的待测量唯一相关。当然，这种独特的可重复的关系在实践中很少找到（有时因为温度的缘故），而且在这个领域，无论是光学、电子、模拟或电子数字信号处理技术都扮演重要角色[1]。

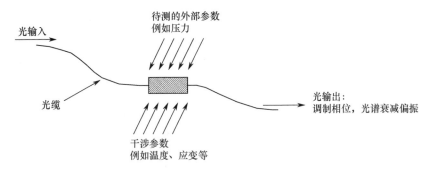

图 10.1　光纤传感器的基本思想——某个待测量参量调制经敏感区域传播
（在光纤中传播或通过某种连接到光纤的独立结构传播）的光的某个选中属性。
几乎总是存在干扰测量因素，因此需要进行补偿

　　尽管光纤传感器具有诸多特别有趣的特性，但在概念上，光纤传感器最重要的一点在于它的一个特性：方便在成百上千的点上进行分布式测量。从应用角度

来看，这个特性非常有用，而且由于这种传感探头网络的实现无需在被监测区域连接电缆，这一点尤其重要。此外，由于光纤传输损耗极低，这些网络可以扩展到数百上千千米范围。

这些网络（图 10.2）本身可以采用两种基本光学结构实现。

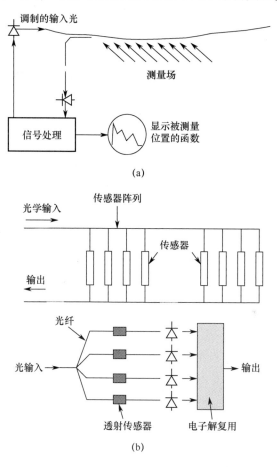

图 10.2　光纤传感网络
(a) 非常强大的分布式架构，它使用光纤连接被测量对象；
(b) 一些利用大型完全被动式系统搭建的完全采用光学定位的传感器网络。

　　第一种方法需要采用合适的架构将探头传感器网络连接起来，每个探头传感器单独连接。第二种方法只需以分布式方式使用光纤本身，并充分利用外部环境会以某种可能有用的方式影响光纤的精细光学特性这一事实。这些光学特性通常涉及非线性过程，如拉曼散射（Raman Scatter）和布里渊散射（Brillouin Scatter）（图 10.3）。前者可以精确且可靠地配置成只测量温度，而后者同时响应温度和局部应变，但借助周密的解调技术实际上可以适当配置以独立解调两种现象。分布式传感运行本质上是把极短的光脉冲（通常持续数纳秒的时间）注入光纤，并观察已经被相关现象调制的后向散射光的时间依赖关系。对返回光进行某种形式的光谱过滤，就可构成布里渊和拉曼散射系统，而滤波器的设计是成功的关键。然而，有一些系统运行在瑞利散射上，依赖于由机械应变（或压力）和温度变化引起的传播光局部相位的细微变化。通过某种形式的偏振分析，或者实际上通过在接收端的干涉实现来监测这些变化。虽然与拉曼散射和布里渊散射版本相比，这种系统固然是相当复杂的，但基于后向瑞利散射信号的运行具有相当大的优势，典型地，它比拉曼散射或布里渊散射结果高几个数量级。例如，这些系统的最新进展已经验证了一种分布式光学麦克风的实时运行，它们不仅能够检测特定声学（或振动）信号，而且还将其位置锁定在 1m 甚至更精确的范围内。

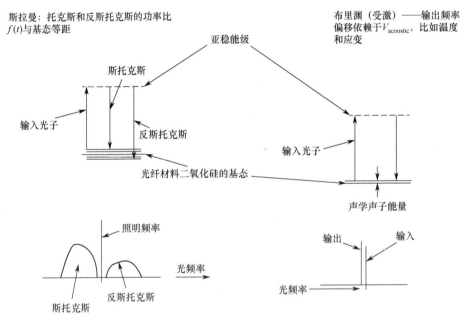

图 10.3 非线性分布式光纤传感器系统所用的基本非线性处理（以能级图形式表示），所有处理均利用标准的基于二氧化硅光纤的光学现象

在探头感测网络领域，基于光纤布拉格光栅（FBG）[2]（图 10.4）的技术得到迄今为止最广泛的运用。使用一种光写技术（基于周期性变化的紫外线致损伤来调制纤芯折射率）将布拉格光栅写入光纤芯中。根据该结构周期的不同，反射波导的长度会随着所受应变或温度变化而变化。可以通过波长复用（为每个测量探头分配特定频带，而且沿光纤长度方向的不同点写入的光栅具有不同的频带）的适当组合，并将这种波长复用技术与时间和空间复用技术进行适当组合，以实现大型布拉格光栅网络（图 10.5）。光纤布拉格光栅操作的关键之处显然在于准确且可重复地测量反射光谱的峰值波长。还有一个不仅仅对布拉格光栅而且对所有分

布式系统而言都非常重要的因素，即光纤纤芯的光学传输特性的物理变化与待测量对象的物理变化之间的关系（图 10.6），这显然必须借助一套复杂的接口来完成。

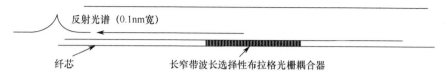

反射光谱（0.1nm宽）

纤芯　　　　　长窄带波长选择性布拉格光栅耦合器

图 10.4　光纤布拉格光栅使用光纤纤芯中的光折变致周期结构作为波长敏感反射器，
反射的波长取决于光栅中的光路（因而也取决于温度和应变），反射光谱
来自宽带光源，因而有很多类似的光栅能够从中读数

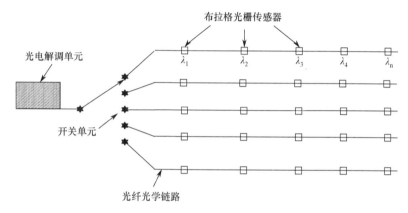

图 10.5　一种组合利用时域和空域复用技术的通用光纤布拉格光栅系统。根据系统需要，
单个解调单元最多可以处理数百个传感器。每根光纤均包含数个光纤布拉格光栅传感器，
它们工作在不同的中心波长，在进行测量时，这些波长经过精心设置不会彼此交叠

这个非常简短的介绍突出了两个通用领域，而在这两个领域中，数字处理在传感器实现方面起着关键作用。第一个领域是提取与特定测量点相关的测量数据，并确保该处理算法与待求解的光学物理问题（以提取测量数据）最佳匹配。第二个领域是可靠且可重复地将该数据与对最终系统用户有用的信息相匹配。实际上，用户希望对"今天一切正常吗？"这样的简化问题得到可靠的回答。如果有问题，那么是需要进一步观察某个特定部分还是关闭系统以避免灾难性的后果？或者需要简单地改变某一个很容易控制的参数？

在下面的几节中将简要讨论一些例子，在这些示例中，信号处理在光纤传感器或传感器系统运行方面产生重要影响。我们将看到，有一些根本性的问题需要解决，虽然可以借助数据处理技术，但是同时还需要一致的协议和精妙的物理设备，这里的布拉格光栅就是最好的例子。还有很多问题，其真正目标是向最终用户展示有用信息，而不是过多的数据，在这方面，研究人员通常会对这些来之不易的解决方案守口如瓶。

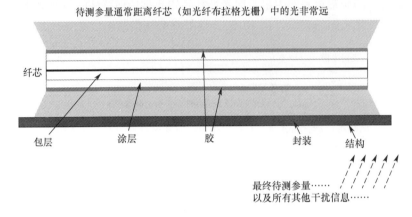

图 10.6　演示多种接口。在从被测试样到光纤纤芯的光路中，无论基于光纤布拉格光栅还是基于分布式网络，所有界面都要能够可靠地传送待测参量。与所涉及的热时间常数相比，温度变化速率比较缓慢，这是唯一具有明显一致性的现象

10.2　从数据中提取信息：几个简要示例

10.2.1　单探头传感器：光谱分析

　　光谱信号分析是一种非常强大的工具。经过仔细分析，光谱特征可以用来解释被散射或透射的材料或材料混合物的化学成分（图 10.7）。然而，为了使这个过程可靠且有效地发挥作用，不仅要求原始光源具有稳定的光谱特性和空间特性，而且要求光谱分析工具（通常基于棱镜或光栅的光谱仪）必须经过稳定且可靠的标定。虽然这些语句说起来简单，但是在具体的实现中，要想满足这些基本要求却颇费心思。

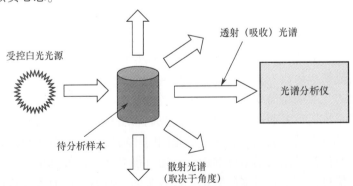

图 10.7　演示各种可用的光谱分析工具，所有这些工具都呈现关于样本的不同信息，可布置光谱分析仪和光源来测量这些组合中的任何一个信息

光谱特征通常非常复杂，这反映出参与特征生成的相关材料的混合以及传播过程的混合（最起码是散射光和吸收光的组合）。传统"科学"的光谱特征解释方式是：提供一组据信可能构成被分析混合物的候选化学成分，然后执行一些复杂的曲线拟合，以提取一个合理的估计值，即在特定样品中包含哪些可能的候选化合物。这往往意味着，使用标定混合物作为基准和检查点，而输出结果是特定化学成分的百分比（图 10.8）。这非常适合某些应用（例如，用于分析发动机或烟囱废气的化学成分[3]）。

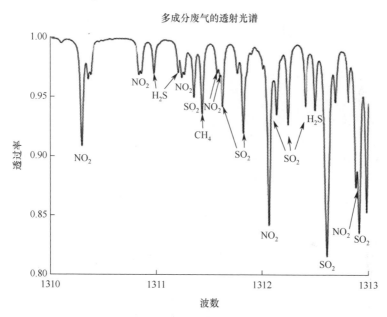

图 10.8 中红外气体光谱，演示了多成分烟囱废气混合物分析（来源：文献 [3]）

然而，在某些领域，这种有关特定样品的实际化学成分的详细数据是多余的，甚至会引起混淆。其中一个例子就是确定食品的安全性或食品欺诈。在这种情况下，一个简单的分类处理远胜于详细的化学分析。在图 10.9 中给出一个设计用来实现这类分析的光纤系统示例[4]。该系统的目的是为了收集有关特定样品的光谱特性（其中包括透射光和角散射）的大量数据，并处理该数据以转换成有用的信息。

因此，这里并不是对各个样品的详细成分进行分析，而是借助于众多标准的数据约简算法（其中最著名的算法可能是主成分分析）之一将这些多光谱特征组合成最少数量（最好是 3 个）的设计好的矢量，这样，一个特定类别就会落在由这些矢量所定义的三维空间的一个特定扇区内。图 10.10 显示了将该方法用于橄榄油区域性分析的一个典型例子。对于非特级初榨油的存在，很容易从光谱特征上看出端倪，事实上也确实存在区域性差异。虽然这种技术没有给出实际的化学成分（因为这 3 个组成部分是纯粹的数学分析的结果），但它提供了一个可靠的指导。这个基本思路已经被应用到各种液体食品（不仅包括食用油，还有啤酒、葡萄酒、威士忌）。尽管当然存在一些扇区，这些鉴别能力在这些扇区内的表现要远远优于其他扇区，但是事实证明，它确实是用来解决这类特定的表征问题

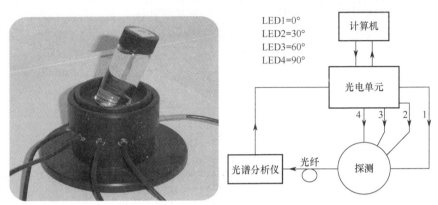

图 10.9　一种光纤连接的液体样品分析单元，可对特定玻璃杯内的液体进行液体特性分析和鉴别。使用多个仔细控制的白光光源，从左侧光纤照亮样品，然后通过右侧的输出光纤进行光谱分析（图片由意大利佛罗伦萨国家研究理事会应用物理研究所（IFAC‒CNR）的 Anna Mignani 教授提供）

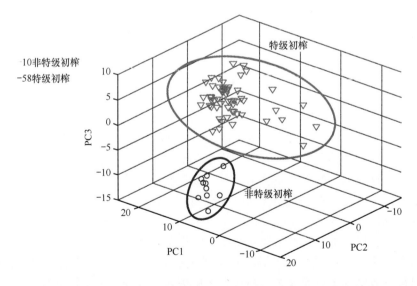

图 10.10　特级初榨油聚类和特级初榨橄榄油生产年份：2002/2003——说明图 10.9 所示系统的鉴别能力。同样系统（使用不同的数学分析工具）也被用来鉴别特级初榨油、啤酒、葡萄酒、威士忌、泔水油。该系统还可以检测貌似纯正样品的掺假情况（图片由意大利佛罗伦萨国家研究理事会应用物理研究所（IFAC-CNR）的 Mignani Anna Grazia 教授提供）

的一种用途十分广泛的方法。这个很好的例子充分说明了传感系统的演变过程：从精妙的光纤传感器物理设计，到将多光谱测量的复杂原始数据集隐藏在内部，并能够向最终用户提供易于理解的输出信息。

10.2.2　单探头传感：处理光纤陀螺

光纤陀螺仪（图 10.11）是数字处理的一个非常强大的应用范例，通过数字技术和深厚的物理学理解的精心并置，优化微妙的物理系统中的读出过程。其原理很简单，沿着与转动相同方向前进的光看到输入耦合器后退；反之，对于沿着相反方向前进的光来说也是如此。因此，光在两个方向上的传输存在一个轻微的时间差，通过光学相位可测得该时间差。显然，这个相位取决于对光波长的精确了解，因此，不管后面的内容是什么，对波长的精确定义是第一基本先决条件[5]。

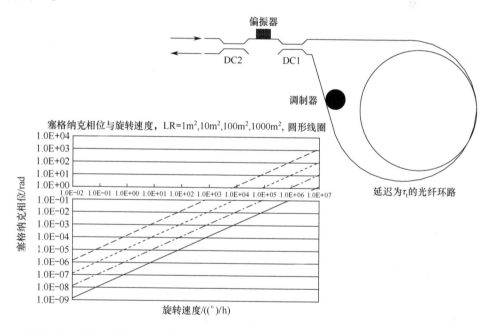

图 10.11　光纤陀螺仪——右上角给出基本示意图。左下方给出各种光纤长度与半径之积（1 ~ 1000m²）对应的相位延迟。经过优化处理的系统的最小检出率位于纳弧度区

非对称放置的环路相位调制器是提取相位差值的关键。实际上，这种调制器在光纤回路内顺时针和逆时针传播的两个光束之间引入差分相位。这种调制器的最简单版本是以特定频率（光子绕该环路一圈所产生的延迟的两倍的倒数）引入正弦相位调制。这意味着，正弦相位调制是在顺时针和逆时针光束上进行反相，以造成最大相位差值。在该频率处，使用锁相（Lock-in）技术检测可以给出一个正弦输出，如图 10.12 所示。在调制频率处检出的信号的振幅与相位偏差

有关，并且很明显，对于小的相位差大致是线性的。然而，这是一个开环系统，并依赖于光学光强测量。因此易受检测器变化、光输入变化以及大量其他干扰现象的影响。研究人员已经实现一些自参考模拟方案。特别是，可以利用如下事实，即调制过程引入了第二谐波，而第一谐波和第二谐波振幅比例的检测至少可校正这些误差中的一部分，但代价是需要一些相当复杂的数字电路。然而，这种方法已被成功地用于某些性能相对较低的（每小时几度）的应用场合，光纤陀螺仪在这些场合能够提供一定的优势，但在这些场合还有其他很有竞争力的方法。

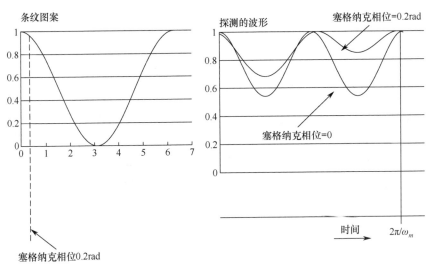

图 10.12　使用偏心相位调制器的开环检测（图 10.11），图中分别给出了
塞格纳克（Sagnac）相位为 0.2rad 以及正弦相位调制频率为 1/2t 的检测波形

理论上，除了使用开环的方法来处理陀螺仪数据之外，我们也可以关闭环路，并优化检测到零相位点。实际上，这要求沿着两个方向上传播的两个波束之间存在已知控制频移。这个频移经过设计，以确保在两个方向上刚好具有相同的传播相位。一种实现方法是把相位调制函数从正弦波改为相位斜波（有时也称为阶梯波调制），这实际上是在两个方向的光传播频率上引入微小变化，而且这种频率变化又与转动速率成正比。当然，诀窍是确保施加正确的斜率（图 10.13），这可以通过如下方法来完成：把原始的正弦相位调制叠加到阶梯斜波（Serrodyne Ramp）上，然后寻找两个方向之间的明显的相位差。然后，理论上，可以通过适当改变斜波的斜率来有效地设零。然而，这种方法存在一个错误之处：在两个方向的明显的斜波飞回时间之间的间隙，必须关闭这个反馈回路，这是因为在该区域中，在绕行线圈一周的传送时间所对应的时间间隔内，有效差分相位不正确。

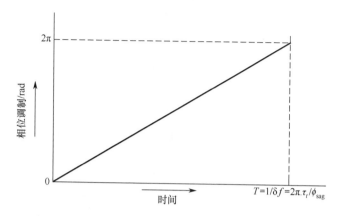

图 10.13 利用阶梯波原理进行偏移相位调制，其思想是在光纤回路
传输期间通过由塞格纳克诱导的相位差 ϕ_{sag} 来补偿一个方向的相位

　　稍微修改该方法可以缓解这种效应，仍然使用相同的反馈原理来找到准确地落在零条纹点处所需的相位差，但这里不用斜波方法，而是实现相位的突然阶跃变化，使其恰好持续一个回路传输时间（图 10.14）。此后，在回路传输时间结束时它再次逐步增加相位，从而在效果上，保持在两个方向之间的净有效相位差为零，同时去掉斜波飞回期间的步骤。当然，相位步进不能无限期地进行下去，很明显便利的做法是，在刚累计到 2π 之前终止这些步进，然后返回到零，再次启动该过程。这段非常简短的描述掩盖了很多其他的微妙细节，而正是基于这些细节的优化，极其精确的光纤陀螺仪能够每小时解析大约 10^{-4}°，从而适用于太空探索。这是全面系统方法的另一个极佳的例子，将复杂的物理学原理与微妙的信号处理集成在一起，促成了具有前所未有的性能的光纤传感器（在这里是陀螺仪）。这个例子也同样说明，一般性物理学原理虽被公共领域所了解，但是详细的实现则实际上是经过多年发展的结果。埃尔韦·勒菲弗（Hervé le Fèvre）的杰作中更详细、更权威地讨论了这个话题[5]。

　　为了优化底层物理学原理的利用和解释，光纤陀螺仪采用微妙的信号处理。还有许多其他类似的光纤传感器系统例子，包括气体测量[6]（图 10.15）、高压电网的电流测量[7]（图 10.16）。然而，至少同样重要的是适用于广泛的基于光纤的多点测量网络（采用分布式（图 10.2）或高度多路复用（图 10.5）架构）中的信号处理系统。最发达的这类系统能够以每秒数百兆比特的速率产生数据，而操作员通常以每天数百比特的速率使用数据。所谓的智能结构所体现出来的识别事件的高超技艺是让海量数据为用户提供价值的关键。

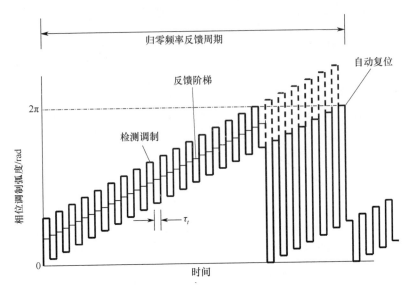

图 10.14　闭环检测的阶梯相位差斜坡，显示叠加的检测调制
（更详细的背景资料请参见埃尔韦·勒菲弗的著作）

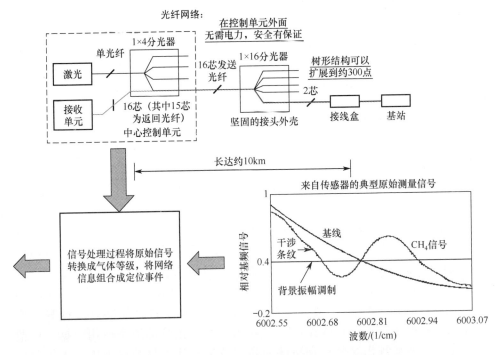

图 10.15　基于光纤的甲烷气体检测系统再次说明，实际系统
需要的是简明的是否型信息，而不是详细的原始数据

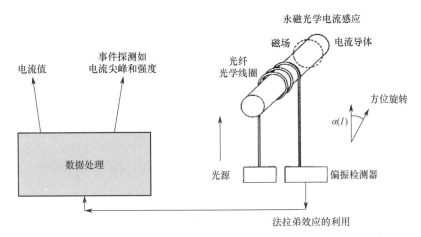

图 10.16　光纤电流传感器中的信号处理说明，需要对传感器生成的原始电流数据进行适当过滤

10.2.3　分布式传感

在分布式传感领域，可以说最成熟的技术是基于使用拉曼散射提取温度分布（沿探测光纤方向的函数）的技术。最初拉曼分布式温度传感器（DTS）只是产生温度与位置图。例如，道路或铁路隧道中的火灾报警器经常采用分布式温度传感器，它只需要一个简单的温度阈值以指示热区的存在，然后可以迅速针对热区展开调查。但是，分布式温度传感器系统还有更加复杂的应用，而且在石油工业中广泛地用于勘探和生产过程期间监测钻孔的行为。这些钻孔形成自己的复杂生态系统，生态系统内的各个部分都对钻孔的热分布形成影响。然后，最重要的问题是如何从热分布信息中提取对运营者有用的可靠信息。需要理清的数据千头万绪，比如，流速是多少？流动液体是多相的吗？液体泄漏到钻孔中还是从钻孔中流出？留在地下油层的储量状态如何？要回答这些问题，需要的不只是简单的沿钻孔长度方向的温度与时间信息（这正是火灾报警所需的全部信息），而是这个特征的完整的演变过程以及如何解释特征及其随时间的变化。

图 10.17 给出的几个例子说明如何把这种大规模数据解释成有用信息[8]。

分布式声音传感器（DAS）于 2005 年首次进行原理验证，它是一种使用相干检测技术（图 10.18）的分布式麦克风。自从第一个验证系统问世以来，在短短的几年中，分布式声音传感器取得了令人瞩目的进展，已经得到广泛的应用。其用途包括周界防护的围栏监控、延伸管道的泄漏检测以及井下勘探井和开发井动态调查。数据生成速率显然是极高的，这是因为光纤可延伸几十公里，而每一米光纤在有效可听带宽内都会产生数据。

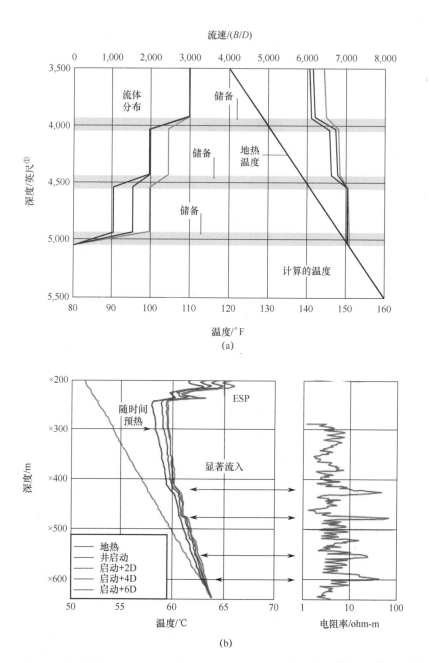

图 10.17　石油勘探领域，对分布式温度测量系统的输出进行数据处理，左侧是对温度和流速的一些理想化建模结果，右侧是实际结果示例（更多细节请参见文献［8］）

① 1 英尺 = 0.3048m。

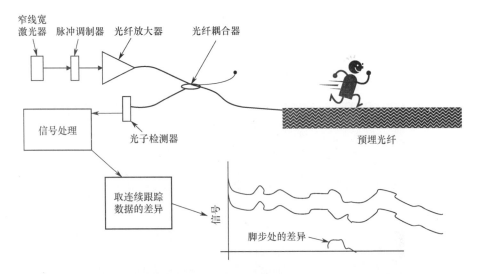

图 10.18　首次公布的使用传统单模光纤和瑞利散射的非偏振分布式声音或振动传感技术示范，这里的演示是入侵感测（图片来源于 Juarez et al, JLT, Vol. 23, June 2005, p. 2061）

图 10.19 给出了这种传感系统的实验室运行演示，该图突出了可达到的信噪比和频率带宽。图 10.20 给出了用于另一个试验系统的时空演化图以及相应的应变与时间分布[9]。在这个特定的曲线图（图 10.20（a））中，在靠近通道 544 处

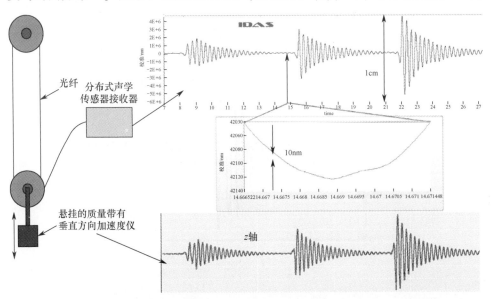

图 10.19　分布式声音传感器（iDAS）可检测动态范围的实验室演示，这里给出了皮带轮结构对在 z 轴上测得的应变（垂直轴加速度计从 5 纳米应变（nonostrain）至 0.5%）的共振动态信号的可检测性（更多细节参见文献 [9]）

对称地放置光纤路径，使得距离 544 相等的通道应该是等同的。图 10.20（b）表示同一个位置对应于信道 230 和 858 的时间输出。两条曲线理论上应该是相同的，而实际上它们也且非常接近！这些图让我们对分布式声音传感器的能力以及在选择适当的数据以满足特定要求时所涉及的一系列问题有了一定的认识。

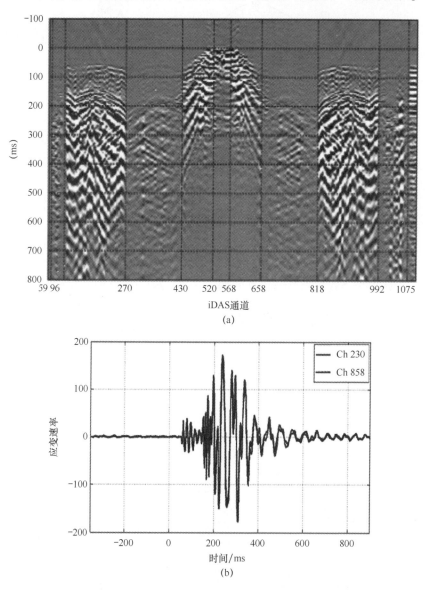

图 10.20　分布式声音传感器示例读数的时空图（左侧分布式声音传感器信号，幅度越大亮度越高）以及从两个名义上等同、位置对称的通道读取的某个特定空间位置的后续时变信号（更多信息请见正文和文献 [9]）

10.2.4　复用系统

基于光纤布拉格光栅（图 10.4）的系统是最常见的多路复用系统。这些传感器系统本质上是响应应变及温度，都采用可以说是最简单的实现方式来确定周期性可预测的动态应变场的起源位置，并将这些信号解释为结构载荷的某个指标。复合材料风力涡轮机叶片也许是目前最广泛的单个光纤布拉格光栅应用。这些巨型结构都有着接近百米的长度，内部空间大得足以容纳一个人站在里面，在叶片本身的适当位置安装光栅传感器。检测到的动态信号被输入控制系统，可以优化涡轮机在盛行风中的桨距，既减少运转时的叶片应力，又确保最高的发电效率。在这个特定的情况下，信号处理算法被调谐到刀片组件的基本旋转频率（通常每分钟数次），并且通过过滤过程，可有效地将干扰变量（最常见的是温度）带来的影响最小化[10]。

光纤布拉格光栅还可用于其他大量的结构（包括井下系统），其中温度和振动场可以分离，而且后者可用作结构状况的指标或作为相关性流量计的基础（图 10.21）[11]。

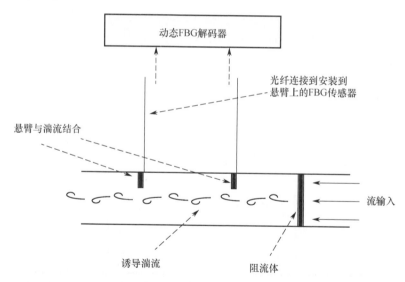

图 10.21　光纤布拉格光栅用于测量湍流流速，通过附着或内嵌在悬臂中的
光纤布拉格光栅来探测悬臂的流致振动，将两个探测臂的振动模式进行
互相关，最大互相关对应的时间延迟与悬臂间距一起可求得流速

也有一些企业将光纤光栅整合到运行机构（如桥梁和高层建筑结构）中，作为结构完整性的一个前瞻性指标。这里同时关注动态和静态应变场，虽然可以测量（在需要的地方进行温度补偿），但依然存在两个主要问题有待解决。第一个问题涉及这种测量装置的长期可靠性，并确保能够稳定、可靠地重复 5 年、10

年或 20 年前获得的读数。虽然尚不能保证该技术适用于任何机构，但是风力发电机组和井下探测的特定运行环境为自我检查过程提供了一定的机会。像桥梁和建筑物这类非封闭的系统更难以连续监测。第二个尚未解决的问题的核心仍然在于可靠的数据处理，即可以将数据集的逐渐演化明确地解释为一种定位和表征磨损或损坏的方式。因为磨损和损坏均不能预先直观地建模，所以这仍然又是一项难以捉摸的挑战。

10.3　可重复性、可靠性和可维护性

这些特定参数的许多方面意味着，既需要特定设备技术的各种供应商和用户之间的协作，也需要优化更长期的性能前景的巧妙方法。

这其中也许最广泛的例子是光纤光栅的工作特性。在理想的情况下，来自不同制造商的光栅和解调部件应当容易互换。设计用于特定解调波长的任何光栅应该是任何其他光栅的直接替代，并且同样适用于解调部件。然而，光栅和解调部件可能具有不同的特征（图 10.22），并且可能（而且经常）在相同的标称应变场下的运行给出不同的结果。同样，不同的光栅的应变传递特性可能存在差异。因此，尽管互换性的优势非常明显（图 10.23），但是必要的互换性目前并不存在，因此，对于许多应用而言，优选依然是公认的应变测量仪。要想改变这种状况，需要有关各方通力协作，而在本书写作时，针对特定应用的一对一用户－供应商关系提供满意的解决方案[12]。

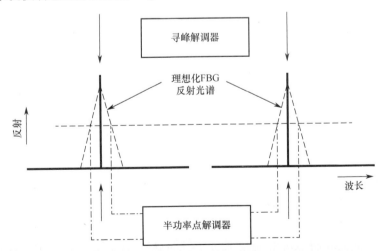

图 10.22　简化视图用来说明，对于同一光栅，不同的 FBG 光谱的对称性、不同的 FBG 解调算法能产生不同的输出。这个过于简单化的方法导致，在相同条件下通过不同装置对同一光栅可能出现严重不符的观察结果，这个问题至今仍未得到圆满解决

400个传统的应变
测量仪传感器

3000个光纤光学应变传感器

图 10.23　证明光纤光栅应变传感器与传统的电子有线应变测量仪相比具有明显的（在许多情况下非常真实的）优势。不仅在于互连不受电磁干扰，它还是无源的，并且可以延伸到数公里之外！即便如此，许多应用继续要求应变测量仪，其中的部分原因在文中提及
（来源：美国国家航空航天局兰利研究中心的亚历克西斯·门德斯）

　　理论上，当然可以实现数字校正算法方案的一些变种，以满足部件可更换的要求。如果做出或许合理的假设，即任何系统修改将导致系统性的偏移以及对比例因子造成能够建模和标定的可预测修改，那么这些算法变种（如果有必要的话）或许可行。类似的说明也适用于温度校正（所有传感器普遍存在，当然那些专门用于测量温度的传感器除外）。

　　众多其他现象影响传感器使用寿命期内的运行，其中有许多是传感功能独有的现象，部分原因在于光纤受到更广范围的环境条件的影响。在运行前面所述的众多传感器方面，现在已经积累相当多的经验，而且这些经验为校正算法（以适应退化）的推导提供了便利，并且在适当的时候给出告警，以指示系统的性能可能会受损。传感器经受的环境是非常多种多样的，包括显著的温度循环、腐蚀性化学环境、电离辐射、相对湿度动态变化等。因此，针对具体的应用环境制定解决方案，通过它可以针对用户关注点采取适当的纠正措施。

　　这特殊的一节已经非常简短而且深度不够。但是本节的目标是指出，数字处理在广泛采用光纤传感器的各种应用中起着关键的作用，并且每种特定的应用都依赖于数字数据分析和积累的经验加上日益必要的物理学理论洞察的有机组合，以确保无论是对于系统维修和更换的情况下，还是对于长期运营造成的系统特性改变，都能够持续、令人满意地运行。当确保必要的可靠测量时，数字解决方案总是必要的。

10.4　未来展望

　　未来光纤传感器的发展将沿着两条路径进行。首先在于增强应用[13-15]。虽然光纤传感的优势已经有了详尽的论述，但现有的方法在用户社区的势头巨大，除非是建立全新的测量模态的方法（最明显的就是分布式传感）。对于后者的情况下，第一阶段是用无限的前景来激发潜在用户，说服他们诱人的前景具有坚实的基础。这涉及探索长期路线，让用户相信技术性能和可靠性，其后更大的任务是确保其收集的所有浩瀚数据总是能够以简明、有用的信息传达给用户。我们已经探索了这个过程的一些例子。基于用户群体信心的扩张，再加上逐步意识到对数据呈现的广泛关注的需求，目前对光纤传感器市场较为乐观，一般推断2020年市场总量[16,17]将增大到最新数据（参考2013年）的5倍。

　　第二个必然得到改进的领域在于对新兴光学技术的利用。其中最重要的技术可能有：压缩光（图10.24）[18]、光子晶体、纳米光子[19,20]、表面等离子体激元（图10.25）[21,22]和超材料（图10.26）[23]。从概念上讲，这些方法已问世20年以上的时间。发生显著改变的是将这些概念的技术实现变成有趣的创新设备。本章的重点在于数字光学而非创新的物理技术，但这些技术反过来不可避免显著依赖于数字设计方法和计算机控制的精密加工来实现这些设计。人们已经进行了一些初步的探索，其中包括，例如，实现一个微型机械装置来演示光学压缩。当前这些概念作为传感器进行验证的寥寥可数，包括如下实例，利用光子晶体和光子晶体光纤，以及利用压缩光及表面等离子体。

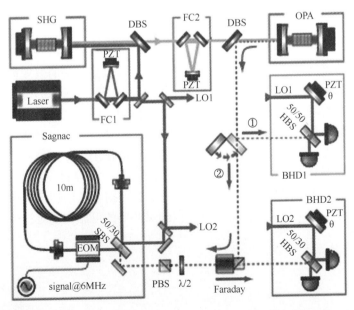

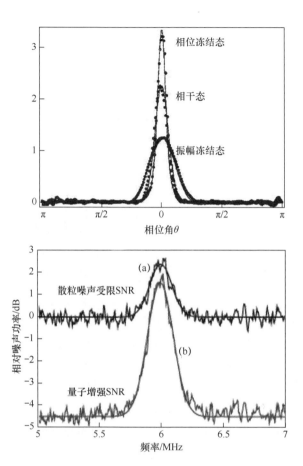

图 10.24　压缩光：右上角是基本概念和它对噪声特性的影响；左上角是塞格纳克干涉仪中的
相位压缩演示（用于激光干涉引力波天文台 LIGO 望远镜）；右下角是实验结果
（来源：美国国家航空航天局兰利研究中心的亚历克西斯·门德斯）

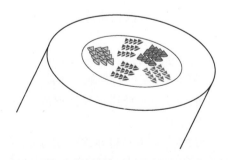

图 10.25　一种可能的基于表面等离子体纳米光子的多参量（每种颜色一个参量）传感器系统
（装配在光纤末端）的"概念图"。这个假设的纳米光子"光丝"锥体阵列可以装配对物理
和/或（生物）化学现象敏感的元件。将会需要考虑解调问题、信噪比因素等一系列
实用性方面的问题，但是当纳米光子学变成光配线时，在很大程度上将得以实现

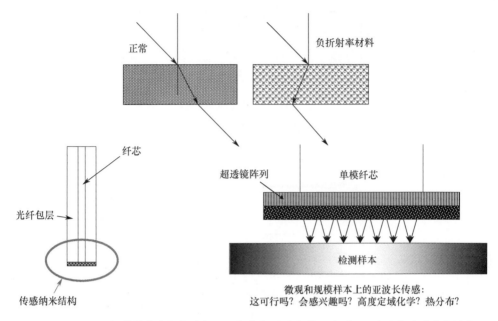

图 10.26　理论上超材料有希望完美超阿贝衍射极限的聚焦（上图）。使用合适的纳米结构，将这类材料装配到光纤端面上能够实现超分辨力化学传感阵列吗？这里有大量场合需要进行数字建模以及对系统可能产生的数据集进行解码

　　要将这些理念转化为实际的应用将不可避免地涉及本节前面曾经提到的过程，即激发潜在用户、展示技术性能和可靠性、增强数据展示，这里将有很多数字技术工作要做。

10.5　总　结

　　本章竭力强调，数字处理在光纤传感器技术的成功应用以及其未来的设计和实现中都起着关键作用。

　　传感器技术本质上是高度分散的，因此适用于每种具体实现的数字解决方案本身完全具有独特性。每种解决方案的特性取决于涉及的传感器技术底层的物理学和最终用户的需求。这种情况与光纤通信扇区形成了鲜明对比，对通信而言，统一性和总体互换性是主导要求。

　　随着光纤传感技术的发展，其演变将在多个层面进行（图 10.27）。新技术将得到应用并设计出创新的传感器系统，而目前的技术将尽可能得到改进并实用化、标准化以实现普遍采用，并为特质的需求进行更多的适应。随着时间的推移，新的技术将依次找到优势所在，从现在算起可能需要经历 10 年以上时间，新的技术将经历类似的过程，逐渐会形成用户友好的形式。无可否认，总体过程

非常耗时，而且需要各个利益方之间的热情、尊重和明确的沟通。从概念到产品通常耗时 20 年，因此精确性、持久性和耐心也是必不可少的。然而，看到很久前实验室中的实验技术被投入实际使用，我们将能够获得相当的满足感。

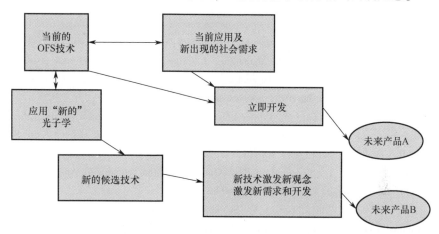

图 10.27　尝试表示光纤传感器的未来前景。发展以满足目前预测的需求：①与创新的光子学共存，光子学的应用更加丰富，使得新的、目前不可想象的测量模态成为可能，之后（又过了半个世纪左右）出现新产品；②在激发目前看来不可思议的应用后

10.6　致　谢

很多人都为本章内容做出了贡献，其中以前的学生和同事（涉及的人太多了，无法逐一列出他们的姓名）占了很大部分，这是因为这样贡献者均曾与笔者参与许多合作项目。最近的 COST TD1001 项目提供了一个极好的论坛，通过它来逐步发展传感器应用所需的真实进程，并且在整个项目中许多论文和讨论的贡献者非常肯定地授权引用。

参考文献

［1］ The history of fiber optic sensors can be traced through the Proceedings of the International Conference on Optical Fiber Sensors, starting in 1983 and most recently presented in Santander in 2014. Proceedings available from SPIE. See also Culshaw, Brian, and Alan Kersey. "Fiber-optic sensing: A historical perspective." *Journal of lightwave technology* 26.9 (2008): 1064-1078.

［2］ A. Othonos and K. Kalli, *Fiber Bragg Gratings*, Norwood, MA: Artech House, 1999.

［3］ Iain Howieson, "The Application of Quantum Cascade Laser Gas Sensors to Industrial Monitoring," *Gases and Technology*, May 2006.

［4］ Mignani, A. G. et al., "EAT-by-LIGHT: Fiber-Optic and Micro-Optic Devices for Food

Quality and Safety Assessment," *Sensors Journal*, *IEEE*, vol. 8, no. 7, pp. 1342, 1354, July 2008 doi: 0. 1109/JSEN. 2008. 926971.

[5] H. C. Lefvre, *The Fiber Optic Gyroscope*, Norwood, MA: Artech House, 1999, second edition to be released 2014.

[6] Culshaw, B., et al. "Fiber optic techniques for remote spectroscopic methane detection—from concept to system realisation," *Sensors and actuators B: chemical* 51. 1 (1998): 25-37. Also a recent field trial in D. Walsh, I. Mauchline, J. Pillans, et al., "Field trial of all-optical, multipoint methane sensing system for coal mine safety & ventilation applications" in *Proceedings 10th IMVC*, Sun City, South Africa, August 2014.

[7] M. Willsch, T. Bosselmann, M. Villnow, W. Ecke. "Fiber optical sensor trends in the energy field," *Proc. SPIE 8421, OFS2012 22nd International Conference on Optical Fiber Sensors*, 84210R, October 4, 2012, doi: 10. 1117/12. 2007513.

[8] More information in "The Essentials of Fiber-Optic Distributed Temperature Analysis" published by Schlumberger, Texas, and openly obtainable.

[9] Tom Parker, Arran Gillies, Sergey V. Shatalin, Mahmoud Farhadiroushan. "The intelligent distributed acoustic sensing," *Proceedings Volume 9157: 23rd International Conference on Optical Fiber Sensors*, May 2014.

[10] Phil Rhead, "Fiber Optic Sensing Technology and Applications in Wind Energy," Sandia Blade Workshop, 2008 available at http: //windpower. sandia. gov/2008BladeWorkshop/PDFs/Wed-06-Rhead. pdf.

[11] Henrik Krisch, et al., "Advanced photonic vortex flowmeter with interferometer sensor for measurement of wide dynamic range of medium velocity at high temperature and high pressure," *Proceedings Volume 9157: 23rd International Conference on Optical Fiber Sensors*, May 2014. See also Takashima, Shoichi, Hiroshi Asanuma, and Hiroaki Niitsuma. "A water flowmeter using dual fiber Bragg grating sensors and cross-correlation technique," *Sensors and Actuators A: Physical* 116. 1 (2004): 66 – 74.

[12] Habel, W. R., Schukar, V. G., Kusche, N. "Fiber optic strain sensors are making the leap from lab to industrial use—reliability and validation as a precondition for standards," *Measurement Science and Technology*, 24. 9, 094006, 2013.

[13] "Photonics our vision for a key enabling technology of Europe," May 2011. Report available for free download from http: //www. photonics21. org.

[14] "Optics and photonics: essential technologies for our nation," 2013. Report available for free download from http: //www. nap. edu/catalog/php? record id = 13491. See also US National Photonics Initiative https: //spie. org/x8893. xml.

[15] The NAE Grand Challenges discourse is at www. engineeringchallenges. org.

[16] *Photonic Sensor Consortium Market Survey Report Fiber Optic Sensors*, June 2013, Information Gatekeepers, Inc.

[17] *Global Fiber Optic Sensor Market 2014-2018*, December 2013, TechNavio inc via reportlinker. com.

[18] Vahlbruch, H., et al. "Observation of squeezed light with 10dB quantum noise reduction" *Physical Review Letters* 100. 3, 033602, 2008.

[19] Monticone, F., and Alu, A. "Metamaterial enhanced nanophotonics," *Optics and Photonics News*, *35*, December 2013.

[20] Vasudevanpillai, B., Tamitake I., Abdulaziz A., Athiyanathil S., and Mitsuru I. "Semiconductor quantum dots and metal nanoparticles: syntheses, optical properties and biological applications," *Analytical and Bioanalytical Chemistry*, 391 (7), 2469 – 2495, August 2008.

[21] Tudos, A. J., and Schasfoort, R. B. M. (eds), *Handbook of Surface Plasmon Resonance*, London: RSC Publishing, 2008.

[22] Sharma, A. K., Jha, R. and Gupta, B. D. "Fiber optic sensors based on surface plasmon resonance: a comprehensive review," *IEEE Sensors Journal*, 7, 1118, 2007.

[23] Billings L. "Metamaterials World," *Nature*, 500, 138 – 140, 8 August 2013.

第 11 章　光学相干层析成像：原理、实现及在眼科中的应用

11.1　简　介

11.1.1　什么是光学相干层析成像？

光学相干层析成像（OCT）是一种可对活体人类组织进行非侵入式断层成像的干涉模态[1]。光学相干层析成像本质上是一种利用相干门控方法来分辨试样的深度结构的扫描式低相干干涉仪。在测量过程中，光学相干层析成像使用探测光束，以样品为光焦照亮样品。然后通过使用旋转镜（通常为振镜式扫描镜）横向扫描探测光束来获得横向结构。如果横向扫描是一维的，那么得到的是二维剖面图像。同样地，二维横向扫描（通常采用一对振镜扫描镜来实现）可得到三维体积断层成像。

在几种医用断层成像模态中，光学相干层析成像具有以下突出特点。首先，光学相干层析成像属于无创技术。由于光学相干层析成像使用较弱的近红外（NIR）光作为探针，样品不会受到光化学损伤和光热损伤。其次，与其他断层成像方法（如 X 射线计算机断层成像、磁共振成像和超声断层成像）相比，光学相干层析成像具有更高的分辨力[2]。光学相干层析成像通常提供小于 $10\mu m$ 的深度分辨力。第三，光学相干层析成像测量速度快。第一代光学相干层析成像称为时域光学相干层析成像（TD-OCT），其成像速度介于每秒数百到数千轴向线（A-line）之间[3]。傅里叶域光学相干层析成像（FD-OCT）是一种较新的光学相干层析成像方法，它的速度更快，达到每秒数十万轴向线[4,5]。这种较高的速度实现了实时的活体器官三维检查。光学相干层析成像的另一个特性是它的最大测量深度或穿透深度。由于光学相干层析成像使用近红外光，因此探测光束被待测样品相对高地散射。但是，这种高散射将光学相干层析成像的穿透深度限制到几毫米内。考虑到光学相干层析成像的这些特性，光学相干层析成像很明显不是一种通用的断层成像模态。但有一些器官非常适合于光学相干层析成像。

11.1.2　光学相干层析成像技术与眼科

11.1.2.1　光学相干层析成像新纪元

光学相干层析成像已被用于多个临床领域，如皮肤科[6]、牙科[7]、胃肠道药物[8]、肿瘤[9]、心脏病[10]和眼科[11]。在这些临床领域中，眼科尤其适于光学相干层析成像。

1991 年发表的研究论文[1]首次验证了光学相干层析成像技术。在这篇开创性论文中，很明显，光学相干层析成像技术从一开始就打算用于眼科。这可以从以下 3 个事实得到佐证。首先，论文中测定的样品是黄斑和离体的猪视网膜的视乳头。黄斑的结构病症与几种严重的眼部疾病（如年龄相关性黄斑变性、糖尿病性视网膜病和中心性浆液性脉络膜视网膜病变）有关，而视乳头异常与青光眼有关。这一事实表明，论文作者（即光学相干层析成像技术发明者）已有意将光学相干层析成像用于眼科临床实践。

第二个隐含表明论文作者意图的事实是，论文的作者包括激光专家（包括来自麻省理工学院的詹姆斯 G. 藤本）和眼科专家（包括来自哈佛医学院眼科部的乔尔 S. 舒曼和卡门 A. 普利亚菲托）。此外，第一作者黄大卫当时是一名学习工程学和医学的博士研究生。

第三个事实涉及作者在首次发表该技术后很快就发表的一系列论文。1992 年，同一作者发表了高速低相干反射方法[12]。应当指出的是，较高的成像速度对于活体光学相干层析成像眼成像是至关重要的。该论文的提交日期是 1991 年 9 月，这表明提交人在撰写 1991 年首次发表的论文时，竟然同时在准备将光学相干层析成像用于活体人眼成像。此外，1993 年论文作者首次验证了活体视网膜成像[13]。

这些事实表明，光学相干层析成像技术从一开始就是为眼科临床使用而开发的。作为这种猜测的佐证，光学相干层析成像技术在进行首次验证仅仅 5 年之后即成为商业化的临床眼科成像设备。

关于这一点，人们自然要问，他们为什么对眼科感兴趣？

11.1.2.2　眼科是光学相干层析成像的绝佳目标

人眼是通过光学模态进行感知的完美器官。这主要因为人眼本身就是一台光学仪器。由于人眼是一套在视网膜上对物体进行成像的成像系统，因此很容易建立一套光学系统，该系统借助人眼的光学系统，可在任意成像平面上对视网膜进行成像。

人眼的另一个重要特性是透明性。如前面所讨论，光学相干层析成像的穿透能力被限制到几毫米（主要由组织的散射所致）。但是我们可以忽略人眼的光学媒体（包括角膜、房水（填充前房）、晶状体和玻璃体）中的散射。因此，视网膜光学相干层析成像的几毫米穿透深度并不是从人眼的表面算起，而是从视网膜的表面算起，大致位于人眼的表面下 24mm 处。由于视网膜的厚度为约几百微米，对于视网膜成像而言，光学相干层析成像的有限穿透深度并不是一个严重的问题。

断层成像剖面的方向也提升了光学相干层析成像的价值。几乎所有人眼成像方式（如眼底镜、彩色眼底摄影和血管造影）都采用断层成像（En-face Imaging）模态，而光学相干层析成像是唯一的提供视网膜深度方向剖面的活体模态。由于视网膜具有精细的多层结构，它的破坏与眼部疾病高度相关，因而光学相干层析成像提供的活体剖面断层成像对诊断眼科而言极为重要。

光学相干层析成像的无创性对眼科而言也特别重要。这是因为人眼是不能进行活检的几个器官之一。由于视网膜的所有部分都与视功能相关，因而不可能切除组织的小部分用于诊断目的。

考虑到人眼的这些特性，很自然地得出结论，人眼是使用光学相干层析成像进行检查的完美器官。因而，很自然地，人眼成为光学相干层析成像的首选目标。

11.2　光学相干层析成像技术

11.2.1　人眼成像需求

在第一代光学相干层析成像中，时域光学相干层析成像属于低相干干涉测量的一个变种。因此，时域光学相干层析成像是一个相对低速的成像模态。时域光学相干层析成像扫描光程差，以获得深度切片，横向扫描探测光束，以获得横向结构信息。具体而言，对于二维剖面成像，需要进行二维扫描，而对于体积层析成像则需要三维扫描。这种多维的机械扫描方式限制了测量速度。例如，一种广泛使用的视网膜光学相干层析成像装置（Stratus OCT，美国加州卡尔蔡司公司）需要用时 1.5s 才能获得一次剖面扫描（B 扫描）结果。该器件的轴向线（深度扫描）速率只有大约每秒 340 轴向线。

测量速度对于活体人眼成像尤为重要，因为人眼总在不停地移动。不自主的眼球运动（包括漂移、震颤、扫视和微扫视）是正常的生理作用，因此是不可避免的。光学相干层析成像的测量速度必须足够快，以使人眼的运动可以忽略不计。前面提到的每秒 340 轴向线的速度对于二维剖面成像尚可接受，但这个速度对于体积测量而言不够快。事实上，临床时域光学相干层析成像拍摄的视网膜剖面受到眼睛运动的显著扭曲。也就是说，时域光学相干层析成像不足够快，即使对于二维成像亦如此。而今最先进的时域光学相干层析成像已经实现 4000 轴向线/s 的较高速率[3]，但这个速度对于体积成像来说仍然不够快。为了得到人眼的体积层析成像，测量速度必须达到每秒数万轴向线的量级。

眼科光学相干层析成像的另一个重要的要求是具有较高的灵敏度。因为视网膜的反射率可以低至 $10^{-5} \sim 10^{-6}$，所以需要极高的系统灵敏度和最终的高信噪比（SNR）。一般情况下，光学相干层析成像的信噪比大致与测量时间和探测光束的光功率成正比。前面曾经讨论过，眼部检查时光学相干层析成像测量时间要短。因此，使用较长的测量时间以增加信噪比并不是一个好策略。增加探测光束的功率也不是最佳的解决办法。由于人眼是感光的器官，它对光损伤也非常敏感。因此，视网膜光学相干层析成像的探测光束功率受到安全标准（如 ANSI[14] 和 ISO[15]）的严格限定。例如，光学相干层析成像的最大允许探测功率为：对于波长 840nm 的探针，约为 $700\mu W$；对于波长 1060nm，约为 1.2 ~1.7mW。为了克服这些固有的灵敏度限制，需要一种新的有着更高的用于图像形成的探测光束通量的光学相干层析成像方法。

上述两种主要需求（即高速度和高灵敏度）已促使研究人员开发新的光学相干层析成像技术变种，即傅里叶域光学相干层析成像（FD-OCT）。

11.2.2 时域光学相干层析成像和傅里叶域光学相干层析成像

11.2.2.1 傅里叶域光学相干层析成像相比时域光学相干层析成像的优势

尽管傅里叶域光学相干层析成像属于一种光学相干层析成像变种，但是它基于一个完全不同的干涉仪配置。即，傅里叶域光学相干层析成像检测光谱域中的干涉信号。光谱域检测通常是通过高速光谱仪来实现的，也可通过配备腔内单色仪的高速扫频激光器来实现。基于前一方案的傅里叶域光学相干层析成像被称为光谱域光学相干层析成像（SD-OCT）或光谱雷达[16,17]，而基于后一方案者被称为扫频域光学相干层析成像（SS-OCT）或光频域成像[18]。

由于光谱域光学相干层析成像提供了无机械扫描的轴向扫描（A 扫描），因此实现了比时域光学相干层析成像更快的测量速度。2002 年首次使用光谱域光学相干层析成像实现二维活体视网膜成像，测量速度为每秒 1000 线[19]（图 11.1（a），转载自文献 [19]），2004 年首次实现三维活体视网膜成像，测量速度为每秒 29000 线[20]（图 11.1（b），转载自文献 [20]）。虽然扫频域光学相干层析成像需要一个诸如压电式法布里—珀罗滤波器（Fabry-perot Filter，一种基于多边形反射镜的波长调谐器）或微机电系统（MEMS）波长调谐器的腔内机械波长扫描机构，但它能够实现每秒数万到数十万轴向线的测量速度[18]。

傅里叶域光学相干层析成像最初吸引研究者的地方在于它极快的测量速度。然而，不久人们认识到它的灵敏度也要比时域光学相干层析成像更高[21-23]。更高的灵敏度可看作是探测光束到图像的更高通量的结果。时域光学相干层析成像属于低相干性干涉仪，只有当光程差（OPLD）小于相干长度时，参考光束和探测光束才会产生干涉信号。虽然这是时域光学相干层析成像深度分辨能力的原因所在，但这也意味着，相干长度之外的探测光束不能有助于图像形成。另一方面，傅里叶域光学相干层析成像可视为一组单色干涉仪。即，对于光谱域光学相干层析成像，光谱仪各个波长信道的信号输出均提供参考光束和探测光束间的单色干涉。因此，即使光程差只有几毫米长，光束仍然产生干涉信号。随后在计算机上以数值方式执行宽带干涉（即，低相干性干涉，提供深度分辨能力）。由于这个干涉方案，探测光束功率的几乎所有部分均有助于图像形成。支持此高灵敏度的详细理论在文献[21-23]中描述。

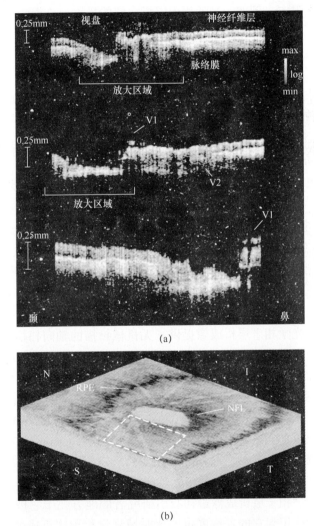

图 11.1 （a）首张人类视网膜活体光谱域光学相干层析成像图像，V1 和 V2 指示
血管，（b）通过高速光谱域光学相干层析成像获取的人类视网膜三维体积断层切片示例
I、S、N 和 T—下方、上方、鼻侧、颞侧方向；RPE 和 NFL—视网膜色素上皮层和神经纤维层。

由于傅里叶域光学相干层析成像具备的这两大优势（即高速度和高灵敏度），它很快成为眼部断层扫描检查的事实标准

11.2.3　傅里叶域光学相干层析成像技术原理

11.2.3.1　光谱域光学相干层析成像的硬件方案

在本节中，光谱域光学相干层析成像被描述为一个代表性的傅里叶域光学相干层析成像方法。如图 11.2 所示，光谱域光学相干层析成像系统包括两个子系统。第一个子系统是光学相干层析成像干涉仪，其中包括视网膜扫描仪。第二个子系统是一台高速光谱仪，通常包括准直光学器件、光学光栅、聚焦透镜（傅里叶变换透镜）和高速线传感器（Line sensor）。线传感器通常是一台一维的电荷耦合元件（CCD）或互补金属氧化物半导体（CMOS）相机。

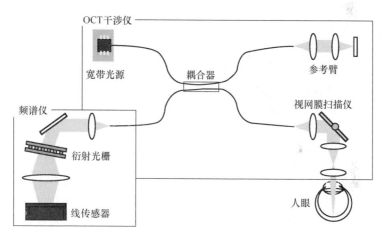

图 11.2　简化的 SD-OCT 系统包括两个子系统（这里的 OCT 干涉仪
几乎相当于 TD-OCT 的干涉仪，而且是一台高速频谱仪）

干涉仪的光源是宽带光源，可以是诸如钛宝石激光器（Ti：Sapphire Laser）或超发光二极管（SLD）之类的宽带脉冲激光。典型的中心波长约 830nm，带宽为约 50nm 至大于 100nm。对于这个典型的中心波长和带宽的原因，11.2.6 节中有所描述。光源发出的光被光纤耦合器分割。该光的一部分被引入配备有视网膜扫描仪的探测臂。这部分被称为探测光束。光束的剩余部分被引入到干涉仪的参考臂而成为参考光束。后向散射的探测光束和被反射的参考光束经由耦合器重新组合，然后被引入到高速光谱仪。这两个光束彼此干涉，并在光谱域（而不是在时域）创建一个干涉。然后由一个线传感器检测该光谱干涉信号，并由一台计算机进行数字处理，以形成一条光学相干层析成像轴向线。视网膜扫描仪中的一对振镜扫描镜还被用于获得二维或三维光学相干层析成像断层扫描。

11.2.3.2 层析成像重建

从光谱干涉重建光学相干层析成像轴向线的数值处理由 3 个阶段组成：重缩放、逆傅里叶变换和对数压缩。

数值处理的第一阶段是重缩放。它主要是把频谱干涉重新调整到波数域。由高速光谱仪检测到的原始光谱干涉几乎被线性隔开（间隔为波长）。在重缩放过程中，对光谱干涉进行数值再取样，使其按波数是线性的。

重缩放过程被进一步分成两个步骤：标定和再采样。在标定步骤中，光谱仪的波长间隔属性被表征。波长标定要求的精度要比标准的光谱仪高得多，可以高达 0.1nm 或更高。因此，不能采用光谱仪的标准标定方法。另一方面，可以使用某些基于条纹的分析方法[24,25]。每个光谱仪只需一次标定即可。在再采样过程中，在一组新的采样点上对被测光谱干涉进行数值再采样，这些新的采样点按波数均匀间隔。在数值再采样步骤中，采用一个多项式/样条函数对频谱干涉进行插值。还有一种常见的做法是在多项式/样条插值之前应用补零插值[20]。补零的目的是延长多项式/样条插值的固有截止频率[26]。光谱仪获得的所有光谱干涉都要执行再采样步骤。

光学相干层析成像轴向线重建的第二个阶段是逆傅里叶变换。这部分在数学上描述如下。光学相干层析成像干涉仪的电场输出（并且类似于光谱仪的线传感器）在波数域中描述为

$$\tilde{E}_d(k) = \sqrt{p_p\rho_p}\,\tilde{s}(k)\tilde{\alpha}(k)\tilde{\gamma}_p(k) + \sqrt{p_r\rho_r}\,\tilde{s}(k)\tilde{\gamma}_r(k) \tag{11.1}$$

式中：k 为角波数；p_p 和 p_r 分别为探测光束和参考光束的光功率；ρ_p 和 ρ_r 分别为探测臂和参考臂的强度通量；$\tilde{s}(k)$ 为光源的复光谱；$\tilde{\gamma}_p(k)$ 和 $\tilde{\gamma}_r(k)$ 分别为探测臂和样品臂的组延迟和色散的纯相位函数；$\tilde{\alpha}(k)$ 为样品的光谱复反射率，并使用样品沿深度方向的复反射率 $\alpha(z)$ 来定义 $\tilde{\alpha}(k) \equiv \mathcal{F}[\alpha(z)]$，其中 $\mathcal{F}[\ ]$ 表示傅里叶变换，z 表示往返光程（对应于傅里叶变换中的 k）。假设折射率为 n，在探测臂和参考臂中的深度位置 z' 表示为 $z' = z/2n$。注意，因为 $\alpha(z)$ 可视为样品沿深度方向的结构，所以这就是我们希望测量的数据。因此，以下的处理目标是从 $\tilde{E}_d(k)$ 中求得 $\alpha(z)$。

虽然干涉仪可以执行光谱分辨检测，但是电场 $\tilde{E}_d(k)$ 不能直接测量。这是因为线传感器不对电场敏感，而对光强度敏感。因此，测量功率谱：

$$\tilde{I}_d(k) = |\tilde{E}_d(k)|^2 = p'_p|\tilde{s}(k)|^2\,|\tilde{\alpha}(k)|^2 + p'_r|\tilde{s}(k)|^2$$
$$+ \sqrt{p'_p p'_r}\,|\tilde{s}(k)|^2\tilde{\alpha}(k)\tilde{\gamma}_p(k)\tilde{\gamma}_r^*(k) + c.c. \tag{11.2}$$

式中：$p'_p \equiv p_p\rho_p$ 且 $p'_r \equiv p'_p p'_r$；$\tilde{I}_d(k)$ 为功率谱；上标 $*$ 表示复共轭；$c.c.$ 为第三项的复共轭。这里，已经利用 $|\tilde{\gamma}_p(k)|^2 = |\tilde{\gamma}_r(k)|^2 = 1$（即，$\tilde{\gamma}_p(k)$ 和 $\tilde{\gamma}_r(k)$）为纯相位函数）。应该注意的是，线传感器的原始频谱扩展中波数不是均匀间隔

的，但它是由先前描述的缩放过程重缩放到波数域。

　　然后，对测得的功率谱进行逆傅里叶变换：

$$I_d(z) \equiv \mathcal{F}^{-1}[\tilde{I}_d(k)] = p'_p \Gamma(z) * A[\alpha(z)] + p'_r \Gamma(z) +$$
$$\sqrt{p'_p p'_r}\,\Gamma(z) * \alpha(z) * \mathcal{F}^{-1}[\tilde{\gamma}_p(k)\tilde{\gamma}_r^*(k)] + \qquad (11.3)$$
$$\sqrt{p'_p p'_r}\,\Gamma(z) * \alpha(-z) * \mathcal{F}^{-1}[\tilde{\gamma}_p(k)\tilde{\gamma}_r^*(k)]$$

式中：$\mathcal{F}^{-1}[\ ]$ 表示逆傅里叶变换；操作符 $*$ 表示卷积；$\Gamma(z)$ 为光源的相干函数，定义为 $\mathcal{F}^{-1}[\,|\tilde{s}(k)|^2]$，它是 $\alpha(z)$ 的自相关函数，而根据维纳 – 辛钦定理，$\alpha(z) = \mathcal{F}^{-1}[\,|\tilde{\alpha}(k)|^2]$。假设探测臂和参考臂具有相同的高阶相位色散 $\phi(k)$，纯相位函数变成 $\tilde{\gamma}_p(k) = e^{i\phi(k)} e^{-ikz_p}$ 和 $\tilde{\gamma}_r(k) = e^{i\phi(k)} e^{-ikz_r}$，其中，$z_p$ 和 z_e 分别为探测臂和参考臂的往返路径长度。将这些相位项代入式（11.3），傅里叶变换功率谱为

$$I_d(z) = p'_p \Gamma(z) * A[\alpha(z)] + p'_r \Gamma(z) +$$
$$\sqrt{p'_p p'_r}\,\Gamma(z) * \alpha(z) * \delta(z - z_d) + \qquad (11.4)$$
$$\sqrt{p'_p p'_r}\,\Gamma(z) * \alpha^*(-z) * \delta(z + z_d)$$

式中：$z_d \equiv z_p - z_r$。图 11.3 给出了这个信号的示意图。在该图中，水平轴表示双通深度位置 z，纵轴表示 $I_d(z)$ 的平方功率。

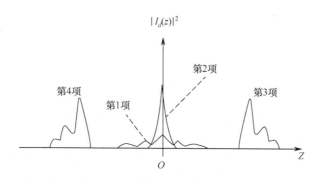

图 11.3　傅里叶功率谱示意图

　　等式的第一项和第二项出现在接近 z 的原点的位置，在该处，探测光束和参考光束的光路彼此匹配。在另一方面，第三项出现在约 $z = z_d$ 的位置，如增量函数 $\delta(z - z_d)$ 卷积表示。

　　观察第三项，显而易见的是，该项的形状是与相干函数 $\Gamma(z)$ 的卷积示例结构 $\alpha(z)$。换句话说，该项为我们提供了由点扩散函数 $\Gamma(z)$ 虚化的样本结构。也就是说，该项就是我们想要测量的光学相干层析成像信号。注意，式（11.4）表示由前面描述的方法获得的数值信号。即，已通过数字数据的形式获得沿深度方向的样本结构。

　　第四项是第三项（光学相干层析成像信号）的镜像共轭，并经常表示为镜像信号。因为在光学相干层析成像信号和镜像信号携带相同的信息，所以可以任意地选择其中的一个信号。此外，如果适当选择 Δz，那么这 4 个信号可以很好地分离。因此，很容易将光学相干层析成像信号与其他项分开。

　　图 11.4 直观地描绘了这个过程。处理流程从来自干涉仪的复时间输出开始，以时间飞行的方式将样本结构编码到探测光束。随后的处理从该信号中提取样品结构。首先，通过光谱仪对信号进行物理上的傅里叶变换。光谱仪首先产生探测光束和参考光束的联合复光谱（由式（11.1）表示）。然后，在检测过程中，将联合功率谱转换成其平方功率。因此，从线传感器，可以得到探测光束和参考光束的联合功率谱。这个联合功率谱经过数字化和数值逆傅里叶变换，变成 $I_d(z)$。

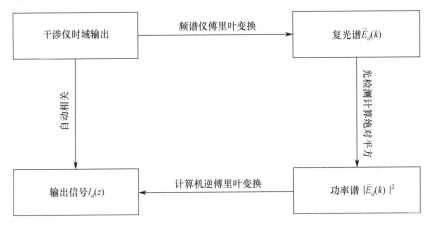

图 11.4　光学相干层析成像信号重建的处理流程

　　这个处理流程可以概括如下：输入信号首先经过傅里叶变换、平方运算，再进行逆傅里叶变换。总结这种方式可以发现，光谱域光学相干层析成像的处理流程相当于维纳 – 欣钦定理的计算流程。这表明，这个流程的最终输出 $I_d(z)$ 是输入信号的自相关。由于输入信号由探测光束和基准光束组成，输出信号不仅包括探测光束和参考光束的自相关，而且包含它们之间的互相关。这些互相关项由式（11.4）的第三项和第四项（即，光学相干层析成像信号和镜像信号）表示。

　　光学相干层析成像重建的第三部分和最后部分是对数压缩。由于光学相干层析成像的灵敏度，这个过程是必要的，因此光学相干层析成像图像的信噪比明显高于光学相干层析成像监视器（计算机显示器）的彩色分辨力或人眼（观察者）的对比度灵敏度。例如，一个具有标准配置的光谱域光学相干层析成像系统具有约 98dB 的灵敏度[27,28]。假设人眼的反射率为 −50dB，光学相干层析成像图像的信噪比约为 48dB。另一方面，计算机显示器的典型对比度分辨力为 256 个灰度级，只有约 24dB。

注释 11.1 信号范围的对数压缩

为在计算机屏幕上正确显示光学相干层析成像信号，通常使用 $10\lg|I_d(z)|^2$ 把光学相干层析成像信号压缩到对数空间。这里，对数的底数为 10，$I_d(z)$ 取绝对平方，以便将其转换为信号能量。由于 $|I_d(z)|^2$ 是一种能量，$10\lg|I_d(z)|^2$ 表示光学相干层析成像信号的分贝度。按惯例，分贝度的这个定义用于光学相干层析成像。

11.2.4 光谱域光学相干层析成像和扫频光学相干层析成像

在前面的章节中曾经提到，傅里叶域光学相干层析成像的实现有两种：光谱域光学相干层析成像和扫频域光学相干层析成像[18,24,29]。光谱域光学相干层析成像使用宽带光源，通过高速光谱仪来实现光谱分辨检测。另一方面，扫频域光学相干层析成像采用非光谱分辨的点检测器。扫频域光学相干层析成像的光谱分辨能力通过高速波长扫描光源（内腔带有高速波长调谐器的激光器）来实现[5,18,29,30]。由于波长扫描的缘故，通过点光检测器测得的时间分辨信号来获取光谱分辨干涉图。扫频域光学相干层析成像被视为傅里叶域光学相干层析成像的单色版。

使用光谱域光学相干层析成像还是使用扫频域光学相干层析成像，主要取决于探测波长。如 11.2.3 节所述，扫频域光学相干层析成像使用线传感器来检测光谱干涉。而这种线传感器通常采用只对小于 $1\mu m$ 的波长敏感的硅器件。因此，对于探测波长较短的傅里叶域光学相干层析成像，通常采用光谱域光学相干层析成像实施。应当指出的是，如果采用铟镓砷（InGaAs）线传感器，那么更长波长的傅里叶域光学相干层析成像也可以采用光谱域光学相干层析成像来实现[25,31]。然而，价格相对较高的铟镓砷线传感器探头阻碍了更长波长光谱域光学相干层析成像的普及。

注释 11.2 光谱域光学相干层析成像和扫频域光学相干层析成像之间的不同
噪声特性

使用长波长探测器（如 1060nm 或 1310nm）的傅里叶域光学相干层析成像通常采用扫频域光学相干层析成像来实现。扫频域光学相干层析成像的一个潜在缺点是其较宽的检测带宽。例如，如果单幅光谱干涉图的采集时间为 τ，那么光谱域光学相干层析成像的检测带宽为 $1/\tau$。另一方面，扫频域光学相干层析成像的带宽为 N/τ，其中 N 是单个光谱干涉图中的采样点数。这里假设检测占空比为 100%。在典型的傅里叶域光学相干层析成像实现中，N 约为 $1000\sim2000$。即，扫频域光学相干层析成像的检测带宽比光谱域光学相干层析成像要宽 1000～2000 倍。这种更宽的检测带宽导致对光源的相对强度噪声（RIN）抑制更少。因此，扫频域光学相干层析成像经常运行在相对强度噪声的极限，而光谱域光学相干层析成像很容易运行在接近散粒噪声的极限（见 11.2.8 节）。扫频域光学相干层析成像的这个缺点可以使用平衡光检测方案来部分地补偿。由于平衡检测的相对强度噪声抑制能力，较新的扫频域光学相干层析成像系统可以工作在接近散粒噪声极限（即，仅低于几个分贝）。这种检测方案上的差异（即，平衡或非平衡）导致光谱域光学相干层析成像和扫频域光学相干层析成像干涉仪的不同设计。

11.2.5　傅里叶域光学相干层析成像的干涉仪设计

傅里叶域光学相干层析成像干涉仪可划分为平衡和非平衡两种。非平衡干涉仪通常配置为迈克尔逊干涉仪，并用于光谱域光学相干层析成像。另一方面，平衡干涉仪用于扫频域光学相干层析成像，可以作为马赫－曾德（Mach-Zehnder）干涉仪或迈克尔逊（Michelson）干涉仪来实现。

11.2.5.1　非平衡迈克尔逊干涉仪

如 11.2.4 节所述，因为光谱域光学相干层析成像采用窄带宽检测光，所以它并不要求平衡的光检测。因此，光谱域光学相干层析成像一般采用非平衡迈克尔逊干涉仪来实现。图 11.5（a）给出了非平衡迈克尔逊干涉仪的一个例子。

非平衡迈克尔逊干涉仪的优点是其简单性。这种类型的干涉仪的最低需要的光纤元件是耦合器。也经常使用一个隔离器和几个偏振控制器。前者用于抑制反射光回到光源，从而避免光伤害（Photodamaging）。后者用于实现光学相干层析成像信号的最大化，当探测光束和参考光束的偏振态在检测器处相等时实现最大化。

迈克尔逊干涉仪的一个缺点是不可避免的探测光束损失。因为探测光束的总通量以及后向散射探测光束的收集率取决于耦合器的分光比，所以该通量不可能是 100%。采用 50/50 耦合器可得到最大的总通量为 25%。

然而，对于人眼成像，探测光束收集率比总通量更重要。对人眼的探测光束功率受到安全标准的限定。因此，收集率是限制灵敏度的主要因素。视网膜成像耦合器的典型例子是 20/80 耦合器。光束的 20% 部分被用作探测光束，而且来自样品的后向散射光束的 80% 部分被收集用于成像。虽然这种结构的总通量是只有 16%，但是当对人眼的探测光束功率达到安全极限时，该结构能够提供的灵敏度要好于 50/50 耦合器。

非平衡迈克尔逊干涉仪通常用于任何波长的光谱域光学相干层析成像。

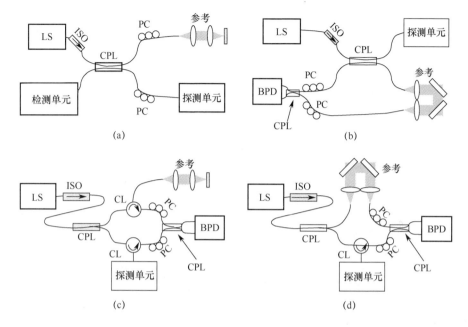

图 11.5 干涉仪配置示例

（a）非平衡迈克尔逊干涉仪；（b）平衡迈克尔逊干涉仪；（c）和（d）平衡马赫 – 曾德干涉仪。
LS—光源；ISO—隔离器；CPL—耦合器；CL—环行器；PC—偏振控制器；BPD—平衡光学检测器。

11.2.5.2 平衡马赫 – 曾德干涉仪

图 11.5（c）和（d）给出了平衡马赫 – 曾德干涉仪的典型配置。在这些配置中，光首先通过一个耦合器被分成探测光束和参考光束。这些光束经过参考反射镜和样品的反射和后向散射，然后由另一耦合器重新组合。

马赫 – 曾德干涉仪的最大优点是其较高的探测光束通量。因为它使用一个环行器，所以所有被后向散射的探测光束的光功率均有助于图像形成。因为光学相干层析成像的灵敏度与检测器的探测光束功率成正比[21-23]，所以这种优势直接带来很高的系统灵敏度。

马赫 – 曾德干涉仪的潜在缺点是环行器。虽然环行器对 1310nm 波长而言行算得上是一种行之有效的装置，但是没有针对 1050nm 波长进行很好的开发。因此，1050nm 波长环行器比 1310nm 波长环行器更加昂贵，而它的性能并不好。例如，已知环行器具有偏振模色散（PMD）。虽然环行器的偏振模色散对于标准 1310nm 光学相干层析成像而言微不足道，但是它会显著影响光学相干层析成像的一种对偏振敏感的扩展，即偏振敏感光学相干层析成像（PS-OCT）[32-34]。因为通常环行器的性能在 1050nm 波长上较差，所以环行器的偏振模色散是不可忽略的，即使是 1050nm 波长的标准非偏振敏感光学相干层析成像也同样如此。

总之，平衡马赫 – 曾德干涉仪适于 1310nm 扫频域光学相干层析成像。

11.2.5.3 平衡迈克尔逊干涉仪

平衡迈克尔逊干涉仪是另一种扫频域光学相干层析成像干涉仪。图 11.5 （b）给出了典型的配置。

这种类型的干涉仪的主要优点是无需环行器就可以进行平衡光检测。平衡检测方案意味着该干涉仪适于扫频域光学相干层析成像。此外，由于没有环行器，使得它适用于 1050nm 的波长。因此，这种干涉仪经常用于 1050nm 波长扫频域光学相干层析成像[4,35]。

这种干涉仪的潜在缺点是其有限的总通量以及有限的探测光束收集比例。这些限制与非均衡迈克尔逊干涉仪相同。因此，类似的耦合器分光比选择策略同样可用来优化人眼成像干涉仪。

11.2.6 波长选取

因为水是活体组织中的主要吸光源，所以在选取光学相干层析成像探测光束的波长时，要匹配水吸收局部极小值中的一个波长。图 11.6 给出了在近红外区域水的光吸收系数，绘制曲线所用的数据来自于文献 ［36］。此吸收曲线中有 3 个局部吸收极小值，分别是大约 830nm、1050nm 和 1300nm。这 3 个波长是最常见的光学相干层析成像探测波长。

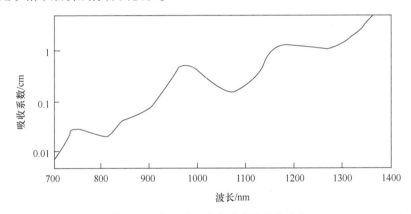

图 11.6 水在近红外光区域的吸收系数

大致根据光的两个一般特性，从这三个波长中选取一个。第一个特性是越短的波长越少被水吸收。此特性导致第一条穿透力规则：波长越短的探测光能够更深入地穿透组织。第二个特性是，在一般情况下，越长的波长受到组织的散射越少。因此，第一条规则与第二条规则存在冲突之处，即越长的波长具有越强的穿透力。在实践中，通过定义组织穿透力概念来平衡这两个规则。因此，具有最佳穿透力的波长在很大程度上取决于被测样品的散射和吸收特性。然后再主要选择能够最佳穿透特定样品的探测光束波长。

11.2.6.1　830nm 波段

在近红外区域，水在 830nm 波长处具有最低的吸收。另一方面，组织对该波长的散射是最高的。因此，830nm 探测光束是最适用于具有较少散射体并且包括大量水分的组织。这表明，视网膜是 830nm 波长的完美目标。

首先，视网膜具有相对较少的散射体。把光信号转换为电信号的感光细胞位于视网膜的外层（后段）部分。因此，当我们看物体时，携带可视信息的光在穿过视网膜的内部后刺激感光细胞。这表明，视网膜内层的散射较低；否则，人的视觉功能会很差。由于这个低散射特性，830nm 探测光束能够以相对强的穿透能力进入视网膜，尽管与其他较长的波长相比，它受散射影响的程度更高。

视网膜成像的另一个特征条件涉及人眼的光学介质。视网膜位于人眼的光学系统的下方，其包括角膜、房水、晶状体和玻璃体，形成约 24mm 的总长度（也就是说，探测光束往返距离为 48mm）。这些组织主要由水组成，基本无散射。因此，对于视网膜成像，探测光束应较少被水吸收。

这两个条件使得 830nm 探测光束尤其适用于视网膜成像。此外值得注意的是，与其他波长相比，采用 830nm 探测光束的光学相干层析成像通常具有更好的深度分辨能力。这是因为，光学相干层析成像的深度分辨能力与中心波长的平方（见 11.2.7 节）成正比。因为视网膜由一个细层状结构组成，较高的分辨能力对于临床检查来说尤其有用。因此，几乎所有的商用视网膜光学相干层析成像均采用 830nm 探测光束来实现。

钛宝石锁模激光器和超发光二极管是两种最常见的 830nm 光学相干层析成像光源。在实践中，前者具有约 800nm 的中心波长，而后者的中心波长介于 830～840nm 之间。对于临床视网膜光学相干层析成像，由于超发光二极管的稳定性、成本效益和紧凑性，其应用比钛宝石激光更普遍。视网膜光谱域光学相干层析成像使用的典型的超发光二极管具有 840nm 的中心波长和 50nm 的带宽，提供约 5μm 的组织深度分辨能力。

11.2.6.2　1050nm 波段

1050nm 波段是视网膜成像领域的一个新兴波段。因为水吸收在 1050nm 处具有第二极小值，所以该波长可以穿过人眼光学介质。此外，这种较长的波长抑制了视网膜组织的散射，提供比 830nm 探测光束更高的穿透能力。这种高穿透能力使得深度眼后段（即脉络膜）检查成为可能。

1050nm 波段的时域光学相干层析成像视网膜成像在 2003 年首次用于离体猪眼[37]，在 2004 年用于活体人眼[38]。自 2006 年以来，1050nm 波段已被普遍用于视网膜扫频域光学相干层析成像[39-41]。1050nm 视网膜光谱域光学相干层析成像也已得到验证[25,42,43]。虽然截至 2014 年只有一个 1050nm 视网膜光学相干层析成像的模型得到商用，但已有其他几个商用原型得到验证。因此，1050nm 有望取代 840nm

光谱域光学相干层析成像，成为下一代临床视网膜光学相干层析成像的选择。

注释 11.3　1050nm 波段的光学元件

通常，1050nm 光束的光学和光纤元件要比其他波长更昂贵，而且质量相对更低。然而，非常巧合的是，1060nm 波长的掺镱光纤激光器的最近发展，促使人们开发这个波长的高性价比、高品质的光学和光纤元件。这些元件的问世进一步激励人们在下一代临床视网膜光学相干层析成像中使用 1050nm。

11.2.6.3　1310nm 波段

1310nm 波段是一个电信波长带，因而此波长的光学与光纤元件通常具有非常高的性价比，而且具有很高的品质。因此，该波段已被广泛地用于光学相干层析成像。

与其他光学相干层析成像波长相比，组织几乎不会散射 1310nm 的光。因此，它具有非常高的组织穿透能力。其结果是，该波长带为几个临床应用（如皮肤科、心脏病和胃肠道成像）的最常见的波长。对于眼科，此波长带被用于眼前段成像[24,44]。另一方面，1310nm 的光不能用于视网膜光学相干层析成像，因为它受到水的高度吸收。

11.2.7　分辨力和色散

11.2.7.1　横向分辨力

因为光学相干层析成像是一种点扫描成像模态，信号强度与场幅度（而不是探测光束的平方功率）成正比，所以光学相干层析成像横向分辨力定义为样品上的光点大小。假设高斯入射光束的直径为 d，则横向分辨力 Δx 为

$$\Delta x = \frac{4\lambda_c}{\pi}\left(\frac{f}{d}\right) \tag{11.5}$$

式中：λ_c 为探测光束的中心波长；f 为聚焦透镜的焦距[45]。该公式表明，可通过增加入射光束直径或减小焦距来提升横向分辨力。

然而，焦深（计算公式为 $\pi\Delta x^2/2\lambda$）随着横向分辨力的增加而减少。因此，应适当地选择横向分辨力，以保持足够焦深。

对于视网膜成像而言，焦距就是人眼的光学系统的固有焦距，因此不是可选的。另一方面，可以增加光束直径，以达到更高的横向分辨力。视网膜成像的一个特有问题是人眼的像差。由于人眼有显著的像差，过度增大光束直径有时反而会导致横向分辨力变差。通常情况下，视网膜光学相干层析成像最佳的可实现横向分辨力为大约 20μm。

值得注意的是，可以通过装配自适应光学系统的视网膜光学相干层析成像来

实现较高（与变换限制的分辨力一样高）的横向分辨力[46,47]。

练习 11.1

计算光学相干层析成像的以下典型配置实例的横向分辨力。透镜的焦距为 40mm，中心波长为 1.3μm，光束直径为 1.8mm。

解：

把 $f = 40 \times 10^{-3}$m、$\lambda_x = 1.3 \times 10^{-6}$m 和 $d = 1.8 \times 10^{-3}$m 代入式（11.5），求得横向分辨力为 $\Delta x = 3.7$μm。

11.2.7.2　深度分辨力

式（11.4）表明，光学相干层析成像轴向点扩散函数（PSF）由相干函数 $\Gamma(z)$ 定义，这是光源的强度谱的一个傅里叶变换。因此，光学相干层析成像的深度分辨力由相干函数的宽度定义。

假设高斯强度谱的半峰全宽（Full Width at Half Maximum，缩写为 FWHM）按波数为 Δk，全宽 –6dB，$\Gamma(z)$ 峰值的值为 $\Delta z = 4\ln2/\Delta k$。通过探测光束的中心波长 λ_c 和波长 $\Delta\lambda$ 的半峰全宽，此方程可近似计算如下：

$$\Delta z = \frac{2\ln2}{\pi} \frac{\lambda_c^2}{\Delta\lambda} \tag{11.6}$$

这个 Δz 常被用作光学相干层析成像的深度分辨力。

请注意，这个分辨力是在高斯谱的假设之下推导出来的。而较新的宽带超发光二极管经常有非高斯谱，对于这类光源，这个公式只提供深度分辨力的粗略测量。

练习 11.2

下列是经常用到的光谱域光学相干层析成像超发光二极管光源示例的规格。计算利用该光源的光学相干层析成像的空气内深度分辨力和组织内深度分辨力。该光源具有高斯形的光谱，半峰全宽为 55nm，中心波长为 840nm。空气的折射率为 1.0，并且组织的折射率可假定为 1.38。

解：

把 $\lambda = 840 \times 10^{-9}$m 和 $\Delta\lambda = 55 \times 10^{-9}$m 代入式（11.6），得到空气内深度分辨力 $\Delta z = 5.7$μm。将空气内分辨力除以组织的折射率（式（1.38）），得到组织内深度分辨力为 $\Delta z = 4.1$μm。

11.2.7.3　色散和色散校正

回想一下，式（11.4）是通过假设探测臂和参考臂有相同的高阶色散推导而来的。考虑光学相干层析成像中的色散效应，需要去掉这个假设。

去掉这种假设的光学相干层析成像（式（11.3））显示，光学相干层析成像信号由函数 $\Gamma(z) * \mathcal{F}[\tilde{\gamma}_p(k)\tilde{\gamma}_r^*(k)]$ 虚化。为考虑不同的高阶色散，这里假设 $\tilde{\gamma}_p(k) = e^{i\phi_p(k)} \cdot e^{-ikz_p}$ 和 $\tilde{\gamma}_r(k) = e^{i\phi_r(k)} e^{-ikz_r}$，其中 $\phi_p(k)$ 和 $\phi_r(k)$ 表示分别表示探测臂和参考臂的高阶色散。前面的函数现在变成了 $\Gamma(z) * \mathcal{F}^{-1}[e^{i\phi_d(k)}] * \delta(z - z_d)$，其中 $\phi_d(k) = \phi_p(k) - \phi_r(k)$，该函数表示两臂之间的不平衡色散。忽略移位，不平衡色散下的轴向点扩散函数变为

$$PSF = \Gamma(z) * \mathcal{F}^{-1}[e^{i\phi_d(k)}] \qquad (11.7)$$

即，点扩散函数被不平衡色散额外加宽了。另一个显著问题是，色散下的点扩散函数是不对称的，而无色散的点扩散函数是对称的，因为任意函数的逆傅里叶变换变为不对称，除非该函数是一个实函数。在构建光学相干层析成像系统时，这个事实可用来确定点扩散函数意外变宽的原因。

色散不平衡不仅来自光学相干层析成像系统，还来自样品本身。特别是对于视网膜成像而言，眼部介质引起色散不平衡。此外，眼部色散依科目而变化。因此，色散校正对视网膜成像而言是至关重要的。

在设计光学相干层析成像光学系统时，通过使其具有最小的不平衡分色散，可以大致抵消不平衡色散。然而，这种硬件抵消方法不能抵消各个科目不同的残余色散。因此，通常采用数值方法来抵消这种残余色散。

使用与式（11.7）相同的 $\phi_p(k)$ 和 $\phi_r(k)$，式（11.2）的第三项（即，光学相干层析成像信号对应的光谱干涉仪分量）变为 $\sqrt{p'_p p'_r} \, |\tilde{s}(k)|^2 \tilde{\alpha}(k) e^{i\phi_d(k)} e^{-ikz_d}$，其中 $e^{-i\phi_d(k)}$ 为不平衡色散。因为干涉已经数字化，所以可以通过干涉数值乘以 $e^{-i\phi_d(k)}$ 的复共轭（即 $e^{i\phi_d(k)}$，被称为反向色散），以抵消不平衡色散体。

但是，$e^{-i\phi_d(k)}$ 通常是未知的。因此，利用迭代优化算法来抵消不平衡色散。在这类算法中，在进行傅里叶变换之前，将一个预估的反向色散施加到光谱干涉。接着，从重建的光学相干层析成像图像来计算锐度。然后反复优化反向色散，以使锐度最大化。有几种锐度的度量方法可用于视网膜成像，包括高强度像素的数量[27]和图像信息熵[40]。

11.2.8 SNR 和灵敏度

11.2.8.1 信噪比和灵敏度的定义和测量

灵敏度和信噪比（SNR）常用来评估光学相干层析成像的成像性能。灵敏度被定义为探测光束的最大可测量衰减。因此，灵敏度是一种系统规格。另一方面，信噪比是信号能量（图像中的某点的信号能量）与噪声能量之比，因此它是一种图像规格。虽然灵敏度和信噪比是两种不同东西的规格，但是它们紧密耦合。即，在相同的位置对相同的样品测得的信噪比与灵敏度成正比。

经常按照如下方式测量光学相干层析成像系统的灵敏度。使用一个完全反射镜，并在反射镜前放置一个中性密度（ND）滤光片充当样品，以此来获取光学相干层析成像信号。这种中性密度滤光片用来模拟靶组织的衰减。对于视网膜成像，采用光学密度为 2.5 ~ 3.0 的中性密度滤光片。这里为模仿眼睛的反射率，假设往返衰减为 −50 ~ −60dB。吸收型中性密度滤光片并非最适于这个目的，因为它们有时具有较大的色散。对于这个测量，为了避免非必要的信号衰减，不应该执行横向扫描。然后从光学相干层析成像图像来确定反射镜的信号强度。之后移除反射镜样品来获得多条轴向线。在曾经放置反射镜样品的位置获取一系列光学相干层析成像复信号，并获得光学相干层析成像信号的实部和虚部（$\sigma_r^2 + \sigma_i^2$）的方差。然后方差的总和（即，$\sigma_r^2 + \sigma_i^2$）就是噪声能量。反射镜的光学相干层析成像图像的信噪比就是信号与噪声能量之间的比值。最后，从中性密度滤光片的衰减值减去信噪比，以确定灵敏度（分贝标度）。例如，如果在中性密度滤光片的衰减是 −60dB，反射镜信号的信噪比为 40dB，那么灵敏度为 −60dB − 40dB = −100dB。

根据字面定义，灵敏度是一个单位为分贝的负数值。然而，按惯例通常省略负号，将其表示为一个正数，我们在本章中也遵循这种惯例。按照惯例，信噪比与敏感性在线性尺度上成正比或是恒定偏差一定的分贝值。特别地，对于具有 100% 反射率的样品，信噪比等同于灵敏度。

11.2.8.2 噪声源和灵敏度优化

光学相干层析成像主要噪声源有 3 种。第一种是散粒噪声，噪声源自于光子或电子计数统计波动。因为它是计数波动，所以散粒噪声与光功率的平方根成正比，其能量正比于光功率。也就是说，短噪声能量 σ_{shot}^2 正比于 $p_p' + p_r'$。在实际的光学相干层析成像中，可以假设 $p_r' \gg p_p'$，因此 $\sigma_{shot}^2 \propto p_r'$。

第二种噪声源是光源的相对强度噪声。由于相对强度噪声属于光强波动，因此它的能量 σ_{RIN}^2 与 $(p_p' + p_r')^2$ 成正比。与散粒噪声的假设相同，可以认为 $\sigma_{RIN}^2 \propto p_r'^2$。

第三种噪声源是检测噪声。这是诸如光检测器的温度噪声和信号数字仪的电气噪声之类的各种非光学噪声的集合。根据定义显然可知，检测噪声的能量与 p_p' 和 p_r' 无关。在这里，检测噪声的能量表示为 σ_{det}^2。

式（11.3）和式（11.4）指出，光学相干层析成像信号的能量（即，平方功率）ε_s 与 $p_p' p_r'$ 成正比。使用信号和各种噪声的能量，可将信噪比表示为

$$\text{SNR} \equiv \frac{\varepsilon_s}{\sigma_{shot}^2 + \sigma_{RIN}^2 + \sigma_{det}^2} = \frac{c_a p_p' p_r'}{c_b p_r' + c_c p_r'^2 + \sigma_{det}^2} \tag{11.8}$$

式中：c_a、c_b 和 c_c 为硬件规格限定的比例常数。假设反射镜样品的反射率为 100%，那么这个公式还可以表示灵敏度。

虽然忽略了对比例常数实用价值的讨论，但是这个公式对光学相干层析成像灵敏度提供了一些重要的见解。最重要的是，光学相干层析成像的灵敏度与探测功率成正比。因此，一种常见的策略是增加探针功率，以提高灵敏度。灵敏度是参考光束功率的函数。从这个角度来看，光学相干层析成像操作可以分为三种机制：散粒噪声的限制、相对强度噪声的限制以及检测噪声的限制。对于每种机制，灵敏度对参考功率具有不同的依赖性。

对于 $\sigma_{shot}^2 \gg \sigma_{RIN}^2$ 的机制，σ_{det}^2 是散粒噪声的限制机制。在该机制中，灵敏度由 $(c_a/c_b)p_p'$ 近似求得，它明显独立于参考功率。同样地，在相对强度噪声的限制机制中，灵敏度与 $(c_a/c_b)(p_p'/p_r')$ 成正比。即，灵敏度成反比于参考功率。在检测噪声的限制机制中，灵敏度与 $(c_a/\sigma_{det}^2)(p_p'p_r')$ 成正比，因此正比于参考功率。

图 11.7（a）对这些事实进行了总结，其中，对数灵敏度作为检测器参考功率对数的函数进行绘制。图 11.7 所示的实线曲线被称为灵敏度曲线。虚线曲线（i）～（iii）分别为假定只存在检测噪声、散粒噪声和相对强度噪声的灵敏度曲线。点画线划分 3 种噪声的限制机制。随着参考功率的增加，灵敏度首先增加，随后信噪比增加。在这种机制中，灵敏度取决于检测噪声（检测噪声的限制机制）。一旦灵敏度达到散粒噪声的限制机制，它就变成恒定的。最后，它在相对强度噪声的限制机制中开始下降。因此，应该优化光学相干层析成像参考功率，使得光学相干层析成像工作在散粒噪声的限制机制中。

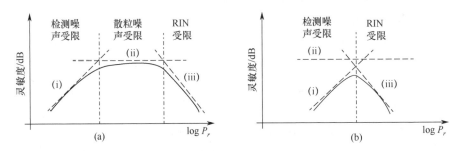

图 11.7　光学相干层析成像灵敏度曲线示例，其中灵敏度按分贝度量绘制，它是检测器参考光束功率对数的函数。实曲线是灵敏度曲线，虚线（i）～（iii）分别是假设只存在检测噪声、散粒噪声和相对强度噪声的灵敏度曲线。光学相干层析成像可以按照（a）散粒噪声的限制机制运行，但不能按照（b）运行

图 11.7（b）给出了灵敏度的另一种情况，其中光学相干层析成像绝不可以在散粒噪声的限制机制下运行。在这种情况下，参考功率可以次优优化，以取得最大可达灵敏度。此外，应该考虑对光学相干层析成像系统进行修改，比如，采用具有较低相对强度噪声的光源，使用具有较低的检测噪声的检测器或检测电子设备，或者同时使用两者。

为粗略设计光学相干层析成像系统，散粒噪声受限的灵敏度是特别重要的。

这是因为，散粒噪声是不可避免的噪声，因此是光学相干层析成像灵敏度真正的理论极限。傅里叶域光学相干层析成像的散粒噪声受限的敏感度如下[18,22,48]：

$$\text{Sensitivity} = \frac{\eta\tau}{h\nu_0}p'_p \tag{11.9}$$

式中：p'_p 为样品为采用 100% 反射率的反射镜时检测器探针的光功率；h 为普朗克常数；ν_0 为光源的中心频率；η 为光检测器的量子效率；τ 为线传感器（用于光谱域光学相干层析成像）的积分时间或光源波长扫描频率（对于扫频光学相干层析成像）的倒数。

练习 11.3

计算一台具备以下规格的光谱域光学相干层析成像的散粒噪声受限的灵敏度。光源为 840nm 中心波长的超发光二极管激光。干涉仪采用一台不平衡迈克尔逊干涉仪。一个 30/70 耦合器将光束分开进入参考臂和探测臂，光束的 30% 部分导入探测臂。样品上的探针功率为 750μW。光谱仪中所用光栅的衍射效率为 90%。光谱仪中所用的电荷耦合元件线传感器的量子效率为 40%。传感器的线速率为 70kHz，其占空比为 100%。

解：

耦合器导致探测光束的 70% 部分被样品反射。考虑耦合器的这个收集率和光栅的衍射效率，传感器上的探头功率变成 $p'_p = 750 \times 10^{-6} \times 0.7 \times 0.9\text{W}$。根据该传感器的线速率和占空比可得到其曝光时间为 $\tau = 1.0/70000\text{s}$。中心频率 $\nu_0 = c/\lambda_c$，c 为光速。而 $\eta = 0.4$。

通过将这些值代入式（11.9），该散粒噪声受限的灵敏度估计为 1.14×10^{10}，若采用对数度量则估计值为 100.6dB。

11.3　光学相干层析成像技术在眼科中的应用

在本节中，我们将讨论光学相干层析成像在眼科的应用。用于眼科诊断的模态可以用三个因素来表征。第一个因素是，该模态是客观的还是主观的；第二个因素是，该模态是结构性还是功能性；第三个因素是侵入性。例如，视力和现场测试是主观的、功能性和无创性检查。同样，血管造影（包括荧光素血管造影和吲哚青绿血管造影）是客观的、功能性和侵入性的检查方式。与其他模态不同，光学相干层析成像的特征是一种客观的、结构性和非侵入性的模态。彩色眼底照相和眼底自发荧光成像也属于客观的、结构性和非侵入性模态，但这些方式只提供二维断层图，而光学相干层析成像可以提供三维体积断层成像。

到目前为止，我们还没有特别区分用于眼后段检查和用于眼前段检查的光学相干层析成像系统。然而，用于人眼的这两个部分的最优光学相干层析成像并不相同。例如，对于眼后段成像，探测光束不应该被人眼介质高度吸收（如11.2.6节所讨论的），而这种情况对于眼前段成像并不显著。此外，眼后段疾病和眼前段疾病的诊断需要不同的信息，因此前段光学相干层析成像和后段光学相干层析成像的优化设计也有所不同。在本节中，我们将分别讨论前段光学相干层析成像和后段光学相干层析成像的特点和用途。

11.3.1 眼后段成像

11.3.1.1 眼后段的构造

人眼后段由 3 个主要的层构成，按照由前壁（内）到后侧（外）的顺序依次为：视网膜、脉络膜、巩膜。视网膜是人眼的感觉部分，它由另外 10 层构成，由前至后依次为：内界膜（ILM）、神经纤维层（NFL）、神经节细胞层（GCL）、内网层（IPL）、内核层（INL）、外丛状层（OPL）、外核层（ONL）、外界膜（ELM）、光受体、视网膜色素上皮细胞（RPE）和布鲁赫（Bruch）膜。光受体层又可进一步分成两个部分：内部和外部。脉络膜是位于视网膜下方用于滋养视网膜后段的血管丰富的组织。视网膜和脉络膜由视网膜色素上皮细胞（黑色素丰富的细胞单层）和布鲁赫膜隔开。巩膜又是一个外层，提供对人眼的机械支撑。狭义的视网膜概念仅指视网膜，但这个词更广泛的意义指的是视网膜和脉络膜。

11.3.1.2 830nm 眼后段成像

图 11.8 所示是正常的活体人眼黄斑光学相干层析成像剖面的一个例子，黄斑是眼后段的视觉中心。该图像采用一台 830nm 波段超高分辨力的光谱域光学相干层析成像仪（中心波长为 870nm，带宽为 170nm）拍摄，具有 2.9μm 的组织内深度分辨力[49]。图像的顶部和底部分别表示前后方向，该图的方向遵循眼后段光学相干层析成像图像显示的惯例。在此图像中，光学相干层析成像信号采用灰度倒置的方式显示（即，黑色代表超散射，白色代表亚散射）。因为内界膜太薄不可见，所以光学相干层析成像图像最上面显示的高反射层是神经纤维层。从神经纤维层往后，图中显示的视网膜层依次是：GCL（亚散射）、IPL（超散射）、INL（亚散射）、OPL（超散射）、ONL（亚散射）和 ELM（很薄的超散射层）。外界膜下方的强大超散射层是感光体内段的最外部分，被称为椭圆体区域（ELS）。虽然目前认为它属于内段的一部分，但它曾经被认为是感光体的内部和外部节段的接合部，因此有时仍然表示为 IS/OS。椭圆体区域下方的另一条超散射线是光受体外段的外周端（OST）。外周端下方最后一条强散射线是视网膜色素上皮细胞。正常人眼的布鲁赫膜无法识别，因为它紧密地附着在视网膜色素上皮细胞上。然而，在某些病理情况下，布鲁赫膜有时会作为一个微弱的超散射线

出现。由于历史原因，椭圆体区域、外周端和视网膜色素上皮细胞层有时被称为视网膜色素上皮细胞复合体。也就是说，因为早期的眼后段光学相干层析成像的深度分辨能力相对较弱，很难用来分离这些层。

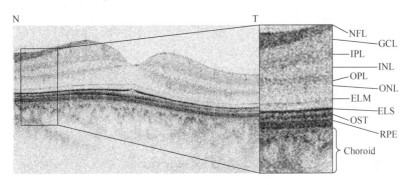

图 11.8　正常黄斑活体的超高分辨力光学相干层析成像示例

N、T—鼻侧、颞侧方向；NFL—神经纤维层；GCL—神经节细胞层；IPL—内网状层；
INP—内核层；OPL—外网状层；ONL—外核层；ELM—外界膜；ELS—椭圆形区域；
OST—光受体外节和视网膜色素上皮细胞；Choriod—脉络膜。

脉络膜大致可分为 3 层。最内层是脉络膜毛细血管层（CC），位于布鲁赫膜的正下方，在光学相干层析成像图像中显示为很薄的超散射层。萨特勒（Sattler）层位于脉络膜毛细血管层的后面，由中等直径的血管构成。最后，哈勒（Haller）层位于脉络膜的最外层部分，由大直径的血管构成。在光学相干层析成像图像中，萨特勒层和哈勒层中的血管显示为亚散射区域。

视网膜色素上皮和脉络膜含有一定量的黑色素，高度吸收 830nm 波段的探测光束[38,40]。它限制了图像穿透能力，而且 830nm 处的脉络膜图像的对比度非常低。此外，在该波长处巩膜几乎不可见。

尽管穿透能力有限，830nm 光谱域光学相干层析成像技术仍被非常广泛应用于眼科门诊后段诊断。图 11.9 给出了一个 830nm 光谱域光学相干层析成像用于临床情况的例子。在这个例子中，使用早期的眼科光谱域光学相干层析成像原型（探头波长为 840nm，组织内轴向分辨力为 4.5μm）来检查黄斑裂孔（详情见文献 [50]）。在剖面图像（图 11.9（a））中，视网膜脱离视网膜色素上皮细胞的情况清晰可见。另外，分离的玻璃体对视网膜的牵引也清晰可见（箭头）。同样情况的体积渲染图（图 11.9（b））使得对病理有更直观的理解。

除了对视网膜病理结构异常的定性观察，光学相干层析成像已经用于对其进行量化。定量过程主要通过测量视网膜各层的厚度来完成。

视乳头周围神经纤维层厚度已知为青光眼的良好指标。几乎所有的临床用后段光学相干层析成像设备均可以自动测量这个厚度，并对是否为青光眼提供风险评估。最近，视网膜各个内层（即，神经纤维层、神经节细胞层和内网状层）

的厚度已被用作判断青光眼的更灵敏措施[51]。

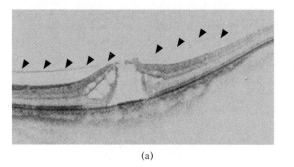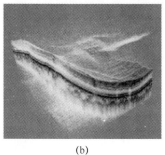

(a)　　　　　　　　　　(b)

图 11.9　(a) 黄斑裂孔的 830nm 光谱域光学相干层析
成像剖面图，(b) 同样情况的视网膜体积渲染图

11.3.1.3　1050nm 高穿透眼后段光学相干层析成像

前面曾经讨论过，早期的后段光学相干层析成像使用 830nm 的探测光束，无法提供脉络膜的高对比度图像。这个问题已经由 1050nm 光学相干层析成像得到逐步解决。

图 11.10 比较了采用 1050nm 扫频域光学相干层析成像 (图 11.10 (a)) 和830nm 光谱域光学相干层析成像 (图 11.10 (b)) 拍摄的正常黄斑光学相干层析成像图像 (这些图转载自文献 [37] 并经过修改)。1050nm 扫频域光学相干层析成像和 830nm 光谱域光学相干层析成像分别拥有 10.4μm 和 4.5μm 的组织内深度分辨能力。尽管 1050nm 光学相干层析成像的深度分辨能力较低，它还是清楚地显示了视网膜层。此外，它利用高对比度实现了脉络膜的可视化。在1050nm 光学相干层析成像图像中，视网膜色素上皮细胞下面的超散射脉络膜毛细血管层和大型亚散射结构 (哈勒层中的大血管) 可见。脉络膜和巩膜之间的界面形成超散射线，也可见。

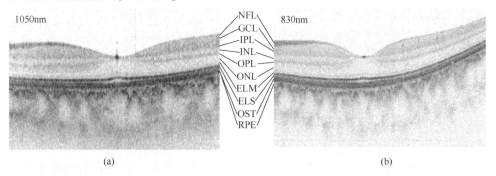

(a)　　　　　　　　　　(b)

图 11.10　(a) 1050nm 扫频域光学相干层析成像，(b) 830nm 光谱域光学相干层析成像拍摄的
视网膜光学相干层析成像图像。这些均是正常活体视网膜的同一黄斑区域的图像

1050nm 光学相干层析成像可用于定性观察和定量检查。图 11.11 给出了息肉状脉络膜血管病变情况下的光学相干层析成像剖面图示例。这些图像转载自文献 [52] 并经过修改。该图像采用灰度显示（即亮像素代表超散射，暗像素代表亚散射）。图 11.11（a）和（b）采用 1050nm 扫频域光学相干层析成像拍摄，而图 11.11（c）和（d）采用 830nm 光谱域光学相干层析成像拍摄。图 11.11（a）和（c）和图 11.11（b）和（d）是在视网膜上的相同位置拍摄的图像。在所有图像中，均可见到视网膜色素上皮的严重脱离。在 830nm 图像中，视网膜色素上皮脱离下面的结构还不清楚。然而，1050nm 图像已经对视网膜色素上皮脱离下方两种类型的区域进行成像：亚散射和超散射区域。临床研究表明，超散射区域对应于吲哚青绿血管造影技术的强荧光息肉[52]。1050nm 图像的另一个显着特点是其强穿透能力，已深入到脉络膜和巩膜。

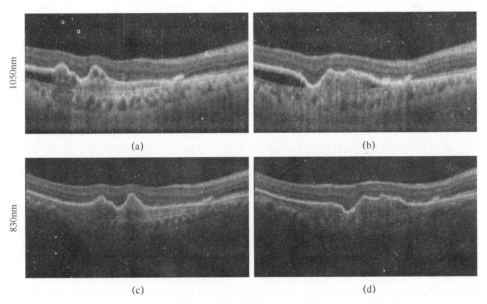

图 11.11 息肉状脉络膜血管病变的光学相干层析成像图像
（a）和（b）采用 1050nm 扫频域光学相干层析成像拍摄；
（c）和（d）采用 830nm 光谱域光学相干层析成像拍摄。

1050nm 光学相干层析成像的另一个临床应用是其量化测量脉络膜厚度的能力，因为它能够全深度穿透到脉络膜。因为已知脉络膜与几种视网膜疾病相关联，所以脉络膜厚度的量化测量有望成为可用于定量诊断的有力工具。目前，脉络膜厚度已发现与若干眼后段疾病相关联，包括年龄相关的黄斑变性和息肉状脉络膜血管病变[53]、中心性浆液性脉络膜视网膜病变[54,55]和某些全眼部疾病包括青光眼[56]与近视[57,58]。

虽然几乎所有的用于眼后段成像的商用光学相干层析成像系统均采用 830nm

光谱域光学相干层析成像技术，但是1050nm光学相干层析成像后段成像设备已经投入商用，而且和其他一些半商用的研究原型于2014年进行了验证。这些商用和半商用设备表现出很高的临床实用性，并有望取代830nm光谱域光学相干层析成像，成为新一代临床后段光学相干层析成像。

11.3.2 眼前段成像

光学相干层析成像眼前段成像的3个目标分别是前房、眼表面组织和角膜。对于前房和眼表面，主要使用1310nm光学相干层析成像技术，这是因为它具有比其他波长更高的穿透能力。角膜成像的目的可以进一步分为组织异常的可视化和形态学检查。由于这两个不同的目的，830nm和1310nm均用于角膜成像。

11.3.2.1 前房成像

当光学相干层析成像对眼前房进行成像时，某些部分按照经巩膜方式进行成像，因此，前段光学相干层析成像应该具有较高的穿透能力。相反，前段光学相干层析成像的主要关注点是眼腔的大体形态。因此，它对分辨力的要求比后段光学相干层析成像要低。由于这些原因，眼前房成像主要采用1310nm光学相干层析成像。

在前房成像领域，在几个临床显著目标中，前角（虹膜和角膜之间的角度）的定量评估已知对评估闭角型青光眼的风险是有用的。更详细说来，前房充满被称为房水的流体。房水在睫状体位于后方的虹膜处生成，并通过一个紧靠前角前方的通道（被称为小梁网）从腔室排出。如果小梁网在形态上被虹膜阻挡，那么它会导致眼内压急性升高，损害视神经并导致闭角型青光眼。为了防止这样的急性青光眼发作，评估闭角的风险非常重要。使用光学相干层析成像对前角进行定量评估，目的是发现青光眼发作的高危人眼。

为定量评估前角，需要一个正确反映前房形态的参数。一些形态参数最初是为前房超声图像分析而开发的，如500μm角开口距离（AOD500）[59]、角凹部区域（ARA）[60]，这些参数也常用于光学相干层析成像形态学分析。

第一代临床眼前段光学相干层析成像是1310nm时域光学相干层析成像，因此它只提供了眼前房二维剖面图像。然而，最新一代的眼前段光学相干层析成像是采用1310nm的扫频域光学相干层析成像，可提供眼前段的完整三维形貌。由于具备三维成像能力，前段扫频域光学相干层析成像提供前角的完整的圆周可视化（被称为单次扫描虚拟前房角镜检查），如图11.12所示。全三维断层扫描还可以对所有圆周的角度定量评估[61]。

11.3.2.2 眼表面检查

在眼球表面的几个重要临床目标中，通过小梁切除手术创建的滤过泡（Filtering Bleb）结构被认为是光学相干层析成像最合适的目标之一。小梁切除术属于青光眼手术，小梁网被部分切除，在结膜下为房水创建一个过滤结构。然后房水被排入滤过泡，并最终降低了眼内压。

图 11.12　眼前房完整圆周成像示例（该图像由日本多美株式会社（Tomey Corporation）提供）

　　由于滤过泡是在巩膜处人工创造的伤口，它会随时间自然愈合。这种不合需要的伤口愈合以及相关的疤痕效果，会导致滤过泡的功能故障，从而引起眼压再次上升。虽然抗伤口愈合的药物（丝裂霉素 C）经常被用来防止伤口愈合，但是它并不总能成功阻止组织结疤。如果出现疤痕，那么可能需要采取其他干预措施（所谓的滤过泡修复，包括二次手术）。为了优化二次干预，需要一个适当的模态来评估滤过泡。

　　几项研究已经表明，1310nm 眼前段光学相干层析成像可作为评估滤过泡的合适模态[62-64]。图 11.13（来自文献 [63] 并经修改）给出一个通过三维前段光学相干层析成像检查了小梁泡的例子。这里，前段光学相干层析成像是三维扫频域光学相干层析成像，具有 1310nm 的探测光束和 11μm 的深度分辨能力。图 11.13（a）、（b）和（d）分别显示水平、垂直和断层方向的光学相干层析成像剖面图，它们是由单次光学相干层析体成像建立的。在滤过泡中可见一个微囊（M）和填充流体的腔（I）。此外，该图像清楚地显示滤过泡中的一个内部交联网状结构，采用除光学相干层析成像之外的其他模态，不可能实现非侵入性可视化。

11.3.2.3　光学相干层析成像角膜评估

　　光学相干层析成像角膜评价主要有两个目的：微观病症的观察和光学质量（很宽泛地指，像差）的量化。对于第一个目的，1310nm 和 830nm 光学相干层析成像均可使用。目前，还没有商用的专门从事前段调查的 830nm 光学相干层析成像设备。然而，大多数市售的后段 830nm 光谱域光学相干层析成像设备都有一个用于眼前段的测量模式。因为在一般情况下，830nm 光学相干层析成像具有比 1310nm 光学相干层析成像更高的分辨力，它提供了角膜结构紊乱的细节。

　　一些三维眼前段光学相干层析成像能够定量评估角膜的形态（像差）属性。这种评估对于圆锥角膜（一种双边、进行性和非炎性疾病）的诊断特别有用，该疾病的特征是角膜的扩张和圆锥形变形。光学相干层析成像的完整三维能力使角膜的自动形态学分析和已知具有圆锥角膜检测具有高灵敏度[65]。

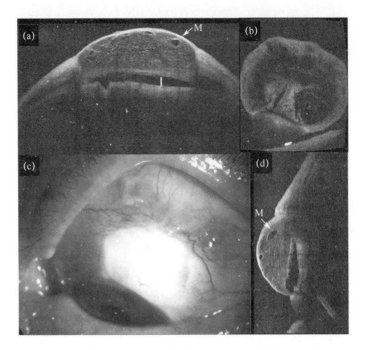

图 11.13　通过三维前段光学相干层析成像可视化的小梁切除术滤过泡的例子
(c) 滤过泡的彩色图像；(a)、(b) 和 (d) 水平、垂直和断层方向的
剖面图像，这些光学相干层析成像横截图都是从单一的光学相干层析
体成像中提取的。标签 M 和 I 分别表示微囊和内部流体填充腔。

11.4　结　论

光学相干层析成像从一开始就用于临床研究。从技术的角度来看，光学相干层析成像只是一个低相干干涉变种。果真如此，人们自然会问光学相干层析成像的主要创新是什么。答案在其名称中：光学相干层析成像。按照其词源来说，干涉测量法是一种观察光线干涉的测量方法。即，干涉的目的是测量干涉信号。相反，层析成像（Tomography，中文又叫"断层扫描"）来自希腊单词 Tomos（表示切片）和 Graphy（表示记录）。词源分析明显说明，断层扫描的目的是为了获得受检者的截面切片。也就是说，当把低相干干涉改名为光学相干层析成像之后，它被赋予了明确的临床目的。

在本章的讨论中，当前光学相干层析成像不再基于一个标准的低相干性干涉仪（TD-OCT），而是基于光谱干涉仪。然而，它仍称为光学相干层析成像。此外，光学相干层析成像的研究领域不再局限于光学领域。它经常涉及光电子、电子、信号和图像处理以及基础医学与临床医学。最近，研究领域也涵盖信息学，如机器学习和计算机辅助诊断。如果不是把光学相干层析成像作为一种技术的名称，而是作为一个面向应用的研究领域的名称来看，那么光学相干层析成像的扩张是可理解的。

　　从这个角度来看，我们认为仍存在许多重要的光学相干层析成像研究课题尚待发掘。此外，这个领域仍有空间吸引着大量研究人员。

参考文献

［1］ D. Huang, E. A. Swanson, C. P. Lin, J. S. Schuman, W. G. Stinson, W. Chang, M. R. Hee, T. Flotte, K. Gregory, C. A. Puliafito, and J. G. Fujimoto, "Optical coherence tomography," *Science* 254, 1178–1181 (1991).

［2］ J. G. Fujimoto and W. Drexler, "Introduction to Optical Coherence Tomography," in *Optical Coherence Tomography Technology and Applications*, J. G. Fujimoto and W. Drexler, eds. (Springer, 2008), pp. 1–45.

［3］ A. Rollins, S. Yazdanfar, M. Kulkarni, R. Ung-Arunyawee, and J. Izatt, "In vivo video rate optical coherence tomography," *Opt. Express* 3, 219–229 (1998).

［4］ B. Potsaid, B. Baumann, D. Huang, S. Barry, A. E. Cable, J. S. Schuman, J. S. Duker, and J. G. Fujimoto, "Ultrahigh speed 1050nm swept source/Fourier domain OCT retinal and anterior segment imaging at 100,000 to 400,000 axial scans per second," *Opt. Express* 18, 20029–20048 (2010).

［5］ T. Klein, W. Wieser, L. Reznicek, A. Neubauer, A. Kampik, and R. Huber, "Multi-MHz retinal OCT," *Biomed. Opt. Express* 4, 1890–1908 (2013).

［6］ M. C. Pierce, J. Strasswimmer, B. H. Park, B. Cense, and J. F. de Boer, "Advances in Optical Coherence Tomography Imaging for Dermatology," *J. Invest. Dermatol.* 123, 458–463 (2004).

［7］ L. L. Otis, M. J. Everett, U. S. Sathyam, and B. W. Colston, "Optical Coherence Tomography: A New Imaging Technology for Dentistry," *Journal of the American Dental Association* 131, 511–514 (2000).

［8］ Michalina J. Gora, J. S. Sauk, R. W. Carruth, K. A. Gallagher, M. J. Suter, N. S. Nishioka, L. E. Kava, M. Rosenberg, B. E. Bouma, and G. J. Tearney, "Tethered capsule endomicroscopy enables less invasive imaging of gastrointestinal tract microstructure," *Nat. Med.* 19, 238–240 (2013).

［9］ B. J. Vakoc, D. Fukumura, R. K. Jain, and B. E. Bouma, "Cancer imaging by optical coherence tomography: preclinical progress and clinical potential," *Nat Rev Cancer* 12, 363–368 (2012).

［10］ G. J. Tearney, S. Waxman, M. Shishkov, B. J. Vakoc, M. J. Suter, M. I. Freilich, A. E. Desjardins, W.-Y. Oh, L. A. Bartlett, M. Rosenberg, and B. E. Bouma, "Three-Dimensional Coronary Artery Microscopy by Intracoronary Optical Frequency Domain Imaging," *J Am Coll Cardiol Img* 1, 752–761 (2008).

［11］ L. M. Sakata, J. DeLeon-Ortega, V. Sakata, and C. A. Girkin, "Optical coherence tomography of the retina and optic nerve—a review," *Clin. Exp. Ophthalmol.* 37, 90 – 99 (2009).

[12] E. A. Swanson, D. Huang, M. R. Hee, J. G. Fujimoto, C. P. Lin, and C. A. Puliafito, "High-speed optical coherence domain reflectometry," *Opt. Lett.* 17, 151 – 153 (1992).

[13] E. A. Swanson, J. A. Izatt, M. R. Hee, D. Huang, C. P. Lin, J. S. Schuman, C. A. Puliafito, and J. G. Fujimoto, "In vivo retinal imaging by optical coherence tomography," *Opt. Lett.* 18, 1864 – 1866 (1993).

[14] American National Standard Institute, *American National Standard for the Safe Use of Lasers ANSIZ 136. 1—2014* (American National Standards Institute, 2014).

[15] CH/172/6, *Ophthalmic Instruments. Fundamental Requirements and Test Methods. General Requirements Applicable to All Ophthalmic Instruments, BS EN ISO 150041; 2009* (International Organization for Standardization, 2009).

[16] A. F. Fercher, C. K. Hitzenberger, G. Kamp, and S. Y. El-Zaiat, "Measurement of intraocular distances by backscattering spectral interferometry," *Opt. Commun.* 117, 43 – 48 (1995).

[17] G. Häusler, " 'Coherence Radar' and 'Spectral Radar' —New Tools for Dermatological Diagnosis," *J. Biomed. Opt.* 3, 21 (1998).

[18] S. Yun, G. Tearney, J. de Boer, N. Iftimia, and B. Bouma, "High-speed optical frequency-domain imaging," *Opt. Express* 11, 2953 – 2963 (2003).

[19] M. Wojtkowski, R. Leitgeb, A. Kowalczyk, T. Bajraszewski, and A. F. Fercher, "In vivo human retinal imaging by Fourier domain optical coherence tomography," *J. Biomed. Opt.* 7, 457 (2002).

[20] N. Nassif, B. Cense, B. Park, M. Pierce, S. Yun, B. Bouma, G. Tearney, T. Chen, and J. de Boer, "In vivo high-resolution video-rate spectral-domain optical coherence tomography of the human retina and optic nerve," *Opt. Express* 12, 367 – 376 (2004).

[21] R. Leitgeb, C. K. Hitzenberger, and A. F. Fercher, "Performance of fourier domain vs. time domain optical coherence tomography," *Optics Express* 11, 889 – 894 (2003).

[22] J. F. de Boer, B. Cense, B. H. Park, M. C. Pierce, G. J. Tearney, and B. E. Bouma, "Improved signal-to-noise ratio in spectral-domain compared with time-domain optical coherence tomography," *Opt. Lett.* 28, 2067 – 2069 (2003).

[23] M. Choma, M. Sarunic, C. Yang, and J. Izatt, "Sensitivity advantage of swept source and Fourier domain optical coherence tomography," *Opt. Express* 11, 2183 (2003).

[24] Y. Yasuno, V. D. Madjarova, S. Makita, M. Akiba, A. Morosawa, C. Chong, T. Sakai, K. -P. Chan, M. Itoh, and T. Yatagai, "Three-dimensional and high-speed swept-source optical coherence tomography for in vivo investigation of human anterior eye segments," *Opt. Express* 13, 10652 – 10664 (2005).

[25] S. Makita, T. Fabritius, and Y. Yasuno, "Full-range, high-speed, high-resolution 1-μm spectral-domain optical coherence tomography using BM-scan for volumetric imaging of the human posterior eye," *Opt. Express* 16, 8406 – 8420 (2008).

[26] C. Dorrer, N. Belabas, J. -P. Likforman, and M. Joffre, "Spectral resolution and sampling issues in Fourier-transform spectral interferometry," *J. Opt. Soc. Am. B* 17, 1795 – 1802 (2000).

[27] M. Wojtkowski, V. Srinivasan, T. Ko, J. Fujimoto, A. Kowalczyk, and J. Duker, "Ultrahighres-

olution, high-speed, Fourier domain optical coherence tomography and methods for dispersion compensation," *Opt. Express* 12, 2404 – 2422 (2004).

[28] B. Cense, N. Nassif, T. Chen, M. Pierce, S. -H. Yun, B. Park, B. Bouma, G. Tearney, and J. de Boer, "Ultrahigh-resolution high-speed retinal imaging using spectral-domain optical coherence tomography," *Opt. Express* 12, 2435 – 2447 (2004).

[29] R. Huber, M. Wojtkowski, K. Taira, J. Fujimoto, and K. Hsu, "Amplified, frequency swept lasers for frequency domain reflectometry and OCT imaging: design and scaling principles," *Opt. Express* 13, 3513 – 3528 (2005).

[30] W. Y. Oh, S. H. Yun, G. J. Tearney, and B. E. Bouma, "115 kHz tuning repetition rate ultrahigh-speed wavelength-swept semiconductor laser," *Opt. Lett.* 30, 3159 – 3161 (2005).

[31] S. Yun, G. Tearney, B. Bouma, B. Park, and J. de Boer, "High-speed spectral-domain optical coherence tomography at 1. 3 μm wavelength," *Opt. Express* 11, 3598 – 3604 (2003).

[32] E. Z. Zhang and B. J. Vakoc, "Polarimetry noise in fiber-based optical coherence tomography instrumentation," *Opt. Express* 19, 16830 – 16842 (2011).

[33] E. Z. Zhang, W. -Y. Oh, M. L. Villiger, L. Chen, B. E. Bouma, and B. J. Vakoc, "Numerical compensation of system polarization mode dispersion in polarization-sensitive optical coherence tomography," *Opt. Express* 21, 1163 – 1180 (2013).

[34] M. Villiger, E. Z. Zhang, S. Nadkarni, W. -Y. Oh, B. E. Bouma, and B. J. Vakoc, "Artifacts in polarization-sensitive optical coherence tomography caused by polarization mode dispersion," *Opt. Lett.* 38, 923 – 925 (2013).

[35] Boy Braaf, K. A. Vermeer, V. A. D. P. Sicam, E. van Zeeburg, J. C. van Meurs, and J. F. de Boer, "Phase-stabilized optical frequency domain imaging at 1-μm for the measurement of blood flow in the human choroid," *Opt. Express* 19, 20886 – 20903 (2011).

[36] G. M. Hale and M. R. Querry, "Optical Constants of Water in the 200-nm to 200-μm Wavelength Region," *Appl. Opt.* 12, 555 – 563 (1973).

[37] B. Považay, K. Bizheva, B. Hermann, A. Unterhuber, H. Sattmann, A. Fercher, W. Drexler, C. Schubert, P. Ahnelt, M. Mei, R. Holzwarth, W. Wadsworth, J. Knight, and P. S. J. Russell, "Enhanced visualization of choroidal vessels using ultrahigh resolution ophthalmic OCT at 1050 nm," *Opt. Express* 11, 1980 – 1986 (2003).

[38] A. Unterhuber, B. Považay, B. Hermann, H. Sattmann, A. Chavez-Pirson, and W. Drexler, "In vivo retinal optical coherence tomography at 1040 nm-enhanced penetration into the choroid," *Opt. Express* 13, 3252 – 3258 (2005).

[39] E. C. Lee, J. F. de Boer, M. Mujat, H. Lim, and S. H. Yun, "In vivo optical frequency domain imaging of human retina and choroid," *Opt. Express* 14, 4403 – 4411 (2006).

[40] Y. Yasuno, Y. Hong, S. Makita, M. Yamanari, M. Akiba, M. Miura, and T. Yatagai, "In vivo high-contrast imaging of deep posterior eye by 1-μm swept source optical coherence tomography and scattering optical coherence angiography," *Opt. Express* 15, 6121 – 6139 (2007).

[41] V. J. Srinivasan, D. C. Adler, Y. Chen, I. Gorczynska, R. Huber, J. S. Duker, J. S. Schuman, and J. G. Fujimoto, "Ultrahigh-Speed Optical Coherence Tomography for Three-Dimensional and En Face Imaging of the Retina and Optic Nerve Head," *Invest. Ophthalmol. Vis. Sci.* 49, 5103 –

5110（2008）．

［42］ B. Považay, B. Hermann, A. Unterhuber, B. Hofer, H. Sattmann, F. Zeiler, J. E. Morgan, C. Falkner-Radler, C. Glittenberg, S. Blinder, and W. Drexler, "Three-dimensional optical coherence tomography at 1050nm versus 800nm in retinal pathologies: enhanced performance and choroidal penetration in cataract patients," *J. Biomed. Opt.* 12, 041211-041211-7（2007）．

［43］ P. Puvanathasan, P. Forbes, Z. Ren, D. Malchow, S. Boyd, and K. Bizheva, "High-speed, high-resolution Fourier-domain optical coherence tomography system for retinal imaging in the 1060 nm wavelength region," *Opt. Lett.* 33, 2479 – 2481（2008）．

［44］ S. Radhakrishnan, A. M. Rollins, J. E. Roth, S. Yazdanfar, V. Westphal, D. S. Bardenstein, and J. A. Izatt, "Real-Time Optical Coherence Tomography of the Anterior Segment at 1310 nm," *Arch. Ophthalmol.* 119, 1179 – 1185（2001）．

［45］ B. Bouma, ed., *Handbook of Optical Coherence Tomography*, 1st ed.（Informa Health-care, 2001）．

［46］ R. Zawadzki, S. Jones, S. Olivier, M. Zhao, B. Bower, J. Izatt, S. Choi, S. Laut, and J. Werner, "Adaptive-optics optical coherence tomography for high-resolution and high-speed 3D retinal in vivo imaging," *Opt. Express* 13, 8532 – 8546（2005）．

［47］ F. Felberer, J. -S. Kroisamer, B. Baumann, S. Zotter, U. Schmidt-Erfurth, C. K. Hitzenberger, and M. Pircher, "Adaptive optics SLO/OCT for 3D imaging of human photoreceptors in vivo," *Biomed. Opt. Express* 5, 439-456（2014）．

［48］ R. A. Leitgeb, C. K. Hitzenberger, A. F. Fercher, and T. Bajraszewski, "Phase-shifting algorithm to achieve high-speed long-depth-range probing by frequency-domain optical coherence tomography," *Opt. Lett.* 28, 2201 – 2203（2003）．

［49］ Y. Hong, S. Makita, M. Yamanari, M. Miura, S. Kim, T. Yatagai, and Y. Yasuno, "Threedimensional visualization of choroidal vessels by using standard and ultra-high resolution scattering optical coherence angiography," *Opt. Express* 15, 7538 – 7550（2007）．

［50］ S. Makita, Y. Hong, M. Yamanari, T. Yatagai, and Y. Yasuno, "Optical coherence angiography," *Opt. Express* 14, 7821 – 7840（2006）．

［51］ O. Tan, G. Li, A. T. -H. Lu, R. Varma, and D. Huang, "Mapping of Macular Substructures with Optical Coherence Tomography for Glaucoma Diagnosis," *Ophthalmology* 115, 949 – 956（2008）．

［52］ Y. Yasuno, M. Miura, K. Kawana, S. Makita, M. Sato, F. Okamoto, M. Yamanari, T. Iwasaki, T. Yatagai, and T. Oshika, "Visualization of Sub-retinal Pigment Epithelium Morphologies of Exudative Macular Diseases by High-Penetration Optical Coherence Tomography," *Invest. Ophthalmol. Vis. Sci.* 50, 405 – 413（2009）．

［53］ S. E. Chung, S. W. Kang, J. H. Lee, and Y. T. Kim, "Choroidal Thickness in Polypoidal Choroidal Vasculopathy and Exudative Age-related Macular Degeneration," *Ophthalmology* 118, 840 – 845（2011）．

［54］ I. Maruko, T. Iida, Y. Sugano, A. Ojima, and T. Sekiryu, "Subfoveal choroidal thickness in fellow eyes of patients with central serous chorioretinopathy," *Retina*（Philadelphia, Pa.）31, 1603 – 1608（2011）．

[55] S. Kuroda, Y. Ikuno, Y. Yasuno, K. Nakai, S. Usui, M. Sawa, M. Tsujikawa, F. Gomi, and K. Nishida, "Choroidal thickness in central serous chorioretinopathy," *Retina* 33, 302 – 308 (2013).

[56] S. Usui, Y. Ikuno, A. Miki, K. Matsushita, Y. Yasuno, and K. Nishida, "Evaluation of the Choroidal Thickness Using High-Penetration Optical Coherence Tomography With Long Wavelength in Highly Myopic Normal-Tension Glaucoma," *Am. J. Ophthalmol.* 153, 10 – 16. e1 (2012).

[57] T. Fujiwara, Y. Imamura, R. Margolis, J. S. Slakter, and R. F. Spaide, "Enhanced Depth Imaging Optical Coherence Tomography of the Choroid in Highly Myopic Eyes," *Am. J. Ophthalmol.* 148, 445 – 450 (2009).

[58] Y. Ikuno, S. Fujimoto, Y. Jo, T. Asai, and K. Nishida, "Choroidal thinning in high myopia measured by optical coherence tomography," *Clin. Ophthalmol.* 7, 889 – 893 (2013).

[59] C. J. Pavlin, K. Harasiewicz, and F. S. Foster, "Ultrasound biomicroscopy of anterior segment structures in normal and glaucomatous eyes," *Am. J. Ophthalmol.* 113, 381 – 389 (1992).

[60] H. Ishikawa, J. M. Liebmann, and R. Ritch, "Quantitative assessment of the anterior segment using ultrasound biomicroscopy," *Curr Opin Ophthalmol* 11, 133 – 139 (2000).

[61] M. Baskaran, S. -W. Ho, T. A. Tun, A. C. How, S. A. Perera, D. S. Friedman, and T. Aung, "Assessment of Circumferential Angle-Closure by the Iris-Trabecular Contact Index with Swept-Source Optical Coherence Tomography," *Ophthalmology* 120, 2226 – 2231 (2013).

[62] M. Singh, P. T. K. Chew, D. S. Friedman, W. P. Nolan, J. L. See, S. D. Smith, C. Zheng, P. J. Foster, and T. Aung, "Imaging of Trabeculectomy Blebs Using Anterior Segment Optical Coherence Tomography," *Ophthalmology* 114, 47 – 53 (2007).

[63] K. Kawana, T. Kiuchi, Y. Yasuno, and T. Oshika, "Evaluation of Trabeculectomy Blebs Using 3-Dimensional Cornea and Anterior Segment Optical Coherence Tomography," *Ophthalmology* 116, 848 – 855 (2009).

[64] S. Kojima, T. Inoue, T. Kawaji, and H. Tanihara, "Filtration Bleb Revision Guided by 3-Dimensional Anterior Segment Optical Coherence Tomography," *Journal of Glaucoma* 23, 312 – 315 (2014).

[65] S. Fukuda, S. Beheregaray, S. Hoshi, M. Yamanari, Y. Lim, T. Hiraoka, Y. Yasuno, and T. Oshika, "Comparison of three-dimensional optical coherence tomography and combining a rotating Scheimpflug camera with a Placido topography system for forme fruste keratoconus diagnosis," *Br. J. Ophthalmol.* 97, 1554 – 1559 (2013).